高等职业教育农业农村部"十三五"规划教材

ZHIWU HUAXUE BAOHU

植物化学保护

王萍莉　主编

U0207695

中国农业出版社

北　京

编写人员名单

主 编 王萍莉

副主编 马 兰 李建波 张志刚

编 者（以姓氏笔画为序）

马 兰 王萍莉 李生清

李建波 张志刚 康育光

前　言

　　植物化学保护是高职高专植物保护、农产品加工与质量检测、种子生产与加工、园艺技术、作物安全生产等专业的必修课程，也是一门理论性和实践性非常强的课程。植物化学保护是农业有害生物防治的重要手段，也是目前最为常用的手段。目前国内植物化学保护高职高专教材较少，各高职院校都采用大学本科的植物化学保护教材或者一些农药的使用技术相关用书以及农民培训系列丛书。这些参考书在知识体系和内容等方面不能满足高等职业教育培养技能型人才的需求。因此，为了满足更多高职院校的教师和学生用书，我们广泛搜集化学农药的最新研究成果及生产上的案例，并吸取相关教材、文献的优点，编写了本教材。根据高职高专的特点，本教材在编写上具有以下几个特点：①以够用、实用为目的，简化原理，尽可能以具体的工作任务为编写单元，使读者更容易理解；②农药的品种以害虫、病原菌、杂草的特点进行编写，更加容易应用于实践；③增加了常见问题处理及案例环节，使使用者更容易理解；④实验分为单项能力训练和综合能力训练，更有利于教师组织教学；⑤增加了各种作物的病虫草害化学防治历。

　　本教材的主要内容包括：绪论、植物化学保护的概念、农药剂型及使用技术、农业有害生物抗药性、农药管理与经营、杀虫（螨）剂的选择与使用、杀菌剂的选择与使用、除草剂的选择与使用、植物生长调节剂的选择与使用、各种作物病虫草害化学防治历、植物化学保护综合实训。

　　本教材第一章和第十章由王萍莉编写；绪论、第六章由李建波编写；第二章由张志刚编写；第五章由马兰编写；第七章第一节和第八章由李生清编写；第三章和第四章由康育光编写；第七章第二节和第九章由所有编者共同编写。初稿完成后由王萍莉统稿。在此谨对为本教材编写提供各种支持和帮助的各位表示最衷心的感谢！

　　编者水平有限，时间仓促，不足之处在所难免，敬请各位读者提出宝贵意见，以便修订时改正。

编　者

2017 年 4 月

目 录

绪　论

一、农药发展史

前 12 000—前 10 000 年，人类为谋求衣食以图生存和发展，开始摆脱狩猎生活，从事农业生产。从那时起，人们就与昆虫、螨类、线虫、真菌、细菌、病毒、杂草等有害生物不懈斗争，人们对有害生物的防治随着科学技术的进步而不断演进。时至今日农药是化学防治的基础，在植物保护的综合防治工作中占有重要地位。农药的发展历史大致可分为以下 3 个阶段（表绪-1）。

表绪-1　农药发展的历程

	无机农药 （1940 年及以前）	有机合成农药 （1941—1970 年）	现代农药 （1971 年及以后）
有效成分	无机化合物（主要）	简单有机化合物	复杂有机化合物，光学化合物
化合物类型与品种	少，少	少，多	多，多
单位面积用量	多	较多	较少
使用量占首位的农药	杀虫剂		除草剂
销售额		1989 年 2.9 亿美元，1960 年 8.5 亿美元，1970 年 27 亿美元	1980 年 116 亿美元，1990 年 264 亿美元，2013 年 519.6 亿美元
对作物的安全性	欠安全	安全	安全
农药登记	药效评价为主	质量管理为主	安全和环境评价为主
防治策略	化学防治	化学防治	综合防治指导下的化学防治

（一）无机及天然物的利用阶段

在 20 世纪 40 年代以前，有害生物的防治技术处在极低的水平，进展十分缓慢。农药的发展处在无机及天然物的利用时期，主要施用含砷、硫、铜等元素的无机农药和除虫菊、鱼藤、烟草等植物性农药，一旦有害生物大暴发、大流行，人们无力施行有效的控制。

我国农业生产历史悠久，经验丰富，同时也是应用农药最早的国家。早在公元前 10 世纪《周礼·秋官》中就有"蝈氏掌除蠹物，以攻禜攻之，以莽草熏之"的记载。《王祯农书》（1313 年）记载"凡菜有虫，捣苦参根并石灰水浇之即死"。李时珍《本草纲目》（1578 年）中详述了 1 892 种药品，其中有不少是用来防治病虫的，如砒石、雄黄、百部等。

在近代的植物杀虫剂研究中，较早被研究的是烟草，里曼于 1828 年发现烟草中的杀虫有效成分，其后不久遂有烟草液（1832 年）、烟草粉熏蒸剂（1841 年）的应用。除虫菊原产于南斯拉夫的达尔马提亚地区，该地居民很早就知道在实践中使用花的干粉杀虫，只是直到 1694 年才见之于文献。同时鱼藤也被广泛应用于农业杀虫上。

无机农药中，最早使用的矿物农药是含砷的化合物。"巴黎绿"是亚砷酸铜与醋酸铜形成的络合物，最早于 1860 年使用。在国外，古希腊和古罗马于公元前 1 500 年至公元前

1 000 年时就使用硫黄杀虫、杀菌。但是大量应用硫黄作为杀虫剂、杀菌剂还是在 18 世纪 50 年代石硫合剂出现以后。

把硫酸铜用于杀菌纯属偶然，但这一偶然却揭开了杀菌剂史上最光辉的一页，这就是波尔多液的问世，之后又有硫酸铜、氢氧化铵液、碳酸铜及碳酸钠波尔多液、铜皂液出现。

此外，1892 年美国开始使用砷酸铅，1910 年硫酸烟碱商品化。这些标志着这一时期的农药主要是天然和无机产物。农药主要用于果树、蔬菜、棉花等作物的病虫害防治，由于需求量不断增加，农药制造开始成为化学工业的组成部分之一。

（二）有机合成农药的发展阶段

有机合成农药是到 20 世纪 40 年代才出现的，在这以后农药才被大量生产、推广应用于农业，成为化学工业的一个组成部分。最早使用的有机合成杀虫剂是有机氯类杀虫剂，如滴滴涕、六六六。1874 年德国欧特马·勤德勒合成了滴滴涕，1939 年瑞士保罗·赫尔曼·缪勒发现其杀虫功效，1940 年作为农药开始生产；六六六是在 1943 年和 1945 年分别由法国杜皮尔和英国斯拉德制得，1946 年开始大规模生产，六六六是多种立体异构体的混合物，林登发现 R-异构体对昆虫的毒力最大，为纪念林登首先发现 R-六六六，将其简称为 Lin-dane，今译为"林丹"。

有机磷类化合物用作杀虫剂是从 1937 年开始的。先后合成了氟代磷酸（1937 年）、八甲磷（1941 年）、对硫磷（1944 年）、马拉硫磷（1950 年）、杀螟硫磷（1959 年），以后又发现了许多用途广泛的新品种。

氨基甲酸酯类化合物也是目前广泛使用的农药，主要用于杀虫、除草等，其杀虫活性是在 20 世纪 40 年代后期发现的，以后许多国家进行了广泛地研究和探索。如西维因（1953 年）、克百威（1967 年）、涕灭威（1956 年）、灭虫多（1966 年）等。

上述三大类型杀虫剂的广泛应用，彻底改变了粮、棉、果、蔬害虫的防治面貌，也推动了除草剂和杀菌剂的发展。

对于除草剂的研究是近年来农药中发展最快和研究最为广泛的领域。自 1942 年美国化学公司合成 2,4-滴以来，到 20 世纪 80 年代，有使用价值的除草剂的品种超过 500 种，重要的化学类型有 20 多类。

早期的保护性杀菌剂都是无机物。真正的保护性有机杀菌剂的使用开始于 1934 年发现福美类以后，这个发现促进了有机杀菌剂的发展。1943 年发现了代森类，1952 年发现三氯甲硫基类，后来又陆续发现了有机砷、有机磷、有机锡、取代苯类和杂环类等杀菌剂。自 1966 年出现了萎锈灵、氧化萎锈灵之后，杀菌剂的研究进入了发展内吸剂的新阶段。近十几年来，杀菌剂机制的研究与新品种的开发都有很大的发展。

20 世纪 60 年代和 70 年代，世界农药工业蓬勃发展，有机合成农药的品种迅速增加。由于各种类型的有机合成农药品种和数量的迅速增长，促进了农药毒理学、加工制剂、分析检测技术的发展。农药领域内开始形成了一些新的分支学科。

（三）现代农药发展阶段

由于有机合成农药有副作用，人们又着手研究新的高效、低毒、低残留的有机杀虫剂。如拟除虫菊酯、昆虫激素等。它们与传统的生物农药不同，属于化学农药。因为它们是从生物体中提取有效成分，测定其化学结构，然后模拟合成或在结构上加以改进而制成的。目前很多品种已商品化，如对除虫菊酯中杀虫成分除虫菊素的化学研究开始于 1908 年，经过 40

多年的研究和探索，1949 年美国谢克特第一次人工合成了丙烯菊酯，但丙烯菊酯不耐光和氧，很容易分解，只能用于室内。1967 年英国埃利奥特等人合成了苄呋菊酯，以后又相继合成了具有光稳性的二氯苯醚菊酯、氯氰菊酯、溴氰菊酯；日本合成了杀灭菊酯等品种。另一类较理想的新型农药是昆虫激素，它兼有生物和化学防治的优点，活性高、专化性强、无公害，20 世纪 70 年代对于昆虫激素研究较广泛，由于微量有机合成和有机分析技术向超微量水平发展，从而使昆虫激素的研究得以迅速发展。如在杀虫剂方面，保幼激素、蜕皮激素、性外激素，以及抗几丁质合成药剂等都获得了重要的进展，且已经应用于农业害虫的防治中。

由于农药的污染和残留问题已引起世界各国的重视，从 20 世纪 70 年代初开始，各国禁用了滴滴涕和六六六，并相继禁用了其他有机氯、有机汞等高残留农药，同时建立环境保护机构，制定环境法规，对农药的生产和销售规定了严格的登记注册手续，这些均对农药的发展产生了巨大的影响。

首先，高效、低毒、选择性的农药新品种发展迅速。在杀虫剂方面，仿生农药如拟除虫菊酯类、沙蚕毒素类，以及被称为第三代杀虫剂的昆虫生长调节剂，包括几丁质合成抑制剂，如灭幼脲、噻嗪酮（优乐得）等，拟保幼激素如烯虫酯等，抗保幼激素如早熟素等都得到了进一步开发应用。新开发的昆虫行为调节剂，包括信息素如性引诱剂，拒食剂如印楝素等也在生产上得到了应用。这两类杀虫剂具有高度的选择性，它们的出现为害虫的药剂防治工作开辟了新途径。

杀菌剂方面，20 世纪 70 年代以来内吸剂发展较快，如多菌灵、三环唑、叶枯唑等在农业上广泛应用，继而又开发了双向传导的内吸剂如乙膦铝、甲霜灵等。80 年代以来，世界杀菌剂新品种的开发取得较大进展，除大家熟悉的三唑类外，主要有以下几种类型，吡咯类、酰胺类、苯（苄）氨基嘧啶胺类、甲氧基丙烯酸酯类、噁（咪）唑啉（酮）类、氨基酸衍生物和其他类。这些化合物不仅活性高、作用机制独特、对环境友好，而且对难防治的病害如霜霉病、稻瘟病、灰霉病、立枯病等病害有特效，尤其是近年开发的酰胺类杀菌剂杀菌谱，有了很大改观，大多具有广谱活性。

除草剂方面，20 世纪 70 年代以来发展迅速，农业机械化和农业现代化推动了除草剂的发展，使除草剂成为农药工业最重要的组成部分。选择性强的茎叶处理剂新品种不断涌现，如吡氟禾草灵、吡氟氯禾灵、氟磺胺草醚等。20 世纪 80 年代以来高效除草剂取得了突破性的进展，如乙氧氟草醚、苄嘧磺隆、喹禾灵等品种，每 667 m^2 用量（有效成分）仅为 1～5 g。尤其是磺酰脲类除草剂的开发成功，是除草剂发展史上的重大突破，如甲磺隆等品种，每 667 m^2 使用量低于 1 g。

植物生长调节剂的发展引人注目，在农业生产上应用越来越广，对于提高农作物产量和质量发挥了很大作用，如多效唑、脱叶灵等。

其次，农药加工剂型和施药方法也不断发展。在原有的乳油与可湿性粉剂的基础上，开发出了多种剂型。如以乳油为基础，向水剂化方向发展形成以水乳剂、微乳剂为主导方向的制剂产品；在可湿性粉剂的基础上，制成粒（片）状产品如水分散粒（片）剂、泡腾粒（片）剂等。农药产品的多元化，促进了制剂加工工艺的发展，就乳油而言，更加注重对于亲油亲水基团的筛选，水分散粒剂也对分散、润湿剂的性能有了更高的要求。例如，现在几乎所有的水乳剂都是采用高速均质机使油珠的微粒直径达到 0.01～0.1 μm 的要求。在农作物病虫草害的化学防治中，要达到理想的防治效果，所采用的施药方法十分重要。近年来，应用低容量、超低容量、控滴喷雾、循环喷雾、直接注入系统、反飘喷雾等施药技术，逐步实现高效安全、精准对靶、自动化、智能化。推广基于 GPS 和 GIS 的变量喷药技术、脉冲电控变量喷药控制方式等，实行规范化、标准化和精准化作业。

第三，农药销售额不断增长。世界农药市场总销售额 1960 年为 8.5 亿美元，1970 年为 27 亿美元，1980 年为 116 亿美元，1990 年为 264 亿美元，2000 年为 289.79 亿美元，2002 年为 292 亿美元，2013 年为 519.6 亿美元，2014 年全球作物保护农药的销售额已经达到了 577.1 亿美元。2014 年 7 月 AgroPages 报道，2019 年全球植物保护市场销售额将达到 759 亿美元。全球农药产量将从 2013 年的 230 万 t 增加到 2019 年的 320 万 t，年复合增长率为 6.1%。

我国的农药工业是在 1949 年以后发展起来的。于 1951 年开始生产滴滴涕和六六六，20 世纪 50 年代后期开始生产有机磷农药，60—70 年代主要发展有机氯、有机磷和氨基甲酸酯类杀虫剂，在 70 年代初已能满足国内市场需要。在这个时期，杀菌剂和除草剂也得到相应发展，杀鼠剂和植物生长调节剂也有所发展。1973 年我国停用了汞制剂，随后稻瘟净、多菌灵等陆续研制成功并投入生产。自 80 年代以来，随着改革开放和市场经济的发展，我国农药生产进入了新时期，高效、安全的新品种不断出现。1983 年我国停止六六六、滴滴涕等高残留农药的生产后，扩大了有机磷和氨基甲酸酯类杀虫剂的生产，杀虫双及拟除虫菊酯类（如氰戊菊酯）很快投入生产。高效杀菌剂如甲霜灵、三环唑、代森锰锌、噻枯唑等也相继投产，有效地控制了多种病害的发生。除草剂的用量迅速增加，高效除草剂研制成功，并大量投入生产。我国的农药工业现已形成一个协同发展的体系，从活性结构的合成筛选、制剂加工、田间效应、环境评价及安全性评价，到生产工艺设计和合理施药技术的研究等都已形成了技术队伍，并配有现代化的仪器设施。

随着中美知识产权协议的签署，1993 年 1 月 1 日起，我国不再无偿仿制国外新农药品种，国家组建了国家农药工程中心和南方农药创制中心，引领我国农药工业走上了艰难的创制之路，相继有氟吗啉、硝虫硫磷等新品种问世。2005 年 10 月，在欧洲最大农用化学品展览会——英国格拉斯哥农作物科学与技术展览会上，几十家中国参展的化工企业被逐出展会，起因是中外企业对有关知识产权的不同理解。2001 年 12 月 1 日我国加入世界贸易组织（WTO），拿上了自由贸易的绿卡，但许多发达国家通过提高农产品的农药残留限量标准来形成新的绿色技术壁垒，阻止我国农产品的对外输出。随着人民生活水平的提高，国内消费者也对农产品提出了更高的质量要求，我国实施了从田间到餐桌的食品安全工程。2002 年 6 月 5 日起禁用了六六六、滴滴涕、毒杀芬、二溴氯丙烷、杀虫脒、二溴乙烷、除草醚、艾氏剂、狄氏剂、汞制剂、砷类、铅类、敌枯双、氟乙酰胺、甘氟、毒鼠强、毒鼠硅、氟乙酸钠等农药。外贸和内需的共同要求促使我国从 2007 年 1 月 1 日起全面停产五大高毒有机磷农药品种；2011 年又全面停止了 22 种高毒农药新增登记，撤销了苯线磷等 10 种高毒农药的登记和生产许可。2015 年 12 月 31 日起禁用氯磺隆、福美胂、福美甲胂；胺苯磺隆、甲磺隆单剂产品自 2015 年 12 月 31 日起禁用，复配制剂产品自 2017 年 7 月 1 日起禁用；百草枯水剂自 2016 年 7 月 1 日起停止在国内销售和使用；三氯杀螨醇自 2018 年 10 月 1 日起禁止使用。2017 年农业部对硫丹、溴甲烷两种高毒农药发布了公告，确定将于 2019 年全面禁用。同时，涕灭威、甲拌磷、水胺硫磷将于 2018 年禁用；灭线磷、氧乐果、甲基异构柳磷、磷化铝将力争于 2020 年前禁用；氯化苦、克百威和灭多威将力争于 2022 年前禁用。

为加强农药管理，保证农药质量，保障农产品质量安全和人畜安全，保护农业、林业生产和生态环境，国务院于 1997 年 5 月 8 日发布并实施《农药管理条例》。2002 年 8 月农业部颁发了《农药限制使用管理规定》，对农药限制使用制定了详细的管理措施；2007 年 12 月农业部发布《农药管理条例实施办法》（农业部 2007 年第 9 号令修订），2015 年 1 月农业部公布《农药正式登记审批规范》《新农药、新制剂农药田间试验审批规范》《农药正式登记审批标准》和《新农药、新制剂农药田间试验审批标准》等，对农药的管理更加规范有效。

新修订的《农药管理条例》于 2017 年 6 月 1 日起施行，为有效贯彻落实新《农药管理条例》，新制定的《农药登记管理办法》《农药登记试验管理办法》《农药生产许可管理办法》《农药标签和说明书管理办法》《农药经营许可管理办法》等 5 个配套规章也于 2017 年 8 月 1 日起实施。此次出台的法规调整了农药管理体制，改变农药管理"九龙治水"的现状，把农药登记、生产许可、经营许可及市场监管等职能全权赋予农业部门，实行全程监管，解决了监管盲区等问题。

从生产能力上看，中华人民共和国成立之初全国只有之前保留下来的生产能力为 1 000～2 000 t 以无机农药为主的几家小型农药生产厂，而发达国家则早已进入合成农药的大批量工业化生产时期。1953 年农药总产量增加到 1.52 万 t；1956 年猛增到 13.96 万 t（均为未折纯产品）；1970 年已高达 9.2 万 t，仅次于德国而居世界第三位，农药原药品种约 150 种；1980 年为 19.3 万 t；从 1990 年开始，我国农药生产量已居世界第二位，仅次于美国；1992 年达 26.2 万 t；1998 年更飙升至 40.8 万 t，品种也发展到 250 种；2001 年 69.64 万 t；2007 年 173.6 万 t；2012 年达到 354.9 万 t，可生产品种已达 500 种以上，常年生产 350～400 种，加工制剂产品 3 000 多个，剂型几十种，原药生产能力 200 万 t 以上；2016 年 6 月我国化学农药总产量为 334.7 万 t 左右，有 2 000 多家农药生产企业，共登记了 3 万多个产品。

从农业病、虫、草、鼠害防治整体来说，我国早在 1975 年就提出"预防为主，综合防治"的植物保护方针，和国外提出的"害虫综合治理（IPM）"的含义是相同的。对综合防治的正确理解应从生态学的观点出发，全面考虑生态平衡、经济利益及防治效果，综合利用和协调农业防治、物理和机械防治、生物防治及化学防治等有效的防治措施。化学防治具有对有害生物高效、速效、操作方便、适应性广及经济效益显著等特点，因此，其在综合防治体系中占有重要地位。

二、农药在农业生产中的地位和作用

虽然化学防治有许多缺点，但是因农药防效高、致死迅速、适用范围广，受生态环境条件的限制小，只要在使用方法上适当调整，就可以发挥较为稳定的防治效果；并且农药具有广谱性，一种制剂可防治多种有害生物，有各种不同的种类、剂型、使用方法，适用于各种不同有害生物；还有农药使用和贮运方便，可运销世界各地。正因为有以上优点，农药在农业的发展中有着重要的作用，现代化农业已离不开农药的使用。从种子处理、生产期有害生物的防治到果实的保鲜、防蛀、防霉，农药都起着十分重要的作用。此外农药还被广泛用于工业品防霉、木材防腐、防蛀和卫生杀菌消毒等许多方面。

（一）农药对农业生产贡献大

农药可以影响、控制和调整各种有害生物的生长、发育和繁殖过程，在保障人类健康和生态平衡的前提下，使有益生物得到有效保护，有害生物得到较好抑制，从而促进农业向更高层次发展，满足日益增加的人口需求。据有关资料统计，全世界由于有害生物造成的农作物损失是潜在收获量的 35%，其中虫害损失 14%，病害损失 10%，草害损失 11%。由于使用农药，全世界挽回了损失量的 20%～25%，价值达 1 400 亿美元。而 1990 年世界农药销售额为 264 亿美元，即每投入 1 美元的农药直接收益可达 5 美元以上。诺贝尔奖获得者墨西哥小麦育种学家罗曼·布朗说："没有化学农药，人类将面临饥饿的危险。"英国人柯平博士在 2002 年曾指出："如果停止使用农药，将使水果减产 78%，蔬菜减产 54%，谷物减产 32%。"英国的试验证明，一年期间不使用农药会导致马铃薯产量下降 42%，甜菜产量下降 67%，而两年不用农药，则产量损失又增加一倍。

我国作为世界上的人口大国，要用占世界 7% 的耕地及 6% 的淡水资源，供养占世界 22% 的人口，农药在国民经济中的重要性更为明显。据统计，全国年均使用农药超过 28 万 t，施用药剂防治面积达 3.2 亿 hm² 次。通过使用农药，每年可挽回粮食损失 4 800 万 t、棉花 180 万 t、蔬菜 5 800 万 t、水果 620 万 t，总价值在 550 亿元左右。近年来，许多高效、低毒、低残留新农药的出现，使用的投入产出比已高达 1∶10 以上，一般农药品种的投入产出比也达 1∶4 以上。由此可见，农药在现代农业生产中的作用是巨大的。

（二）提高粮食单产离不开农药

目前全球人口不断增长、耕地面积逐步减少、种植结构改变、异常气候频发等导致粮价不断攀升。联合国粮农组织、联合国世界粮食计划署与欧盟 2018 年 3 月 22 日联合发布的最新《全球粮食危机报告》指出，2017 年有 51 个国家的 1 亿 2 400 万人受到急性粮食不安全的影响，比 2016 年多出 1 100 万人。全世界粮食收获面积从 20 世纪 70 年代后期的 7.5 亿 hm² 减少至 2005 年的 6.82 亿 hm²。全球粮食总产量从 1961 年的 8.77 亿 t 增至 2005 年的 22.19 亿 t，平均每 667 m² 单产达 216.91 kg，但仍难以满足不断增加的人口对粮食的需求。估计到 2050 年全球人口达 90 亿，但耕地面积发展有限，故增加粮食产量、提高单位面积产量是必由之路。通过荒地开垦及对沙漠改造，即使将来可耕田面积达到 8 亿 hm²，按每人每年粮食需要量 400 kg 计算，90 亿人口每年需要粮食 36 亿 t，要求平均单产 300 kg 才行，而目前平均每 667 m² 单产距此还差 83.09 kg。2013 年全国耕地面积为 1.35 亿 hm²，人均耕地面积为 0.093 hm²，不足世界平均水平的 40%。我国到 2050 年人口将达 16 亿，按年人均占有粮食 400 kg 计算，每年需 6.4 亿 t 粮食。而 2004 年全国粮食总产量 4.695 亿 t，人均仅 360 kg。我国到 2050 年人民生活水平达到小康至中等水平时，每年需要粮食 7.2 亿 t，即需从目前正常年份的约 4.8 亿 t 净增粮食 2.4 亿 t，在可耕地面积不变的情况下要求粮食每 667 m² 产量应比目前的水平提高 1/3 以上。要提高单位面积粮食产量，必须依靠品种改良、栽培技术提高、水源保证、中低产田改良以及农机、化肥、农药、农膜等生产资料的合理投入。上述农业生产技术和生产资料缺一不可，且需有机结合。广泛推广应用农药，尽可能减少由于病、虫、草、鼠等有害因素危害造成的占总产量 30% 的损失，是最现实、最可行的措施之一。

（三）农药应用促进农业现代化

农药的广泛应用是现代农业的重要标志之一，没有现代农药也就没有现代农业。随着社会经济的发展和现代化步伐的加快，全世界对农药的需求仍呈与日俱增的态势。农药的使用量与一个国家或地区社会经济的发展成正比。2015 年全球各地区各类作物保护用农药销售情况：亚洲 27.41%，欧洲 22.66%，非洲和中东 4.21%，拉丁美洲 27.44%，北美 18.27%。从世界农药市场销售比例可以明显看出，一个地区经济越发达，农药销售额所占世界总销售额的比例就越高。美国是世界上农业最发达国家，也是生产和使用农药最多的国家，农药销售额一直位居世界前列；日本耕地面积 508.6 万 hm^2，不足中国 1.2 亿 hm^2 的 1/23，且由于劳动力、效益等原因，农田荒芜面积占耕地 7%，然而 2015 年作物保护用农药销售额却高达 27.41 亿美元，占中国农药销售额的 51.09%；法国耕地面积 0.183 亿 hm^2，约为中国耕地面积的 1/7，农药销售额占中国的 45.78%。由此说明，中国目前农药消费远不及世界经济发达国家。

我国早在 1975 年就提出"预防为主，综合防治"的植物保护方针。化学防治在综合防治体系中占有重要地位。在目前及今后很长一段时期内，化学防治仍然是综合防治中的主要措施，是不可能被其他防治措施完全替代的。随着中国农业现代化进程逐步加快，农药的消费水平及应用范围必将逐渐提高和扩大。相应地，农药的科学、合理、合法推广应用，尤其是除草剂的应用必将大幅度提高劳动生产效率、解放农村劳动力，进而促进农业的现代化。并且随着人们生活水平的提高，各种经济作物、饲料作物、中草药、花卉、食用菌、调料作物等将有新的发展，这些领域将会对农药的使用提出更高的要求。

随着农业的发展和农作物产量的进一步提高，农业有害生物防治的重要性将更为突出。农作物种类与品种的不断调整、高产农田生态条件的改变、化学农药长期使用的影响，将导致农业有害生物抗药性的积累及有害生物种群的变化；而贸易与交通的发展也便于异地农业有害生物的侵入和蔓延。这些情况将不断地给农业有害生物化学防治提出新的课题和更高的要求。可以预见，在未来的数十年内，现代化学农药将成为现代农业发展的物质保证。

三、目前开发新农药的途径和农药的发展方向

（一）目前农药使用中存在的问题

农药在确保农业丰收与预防传染疾病方面，发挥了不可否认的积极作用。但是大量的、不加限制的使用化学农药也会产生一些不良后果。

1. 有害生物对农药产生抗药性　农药的广泛使用虽对农林业生产起到了积极作用，但是导致自然界中有害生物对农药产生抗药性。最典型的是棉铃虫，20 世纪 90 年代，在华北棉区造成毁灭性的灾害。棉铃虫在 1980—1990 年对菊酯类农药的抗性增加了 108 倍。害虫抗药性增加，人们加大了农药使用剂量，增加了防治次数，滥用剧毒农药，又加速了抗药性的发展，形成了恶性循环。除了害虫和病菌产生抗性外，也发现其他有害生物对农药产生了抗性。而且随着农业现代化的实现，农药的使用量将不断增加。因此，亟须研究和解决有害生物的抗药性问题。

2. 大量杀伤天敌生物，破坏生态平衡　许多种农药就其防治对象来说是十分广泛的，即所谓"广谱性"药剂。这些药剂的选择性很差，能有效地防治多种病虫害，用途广泛。但也因此而无选择地杀死大量病虫天敌，诸如某些土壤微生物、天敌昆虫、蜂类、鸟类、蛙类、蛇类等，破坏了生态平衡。另外也造成目标害虫再猖獗和次要害虫上升为主要害虫的后果，使害虫大发生频率增加。如早年在苹果树上大面积使用滴滴涕和对硫磷防治桃小食心虫，结果桃小食心虫虽得到控制，但由于杀死了叶螨的天敌，使叶螨成了主要害虫。

3. 造成农产品质量不安全　近年来，发生了"毒豇豆""毒韭菜""毒姜""爆炸西瓜"等事件，因农药残留超标，社会反响强烈。2013 年 6 月，《每日经济新闻》报道，绿色和平组织曾委托第三方机构，抽检了来源于我国 9 家中药连锁企业的 65 个常用中药材样品，检测结果显示，有 48 个样品发现农药残留超标，比例高达 74%。农药残留超标，严重影响农产品的国际竞争力，也使得农产品出口贸易摩擦愈演愈烈。我国每年仅因为农药残留污染或者有害生物问题，引起国际农产品退货或处理所造成的直接经济损失在 100 亿美元以上，农药等毒物残留已成为阻碍农产品出口的主要原因之一。

4. 危害人类身体健康　农药经消化道、呼吸道和皮肤 3 条途径进入人体而危害人身健康与生命安全，包括急性中毒、慢性中毒、致癌、致畸、致突变等。1984 年 12 月 3 日凌晨，印度的博帕尔市贫民区附近一所农药厂发生泄漏，造成了 2.5 万人直接致死、55 万人间接致死、20 多万人永久残废的人间惨剧。农药无论用什么方式施用，都是把药剂散布到自然界，其运转情况比较复杂。性质稳定不易分解的农药，容易运转分布到各个领域，生物体每天通过食物、水、空气等摄入农药，在体内大量累积，危害着机体健康，特别是有机农药，脂溶性很强，水溶性较弱，很容易经食物链多级富集在生物体内积累起来。世界卫生组织曾发布调查报告称，农药残留已经危害到了人类的生命安全，粮食、蔬菜、水果等农药残留长期累积在人体内，可诱发基因突变，致使癌变、畸形的比例和可能性提高，对人体内的酶和生殖系统构成严重威胁。调查发现，经常接触农药的农民患帕金森病的概率比那些没有接触过农药的人高出 90%。欧美一些国家研究表明，经常食用从受到农药等化学物污染的水域捕捞上来的鱼类和甲壳类，对人身特别是胎儿和婴儿的成长会造成严重不利影响。

由于农药使用量较大，加之施药方法不够科学，带来生产成本增加、农产品残留超标、作物药害、环境污染等问题。为推进农业发展方式转变，有效控制农药使用量，保障农业生产安全、农产品质量安全和生态环境安全，促进农业可持续发展，2015 年 2 月 17 日农业部制订并印发了《到 2020 年化肥使用量零增长行动方案》和《到 2020 年农药使用量零增长行动方案》。其中明确规定：到 2020 年，初步建立资源节约型、环境友好型病虫害可持续治理技术体系，科学用药水平明显提升，单位防治面积农药使用量控制在近 3 年平均水平以下，力争实现农药使用总量零增长。要实现农药使用量零增长，重点任务是："一构建，三推进。"即：构建病虫监测预警体系；推进科学用药，推进绿色防控，推进统防统治。

（二）目前开发新农药的途径和农药的发展方向

由于农药对人类和环境有影响及因大量且频繁使用农药出现了日趋严重的抗药性，人们要求研究和开发对非目标生物安全，对目标生物高效、具有高度选择性、适当持效并能生物降解的农药新品种。当前世界农药发展方向有以下几个方面。

1. 通过严格规范的农药登记、审核制度等管理，保证进入市场农药的安全性　在化学农药刚刚问世的 20 世纪 50 年代，农药登记时毒性数据只要求急性毒性一种，其他方面都未涉及。而 20 世纪 80 年代以后，仅毒性数据就包括急性毒性、亚急性毒性、慢性毒性、"三致"效应等。其他有关农药在动植物体内代谢、对环境中生物的影响、在环境中的行为等也都有许多具体要求。随着时间的推移、社会的发展，农药登记制度有越来越严的趋势。再有一点，为了加强对农药负面效应的监控，现在农药获得登记并不意味着就获得了长期的许可，瑞典、我国等国家就规定农药产品的最长认可期仅为 5 年。在严格农药登记制度的同时，各国还加强了对已上市农药的重新审核，急性毒性严重的内吸磷，累积毒性严重的狄氏剂、艾氏剂、滴滴涕、六六六，有致癌作用的杀虫脒、二溴氯丙烷，毒性与环境问题严重的无机砷、有机汞制剂、氟乙酰胺等都已先后被禁止使用。严格的农药登记制度，避免了新的负面效应严重的农药上市；而加强对已上市农药的审核，淘汰了已进入市场的负面效应严重的农药品种。经过多年努力，现在全世界有数百种化学农药的急性毒性比食盐、阿司匹林还低。

2. 开发农药新品种　高效低风险农药已成为当前农药发展的必由之路。高效、低风险农药主要具备以下几个特点：①对靶标生物活性高，单位面积使用量小；②对人畜低毒；③对农作物本身安全，无药害；④对于对环境有益生物安全，如对蜂、鸟、鱼、蚕毒性低；⑤易降解，且降解产物安全。

农药自问世以来，品种的更新过程就是一个药效不断提高、安全性不断增加、用量不断减少的过程。以形成负面效应最大的杀虫剂为例，杀虫剂的发展经历了以下几个阶段：安全低效（天然杀虫剂，持效期短，对环境安全，但有些对哺乳动物高毒）→高效高残留（有机氯杀虫剂）→高效低残留（有机磷、氨基甲酸酯杀虫剂，在环境中易代谢降解，但大多对哺乳动物有较高的急性毒性）→高效低毒低残留（大多为类天然产生杀虫剂，如类除虫菊素、类烟碱杀虫剂等，以及一些偶然合成筛选出的与天然产物作用机制相同的杀虫剂）→高效高选择性低毒性低残留（昆虫生长调节剂，不但对哺乳动物安全，对天敌亦有选择性）。进入21世纪，拟烟碱类、大环内酯、双酰胺类等杀虫剂和多种杀菌剂、除草剂、植物生长调节剂等生物源化学农药不断涌现，生物与化学方法相结合开发生物化学农药成为现代农药研究的主要任务，生物农药为化学农药的创制提供了先导化合物，通过对生物农药改造，开发作用机制独特的生物农药品种、天然产物生物农药，并且随着细胞工程、基因工程技术的日趋成熟，包括具有农药作用的转基因植物和抗农药转基因植物都是现代生物农药研究的重点；合理设计目标分子、快速有效地筛选，将绿色化学新技术应用到农药研制的每一个环节，使传统的化学农药发展为绿色化学农药。农药向高效、低毒、低残留、对环境友好型方向发展，以满足人类社会发展与自然生态和谐的新期待，有的已符合或超越医药品的安全性指标。

农药越来越向精细化方向发展，用量减少的趋势也很明显。据统计，在20世纪40年代治虫时的用药量为$7\sim8$ kg/hm²；到50—70年代新一代农药的用量已降至$0.75\sim1.5$ kg/hm²；至70年代以后出现的高效与超高效农药的用量只需$0.015\sim0.075$ kg/hm²，还有许多农药的用量已低于0.015 kg/hm²。而新开发的许多除草剂的用量只有15 g/hm²，甚至有些只需$3\sim4.5$ g/hm²。农药活性及安全性的提高、用量的降低，可以显著地减轻环境对毒物的负荷量，同时也降低了人畜中毒、农产品中农药残留超标的危险。

3. 开发农药新剂型、新包装　传统农药剂型——乳油，需要大量使用二甲苯等有机溶剂，既污染环境，又浪费石化资源；粉剂和可湿性粉剂等虽然不使用有机溶剂，但是其生产和使用中出现粉尘，对施药者安全性低，造成环境污染，尤其高活性的除草剂，还容易对作物产生药害。同时，传统农药剂型持效期较短，需增大施药量和施药频率，这不仅提高了生产成本，而且使农产品中农药残留量增加；此外，频繁施药容易导致有害生物产生抗药性，缩短农药的使用寿命。随着农药加工行业的发展和人们环保意识的增强，研究和开发"水性、粒状、缓释"剂型已经成为农药加工领域的研究热点，陆续出现了高效安全、经济方便、环境友好农药新剂型，悬浮剂、水乳剂、微胶囊剂、种衣剂等水基性剂型的推广以及聚羧酸盐类分散剂、绿色溶剂、有机硅等助剂的使用都极大地促进了农药剂型加工行业的发展；激光粒度仪、流动电位仪、流变仪等先进仪器的出现使农药剂型加工理论研究不断深入，正朝着微观、量化、精准的方向发展。目前剂型加工研究的主要方向是：降低毒性、提高安全性；减少污染；减轻对作物的药害；对使用者更安全；方便使用，节约劳动力；节约能源，降低价格；提高生物利用率。

当前农药包装的发展趋势是绿色环保包装，即储存运输安全性高，尽量减少废弃物对环境的污染，确保农药包装操作人员身体健康。改进农药的包装材料和包装技术，如采用一种水可溶性气密塑料包装袋把农药制剂做成定量小包装，使用时只需把一定数量的药包投入一定量的水中，部分可溶性包装袋本身具有表面活性作用，当包装袋溶于水中即成为农药的表面活性助剂。此法可完全消除操作人员与农药接触，农药包装的方便性成为使用者的关注目标之一，实行农药小包装，甚至是按用户要求采用不同规格制袋形式，在方便用户掌握使用剂量，减少农药用量等方面发挥一定作用。

4. 改进施药技术及用药器械的质量 目前，我国的农药有效利用率仅为 20％～30％，也就是说，我们施用农药只有 20％～30％ 作用在作物上。而这些农药在作物上的分布也是极不均匀的，真正击中靶标的仅占十万分之三至万分之二，其余的农药都散布到农田、水域、空气中，造成环境污染，或喷洒到作物上，造成农产品农药残留量增加。

精准施药机具大力发展，推广的有自走式喷杆喷雾机、高效常温烟雾机、固定翼飞机、直升机、植保无人机等现代植保机械。如果说药械和农药是"枪"和"弹"的关系，那么，施药技术和方法就是如何熟练地掌握手中的"枪"，用最合适的"弹"，按最有效的方法去消灭"敌人"，同时又不误伤自己的一种技术。根据不同的作物、生长期、地理情况、气象条件、所用的机具和农药等，采用最经济、有效的施药方法，如采用低容量喷雾、静电喷雾等先进施药技术，处理好防治病虫害与保护天敌的关系，提高喷雾对靶标生物的黏附能力，降低飘移损失，提高农药利用率，实现精准化作业，提高农作物病虫害防治机械化水平和农业资源的利用率，缓解农业劳动力短缺，促进现代化绿色生态农业的可持续发展。

四、植物化学保护课程的特点、研究范围和主要内容

植物化学保护学是一个综合性学科，属于农业、化学和生物学相结合的交叉学科，涉及诸多基础科学和应用科学，如化学、农学、生理学、毒理学、生态学、工艺学、植物保护学、环境科学、卫生学、管理学、概率论与数理统计、商品学和营销学等，甚至涉及国内外有关化工产品法规。该学科的发展与农药新产品的出现密切相关，而农药的发展又与环境、生态及人类健康密切相关，尤其对促进农业科技进步（如功能性农药对传统农业耕作和物品的安全储藏方式的改造），保证农、林、牧、渔业的安全生产（如传统农药防治病虫草鼠等），改造人类生存环境（如卫生用药防治蚊、蝇、蟑螂等，园林植物的保护和草坪的化学除草）等方面均有重要作用。在国外，甚至将用于抵抗病虫和除草剂的转基因植物也称为农药产物，这样，农药与生物工程也有了密切的关系。植物化学保护学的学科范围较广，农药工作者从事的工作主要分为农药化学、农药毒理学、农药与环境相互作用、农药加工、农药应用技术等领域。植物化学保护学是植物保护专业的主干课程和专业课，是植物保护体系中

的重要组成部分，是一门具有丰富理论内容的理论课，同时也是植物保护专业中实践性最强的一门专业课。

植物化学保护课程的主要内容：一是农药分类、性质、作用机制、安全性等；二是农药的剂型及使用技术；三是农业有害生物的抗药性的形成及克服；四是农药的经营与管理；五是农药主要种类；六是农药的科学安全使用。农药当前存在的问题是农药污染环境、破坏生态平衡和有害生物产生抗药性，但根据农业发展的需要，随着科学的发展和对存在问题的逐步解决，每年世界农药销售额仍以 5％左右的速度递增，农药在今后相当长的历史时间内仍起重要作用。重要的是，随着农药理论研究的深入和科学技术的推广，植物化学保护课程会与时俱进，逐渐增加或者减少一些学习内容。

第一章 ≫≫≫

植物化学保护的概念

第一节 农药的概念

1997年国务院颁布实施《中华人民共和国农药管理条例》，这是我国迄今为止唯一的一部农药管理的专门行政法规，在这部法规中明确规定了农药的概念。

农药是指用于预防、消灭或者控制危害农业、林业的病虫草和其他有害生物以及有目的地调节植物与昆虫生长的化学合成，或者来源于生物及其他天然物质的一种物质或者几种物质的混合物及其制剂。

农药的含义和范围，古代和近代有所不同，不同国家亦有所差异。古代主要是指天然的植物性、动物性、矿物性物质；近代主要是指人工合成的化工产品和生物制品。美国将农药与化学肥料合称为"农业化学品"，德国称为"植物保护剂"，法国称为"植物消毒剂"日本称为"农乐"，包括天敌生物。中国所用"农药"一词也源于日本。目前在国际交流中，已统一使用"农药"一词，含义和范围趋于一致。在农药的使用者农民看来，农药主要是指用于防治危害农业、林业生产的有害生物和调节植物生长的化学药品，这里的有害生物包括害虫、害螨、线虫、病原菌、杂草及鼠类等。

综上所述，农药是指：预防、消灭或控制危害农林牧作物、农林产品和环境中的病、虫、草、鼠等有害生物的化学物质以及有目的调控植物的植物生长调节剂；提高这些药剂药效的辅助剂、增效剂；一些特异性农药，如不育剂、拒食剂、驱避剂、昆虫生长发育抑制剂、保幼激素、蜕皮激素等；来源于生物和其他天然物质的生物源农药和用天敌活体生物商品防治有害生物的生物体农药（也称天敌农药）。

随着人们对环境质量的要求不断提高，对农药的要求越来越严格，同时也促进了农药的迅速发展。农药学也不断吸取近代生物化学、分子生物学和基因工程等学科的最新成就，用有机化合物影响、控制和调节各种有害生物的生长、发育和繁殖。在保障人类健康和生态平衡的前提下，使有益生物得到最大的保护，使有害生物得到最大的控制。因此在这个过程中所使用的具有特殊生物活性的物质都可统称为农药。

原药：由专门的化工厂生产合成的农药。原药为固体的称为原粉，原药为液体的称为原油。

农药加工：在农药中加入适当的辅助剂，制成便于使用的形态的过程。

农药剂型：加工后的农药具有一定的形态、组成及规格。

农药制剂：一种剂型可以制成多种不同含量和不同用途的产品，这些产品统称为农药制剂。

有效成分：农药产品中对病虫草等有毒杀活性的成分。一般用 AI（Active ingredient）

表示，工业生产的原药往往只含有效成分 80％～90％。原药经过加工按有效成分计算制成各种含量的剂型，如 3％粉剂、15％可湿性粉剂及 2.5％乳油。

农药安全间隔期：最后一次施药距离作物收获的时间。

第二节 农药分类

根据农药定义及含义可知，农药种类繁多。为了便于认识、研究和使用农药，可根据农药的原料来源、用途、成分、防治对象、作用方式和作用机制等进行分类。

一、根据原料来源分类

（一）无机农药

由矿物原料加工制成的。如硫制剂的硫黄、石硫合剂；铜制剂的硫酸铜、波尔多液；磷化物的磷化铝等。

（二）生物源农药

生物源农药包括 3 类，第一类是植物源农药，是用天然植物加工制成的，所含有效成分是天然有机化合物，如除虫菊、烟草等；第二类是微生物源农药，是用微生物及其代谢产物制成的，如 Bt 乳剂、白僵菌、绿僵菌、颗粒体病毒、核型多角体病毒等；第三类是动物源农药，比如捕食螨、赤眼蜂、澳洲瓢虫等。生物源农药具有对人畜安全，不污染环境，对天敌杀伤力小和有害生物不会产生抗药性等优点。是生产无公害农产品大力推广的农药品种。

（三）有机合成农药

即人工合成的有机化合物农药。这类农药的特点是药效高、见效快、用量少、用途广，可适应各种不同的需要，但是污染环境、易使有害生物产生抗药性、对人畜不安全。

二、按防治对象及作用方式分类

（一）杀虫剂

杀虫剂是指用来防治有害昆虫的药剂。如氯氰菊酯、吡虫啉等。

1. 按杀虫剂作用方式分类

（1）胃毒剂。胃毒剂是指通过害虫的口器和消化道进入虫体使害虫中毒死亡的药剂。如敌百虫、除虫脲等。

（2）触杀剂。触杀剂是指通过虫体表面渗入虫体内，破坏害虫的正常生理代谢或者生理机能，或腐蚀表皮，或破坏某些组织使害虫死亡的药剂。如辛硫磷、氰戊菊酯、氯氰菊酯等。

（3）熏蒸剂。熏蒸剂在常温下能挥发成有毒气体，或者与其他物质反应后释放出毒气，然后经害虫的呼吸系统，如气门进入虫体内，使害虫中毒死亡的药剂。如氯化苦、磷化铝、溴甲烷等。

（4）内吸剂。内吸剂是指药剂无论接触到作物的哪一部分（根、茎、叶、种子）都能被吸收到体内，并随着植株体液上下传导到全株各部位。传导到植株各部位的药量足以使危害此部位的害虫中毒死亡，同时，药剂在植物体内储存一定时间又不妨碍作物的生长发育。如吡虫啉、乙酰甲胺磷、甲拌磷、克百威等。

（5）驱避剂。药剂本身不具有杀虫作用，但由于其具有某种特殊气味或颜色，施药后可使害虫不愿接近或远离的药剂。如避蚊胺。

（6）拒食剂。害虫在接触此类药剂后，会拒绝取食，或取食量减退，最终饥饿死亡，具有这种作用的药剂称为拒食剂。如印楝素。

（7）引诱剂。能引诱昆虫的药剂即为引诱剂。常见的有植物挥发物引诱剂和信息素引诱剂，如丁香油可以引诱东方果蝇和日本丽金龟取食，蛋白质分解物可引诱蝇类产卵等。

（8）绝育剂。被昆虫接触摄食后，能破坏其生殖功能，使昆虫失去繁殖能力。比如雌性昆虫虽经交配但不会产卵或虽能产卵却不能孵化。其优点是只对那些造成危害的目标害虫起防治作用，而对同一生态环境中的无害或有益昆虫无不良影响。绝育剂在美国防治螺旋蝇的效果良好，而当前国内研究较少。

（9）昆虫生长调节剂。在使用时不直接杀死昆虫，而是在昆虫个体发育时期阻碍或干扰昆虫正常发育，使昆虫个体生活能力降低、死亡，进而使种群灭绝的药剂，这类杀虫剂包括保幼激素、抗保幼激素、蜕皮激素和几丁质合成抑制剂等。防治卫生害虫的主要药剂有保幼激素类似物和几丁质合成抑制剂。常见的农药品种有除虫脲、灭幼脲、氟虫脲等。

2. 按杀虫剂化学成分分类

（1）无机杀虫剂。如氟化钠等。

（2）有机杀虫剂。如矿物油、鱼藤、除虫菊素；人工合成有机杀虫剂，如辛硫磷、敌百虫、氯氰菊酯、三氟氯氰菊酯等。

（3）生物源杀虫剂。生物源农药主要包括三大类：第一类是植物源杀虫剂，是用天然植物加工制成的，所含有效成分是天然有机化合物，如除虫菊素、鱼藤酮、烟碱、印楝素、苦楝、川楝素等；第二类是微生物源杀虫剂，是用微生物及其代谢产物制成的，如细菌杀虫剂苏云金杆菌（Bt）、真菌杀虫剂白僵菌和绿僵菌及病毒杀虫剂颗粒体病毒和核型多角体病毒等；第三类是动物源杀虫剂，主要分为两种，一种是直接利用人工繁殖培养的活动物体，如捕食螨、赤眼蜂、丽蚜小蜂等，一种是利用动物体的代谢物或其体内所含有的具有特殊功能的生物活性物质，如昆虫所产生的各种内、外激素，这些昆虫激素可以调节昆虫的各种生理过程，以此来杀死害虫，或使其丧失生殖能力、危害功能等，比如动物毒素、昆虫激素、昆虫信息素等。

（二）杀菌剂

是指在一定剂量或浓度下，具有杀死植物病原菌或抑制其生长发育能力的农药。

1. 按杀菌剂的化学组成及来源分类

（1）无机杀菌剂。利用无机物或者天然矿物制成的杀菌剂，如硫悬浮剂、石硫合剂、硫酸铜、波尔多液、氢氧化铜、氧化亚铜等。

（2）有机合成杀菌剂。人工合成的具有杀菌作用的有机化合物。按化学结构类型又可以分为有机硫杀菌剂、有机磷杀菌剂、有机氯杀菌剂、有机锡杀菌剂、取代苯类和杂环类杀菌剂。

（3）抗生素类杀菌剂。如井冈霉素、多抗霉素、春雷霉素、硫酸链霉素、抗霉菌素120等。

（4）复配杀菌剂。如苯甲·嘧菌酯、噁霜·锰锌、霜脲锰锌、甲霜灵·锰锌、甲基硫菌灵·锰锌、甲霜灵·福美双可湿性粉剂等。

2. 按杀菌剂防治对象分类　杀真菌剂（主要防治真菌病害）、杀细菌剂（主要防治细菌病害）、杀病毒剂（主要防治病毒病害）。

3. 按杀菌剂的使用方式分类

（1）保护剂。在病原微生物没有接触植物或没侵入植物体之前，用药剂处理植物或周围环境，达到抑制病原孢子萌发或杀死萌发的病原孢子以保护植物免受其害的作用，这种作用称为保护作用，具有此种作用的药剂为保护剂。如波尔多液、代森锌、硫酸铜、代森锰锌、百菌清等。

（2）治疗剂。病原微生物已经侵入植物体内，但处于潜伏期，药物从植物表皮渗入植物组织内部，经输导、扩散或产生代谢物来杀死或抑制病原，使病株不再受害，具有这种治疗作用的药剂称为治疗剂或化学治疗剂。如甲基硫菌灵、多菌灵、春雷霉素等。

（3）铲除剂。指植物感病后已经表现出明显的症状，施药能直接杀死已侵入植物的病原物，具有这种铲除作用的药剂为铲除剂如石硫合剂等。

4. 按杀菌剂在植物体内传导特性分类

（1）内吸性杀菌剂。能被植物叶、茎、根、种子吸收进入植物体内，经植物体液输导、扩散、存留或产生代谢物，可防治一些深入到植物体内或种子胚乳内的病害，以保护作物不受病原物的侵染或对已感病的植物进行治疗，具有治疗和保护作用。如多菌灵、三唑酮、戊唑醇、甲霜灵、三乙膦酸铝、甲基硫菌灵、敌磺钠、噁霜·锰锌、拌种双等。

（2）非内吸性杀菌剂。指药剂不能被植物内吸并传导、存留，目前，大多数氨基酸水溶品种都是非内吸性的杀菌剂，此类药剂不易使病原物产生抗药性，比较经济，但大多数只具有保护作用，不能防治深入植物体内的病害。如硫酸锌、硫酸铜、百菌清、石硫合剂、波尔多液、代森锰锌、福美双等。

5. 按杀菌剂使用方法分类　种子处理剂、土壤处理剂、茎叶处理剂等。

（三）除草剂

除草剂是指用以消灭或控制杂草生长的农药，也称杀草剂或者除莠剂。使用范围包括农田、苗圃、林地、花卉园林及一些非耕地。

1. 按除草剂作用性质分类

（1）灭生性除草剂。对植物没有选择性，可以消灭一切植物，主要用于非耕地，清除路边、场地、森林防火带的杂草、灌木等，如五氯酚钠、草甘膦、草胺膦等。

（2）选择性除草剂。只对某些科属植物有毒杀作用，对其他科属植物无毒或者毒性较低，如2甲4氯只能杀死鸭舌草、水苋菜、异型莎草、水莎草等杂草，而对稗草、双穗雀稗等禾本科杂草无效，对水稻安全，适于稻田、麦田、玉米田内使用，但对棉花、大豆、蔬菜等阔叶作物则危害严重。又如敌稗能杀死稗草，对水稻安全；西马津能杀死马唐、藜等多种一年生杂草，对玉米安全；禾草灵、野燕枯硫酸甲酯能杀死野燕麦，对小麦安全。

灭生性和选择性是相对的，根据用量和方法的不同，同一种药剂对植物可产生选择性作用也可产生灭生性作用。

2. 按除草剂作用方式分类

（1）内吸性除草剂。一些除草剂能被杂草根、茎、叶分别或同时吸收，通过输导组织运输到植物的各部位，破坏它的内部结构和生理平衡，从而造成植株死亡，这种方式称为内吸性，具有这种特性的除草剂被称为内吸性除草剂，如2甲4氯、草甘膦可被植物的茎、叶吸收，然后传导到植物体内各个部位，包括地下根茎。

（2）触杀性除草剂。某些除草剂喷到植物上，只能杀死直接接触到药剂的那部分植物组织，但不能内吸传导，具有这种特性的除草剂被称为触杀性除草剂。这类除草剂只能杀死杂草的地上部分，对杂草地下部分或有地下繁殖器官的多年生杂草效果较差，如嗪草酸甲酯等。

3. 按除草剂施药对象分类

（1）土壤处理剂。即把除草剂喷撒于土壤表层或通过混土操作把除草剂拌入土壤中一定深度，建立起一个除草剂封闭层，以杀死萌发的杂草。如氟乐灵、二甲戊灵等。

（2）茎叶处理剂。即把除草剂稀释在一定量的水中，对杂草幼苗进行喷洒处理，利用杂草茎叶吸收和传导来消灭杂草。茎叶处理主要是利用除草剂的生理生化选择性来达到灭草保苗的目的。

4. 按除草剂施药时间分类

（1）播前处理剂。指在作物播种前对土壤进行封闭处理，如在棉花田使用氟乐灵、麦田使用野麦畏，都是在棉花或玉米播前把除草剂喷洒到土壤表面，并进行覆土以便被杂草幼根、幼芽吸收，并可减少除草剂的挥发和光解损失。

（2）播后苗前处理剂。即在作物播种后出苗前进行土壤处理，此处理剂主要用于芽鞘和幼叶吸收除草剂向生长点传导的杂草，对作物幼芽安全。

（3）苗后处理剂。指在杂草出苗后，把除草剂直接喷洒到杂草植株上。也有些灭生性除草剂，如草甘膦，可以在杂草生长中后期进行灭生处理，苗后处理剂一般为茎叶吸收并能向植物体其他部位传导的除草剂。

5. 按除草剂施药范围分类

（1）全面施药。即对全田进行均匀全面喷洒，包括杂草和作物。这适用于高选择性除草剂及杂草在全田普遍发生且密度大的作物地除草的情况。

（2）带状施药。把药液投放在连续有限的范围内，可采用扇形喷嘴，如对作物约 5 cm 播种带进行喷药处理以消灭作物带上的株间杂草，对于种子带以外的田间杂草则采用套种作物或人工辅助中耕。带状施药可以节省 1/2～2/3 甚至更多的药量，但需要较多的喷雾机附件，另外可降低作业量约 15%。

（3）点状施药。用以处理有限的面积，如草丛或作为作物全面喷洒处理后局部补充喷洒或对核心分布的杂草（如香附子等多年生杂草）作点喷处理。此法针对性强，用药比较经济。

（4）定向喷雾。控制药液的喷洒方向，施药于杂草或地上，尽可能不接触作物。这是苗后采用某些灭生性或触杀性除草剂进行作物行间处理的保护性喷洒。

6. 按除草剂化学结构分类　现有的除草剂按化学结构大致分为酚类、苯氧羧酸类、苯甲酸类、二苯醚类、联吡啶类、氨基甲酸酯类、硫代氨基甲酸酯类、酰胺类、取代脲类、均三氮苯类、二硝基苯胺类、有机磷类、苯氧基及杂环氧基苯氧基丙酸酯类、磺酰脲类、咪唑啉酮类以及其他杂环类等。

（四）植物生长调节剂

植物在整个生长过程中，除需要日光、温度、水分、矿物等营养条件外，还需要某些微量的有生理活性的物质。这些极少量生理活性物质的存在，对调节控制植物的生长发育具有特殊功能作用，故被称为植物生长调节物质。植物生长调节物质可分为两类：一类是植物激素，另一类是植物生长调节剂。

植物激素都是内生的，故又称内源激素，想通过从植物内提取植物激素，再扩大应用到农业生产方面是很困难的。而植物生长调节剂则是随着对植物激素的深入研究而发展起来的人工合成剂，它具有天然植物激素活性，有着与植物激素相同的生理效应，对植物的生长发育起着重要的调节功能。植物生长调节剂具有调控植物发育过程，增强作物对环境变化的适应性，使作物的生育更有利于良种潜力充分发挥的作用。

植物生长调节剂按作用方式分类如下。

1. 生长素类 促进细胞分裂、伸长和分化，延迟器官脱落，可形成无籽果实。如吲哚乙酸、吲哚丁酸等。

2. 赤霉素类 促进细胞伸长、开花，打破休眠等。如赤霉素等。

3. 细胞分裂素类 主要促进细胞分裂，保持地上部绿色，延缓衰老。如玉米素、二苯脲（DPU）等。

4. 乙烯释放剂 用于抑制细胞伸长生长，引起横向生长，促进果实成熟、衰老和营养器官脱落。如2-氯乙基膦酸（乙烯利）等。

5. 生长素传导抑制剂 能抑制顶端优势，促进侧枝侧芽生长。如氯苯醇（整型素）等。

6. 生长延缓剂 主要抑制茎的顶端分生组织活动，延缓生长。如矮壮素、缩节胺、多效唑（PP333）等。

7. 生长抑制剂 可破坏顶端分生组织活动，抑制顶芽生长，但与生长缓慢剂不同，施药后一定时间，植物又可恢复顶端生长。如马来酰肼（青鲜素）等。

8. 油菜素内酯（BR） 能促进植物生长，增加营养体收获量，提高坐果率，促进果实膨大，增加粒重等。在逆境条件下，能提高作物的抗逆性，应用浓度极低。

（五）杀鼠剂

防治鼠等啮齿动物的农药，多应用胃毒、熏蒸作用直接毒杀的方法，但存在人畜中毒或二次中毒的危险。因此，优良的杀鼠剂应具备：对鼠类毒性大，有选择性；不易产生二次中毒现象；对人畜安全；价格便宜。

但符合上述全部要求的杀鼠剂并不多，使用时应强调安全用药的时间和方法。杀鼠剂按作用方式可分为胃毒性杀鼠剂、熏蒸性杀鼠剂、驱鼠剂和诱鼠剂、不育剂等四大类。

1. 胃毒性杀鼠剂 通过取食进入消化系统而使鼠类中毒致死的杀鼠剂。这类杀鼠剂来源于海葱素、毒鼠碱的植物性杀鼠剂，适口性、杀鼠效果好，对人畜安全，由于药源限制，现在市场供应很少。目前，市场供应的主要有安妥、杀鼠醚、克灭鼠、溴敌隆、溴鼠灵等无机和有机合成杀鼠剂。

2. 熏蒸性杀鼠剂 经呼吸系统吸入有毒气体而毒杀鼠类的杀鼠剂，这类杀鼠剂多兼作为熏蒸杀鼠剂，如氯化苦、溴甲烷、磷化氢等。其优点是不受鼠类取食行动的影响，作用快，无二次毒性；缺点是用量大，施药时防护条件及人员操作技术要求高，操作费工，难以大面积推广。

3. 驱鼠剂和诱鼠剂 驱赶或诱集而不直接毒杀鼠类的杀鼠剂。驱鼠剂是使鼠类避开，不致啃咬毁坏物品。如用福美双处理种子、苗木可避免鼠害，但一般持效期不长。诱鼠剂只起到诱集鼠的作用，必须和其他杀鼠剂结合使用。诱鼠剂的缺点是施药后残效期较短，效果难以持续。

4. 不育剂　通过药物作用使雌鼠或雄鼠不育而降低鼠的出生率，达到防除目的，属间接杀鼠剂，亦称化学绝育剂。其优点是较使用直接杀鼠剂安全，适用于耕地、草原、下水道、垃圾堆等防鼠困难场所。雌鼠绝育剂有多种甾体激素，雄鼠绝育剂有氯代丙二醇、呋喃且啶等。

（六）杀线虫剂

用于防治有害线虫的一类农药。杀线虫剂有挥发性和非挥发性两类，前者起熏蒸作用，后者起触杀作用。一般应具有较好的亲脂性和环境稳定性，能在土壤中以液态或气态扩散，从线虫表皮渗入起毒杀作用。多数杀线虫剂对人畜有较高毒性，有些品种对作物有药害，故应特别注意安全使用。

大多数杀线虫剂是杀虫剂或杀菌剂、复合生物菌扩大应用而成。常用的杀线虫剂主要分：复合生物菌类、卤代烃类、异硫氰酸酯类和有机磷和氨基甲酸酯类。

除以上分类外，农药还可以按照毒性的高低分为高毒农药、中毒农药和低毒农药；也可以按照物理性状分为固体农药、液体农药、气体农药和半固体农药。

第三节　农药的毒力与药效

一、毒力的概念及表示方法

（一）毒力概念

毒力指药剂本身对防治对象发生毒杀作用的性质和程度。即农药对有害生物的杀伤程度。

一般是在相对严格控制的条件下，用精密的测试方法，采取标准化饲养的试虫、病原微生物或杂草而给予各种药剂的一个量度作为评价和比较标准。

毒力是药效的基础，只有在实验室测得毒力较高才可以将其应用到田间。

（二）毒力的表示方法

（1）致死中量（LD_{50}）或致死中浓度（LC_{50}）。药剂杀死某种生物群体 50% 所需的剂量（LD_{50}）或浓度（LC_{50}）。

农药对昆虫的毒力 LD_{50} 单位为 $\mu g/g$，LD_{50} 值越小，说明该药对昆虫毒力越高。

（2）有效中量（ED_{50}）或有效中浓度（EC_{50}）。多用于杀菌剂室内离体毒力测定，有效中量是指抑制 50% 病菌孢子萌发所需的剂量或有效浓度。

二、药效的概念及表示方法

（一）药效的概念

药效是指药剂对有害生物的作用效果，多在室外自然条件下测定。药效与毒力，在一般情况下是一致的，毒力大则药效高，其关系密切。但与药剂本身加工质量、测定时的环境条件（如温度、湿度、风、阳光、土壤质地）、植物生长状况、施药方法等均有极其密切关系，测试时需要综合考虑。

（二）药效的表示方法

药效表示方法依药剂种类、防治对象不同而有不同，但基本原则是相同的。杀虫剂药效常常用死亡率来表示，死亡率是反映杀虫剂药效的一个最基本的指标，是药剂处理后，在一个种群中被杀死个体的数量占群体（供试总虫数）的百分数。但在不同药剂处理的对照组中，往往出现自然死亡的个体，因此需要校正。

$$死亡率 = \frac{死亡个体数}{供试总虫数} \times 100\%$$

$$校正死亡率 = \frac{处理死亡率 - 对照死亡率}{1 - 对照组死亡率} \times 100\%$$

$$校正死亡率 = \frac{对照组存活率 - 处理组存活率}{1 - 处理组存活率} \times 100\%$$

注：公式的依据是假定自然死亡率和被药剂处理而产生的死亡率是完全独立而不相关，并且当自然死亡率在20%以下时才适合此公式，可将自然死亡率所造成的影响予以校正。

田间防治试验中多是在处理后调查虫口密度（或被害状），以存活的个体数或种群增加及减少百分率或数量等指标来统计防效，最常用的是虫口密度、虫口减退率。

$$虫口密度 = \frac{查得总虫数}{调查单位数}$$

$$虫口减退率 = \frac{处理前的虫口密度 - 处理后的虫口密度}{处理前虫口密度} \times 100\%$$

$$校正虫口减退率 = \frac{处理虫口减退率 - 对照虫口减退率}{1 - 对照组虫口减退率} \times 100\%$$

杀菌剂药效表示方法常以发病率、病性严重度、病情指数来表示：

$$发病率（被害率） = \frac{发病（有虫）单位数}{调查单位总数} \times 100\%$$

$$病情指数 = \frac{\sum 各级叶数 \times 各级严重度等级}{调查总叶数 \times 最严重的等级数} \times 100$$

除草剂的药效常用下列公式计算：

$$防治效果 = \frac{施药前杂草鲜重或干重 - 施药后杂草鲜重或干重}{施药前杂草鲜重或干重} \times 100\%$$

（三）影响药效的因素

田间施用化学农药后，防治效果的好坏与农药、有机体和环境3方面的相互作用有着密切联系。

1. 与农药相关的因子

（1）农药的化学成分不同，其药效不同。有机氯杀虫剂对螨类效果差，但对鳞翅目害虫防效显著；抗蚜威对麦蚜防效显著，但对棉蚜属蚜虫几乎无效。

（2）农药理化性质影响药效。药剂的溶解性、湿润性、展布性、分散性及稳定性都影响着药剂的药效。

（3）作用机制和方式不同，药效不同。苯氧羧酸类除草剂如2,4-滴、2,4-滴丁酯，2甲4氯等对阔叶杂草有效，因此用于禾谷类作物田，如麦田、玉米田、水稻田防除一年生及多年生阔叶杂草及莎草，并且有低浓度促进生长、高浓度抑制生长的作用。

内吸性杀虫剂对刺吸式口器害虫有效；胃毒剂对咀嚼式口器害虫有效，对刺吸式口器害虫几乎无效；而触杀剂则对两种害虫均有效。

（4）药剂使用时浓度或剂量不同，药效不同。一般在应用时，药剂浓度提高，药效会提高，但超过一定限度，浓度增加，药效不一定提高。例如苯氧羧酸类除草剂属内吸性传导型除草剂，可通过根、茎、叶被植物吸收，茎、叶吸收的药剂主要随光合产物沿韧皮部筛管在植物体内传导，运送到根、茎、叶生长旺盛部分；根系吸收的药剂则随着蒸腾流沿木质部导管向上传导并带到植物体各部位。因此，使用时如果用药量过大，由于输导组织被杀死，药剂不能传导到根系或生长点，反而药效不好，低剂量多次用药，有利于提高药效。此外，药剂用量过多会造成流失，也不能提高药效，而且易对植物产生药害，促使害虫迅速产生抗药性，杀伤天敌，污染环境等。

2. 与防治对象相关的因子 农药是一类生物毒药，它在什么条件下才能最有效地控制病虫等的危害，这个问题与有害生物的生存状态和生存条件有密切关系，并同有害生物的行为和习性有关。每一种生物都会有薄弱的环节容易遭受外界因子（包括农药）的袭击或干扰而使其生命的延续受到威胁，了解并掌握这些薄弱环节，对科学、合理地使用农药，提高药效有重要的指导意义。

（1）昆虫的取食机制不同，药效不同。胃毒剂如敌百虫、除虫脲等喷施到作物的叶、茎和果实上，或是制成害虫喜食的毒饵、毒谷撒施在作物地里，对咀嚼式口器害虫如黏虫、蝗虫、蝼蛄、地老虎等防治效果较好，但对刺吸式口器害虫无效。

内吸性杀虫剂如甲拌磷、克百威对刺吸式口器害虫如蚜、螨、蚧高效，并且使用方便、喷洒不要求很周到，并可作种子处理和土壤根施。

（2）生理状态或发育阶段不同，药效不同。在害虫的整个生活史中，以幼虫及成虫期抗药性较差，卵期最强，同时幼虫期又是危害最严重的时期，因此防治时应选择幼虫期进行。

各龄幼虫耐药力也不同，低龄幼虫耐药力差，高龄幼虫耐药力强，一般选择三龄以前防治效果好。生产中卵孵化高峰期过后的 1～5 d 为最佳防治期。

进行病害防治时也要注意病菌的生理状态，冬孢子耐药力较强，当孢子萌发后，幼嫩的芽管耐药力降低，此时施药防效好；当芽管侵入植物体生长繁殖后施药则无效，因此对植物病害要掌握在发病初期防治最好。

对农作物田间杂草适时施药也是保证防效的一个重要方面，杂草防除，一方面要根据药剂的性质、特点和杂草的生物学特性来决定施药期，同时还要考虑到农作物的敏感性问题。一般来说，对于一年生杂草，应在萌芽期，最迟在 3～5 叶期施药。杂草成株后，除了其本身已造成危害外，对除草剂的抵抗力增强，此时用药难以达到选择性灭除的目的。对于多年生杂草，则要使其生长到一定叶面积才能施药，以使杂草体内达到有效剂量而致中毒死亡，但对这类杂草最迟也应在开花以前施药。杂草一进入开花期，即由营养生长转入生殖生长，其体内的器官分化、生理生化反应等方面均发生变化，从而使除草剂不能发挥应有的作用。对于阔叶杂草，则应在萌芽期以土壤处理法进行防除，或等长到一定叶面积后靠形态选择、位差选择、生化选择、采用定向喷雾法防除，施药时间应在杂草处于幼嫩状态，而作物处于高抗期为最适。

（3）药效与害虫性别有关。一般雌虫耐药力大于雄虫。

3. 环境因子

（1）温度。杀虫剂高温下可失效，除草剂高温下可发挥药效。

（2）光照。有些杀虫剂遇光可光解，大多数除草剂属于光激活性药剂。

（3）湿度。湿度过大可使粉剂农药结块而降低药效。

（4）风、雨。可带走或冲刷农药而降低药效，喷药后 24 h 内遇降雨要重喷。

（5）土壤。土壤中的微生物也经常会将施用到土壤中的农药分解。

因此，化学防治必须在具体的环境条件下，掌握药剂的性能特点以及病、虫、草、鼠的发生规律，合理使用农药，方可得到良好的防效。

（四）提高药效的措施

1. 明确防治对象，对症施药 由于农药品种很多，特点各不相同，而且危害农作物的病原菌、害虫、杂草、害鼠种类也很多，危害习性更是各不相同，因此选择农药品种必须充分考虑防治对象、作物种类及其生育期，做到对症施药。如果误用或错用农药往往起不到防治作用。

2. 掌握施药时期，适时施药 每种病虫草害都有其最佳防治时期，因此选择施药时间应当考虑病虫草害的发育期、作物生长进度和农药品质，以做到适时用药，提高防治效果。同时还应注意尽可能地避开害虫天敌对农药的敏感期。

3. 选择合适的施药时间和数量 农药的施用一般应选择晴天的早上或傍晚，切忌在阴雨或大风天气喷洒农药。农药的施用量则应根据农药的品质、剂型和环境因素，依照商品说明书的推荐用量来计算田块的用药量，不能随意增减，否则会造成作物药害或影响防治效果。

4. 科学配制药液，注意搞好混配 配制农药前应该认真阅读说明书，按要求正确配制；同时注意搞好农药的混配，以提高防治效果，扩大防治范围，降低成本，增强人畜安全。但切记不要将不能混用的农药混配到一起，否则会影响防治效果。

5. 选择施药方法，保证施药质量 农药的各种剂型都有其特定的使用器械和方法。因此，施药时应当根据农药的剂型和病原菌、害虫、杂草、害鼠的种类及危害的部位，选择正确的施药方法和器械，保证药剂均匀分布在作物或有害生物的表面，以获得科学、高效的防治效果。

6. 轮换或混合施药，预防抗药性的发生 在一个地区长期连续使用一种农药防治同一种病虫鼠害会导致病菌虫鼠产生抗药性，使药效明显降低，甚至无效。对此应当加强管理，以防为主，采用轮换用药、混合用药、间断用药等措施来防止或延缓病原菌、害虫、害鼠产生抗药性。

第四节　农药的安全性

一、农药的毒性

农药毒性是指农药具有使人和动物中毒的性能。简单地说，就是指农药对人畜及对人畜有益的生物的伤害程度。不同的农药，由于分子结构组成的不同，其毒性大小、药性强弱和残效期也各不相同。农药的毒性可分为急性毒性、亚急性毒性和慢性毒性。

（一）急性毒性

1. 急性毒性的概念 急性毒性指农药一次进入动物体内后短时间引起的中毒现象，是比较农药毒性大小的重要依据之一。当人畜误食或接触农药一定剂量后，在极短时间内（24 h）即出现中毒症状，甚至死亡，即为急性中毒。

2. 急性毒性的表示方法 衡量农药急性毒性常用大鼠经口（或经皮、吸入）致死中量或致死中浓度作为指标。致死中量也称半数致死量，符号是（LD_{50}）。按我国农药毒性分级标准，可分为剧毒、高毒、中等毒、低毒 4 级（表 1-1）。

表 1-1　农药毒性分级标准

级别	经口 LD_{50} (mg/kg)	经皮 LD_{50} (mg/kg)	吸入 LC_{50} (mg/m³)
剧毒	<5	<20	<20
高毒	5～50	20～200	20～200
中等毒	50～500	200～2 000	200～2 000
低毒	>500	>2 000	>2 000

3. 农药进入人畜体内的途径

（1）经口进入消化系统，由胃肠吸收而引起急性中毒。多数由误食农药、食用农药污染的食品或使用有农药残留的器具所造成，一般情况比较严重。

（2）经皮肤侵入体内，由血液输送和扩散到各组织，引起急性中毒。多数是由直接接触浓溶液或在喷撒时污染衣服进入眼、鼻、伤口等，而被皮肤或黏膜吸收所造成。药剂侵入皮肤的难易，因农药的种类和剂型不同而异。脂溶性大的有机农药特别是乳剂，易于渗透皮肤，但中毒过程比口服的要慢些，病情也轻一些。

（3）经鼻孔吸入侵入呼吸系统，引起急性中毒。多是农药的气体、烟雾或极细小的雾点和粉粒，由气管或肺部扩散至血液，如果是熏蒸剂形成的毒气，中毒速度很快，危险性更大。

进入体内的毒物，一部分经由肠、肾、汗腺、乳腺、尿及粪便排出体外，一部分可被分解为无毒物，还有一部分通过渗入作用产生毒害。有些农药的化学性质很稳定，不易被氧化或水解迅速排出体外，而积累在某些器官或组织中，引起慢性中毒。如有机氯中的七氯等可累积在肝、肾、脂肪组织中，有机汞、有机砷化合物可累积在脑、肝及脾组织中。

4. 预防农药中毒事故的措施　要有效地防止农药中毒事故的发生，应注意以下事项。

（1）要正确使用农药。尽可能选用高效、低毒、低残留的化学农药和生物农药。在使用剧毒或高毒农药时，要严格按照《农药安全使用规定》的要求执行，不能超范围使用。

（2）挑选和培训施药人员。施用农药的人员必须是身体健康、年龄在 18～50 岁的青壮年，并要经过一定的技术培训。遇到新的农药时，需专门培训以便使施药人员了解新农药的特点、毒性、施用方法、中毒急救等知识。

（3）做好个人防护。配药和施药人员在接触农药过程中使用必备的防护用品，是防止农药进入体内、避免农药中毒的必要措施。

（4）安全、准确地配药和施药。要按农药产品标签上规定的剂量进行稀释，不能自行改变稀释倍数；不要用没有刻度的瓶盖倒药或用饮水桶配药；不能用盛药水的桶直接到水沟或河里取水；不能徒手或将胳膊伸入药液或粉剂中搅拌；配制农药应在远离住宅、牲畜栏和水源的场所进行，药剂随配随用，开装后余下的农药应封闭在原包装内，不能转移到其他包装如喝水用的瓶子或盛食品的包装中；处理粉剂和可湿性粉剂时要小心倒放，避免粉尘飞扬；如果需倒完整袋药粉，应将口袋开口处尽量接近水面。施药前应检查药械，先用水试过喷雾器，若喷头被堵塞，不可用口去吸或吹，而要用草棍或针捅开；喷雾器不要装得太满，以免药液泄漏，当天配好的药液，当天用完。喷药时顺风隔行喷，遇大风或风向不定时不喷药；施药人员喷药时间不宜过长，每天操作时间一般不能超过 6 h，而且每喷 2 h 要休息一次，在休息时要用肥皂洗净手、脸、脚等沾染药剂的部位，到阴凉地方休息，呼吸新鲜空气，此外，连续施药 3～4 d，就要休息 1 d。

（5）做好施药善后工作。施药后要做好个人卫生、药械清洗以及施过药的田块管理等方面的工作。个人要尽快洗脸洗澡，然后更换衣物。被农药污染的衣服和手套，应及时洗涤，妥善放置，以免危害家人和污染环境。施药后的药械应在不会污染饮用水源的地方洗净。对盛放过农药的空包装瓶、罐、袋、箱均应如数清点集中处理或上交，绝对不能用来盛放粮食、油、酒、酱、水等食品和饲料。施过药的田块或果园应插警告牌，提醒人们在一定时间内不要进入，也不要在其内放家禽、家畜和蜜蜂。

5. 农药急性毒性中毒的症状　异常疲乏无力、头疼、盗汗、视力模糊、呕吐、肌肉抽搐、头晕、流涎、呼吸困难、眼睛痒疼、皮肤出现红痧、瞳孔缩小、腹痛腹泻、昏迷、激动、烦躁不安、肺水肿、脑水肿、休克。为了尽量减轻症状和死亡，必须及早、尽快、及时采取急救措施。

6. 农药急性中毒的急救措施　农药中毒的急救包括现场急救和医院抢救两个部分，现场急救是首要的，医院抢救是后续的，两者密切相关，不可分割。

（1）现场急救。现场急救是整个抢救工作的关键，目的是将中毒者救出现场，防止继续吸收毒物并给予必要的紧急处理，保护已受损伤的身体，为进一步治疗赢得时间以及打下基础。现场情况较复杂，应根据农药的品种、中毒方式及中毒者当时的病情采取不同的急救措施。

① 去除污染源。去除农药污染源，防止农药继续进入患者身体是现场急救的重要措施之一。

a. 经皮引起的中毒者。根据现场观察，如发现身体有被农药污染的迹象，应立即脱去被污染的衣裤，迅速用清水冲洗干净，或用肥皂水（碱水也可）冲洗。如果是敌百虫中毒，则只能用清水冲洗，不能用碱水或肥皂水（因敌百虫遇碱性物质会变成毒性更强的敌敌畏）。若眼内溅入农药，立即用淡盐水连续冲洗干净，有条件的话，可滴入 2% 可的松或 0.25% 氯霉素眼药水 1～3 滴，严重疼痛者，可滴入 1%～2% 普鲁卡因溶液 1 滴（普鲁卡因容易发生过敏反应，使用前需要做皮试，不能随便使用）。

b. 吸入引起的中毒者。观察现场，如中毒者周围空气中农药味很浓，可判断为吸入中毒，应立即将中毒者带离现场，且放于空气新鲜的地方，解开衣领、腰带，去除假牙及口、鼻内的分泌物，使中毒者仰卧并且头部后仰，保持呼吸畅通，注意身体的保暖。

c. 经口引起的中毒者。根据现场中毒者的症状，如是经口引起的中毒，应尽早采取引吐洗胃、导泻或对症使用解毒剂等措施。但在现场条件下，只能对神智清楚的中毒者采取引吐的措施来排除毒物（昏迷者待其苏醒后进行引吐）。引吐的简便方法是给中毒者喝 200～300 mL 水（浓盐水或肥皂水也可），然后用干净的手指或筷子等刺激咽喉部位引起呕吐，并保留一定量的呕吐物，以便化验检查。

② 因地制宜进行急救。利用当地现有医疗手段，对中毒者进行必要的现场紧急处理。对中毒严重者，如出现呼吸停止或心跳停止者，应立即按常规医疗手段进行心肺脑复苏；如果呼吸急促、脉搏细弱，应进行人工呼吸（有条件的可使用呼吸器，供给氧气），针刺人中、

内关、足三里等穴位或注射呼吸兴奋剂等；如果出现抽搐现象，可用地醚类药物控制。

（2）医院内抢救。在现场急救的基础上，应立即将中毒者送医院抢救治疗。医院内急救除了要根据中毒者的症状和病情实施常规的医疗救助外，还应根据农药中毒特点采取相应的医院内的其他抢救措施。

① 清除毒物。尽快彻底清除未被吸收的毒物是最简单和最重要的抢救手段，其效果远好于毒物吸收后的解毒或其他治疗措施。

a. 清洗体表。在现场已冲洗的基础上，应再作被污染皮肤的彻底清洗，除用清水外，可在需要时酌情用一些中和剂冲洗，如5％碳酸氢钠溶液、3‰氢氧化钙溶液等碱性溶液，又如3％硼酸溶液、2％～5％乙酸溶液等酸性溶液。使用中和剂后，再用清水或生理盐水洗去中和液。

b. 催吐。催吐是对经口中毒者排毒很重要的方法，其效果常优于洗胃。已现场引吐者入院后可再次催吐，除了现场引吐方法，还可选用：1％硫酸铜液每5 min一匙，连用3次；中药胆矾3 g、瓜蒂3 g研成细末一次冲服；吐根糖浆10～30 mL口服，然后再喝100 mL水催吐。

c. 洗胃。催吐后应尽快彻底洗胃。洗胃前要去除分泌物、假牙等异物，根据不同农药选择不同洗胃液（表1-2）。具体操作方法：插入胃管，先抽出内容物（留取一定量内容物作毒物鉴定），再灌注洗胃液。每次灌注洗胃液500 mL左右，不宜过多，以免引起胃扩张。每次灌入后尽量排空，反复灌洗直至无药味为止。

表1-2　农药中毒后常用洗胃液

农药名称	常用洗胃液
有机磷农药	2％碳酸氢钠溶液（敌百虫禁用）；1∶5 000高锰酸溶液（内吸磷、甲拌磷、治螟磷、马拉硫磷等硫代磷酸酯类忌用）
有机氯农药	2％碳酸氢钠溶液
汞制剂农药	2％碳酸氢钠溶液、5％硫代硫酸钠溶液、忌用生理盐水
砷制剂农药	氢氧化钠溶液灌胃，再用生理盐水加1％碳酸氢钠溶液
有机氮农药	5％硫代硫酸钠溶液、2％碳酸氢钠溶液
氨基甲酸酯类农药	2％碳酸氢钠溶液
有机氟农药	1∶5 000高锰酸钾溶液、2％碳酸氢钠溶液、2％氯化钙溶液
有机硫农药	1∶5 000高锰酸钾溶液
有机锡农药	1∶5 000高锰酸钾溶液
五氯酚钠	2％碳酸氢钠溶液
硫化锌	1∶5 000高锰酸钾溶液、0.1％～0.5％硫酸铜溶液、3％过氧化氢溶液
硫酸铜	0.1％亚铁氰化钾（黄血盐）溶液、1∶5 000高锰酸钾溶液
烟碱	1％～3％鞣酸溶液、1∶5 000高锰酸钾溶液、0.2％～0.5％活性炭水悬液
拟除虫菊酯类农药	含活性炭的等渗盐水

（续）

农药名称	常用洗胃液
安妥	0.1%～0.5%硫酸铜溶液、1:5 000 高锰酸钾溶液
磷化锌	1:5 000 高锰酸钾溶液
香豆素类及茚满酮类	15～20 mL 吐根糖浆后用 1～2 杯清水
鱼藤酮	1%～3%鞣酸溶液、0.2%～0.5%活性炭水悬液
矮壮素	1:5 000 高锰酸钾
农药不明	清水

注意：敌百虫遇碱后可转变为毒性约强 10 倍的敌敌畏，所以敌百虫中毒后忌用肥皂水等碱性溶液；高锰酸钾是一种氧化剂，它能促使内吸磷、甲拌磷、马拉硫磷、乐果等硫代磷酸酯类（胆碱酯酶间接抑制剂）转化成为相应毒性更高的氧化物（胆碱酯酶直接抑制剂），如马拉硫磷转变为马拉氧磷，乐果转变为氧化乐果。

d. 导泻。导泻的目的是排除已进入肠道内的毒物，阻止肠道吸收。由于很多农药以苯作溶剂，故不能用油类泻药，可用硫酸钠或硫酸镁 30 g 加水 200 mL 一次服用，并多饮水加快排泄。但对有机磷农药严重中毒者，呼吸受到抑制时不能用硫酸镁导泻，以免由于镁离子大量吸收加重呼吸抑制。

② 尽快排出已吸收的农药及其代谢物，常用的急救手段有吸氧、输液、血液净化等方法。

a. 吸氧。通过吸入途径引起的农药中毒，吸氧后可促使毒物从呼吸道排出体外。吸氧可对已吸收到血液中的毒物及代谢物有一定的氧化作用，可以促进解毒。

b. 输液。在无肺水肿、无脑水肿、无心力衰竭的情况下，可用 10%或 5%葡萄糖盐水进行输液，以便促进患者通过排尿将农药及其代谢物排出体外。输液时不能太快，以免诱发脑水肿或肺水肿。

c. 血液净化。一般采用血液透析、结肠透析、腹膜透析、肾透析等手段进行，也可采用血液滤过、血液灌流及血浆交换等手段。具体采用何种手段，应根据农药及其代谢物的特性、中毒者的病情及身体状况而定，但对于严重感染、严重贫血、严重心功能不全、高血压患者等应谨慎使用透析术。

（二）亚急性毒性

亚急性毒性指动物在较长时间内（一般连续投药观察 3 个月）服用或接触少量农药而引起的中毒现象。或者在农药的使用过程中，较长时间内（48 h）接触某种农药或口食带有残留药剂的食品，导致人畜的急性毒害，即为亚急性毒害。

（三）慢性毒性

慢性毒性指小剂量农药长期连续用后，在体内积蓄造成体内机能损害所引起的中毒现象。农药慢性毒性的产生，主要是由工厂大规模生产、加工过程中没有重视防卫措施和农业生产上大面积使用剧毒、高残留农药，以致周围环境（土壤、水域及空气）被污染和农副产品上残留化学性质比较稳定的剧毒或高毒农药所造成。特别是农药使用不当时，如在农作物、果树、蔬菜、烟叶、茶叶接近收获期，不当使用农药或过量使用农药，使农药残留量增多，甚至超过国家规定的最大允许残留标准。一般情况下，食品上或水域中残留的农药量虽然不多，但长期摄入这些带毒的食品或水，就可能引起慢性中毒而危害人体健康。慢性中毒可能影响神经系统，破坏肝功能以及引起其他生理障碍，甚至影响生殖。如果将带毒农产品饲喂家畜、家禽不仅影响其生长发育，还会富集在家畜、家禽的脂肪、肝、肾、乳及禽蛋中，人类取食后即会造成二次中毒。

农药慢性毒害表现出的中毒症状，一般不易被察觉，诊断时往往被误诊为其他疾病。所以，慢性中毒易被人忽略，一旦发现为时已晚。

在慢性毒性问题中，农药的致癌性、致畸性、致突变等特别引人重视，如化学性质稳定的有机氯高残留农药六六六、滴滴涕等（六六六、滴滴涕已被禁止生产销售和使用）。

二、农药对植物的药害

（一）植物药害的定义及种类

药害指因农药使用不当对作物产生的毒害作用。药害的种类有急性药害、慢性药害和残留药害。

1. 急性药害 一般在喷药后 2~5 d 出现，严重的数小时后即表现出症状。如种子发芽能力下降，发根少，叶片有灼伤、变黄、严重时产生叶斑、凋萎、畸形。这样的植株生长的叶片、花、果都少。有时幼嫩组织出褐色焦斑、徒长乃至枯萎死亡的现象，这种药害多为施用农药不当或受邻近田块喷施农药影响所致。如小麦田喷施 2,4-滴丁酯或 2 甲 4 氯除草剂，可造成周围相邻田块的阔叶作物发生药害，产生畸形症状。从受害植株看，药害明显发生在嫩叶、花、果等生长较快的部位，一般上部叶片重于下部叶片，嫩叶重于老叶。

2. 慢性药害 植物受害后不立即表现出药害现象，主要是影响植株的生理活动。如光合作用减弱，生长缓慢，着花减少，结果小，果实成熟推迟，籽粒不饱满，甚至风味、色泽恶化，商品性差，品质下降等。这类药害，多半是用药过量或药剂浓度过高造成的，尤其施用有机磷农药或对瓜果作物喷施生长调节剂催熟时应特别谨慎，切忌过量。

3. 残留药害 由残留在土壤中的农药或其分解产物引起的药害。这一类药害，主要是有些农药在土壤中残留量高，残留时间长，影响下茬作物生长。如棉花播前使用氟乐灵处理土壤，造成后茬玉米、小麦发黄矮小，分蘖减少。

（二）植物药害发生的症状

1. 斑点 这类药害主要表现在作物叶片上，有时也发生在茎秆或果实表皮上，主要有褐色斑点、黄色斑点、枯萎斑点和网状斑点等。

2. 黄化 在植株茎叶部位均有表现，以叶子黄化发生较多，主要是由于农药药害阻碍了叶绿素的正常光合作用所引起的。

3. 畸形 在植株茎叶和根部均可表现。常见的畸形有卷叶、丛生、肿根、畸形穗、畸形果等。

4. 枯萎 这类药害往往整株表现，大多数是由除草剂使用不当所引起。

5. 生长停滞 这类药害作物的正常生长受到抑制，使整株生长缓慢，一般除草剂药害或多或少都有抑制作物生长现象。

6. 不孕 这类药害是在作物生殖生长时期用药不当而引起的不孕症。

7. 脱落 这类药害大多表现在果树及双子叶植物上，有落叶、落花、落果等症状。

8. 劣果 这类药害主要表现在植物的果实上，使果实体积变小，果表异常，品质变劣，影响食用价值。

（三）药害产生的原因

农药施用后，引起农作物发生药害的原因是多方面的，也是比较复杂的。除错用、乱用农药外，还有下列因素可能引起药害。

1. 药害的发生与药剂性质有关 任何一种农药对农作物都有一定的生理作用，不同农药品种对农作物的作用也不同。无机农药和水溶性、渗透性大的农药易引起作物药害。硫黄粉、石硫合剂、硫酸铜等在作物上溶解的药量往往超过农作物所能忍受的剂量，同时，农作物对无机物的最高忍受剂量又很接近于它们最低的有效防治剂量。因此，稍不注意就会发生药害。而抗生素类农药和拟除虫菊酯类农药则不容易引起药害。

2. 药害发生与不同作物、不同品种、不同生育期的抗药力有关 十字花科、茄科、禾本科等作物的抗药力较强；而豆科作物的抗药力则较弱。瓜类叶片多皱纹，叶面气孔较大，角质层薄易聚集农药，抗药力最弱。白菜对含铜杀菌剂较敏感，幼嫩植物和植物的幼嫩部分以及植物开花期的抗药力弱，易产生药害，在施药时应慎重。

3. 药害的发生与所使用农药的质量或是否贮存过久变质、是否混杂其他药剂有关 使用质量不好的农药或贮存条件差、贮存时间过长的农药，会使药剂变质减效，这些与能否发生药害都有直接关系。此外，在加工和销售中，管理不严、剂量不准，误将不同药剂混淆，也会造成大面积药害发生。

4. 药害的发生与施用时的温度、湿度、土壤等环境条件有关 高温、强光、高湿等环境条件会使某些农药对某些作物产生药害。在干旱高温条件下，用硫黄粉喷洒西瓜防治病害，会造成严重药害。又如氟磺胺草醚用于黄豆田除草，在干旱条件下黄豆叶片易产生药害。乙草胺在高湿条件下易对作物产生药害。

5. 药害的发生与施用农药不当、药量控制不严、混用不当甚至乱用、错用有关 如用内吸磷涂茎浓度超过 5%，喷洒浓度超过 0.2% 都容易发生药害；玉米播前用氟乐灵处理土壤，会使玉米发生严重药害；精恶唑禾草灵（骠马）与吡氟氯禾灵（盖草能）混用防除麦田杂草可造成严重药害等。

尽管农药对农作物的药害是多种多样的，也比较复杂，但只要遵循科学、合理、安全用药的原则，谨慎操作，采取适当措施，药害完全可以避免。

（四）预防药害的措施

农药对农作物产生药害的原因很多，除了某些农作物对农药比较敏感和某些专用农药使用不当外，主要是在使用农药时没有严格按规定的使用方法和使用技术用药或者用药时由于天气条件影响而发生药害，因此防止药害发生关键在于科学、正确地掌握农药使用方法。

1. 全面了解不同农作物对药剂的敏感性 如高粱、十字花科蔬菜对辛硫磷敏感；莠去津对豆类作物很容易产生药害；高粱对敌百虫、敌敌畏特别敏感；小麦拔节后，使用麦草畏要特别慎重。

2. 正确掌握使用浓度和施药量 特别对苯磺隆（磺酰脲类）、多效唑（内源赤霉素合成抑制剂）等一些超高效农药和植物生长调节剂，每公顷用量很少，取量稍不正确，即可发生药害。对这类药剂应先用少量水配制成母液，再按要求加入余量水稀释到所需浓度，这样可使药液均匀一致，不至于发生药害。

3. 根据药剂特性正确掌握施药时间和气候条件提高药效和防止药害 施药时间一般以

上午 7:00~11:00，下午 3:00~7:00 为宜（均为北京时间）。中午因气温高、日光强烈，多数作物这时耐药力减弱，容易产生药害。如烯禾啶、扑草净，在气温高于 30 ℃时要慎用。

4. 严防农药乱用和盲目混用　农药对症施用和正确地混用，可以提高防治效果，病虫草害兼治，节省用药成本。但是乱用和盲目混用不仅达不到目的，反而会使药效降低，造成药害。如溴氰菊酯不能防治叶螨，吡氟氯禾灵不能用于防治麦田杂草。除草剂混用后能使药效降低并出现药害的常见品种组合：2,4 - 滴丁酯和禾草丹，喹禾灵和苯达松、烯禾啶和苯达松、三氟羧草醚，吡氟禾草灵和苯达松，敌草隆和甲拌磷等。

（五）急性药害的补救措施

1. 排毒和洗毒　用药量过大，药害已发生要尽早采取措施。对茎、叶喷洒造成的药害，可用水喷洒淋洗受害作物上的残留药物，减少黏附在枝叶上的有毒物质；对土壤施药产生的药害要立即浇水稀释冲洗，以减少药剂在土壤中的含量，减轻对农作物的药害；缺苗的地方进行补种或补苗，再施速效性肥料，以减轻药害影响。

2. 加强田间管理　对药害较轻的田块只要及时加强肥水管理，受害作物可很快减轻药害症状恢复正常生长。如麦田喷施 2,4 - 滴丁酯，对邻近油葵产生药害后，因及时采取措施，加强肥水管理，两周后即恢复正常生长，并获得较高产量。

3. 应用植物生长调节剂和叶面肥　植物生长调节剂可促进受害植物减轻药害恢复生长。如用 2 甲 4 氯进行麦田除草，对邻近村 20 hm² 以上棉花造成较重药害，经 3~4 次复硝酚钠与叶面肥混合喷洒，3 周后基本恢复正常，并在此基础上加强肥水管理，获得了丰收。对喷洒苯磺隆造成的周围棉田或其他阔叶作物药害，经及时用复硝酚钠与叶面肥混配多次喷洒，同时加强肥水管理，可很快缓解药害症状，恢复正常生长。

三、农药对有益生物的影响

（一）农药对害虫天敌的影响

农药对寄生性天敌昆虫的毒性因药剂品种、天敌种类及其发育阶段不同而有相当大的差异。苦楝油对赤眼蜂成蜂的毒性很小，而已经禁用的农药甲基对硫磷对其成蜂的毒性很大。根据相关报道，发现不同农药对松毛虫赤眼蜂成蜂的毒性由大到小依次为氧化乐果、毒死蜱、顺式氰戊菊酯、三氟氯氰菊酯、甲氰菊酯。在常用浓度下，灭幼脲对蚜茧蜂、寄生于松毛虫的黑侧沟姬蜂、平腹小蜂、狭颊寄蝇、宽缘金小蜂、赤眼蜂等均无杀伤作用。拟除虫菊酯类仅对松毛虫赤眼蜂蛹后期有不同程度的影响，而对其他虫态较安全。也有研究表明经农药致死剂量处理后，对寄生蜂有降低寄生能力、延迟发育、缩短寿命、降低繁殖力等影响。

（二）农药对传粉昆虫及家蚕的影响

传粉昆虫对多种农作物及果蔬的授粉非常重要，尤其是蜜蜂，除了对农业增产起到重要作用外，养蜂本身就是多种经营的内容之一，大田施用农药使蜜蜂大量死亡，是农药施用造成的重要影响之一。施用杀虫剂对蜜蜂的危险，不仅是由于杀虫剂触杀造成死亡，还可因蜜蜂吸食有毒的花蜜或水分而造成其死亡。在花期喷施农药造成大批蜜蜂死亡的事件并不罕见，如 1957 年江苏省由于飞机喷药曾造成大丰县的蜜蜂死亡率达 90%。国外在砷制剂大量使用的年代，每年都有不少蜜蜂因喷施农药而中毒。

杀虫剂对蜜蜂最大的危险是大面积喷施粉剂造成的，由于蜜蜂可将带药的花粉带回蜂房，会导致整群蜜蜂死亡，因此喷粉比喷雾更危险。一般来说在同一药剂的不同剂型中，粉剂危险性最大，其次是油剂、悬浮剂和乳剂。

有机氯杀虫剂中大部分品种对蜜蜂都是高毒的，自从滴滴涕取代砷制剂大量使用以后，蜜蜂大量死亡的事件已经减少了很多（滴滴涕和砷制剂都已被禁止生产销售和使用）。有机磷农药大部分品种对蜜蜂高毒，主要是触杀死亡，相对来说有机磷农药少数品种以及内吸性杀虫剂，如敌百虫、灭蚜松等对蜜蜂比较安全。

氨基甲酸酯类杀虫剂几乎都表现较高的毒性，例如西维因粉剂施用于玉米田，蜜蜂虽然不在玉米田活动，但由于粉粒飘移，仍可造成蜜蜂触杀致死，而且还曾有报道因蜜蜂携带药粉而造成蜂房中的大批蜜蜂中毒死亡的事例。

为了防止大批蜜蜂因施用杀虫剂而死亡，一般应注意采取下列措施：对蜜蜂高毒的农药应避免在花期喷施，欧洲曾规定只有极少数药剂允许花期防治害虫；喷药时对附近的蜂房应加强防护，尤其是飞机喷药更应注意；一般应于蜂房 0.4 km 以外喷雾，气温不要高于15 ℃，最好夜间喷药。

（三）农药对水生生物的影响及防止措施

农药尤其是稳定性强的农药可通过各种途径进入水域对水生动物产生影响，稻区的水田施药更容易进入水域（江、河、湖泊、鱼塘等）。水生动物中以鱼贝类受影响最为严重，农药对鱼的毒性早已列为农药开发中重点研究审核的内容之一。

全世界由于农药施用而发生大量鱼类死亡的事故，几乎都是由于使用对鱼类毒性强的农药或者农药用量过大所致。如 1962 年日本九州发生的明海事件，就是由于在稻田中大量使用有毒性大的五氯酚钠，随即遇暴雨，大量五氯酚钠进入水域，造成大量鱼贝类死亡，据称损失高达 295 亿日元。美国 1965—1969 年曾发生 293 次由于农药污染水质而造成大批鱼类死亡的事故。我国 20 世纪 70 年代初也曾发生北京官厅水库鱼类中毒死亡事件，不过这不是由于施用大量农药所造成，而是上游农药厂排污造成。

农药对鱼类的影响，可引起直接死亡，即使污染程度达不到鱼死亡的程度，仍可引起鱼类的生理变化或行动异常，使其处于种间或者种内竞争不利的地位。另外，长期处于污染水域中，鱼体富集了较多的农药也可能产生慢性毒性。

农药对水生动物的毒性，目前多使用小鲫鱼及甲壳类动物进行毒力测定。不同国家的要求不尽相同，一些国家还要求对浮游生物进行毒力测定。日本因水稻面积大，对鱼的毒性尤为重视，由政府公布标准测定方法，以小鲤鱼为对象，求出致死中浓度（LC_{50}）或者耐药中浓（TLM）。对鱼进行测定观察时间十分重要，日本的标准方法规定为 48 h。一种农药对鱼类的毒性评价比测定还要复杂，因为正如前述，农药对鱼类的影响不仅是造成死亡，而且可以引起行为异常和慢性累积中毒等问题。

（四）农药对土壤中有益生物的影响

土壤环境本身是一个复杂的生态系统。土壤中有食草性的、食肉性的和腐食性的生物，有捕食者和猎物，有寄生物和宿主，有完整的食物链。就土壤中的有益生物而言，也是一个庞大的生物群落。我们使用的杀虫剂虽是用来防治有害生物的，也会不同程度地影响着土壤中有益生物的生命活动，可对有益生物直接毒害，也可通过对有益生物的活性、行为、繁殖、代谢等影响，引起亚致死效应。因此土壤中有益生物群落无时无刻不受土壤中农药的影响。

1. 对土壤有益微生物的影响 土壤微生物主要包括细菌、真菌、放线菌、藻类等，且主要是固氮菌、根瘤菌、昆虫致病菌、酵母菌等，担任着土壤中纤维的分解和土壤肥力的提高。日本农药安全研究所金内正俊等人研究表明，按农药的常规用量对土壤微生物分解有机物是有阻碍作用的，对分解有机物和呼吸的阻碍作用低于对硝化和脱氮的阻碍作用，但总的来讲，直接撒入土壤中的杀虫剂有些可以暂时抑制微生物的数量增长，也极易恢复，喷洒在植物上而跑到土表的杀虫剂因剂量太小，不足以产生影响。

2. 对土壤中的天敌昆虫的影响　在土壤表层，天敌昆虫种类多、数量大、寿命长，主要有步甲科、隐翅甲科、虎甲科、蚂蚁的幼虫、土蜂等。因为杀虫剂是用来杀死昆虫的，所以这些天敌昆虫是对杀虫剂最敏感的一类有益生物。邓德蔼（1985）用呋喃丹、乙拌磷常规用量处理土壤，可使农田步甲数量减少70%，农田施用辛硫磷和乐果乳剂对曲胫步甲、中华通缘步甲、步甲都有明显杀伤作用，药后第2 d数量减少40%～70%，最高达90.4%。苏联曾每667 m² 用西维因防治森林中的蜂类0.33 kg，大步甲及通缘步甲的数量低了90%，一年中未能恢复。

3. 对土壤中有益螨的影响　在土壤节肢动物群中，螨类是种类最多、数量最大的动物，许多为捕食性或食菌性，如甲螨、革螨、尾足螨等。有资料显示二嗪磷对土壤中捕食性螨类的杀伤力很大，目前在环境保护中，已将甲螨作为环境污染的一个指示物监测环境的污染程度。

4. 对土壤中蜘蛛的影响　蜘蛛是害虫的重要天敌，无论是定居型还是游猎型的种类，许多种类营巢、越冬等都离不开土壤，其生命活动时刻与其栖息的土壤环境紧密相关，如狼蛛科、微蛛亚科等。因此蜘蛛始终未能逃脱土壤中杀虫剂对它们的毒害，用药一次，蜘蛛数量下降很多，并在较长时间内难以回升。

5. 对土壤中其他有益生物的影响　土壤中的杀虫剂对土壤中其他有益生物如蚯蚓、腐食性线虫、蜈蚣、弹尾目昆虫、原生动物等，也有一定的影响，这些生物或是害虫的捕食者，或是枯枝落叶的分解者，也有土壤肥力的改良者。在森林中每1 hm² 施用3 kg马拉硫磷，会使蚯蚓减少60%，甲拌磷对蚯蚓毒性最高，正常用量会把蚯蚓全部消灭。氨基甲酸酯类杀虫剂多数对蚯蚓都是有毒的。

（五）农药对鸟类的影响

据说自从大规模使用有机合成农药来以来，鸟类就开始减少，20世纪60年代以后有些调查资料陆续发表，但是实际上这类调查研究存在许多困难，难免不够完善和全面。

鸟类减少的原因是比较复杂的问题，如除农药以外的有害物质对环境的污染和由于地区的开发而破坏了鸟类的生存环境等，都可能使鸟类减少。虽然目前仍有争论，但还是提不出有力的证据，不能否认大量使用农药有时也是重要原因之一。除大面积飞机喷药以外，一般用药情况下由于触杀而死的鸟类是很少的，农药对野生鸟类的伤害主要是通过以下途径：野鸟取食拌了农药的植物种子或含有农药的昆虫、小生物而中毒；由于食饵昆虫等小型动物死亡或植物食料枯死，食物来源断绝，尤其是孵化后的小鸟，大鸟不能远离鸟巢采食而致食物缺乏；大规模施用除草剂，致使一些鸟类的营巢场所或材料缺乏，或者由于失去躲避敌害的场所而造成数量减少；由于生物富集作用，使野鸟体内农药逐渐累积而引起慢性中毒，或者生活能力减弱而致数量减少。

根据以上所述鸟类受农药的危害是多途径的。因此在进行调查时必须按照可能的原因进行全面调查分析。但是目前这方面的资料十分缺乏，另一方面，药剂的种类不同，对不同鸟类毒力的差别很大，不能相互类推。倍硫磷等有机磷剂毒性最强，但无累积中毒问题，有机氯虽然急性毒性较小，但有累积中毒问题。用鸡试验，食料中马拉硫磷含量为 1 000 mg/kg，30 d 后未见异常，按 180 mg/kg 体重剂量喂西维因 20 d 也未发现任何不良影响。因此，对鸟类的影响中，除急性中毒外，与有机磷杀虫剂的使用关系不大，可能与有机氯杀虫剂使用有关。由于生物富集作用，以含农药残留量较多的动物为食料的鸟类，常容易受到伤害，受慢性毒害的植食性鸟类较少。脂溶性和持久性强的农药，进入鸟类体内，积蓄于脂肪中，不易产生急性毒性，但是当产卵或候鸟迁飞时由于饥饿等原因，必须消耗体内脂肪时，脂肪中的农药也可通过血液到达脑等敏感组织而危及生命。有机氯杀虫剂可使鸟类的卵壳变薄，孵化率变低，其原因是雌鸟的甲状腺功能被干扰，体内激素分泌失去平衡，或者使钙的代谢异常，从而使卵壳变薄。

（六）农药对蚕的影响

农药对蚕的影响主要是对桑树的影响，而且以农药污染桑树为主，至于蚕的直接受害，除在蚕室上空或附近喷药外很少见到。

目前使用的杀虫剂、杀菌剂大多数品种对桑树安全，一些除草剂可影响桑叶使其黄化失绿，甚至凋萎、发育畸形或产生落叶等急性药害，有时虽不产生急性药害，但可使桑树生长不良，桑叶收获量减少，叶质低劣。桑树上附有药剂再喂蚕，就可能对蚕产生影响，尤其是对蚕毒性大的药剂，可能会使蚕全部死亡。

蚕与其他昆虫相比对农药比较敏感，有时虽已中毒但未造成死亡，逐渐恢复吃叶发育，但最终会影响蚕的体质和茧质，有时还会造成雌蛾的产卵量变少或幼虫龄期不一致。倍硫磷、苯硫磷对蚕比较安全，但有慢性影响，蚕蛾的产卵量不仅降低，而且孵化后产生的小蚕全部死亡；马拉硫磷对蚕的慢性影响，主要体现在蚕茧的形状、茧重、茧层重和茧层比、结茧率等方面；新开发的品种主要是针对人畜的安全，能用于桑树害虫防治又对蚕无害的品种很少；有机汞剂停用以后，也缺乏消毒蚕室、蚕具的适当药剂。因此在蚕期进行农业害虫的防治，特别是养蚕地区必须慎重选择杀虫剂品种和严格按照安全间隔期施药。

【常见技术问题处理及案例】

1. 农药使用不当导致鱼塘养殖鱼大量死亡案例

2011 年 7 月，某养殖户发现鱼活动异常，在池边成群打圈，摄食时有"炸锅"现象，怀疑鱼体上有寄生虫，于是使用了硫酸铜与敌百虫两种药物同时全池泼洒，每 667 m² 水深 1 m 使用剂量分别为硫酸铜 400 g、敌百虫 1 000 g。泼洒时间为上午 8 时，泼药后发现鱼出现沿池边狂游现象，傍晚即出现大量死亡现象。次日凌晨，草鱼和花白鲢苗死亡达几千尾，接下来数天内陆续出现大量死亡现象，放养的花白鲢几乎全部死亡。专家建议养殖户先换水，再泼洒一些解毒类药品，每 667 m² 使用 1 000 g 硫代硫酸钠全池泼洒，次日又泼洒一次，施药后第四天停止死亡。

超量使用杀虫药造成鱼苗中毒死亡的案例每年都有，究其原因还是由于养殖户对于每种杀虫剂及寄生虫的特性不甚了解，个别养殖户道听途说随意加大药品剂量，盲目使用杀虫药。

这个案例告诉我们，使用农药前必须对农药和防治对象非常了解，否则会酿成大祸。

2. 农药包装物他用引起中毒案例

2013 年 7 月 16 日，印度东部比哈省 23 名学童在一所乡村学校吃了校方提供的免费午餐，结果因食物中毒而丧命，另外还有大约 30 名学童送院治疗。经警方调查后证实，此次中毒事件是因为使用杀虫剂久效磷的包装物装午饭引起的。摄入 120 mg 的久效磷就能致命，质量大约和五粒大米相当。最初的症状包括出汗、恶心、呕吐、视力模糊、唾液过多和口吐泡沫等。这个案例告诉我们，无论是什么样的农药包装，切记不可他用，尤其是有些商家为了吸引农民的眼球，经常将不锈钢盆、桶等作为农药的包装物进行促销。（久效磷已于 2008 年被禁止生产销售和使用）

3. 山东省潍坊市昌乐县西瓜药害造成严重损失案例

山东潍坊市昌乐县很多瓜农为了防治西瓜上的蚜虫，在农资店老板的指导下，购买了一种名为狼毒素的农药，上百户瓜农的大面积西瓜面临绝产，损失巨大。

经专家分析，该药本来只能用在十字花科的作物上，但是不良批发商为了推销产品，就对农资店主说可以用在葫芦科作物西瓜上防治蚜虫，结果酿成悲剧，而出售狼毒素的农资店也已经被查封了。

通过这个案例我们可以看出如果农资店主对农资的知识储备很完备能够对所卖的产品有全面的了解与认识，也许就不会出现上面的悲剧了。

第二章 >>>>

农药剂型及使用技术

第一节　农药辅助剂

一、农药辅助剂的种类

在农药加工或施用过程中，那些能改善药剂理化性质，便于使用或贮藏，有利于增强农药的防治效果的辅助物质，统称农药辅助剂，简称农药助剂。

农药辅助剂的种类很多，按其用途可分为如下几种。

1. 填充剂　在农药加工时，用来稀释农药原药的惰性固体物质被称为填充剂，多应用于加工粉剂、可湿性粉剂等。目前常见的填充剂有硅酸盐类，如滑石、黏土、硅藻土等；碳酸盐类，如石灰石、白云石等；非矿物性填料，如玉米芯经过提炼糠醛后的废渣和木炭粉等。填充剂没有杀虫、杀菌活性。

2. 溶剂　溶剂是指农药加工和应用技术中使用的溶解和稀释农药原药的有机溶剂。它赋予制剂必要的性能，能增加流动性、降低毒性、减轻药害、防止或降低雾滴飘移散失等。多用于加工乳油等剂型。而在近年来研发的一些新制剂及应用技术中，如油剂、高浓度液剂、静电喷雾、超低容量喷雾等，更凸显出溶剂的重要性。常用的溶剂有苯、甲苯、二甲苯等。

3. 润湿剂（湿展剂）　润湿剂是能降低水的表面张力，使药液在处理对象（植物、害虫等）的固体表面易于湿润展布、增加接触面积、减少流失、提高药效的物质。如天然的皂角、茶枯、蚕沙、亚硫酸纸浆废液、合成洗衣粉及人工合成的月桂醇硫酸钠、拉开粉等。主要用于可湿性粉剂、水分散粒剂、水剂及悬浮剂的加工。

4. 乳化剂　原来互不相溶的两种液体（如油和水），在它的存在下能使一种液体容易形成很小的液珠稳定分散在另一种液体中的助剂。如烷基苯磺酸钙，聚氧乙基脂肪酸酯，蓖麻油聚氧乙基醚等。多用于加工乳油、水乳剂和微乳剂。

5. 分散剂　分散剂有两种，一种为农药原药的分散剂，是一种高黏度的助剂，可以将熔融的原药分散成为细小的胶体颗粒，如纸浆废液、茶枯浸出液、氯化钙液；另一种为粉剂的分散剂，可防止粉剂絮结，喷撒时能很好地分散开，主要用于可湿性粉剂、水分散粒剂和悬浮剂的加工。

6. 增效剂　是一种本身没有毒杀作用，与某些农药混用时能提高这些农药的毒杀效果的助剂。目前它的使用已成为减轻农药污染、降低毒性、提高防治效果、克服或延缓有害生物抗药性和防治抗性有害生物、降低成本的手段。如增效磷、增效胺、月桂氮草酮、消抗液等已大量生产并投入使用。

7. 稳定剂　是一种能减缓甚至抑制农药制剂物理性能发生变化或农药有效成分在贮存

过程中发生分解失效的助剂。如粉状制剂结块或絮结、乳剂分层、颗粒剂崩解等，稳定剂可分为有效成分稳定剂，如环氧化豆油等；制剂稳定剂，如碳酸钙、乙二醇等。

8. 黏着剂 黏着剂是指能增强农药在固体表面上（如植物、害虫、病菌等）黏着性能的助剂。如粉剂中加入适量矿物油，悬浮剂中加入适量的聚乙烯醇等，可明显增加黏着性，延长持效期，提高药剂的防效。

农药助剂种类和应用随着农药加工技术和农药应用技术的进步而不断发展。除上述主要助剂种类外，还有一些农药助剂，如防止农药在加工和使用时产生大量泡沫的抑泡剂，降低或消除除草剂对作物药害的解毒剂，本身不能燃烧但能供给燃烧所需要的氧的助燃剂以及发烟剂等等。

二、农药辅助剂（表面活性剂）的含义、作用、种类及应用

（一）表面活性剂的含义

表面活性剂是一类具有特殊化学结构的分子。不论表面活性剂属于何种类型，都是由性质不同的两部分组成，一部分是由疏水亲油的碳氢链组成的非极性基团，另一部分是亲水疏油的极性基团，为不对称的分子结构，所以这种分子结构也被称为两亲性分子。当特殊结构的分子进入水中后，整个分子会浮在水面上或存在于油、水界面之间，分子亲水一端进入水界中，而不亲水的另一端被排斥在水面之外或进入油层中。具有两亲性的化学物质，不一定都是表面的活性剂。

（二）表面活性剂的作用

表面活性剂的主要作用是降低液体的表面张力，所谓表面张力，即液体表面分子的向心收缩力。表面张力越大，喷雾时形成的雾滴越大，表面张力越小，形成的雾滴越小。液体表面分子的性质不同，其表面张力不同。实践证明，降低药液表面张力的有效方法是在药液中加入可降低表面张力的物质，这些物质从溶液中被吸附到溶液的表面上，从而降低水的表面张力，表面张力降低显著的物质，可作为表面活性剂。如油酸钠可作为表面活性剂使用。

（三）表面活性剂的种类及应用

常见表面活性剂可分为阴离子型、阳离子型、两性离子型、非离子型及性质不明的天然表面活性剂。

1. 阴离子型表面活性剂 在水中可以解离成阴离子和阳离子两部分。以阴离子突出于水面产生降低表面张力的作用，这一般是疏水性阴离子和亲水性的阳离子形成的盐。

肥皂是最简单的一种阴离子表面活性剂。属于长碳链脂肪酸的钠盐或其他碱金属类化合物，金属元素与脂肪酸羧基所形成的盐的结构就是皂类化合物的亲水性部分。在农药剂型中使用最多的是长碳链与苯环结合的脂肪族和芳香族亲油性基团所形成的磺酸化合物与钠离子所形成的阴离子表面活性剂。如十二烷基苯磺酸钠（图 2-1）。

$$CH_3(CH_2)_{10}CH_2 - \!\!\!\!\bigcirc\!\!\!\! - \overset{\overset{\displaystyle O}{\|}}{\underset{\underset{\displaystyle O}{\|}}{S}} - ONa$$

图 2-1 十二烷基苯磺酸钠

2. 非离子型表面活性剂 这类表面活性剂的分子并非离子化合物，在水中并不解离出阴离子和阳离子，抗硬水，有良好的乳化、润湿、分散、助溶等特性，是农药加工使用的主要乳化剂，主要分为酯类和醚类两大类。

3. 混合型表面活性剂（非离子型表面活性剂混合物） 混合型表面活性剂多为非离子型表面活性剂和阴离子型表面活性剂中的十二烷基苯磺酸钙的混合，也有非离子型表面活性剂之间的混合，在表面活性剂混用时，必须掌握单体表面活性剂以及配制乳油中原药、有机溶液的某些重要的物理化学性质，如亲水亲油平衡值（HLB）、无极性值等，混合型表面活性剂的 HLB 以及无极性值需要与所配乳油中的原油和有机溶液剂的 HLB 及无极性值均相适应，这样才能达到良好的乳化特性。

4. 天然表面活性剂 在自然界中，从植物体内以及植物和动物的水解产物中分离出来的一些天然产物很多也具有表面活性，故称为天然表面活性剂，它们虽有表面活性，但其分子上的极性基和非极性基不明，所以又称为性质未明的表面活性剂。如皂角的水提取物是很好的湿润剂；大豆榨油后残渣的组成大豆蛋白是很好的黏着剂和湿展剂；造纸工业的纸浆滤清液（亚硫酸纸浆废液）具有表面活性和较强的分散性能，是可湿性粉剂的重要湿展剂和分散剂，并具有一定的乳化作用；动物残体经过水解处理后其水解产物是蛋白质的水解物，易溶于水，具有保护胶体和乳化性能，可用作胶悬剂、涂抹剂等的助剂。

三、表面活性剂在农药加工和使用中的应用

（一）表面活性剂在农药加工中的应用

在化学农药加工的剂型中除了有效成分之外，大部分含有多种类型的表面活性剂，尤其是湿润剂、乳化剂。

湿润剂是可湿性粉剂农药的主要成分。一般有机原药不易被水湿润，有的填料也不易被湿润或者湿润速度太慢，但混有湿润剂之后会很快被水湿润，有利于提高悬浮率，假如没有加入湿润剂，在水稀释时就很难湿润，水的表面张力足以支持这些粉粒漂浮在水面上，无法形成分散性良好的可供喷雾的悬浮液。有适当湿润剂，可湿性粉剂湿润时间缩短，悬浮率提高，药剂稀释后喷洒在植物表面上润展性也较好。

乳化剂是乳油农药的主要成分。乳油是各类农药加工剂型中最重要的剂型之一，它由原粉或原油加有机溶剂再加适当的乳化剂配制而成。乳油加水稀释时一般能自动分散，形成在一定期限内稳定而又适合喷洒的乳化液。若乳化剂不适当，乳油兑水稀释后药液不稳定，会出现乳油或沉淀，药液往往无法喷洒均匀，导致药效无法正常发挥，并可能产生药害。

（二）表面活性剂在农药使用中的应用

供喷雾使用的农药，其成分离不开表面活性剂。除了满足对农药乳化、湿润、渗透、分散等作用外，其过量部分可降低水的表面张力，有利于药液对受药表面的湿润与展布。湿润是指液体和固体表面完全接触。展布是指液体在固体表面湿润后，并在它表面上扩展的现象。一种液体在固体表面上，应有湿润后再有展布，不能湿润也就不能展布。

第二节 农药的剂型

农药原药加入辅助剂，经过加工制成便于使用的一定药剂形态，称为剂型。如固态制剂

类的有粉剂、可湿性粉剂、可溶性粉剂、颗粒剂、片剂等；液态制剂类的有乳油、悬浮剂、水剂等（表2-1、表2-2）。

表2-1 农药剂型物态分类

形态	使用方法		
	直接使用	稀释后使用	特殊（气态分散系）
固态	粉剂、超微粉、粗粉剂、漂浮性粉剂、粒剂、细粒剂、微粒剂、大粒剂、粉粒剂、漂浮性粒剂、种衣剂、拌种剂、毒饵、缓释剂	可湿性粉剂、可溶性粉剂、水分散粒剂、干油悬剂、固态乳剂	烟剂、蚊香、熏蒸性片剂
半固态	糊剂、膏剂	悬浮剂、油悬剂、微囊悬浮剂	
液态	超低量油剂、油剂、成膜油剂、静电喷雾剂、涂抹剂	乳油、油剂、水剂、水乳剂	压缩气体、气雾剂、热雾剂

表2-2 农药剂型种类

剂型	组 成	性 能	使用方法	举 例
粉剂	原药＋填料（黏土、滑石粉等）＋少量助剂	优点：易加工，直接使用，不用水，成本低，功效高。缺点：容易飘逸、有效成分填料容易分离，环境污染大	喷粉、拌种、土壤处理	5%苦参碱粉剂
可湿性粉剂	原药＋填料（载体）＋表面活性剂（润湿剂、分散剂）＋稳定剂	优点：在运输、包装、使用环节更为安全、方便。缺点：加工质量差，水中不易分解，容易堵塞喷雾器喷头	喷雾、灌根、泼浇	70%甲基硫菌灵可湿性粉剂、10%吡虫啉可湿性粉剂
可溶性粉剂	原药（溶于水）＋填料（水溶性）＋助剂	优点：贮存时化学稳定性好，加工和贮运成本相对较低，不会堵塞喷头	喷雾、灌根、拌种	72%硫酸链霉素可溶性粉剂、90%三乙膦酸铝可溶性粉剂
乳油	原药＋溶剂＋乳化剂	优点：形状稳定，具有较长残效期，易运输和保存。缺点：对植物的毒性风险大，具有较强腐蚀性，含有大量有机溶剂会造成环境污染	喷雾、拌种、土壤处理	20%三唑酮乳油
颗粒剂	原药＋载体＋填料＋助剂	优点：使高毒农药低毒化，延长持效期，使用方便。缺点：填料使用量大	直接撒施	5%灭线磷颗粒剂、2.5%甲基异柳磷颗粒剂
水分散粒剂	原药＋高水吸附性材料＋凝固剂＋助剂（润湿剂、分散剂、崩解剂等）	优点：无粉尘，运输、贮存、使用方便。缺点：加工工艺复杂，成本高，助剂用量大	喷雾、拌种、土壤处理（不可直接撒施）	50%烟酰胺水分散粒剂、10%阿苯哒唑水分散粒剂

（续）

剂型	组　　成	性　　能	使用方法	举　　例
水剂	原药（水溶性）＋助剂＋水	优点：与乳油相比，加工时不需用有机溶剂，仅需加适量表面活性剂，药效与乳油相当。缺点：性状不稳定，贮存易分解	喷雾、拌种、土壤处理	1％中生菌素水剂、5％井冈霉素水剂
水乳剂	原药（不溶于水）＋有机溶剂（不溶于水）＋助剂＋水	优点：减少有机溶剂用量，生产、运输安全性高，毒性低。缺点：易产生破乳现象，储存稳定性低	喷雾	45％咪鲜胺水乳剂
微乳剂	原药（不溶于水）＋有机溶剂（不溶于水）＋水＋表面活性剂	优点：有机溶剂用量小，药剂粒子分散好。缺点：水分含量大，稳定性差	喷雾	20％腈菌唑微乳剂、25％四氟醚唑微乳剂
悬浮剂	原药（不溶于水）＋助剂（润湿剂、分散剂、稳定剂等）＋水	优点：粒子细，残效期和耐雨冲刷能力强。缺点：加工工艺复杂，容易沉淀分层	喷雾	20％烯酰吗啉悬浮剂、45％异菌脲悬浮剂
种衣剂	原药＋特殊的成膜剂＋助剂	优点：易黏附在种子表面，改善种子外观	拌种	45％克菌丹种衣剂、1.5％三唑醇种衣剂
油剂	原料＋油质溶剂＋助剂	优点：黏附性高，耐雨水冲刷。缺点：易引起植物药害	超低容量喷雾	86％十三吗啉油剂
烟剂	原药＋化学发热剂＋助剂	优点：施用功效高，分布均匀。缺点：生产或运输过程安全性差	熏烟	18％硫黄烟剂、3％噻菌灵烟剂
缓释剂	原药＋载体（封闭剂、解析剂）＋助剂	优点：延长农药的持效期，减少施药次数，降低用药量和药剂的使用毒性。缺点：加工成本高	直接撒施	

　　由农药生产厂经化学合成生产的农药有效成分称为原药，原药呈固态的称为原粉，呈液态的称为原油。农药原药除极少数水溶性很强或挥发性强的农药可直接用水或空气分散之外，绝大多数原药经化学合成后，由于不溶水或难以溶于水及农田单位面积需用农药有效含量特别少等原因，必须与一定量和一定种类的助剂、载体相配合。

　　农药制剂为精细化工产品，农药有效成分可得到经济、高效、方便和安全使用。我国农药制剂的名称通常由有效成分含量、农药中文通用名和剂型3部分内容组成。如95％敌敌畏乳油、70％代森锰锌可湿性粉剂、2.5％溴氰菊酯乳油、3％辛硫磷颗粒剂等。

　　理论上，一种农药原药可以加工成很多剂型，但是，在实际应用中，剂型的选择，应取决于使用上的必要性、安全性和经济上的可行性。据国际农药制造商协会联合会公布的资料，目前已有60多种剂型。农业生产实践中，人们对农药剂型的要求将会越来越高。过去占统治地位的剂型如乳油、可湿性粉剂、粉剂和颗粒剂越来越受到冲击，国内外农药剂型正朝着水基性、粒状、缓释、多功能及省力化的方向发展。

除上述介绍的剂型外，还有气雾剂、乳膏剂、追踪粉剂、防蛀剂、毒饵、混合剂等。

第三节　农药的使用方法

为把农药施用到目标物上所采用的各种施药技术措施，称为农药的施用方法。使用农药来防治有害生物，要求用最少的农药获得最佳防治效果，且不能引起人畜中毒和环境污染。这就表明了我们在使用农药时，不仅要考虑农药种类、剂型、药量的选择，而且还要考虑植物生态、防治对象、施药环境及选择的施药工具和技术等。然后经过归纳综合、分析筛选，确定最佳的施药方法。

目前在我国常见的有喷雾法、喷粉法、种苗处理法、撒施法、熏蒸法、烟雾法、毒饵法、涂抹法等多种，且随着科学技术的进步、生产的需要和环保意识的增强，施药方法也不断改善和增多。

一、喷　雾　法

喷雾法是指利用喷雾器械，使喷射出的细小雾滴均匀地覆盖在植物及防治对象上的施药方法。它是在农药施用中最常用的一种方法，可供喷雾使用的剂型：微乳剂、水剂、可湿性粉剂、可溶性粉剂、悬浮剂、水分散粒剂、超低容量喷雾剂等。喷雾法的优点是药液可直接接触防治对象，而且分布均匀，见效比较快，防效比较好，方法简单容易操作。缺点是药液容易飘移流失，药液易沾污施药人员而引起中毒，而且受水源限制。

影响喷雾效果的因素很多，主要归纳为以下几个方面。农药的理化性能，如液滴在固体表面的润展性等；药械对药液的雾化情况；生物表面的结构特点，如同种药液对茸毛多、蜡质层厚的叶面不易润展，而对茸毛少、蜡质层薄的叶面则较易润展。水质对药液也有影响，如水的硬度大小，硬水对乳液和悬浮液的稳定性破坏作用很大，有的药剂在硬水中可能转变成为非水溶性或难溶性的物质而丧失药效，如2,4-滴钠盐等，有些硬水的硬度大通常碱性亦大，一些药剂易被碱分解，严重影响药效。喷雾时遇大风，喷后遇雨，也影响喷雾效果。

依据药液雾化的原理主要分为压力雾化法、弥雾法、旋转离心雾化法3种。

压力雾化法即药液在压力下通过狭小喷孔而雾化的方法，这种雾化方法的特点是喷雾量很大，但雾化的雾滴粗细程度差异很大。

弥雾法的雾化过程分为两步连续进行，第一步药液箱内的药液受压力而喷出直径较粗的雾滴，第二步雾滴立即被喉管的高速气流吹开，形成一个个小液膜，受空气碰撞破裂而成弥雾。

旋转离心雾化法又称超低容量弥雾法。旋转离心雾化的机械有两种，一种为电动手持超低容量喷雾器，在其喷头上安装圆盘转碟，转碟边缘有一定数量的半角锥齿，药液滴在高速转动的圆盘上，被抛到空气中，形成雾，随气流弥散；另一种为在18型背负式弥雾喷粉机的喷口部位换装一只转盘雾化器，也能达到离心雾化的效果。这种雾化方法的雾化细度取决于转盘的旋转速度和药液的滴加速度，转速越高药液滴加速度越慢，则雾化越细。

除以上几种雾化原理外，还有利用超声波原理、机械振动原理来雾化的方法，不过应用的范围很窄，有些商品化还比较困难。

喷雾法是当前使用最广泛的施药方法，发展很快，具体分类方法较多，按用药量可分为：常量喷雾法、中容量喷雾法、低容量喷雾法、很低容量喷雾法、超低容量喷雾法。根据我国国情及习惯，在实际生产应用中，通常分为常量喷雾法、低容量喷雾法和超低容量喷雾法3种类型。

（一）常量喷雾法

常量喷雾法又称高容量喷雾法。常量喷雾的药械有人力加压的工农-16型背负式喷雾器和动力加压的工农-36型机动喷雾器。常量喷雾常用的剂型为乳油、可湿性粉剂、悬浮剂、可溶性粉剂和水剂等。常量喷雾与喷粉比较，具有附着力强、残效期长、效果高等优点，但是存在着工效低、劳动强度大、药液易流失浪费、用水量多、污染土壤和环境等缺点。

从作用的动力来分，有手动喷雾法、机动喷雾法和航空喷雾法3类。

1. 手动喷雾法 是以手动方式产生的压力使药液通过液力式喷头喷出，与外界静止的空气相冲撞而分散成为雾滴的施药方法。它是我国最普遍的喷雾方法，适合于小规模农业结构，尤其适合个体农户使用。手动喷雾器的喷头和喷孔片，应根据作物和病虫情况选用，一般作物的前期喷药应选用小号喷孔片，如棉花、油菜等作物的幼株期，喷雾量增加时应换用中号或大号的喷孔片。

2. 机动喷雾法 以机械或电力作为雾化或喷洒动力的喷雾方法叫做机动喷雾法。其特点是工作压力高、射程较远、雾滴细、工作效率高，既可用于草坪，又可用于农田和果园等的病虫害防治。喷雾车是目前应用较多、综合防治效果较好的一种病虫害防治机械。它通常以汽车或拖拉机为主机，配置喷雾设备，向植株喷洒药液进行作业。

3. 航空喷雾法 航空喷雾法是指利用飞机装载喷雾机进行喷雾的一种施药方法，可常量喷雾，也可低容量喷雾和超低容量喷雾。适用于连片种植的作物以及果园、草原、森林荒滩等地块。适用于飞机喷施的农药剂型有粉剂、可湿性粉剂、水分散性粒剂、悬浮剂、干悬浮剂、乳油、水剂、油剂、颗粒剂等。

（二）低容量喷雾法

低容量喷雾的药液用量一般为 $0.5\sim30$ L/hm^2，喷出的雾滴直径为 $100\sim200$ μm，使用的药械有东方红-18型背负式弥雾喷粉机、手动工农喷雾器等，采用小孔径的喷孔片。低容量喷雾与常量喷雾比，其显著特点是省工、省药、省水、费用低、工效高、防治及时。与超低容量喷雾比，具有对农药剂型要求不高（所有可用于常量喷雾的剂型均可用于低容量喷雾），对气象条件要求不严格，对器械要求不严格，简单易行，容易掌握的优点。

（三）超低容量喷雾法

超低容量喷雾的药液用量一般在 7.5 L/hm^2 以下，雾滴直径为 70 μm 左右。超低容量喷雾法一般选用专供此种方法用的油剂（超低容量喷雾剂）。超低容量喷雾由于喷洒时雾滴十分细小，而且所用油剂不易蒸发，在植株中的穿透性好，从而可达到较高的防治效果。但是，超低量喷雾时，要注意两点，一要选择无风或微风天气进行，避开中午前上升气流大、气温高的时间段作业，以减少雾滴的挥发和飘逸；二要注意施药安全，防止施药人员经皮肤或呼吸道摄入高浓度的药液而引起中毒。

静电喷雾法也是一种超低容量喷雾技术，是通过高压静电发生装置使喷出的雾滴带电荷的喷雾方法。这种带电雾滴受作物表面感应电荷吸引，对作物产生包抄效应，将作物包围起来，因而可沉积到作物叶片的正面和背面，从而提高了防治效果。静电喷雾法的缺点是带电雾滴对植物冠层的穿透能力较差，大部分沉积在靠近喷头的靶标上，若用带风机的机动静电喷雾机则可借助风力形成的气流辅助输送雾滴，明显改善喷雾质量。

二、撒 施 法

撒施法是将颗粒剂或配制的毒土直接撒施在田间地面、水面或植株特定部位的一种施药方法。对毒性高或易挥发的农药品种，不便采用喷雾和喷粉方法，可以制备成颗粒剂撒施。该法无需配制药液，可以直接使用，方便、省工，且无粉尘和雾滴飘移。

三、泼 浇 法

泼浇法是指将稀释成一定浓度的药液均匀的泼浇到农作物上或果树树盘下面来防治病虫害的一种施药方法。此法用药量比喷雾法稍多，用水量比喷雾法多达 10 倍，一般每 667 m² 用水 400～500 L。泼浇法在稻田使用最多，主要用于防治稻株下部活动的水稻螟虫，稻飞虱等害虫。

四、毒 饵 法

毒饵法是用农药和害虫等有害动物喜食的饵料配制成毒饵，并同时撒施到一定的场所，来毒杀害虫等有害生物的一种施药方法。该法适用于诱杀具有迁移活动能力、咀嚼取食的有害动物，如害鼠、蝼蛄、地老虎等。

毒杀害虫常用的饵料为豆饼、花生饼、麦麸等，用药量一般为饵料量的 1%～3%。也可用青草或野菜，药剂用量一般为饵料量的 0.2%～0.3%。

五、拌 种 法

拌种法是将所选用的药剂按照一定比例与种子混合，使种子表面形成一层药膜的种子处理方法。一般在能旋转的容器（拌种器）中装入种子及称好的药剂，使之以 40～50 r/min 的速度旋转，处理数分钟即可。注意转速不宜快，带毛的种子（如带茸毛的棉籽）不能用拌种器。另外用一定量的药液与种子拌匀后，再堆闷一段时间，使种子吸收尽药液，这也是拌种的一种方法，多称为湿拌或闷种。拌种法的技术关键是药剂称量要准确，拌种时要使种子表面着药均匀。拌过药的种子不需要再经其他处理，要立即播种，不可久置。

六、浸 种 法

浸种法是将种子浸渍在一定浓度的药液中，浸泡一定的时间，然后再捞出晾干的一种方法。通过浸种，可使种子充分吸水以利催芽播种，可以使种苗吸收农药防止病虫入侵，可以杀死种子及秧苗、苗木或插条等内外的病菌或害虫。用于浸渍种苗的药剂多为水剂或乳油、悬浮剂，也可以用可湿性粉剂。浸种药剂可连续使用，但注意要及时补充所减少的药液量。浸种温度一般要在 10～20 ℃，温度高时，应适当降低药液浓度或缩短浸种时间。药液浓度、温度、浸种时间、剂型要求，对不同种子均有不同的适用范围。

七、喷 粉 法

喷粉法是利用机械产生风力把粉剂吹散，使粉粒覆盖在靶标作物表面，并要求药粉能在靶区产生有效沉积，以达到较好的田间防治效果。喷粉法的主要优点是工作效率高，作业不受水源限制，在干旱、缺水的地区更具有应用价值，细粉粒的药效好、沉积覆盖也比较均匀。缺点是粉粒飘移性强，易污染环境，所以喷粉法的使用越来越受到限制。目前主要应用在封闭的温室、大棚，郁闭度高的森林、果园、高秆作物上，生长后期的棉田和水稻田。飞机喷粉技术主要应用在大面积水生植物如芦苇、辽阔的草原、滋生蝗虫的荒滩等。

喷粉法按采用的施药手段可分为手动喷粉法、机动喷粉法、粉尘法、静电喷粉法等。

（一）手动喷粉法

手动喷粉法是用手摇喷粉器进行喷粉的方法。目前国内常用的有丰收-5型肩挂式手摇喷粉器和丰收-10型背负式手摇喷粉器，两者工作原理相同。药桶装粉前，先把开关关上，药粉不可装满，一般不超过药桶体积的3/4，黏重的药粉还应更少些，以利于空气流通。转动摇柄的速度要快慢一致，一般为30～35 r/min，喷粉管应放平，或稍向前下方倾斜，以利于药粉排出。

（二）机动喷粉法

机动喷粉法即使用背负式喷粉机或拖拉机喷粉机进行田间喷粉的施药方法。目前主要使用背负式喷粉机，如东方红-18型弥雾喷粉机。喷粉时有直管（短管）和长塑料薄膜管喷撒之分。

（三）粉尘法

粉尘法是在封闭的温室、大棚等保护地种植的植物上进行手动喷粉的一种特殊形式。粉尘法所用的粉剂必须通过325目标准筛，粉粒的粒度有50％以上小于20 μm，粉剂的密度达到0.6 g/cm³以下。

在温室、大棚中粉尘法施药时，只需沿直线从里面一端慢慢走向外面一端，喷粉管平直或稍上，不可把喷粉器的喷口对准植物进行喷撒，否则不但喷撒沉积不均匀，而且容易引起粉剂堆积过多，浪费用药或引发药害。

（四）静电喷粉法

静电喷粉法是在用静电喷粉机进行喷粉时，通过喷头的高压静电使农药粉粒带上电荷，又通过地面使作物的叶片和叶片上的害虫带上相反的电荷，靠这两种异性电荷的相互吸引力，把农药粉粒紧紧地吸附在叶片上或害虫虫体上，其附着量比常规非静电喷粉多5～8倍。粉粒越细小，越容易附着在叶片和害虫虫体上。

天气对静电喷粉的效果有一定的影响。一般来说气温的影响不大，但空气湿度的影响比较大。潮湿能使粉粒带电量减少，且易失去电荷；风力能影响静电喷粉的效果，在风速1.5～2.5 m/s的情况下，随着风速的增加，靶标作物上附着药剂的量逐渐减少，风速达3 m/s以上，则影响更大。因而应选择在无风或风力很小的晴天进行静电喷粉。

八、注 射 法

注射法是在树干的适宜位置钻孔深达木质部，再注入内吸性农药，从而达到防虫治病目的的一种施药方法。药剂注入植物体后，随树体的水分运动而发生纵向运输和横向扩散从而均匀地分布在植物体内。主要用于防治林木、果树、行道树等蛀干害虫。

注射法包括高压注射法，即利用XH轻型高压树干注入器或JZ-3型手压式树干注射机，在一定压力下将药液注入树干、树根内。另外还有自流注入法、灌注法、虫孔注射法等。

九、涂 抹 法

涂抹法是将配制成的药液或糊状制剂，涂抹在植株的特定部位上防治病虫害的一种施药方法。所选用的农药是内吸剂或是能比较牢固地黏附在植物表面上的触杀剂。涂抹法能集中用药、省药、减少污染，但费工。

十、土壤处理法

土壤处理法是对土壤表面或土壤表层进行药剂处理的一种施药方法。剂型可以是颗粒剂、胶囊剂、微胶囊剂等固态药剂，乳油等液态药剂，也可以用气态药剂。该方法能防治土壤中有害生物、杂草及种子携带的病虫，内吸性药剂经种子、幼芽或根吸收后也能达到杀灭地上有害生物的效果。

土壤处理法可按施药范围或方式分为撒施、沟施、穴施、浇施、根区施药等。土壤用药时，要考虑到土壤质地、有机质含量、土壤颗粒成分、土壤水分、土壤 pH、土壤微生物等，还有雨水、灌溉水等一些因素，因为它们能影响农药的性能、半衰期和残效期，如除草剂草甘膦施入土壤后会很快与土中的铁、铝等金属离子结合而失去活性。土壤处理可按施药范围或方式分为撒施、沟施、穴施、浇施、根区施药等。

第四节　农药机械

一、农药机械的分类

施药机械与农药制剂、施药技术一样是化学防治的三大支柱之一。近些年施药机械得到了较快的发展，其间经历了由仿制到自行设计，由人力手动喷雾器到与小型动力配套的机动施药机械和与拖拉机相配套的大中型施药机械以及植保无人机。

施药是农业生产的重要组成部分，是确保农业丰产丰收的重要措施之一。为了经济而有效地施药，应发挥各种防治方法的积极作用，贯彻"预防为主，综合防治"的方针，把病虫草害以及其他有害生物消灭于危害之前，使其不能成灾。

施药机械的种类很多。由于农药的剂型和作物种类多种多样，对不同病虫害的施药技术手段和喷洒方式也多种多样，决定了施药机械品种的多样性。常见的有喷雾器（机）、喷粉器（机）、烟雾机、诱杀器、拌种机和土壤消毒机等。

施药机械的分类方法也多种多样，可按种类、用途、配套动力、操作方式等分类。按喷施农药的剂型和用途分，有喷雾器（机）、喷粉器（机）、烟雾机等。按配套动力分，有人力施药机具、畜力施药机具、小型动力施药机具、拖拉机悬挂或牵引式大型施药机具、航空施药机具等。人力驱动的施药机具一般称为喷雾器、喷粉器；机动的施药机具一般称为喷雾机、喷粉机等。按运载方式分，有手持式、肩挂式、背负式、手提式、担架式、手推车式、拖拉机牵引式、拖拉机悬挂式及自走式等。

随着农药的不断更新换代以及对喷洒（撒）技术的深入研究，国内外出现了许多新的喷洒（撒）技术和新的喷洒（撒）理论，从而又出现了对施药机械以施药液量多少、雾滴大小、雾化方式等进行分类。按施药量多少，可分为常量喷雾、低容量喷雾、超低容量喷雾等机具。按雾化方式，可分为液力式喷雾机、风送式喷雾机、热力式喷雾机、离心式喷雾机、静电喷雾机等。

总之，施药机具的分类方法很多，较为复杂，往往一种机具的名称是几种不同分类方法的综合。如泰山 3WF - 18 型背负式机动喷雾喷粉机，就包含着按携带方式、配套动力和雾化原理 3 种分类方法的综合。

二、农药机械的主要类型及特点

（一）手动喷雾器

手动喷雾器是以手动方式产生的压力迫使药液通过液力喷头喷出，与外界空气相撞击而分散成为雾滴的喷雾机械。它是我国广大农村最常用的施药机具，具有结构简单、使用操作方便、价格低廉、适应性广等特点。

目前我国手动喷雾器主要有背负式喷雾器（图 2 - 2）。

（二）手动喷粉器

手动喷粉器是一种由人力驱动风机产生气流来喷施粉剂的机械，结构简单、操作方便，工作效率比手动喷雾器高，作业时不消耗液体，可以节省人工。

由于喷粉时受风力影响较大，且易造成环境污染。所以只适用于特殊环境的农田如封闭的温室、大棚，郁闭性好的果园、高秆作物，生长后期的棉田和水稻田等。

手摇喷粉器按操作者的携带方式有肩挂式和背负式两类。按风机的操作方式分为横摇式、立格式和掀压式。

（三）喷射式机动喷雾机

喷射式机动喷雾机是指发动机带动液泵产生高压，用喷枪进行宽幅远射程喷雾的机动喷雾机。按机具的大小可分为：便携式，主要工作部件安装在带有手提把的轻便机

图 2 - 2　背负式喷雾器

架上；担架式，主要工作部件安装在担架或框架上；车载式，主要部件均安装在拖拉机上，田间作业转移由拖拉机完成（图 2 - 3）。

喷射式机动喷雾机具有工作压力高、喷雾幅宽、工作效率高、劳动强度低等优点，是一种主要用于水稻大、中、小不同田块病虫害防治的机具，也可用于供水方便的大田作物、果园和园林病虫害防治。

喷射式机动喷雾机主要由机架、发动机（汽油机、柴油机或拖拉机动力输出轴）、液泵、吸水部件、药箱、喷射部件等组成。

（四）背负式机动喷雾喷粉机

背负式机动喷雾喷粉机，以下简称背负机（图 2 - 4）是采用气流输粉、气压输液、气力喷雾原理，由汽油机驱动的机动施药机具。

背负机由于具有操纵轻便、灵活、生产效率高等特点，广泛用于较大面积的农林作物的病虫害防治工作，以及化学除草、叶面施肥、喷洒植物生长调节剂、城市卫生防疫、消灭仓储害虫及家畜体外寄生虫等工作。不受地理条件限制，在山区、丘陵地区及零散地块上都很适用。

图2-3 车载式喷雾机

（全国农业技术推广服务中心，2015.
植保机械与施药技术应用指南）

图2-4 背负式机动喷雾喷粉机

（五）喷杆喷雾机

喷杆喷雾机是装有横喷杆或竖喷杆的一种液力喷雾机。它作为大田作物高效、高质量的喷洒农药的机械，近年来深受我国广大农民的青睐。

该机具可广泛用于大豆、小麦、玉米和棉花等农作物的播前、苗前土壤处理，作物生长前期灭草及病虫害防治。装有吊杆的喷杆喷雾机与高地隙拖拉机配套使用可进行棉花、玉米等作物生长中后期病虫害防治。该类机具的特点是工作效率高，喷洒质量好（安装狭缝喷头时喷幅内的喷雾量分布均匀性变异系数不大于20％），是一种理想的大田作物用大型施药机具。

喷杆喷雾机的种类很多，可分为下列几种。

1. 按喷杆的形式分

（1）横喷杆式。喷杆水平配置，喷头直接装在喷杆下面，是常用的机型（图2-5）。

（2）吊杆式。在横喷杆下面平行地垂吊着若干根竖喷杆，作业时，横喷杆和竖喷杆上的喷头对作物形成门字形喷洒，使

图2-5 喷杆式喷雾机

（全国农业技术推广服务中心，2015.
植保机械与施药技术应用指南）

作物的叶面、叶背等处能较均匀地被雾滴覆盖。主要用在棉花等作物的生长中后期喷洒杀虫剂、杀菌剂等。

（3）气袋式。在喷杆上方装有一条气袋，有一台风机往气袋供气，气袋上正对每个喷头的位置都开有一个出气孔。作业时，喷头喷出的雾滴与从气袋出气孔排出的气流相撞击，形

成二次雾化，并在气流的作用下，吹向作物。这是一种较新型的喷雾机，我国目前正处在研制阶段。

2. 按与拖拉机的连接方式分

（1）悬挂式。喷雾机通过拖拉机三点悬挂装置与拖拉机相连接。

（2）固定式。喷雾机各部件分别固定地装在拖拉机上。

（3）牵引式。喷雾机自身带有底盘和行走轮，通过牵引杆与拖拉机相连接

3. 按机具作业幅宽分

（1）大型喷雾机喷幅在 18 m 以上，主要与功率 36.7 kW 以上的拖拉机配套作业。大型喷雾机大多为牵引式。

（2）中型喷雾机喷幅为 10～18 m、主要与功率在 20～36.7 kW 的拖拉机配套作业。

（3）小型喷雾机喷幅在 10 m 以下，配套动力多为小四轮拖拉机和手扶拖拉机。

（六）车载高射程喷雾机

高射程低量风送喷雾机是一种车载可分离式风送机动喷雾机，喷雾机自身有完整的发电和配电系统、雾化系统、风送系统、风筒转向及摆动系统等装置（图 2-6）。喷雾机直接装载在皮卡汽车、小型货车或农用车的车厢内，可手动、遥控操作，一边行驶一边进行喷雾施药。

该型喷雾机具有射程高，穿透性较好等特点，可应用在三北防护林、田间防护林、有一定交通条件的速生用材经济林、高速公路两旁绿化树、城市行道树等高大林木的病虫害防治，还可以快速杀灭蝗虫以及用于大面积农林病虫害防治。

高射程低量风送喷雾机具有劳动强度低、工作效率高、防治成本较低等特点，同时实施低量喷雾，药剂利用率高、污染小，对于保护环境、促进林木生长具有直接的经济效益和巨大的社会效益。

（七）航空植保机械

飞机喷洒农药是一项特殊的农药应用技术，只能在土壤条件及地形地势不适合地面喷施的情况下使用，如大片森林或丘陵。飞机喷雾非常适合处理大面积紧急灾情，例如蝗虫大暴发的治理。航空植保机械的发展已有几十年的历史，尤其在近十几年来发展很快（图 2-7）。除用于病虫防治外，还可进行播种、施肥、除草、人工降雨、森林防护及繁殖生物等。对于需要紧急处理的大范围病虫害，飞机喷洒农药是一种非常有效的防治技术，工作效率非常高。

图 2-6　车载高射程喷雾机

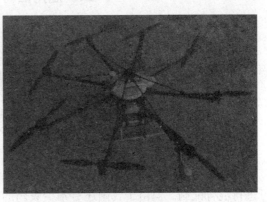

图 2-7　多旋翼植保无人机

第五节　农药的科学使用

一、农药的混用原则

1. 保证混用药剂有效成分的稳定性　主要包括以下3方面。

（1）混用药剂有效成分之间是否存在物理化学反应。如石硫合剂与铜制剂混用就会发生硫化反应生成有害的硫化铜；再如多数氨基甲酸酯类、有机磷类、菊酯类农药与波尔多液、石硫合剂混用会发生分解。

（2）混用后酸碱性的变化对有效成分稳定性的影响。多数农药对碱性比较敏感，一般不能与强碱性农药混用，反之一般碱性农药不建议与酸性农药混用；另外，部分农药（如高效氯氰菊酯、高效氟氯氰菊酯等）一般只在很窄的 pH 范围（pH 4～6）稳定，不适合与任何过酸或过碱性药剂混用。

（3）大多数农药品种不宜与含金属离子的药剂混用。如甲基硫菌灵与铜制剂混用则会失去活性。

2. 保证混用后药液保持良好的物理性状　任何农药制剂加工一般只考虑该制剂单独使用的物理性状标准，而不可能保证该药剂与其他各种药剂混用后各项技术指标的稳定。因此，药剂混用后应注意观察是否出现分层、浮油、沉淀、结块以及乳液破乳现象，避免出现降低药效甚至发生药害事故。

3. 保证有效成分的生物活性不降低　某些药剂作用机制相反，两者相互混用则会产生拮抗作用，从而使药效降低甚至失效。如阿维菌素与氟虫腈作用机制相反，其中阿维菌素是刺激昆虫释放 r-氨基丁酸，而氟虫腈则阻碍昆虫 r-氨基丁酸的形成，应避免混用；又如氟啶脲（定虫隆、抑太保）、氟虫脲（卡死克）等昆虫几丁质合成抑制剂（阻碍蜕皮）不能与虫酰肼（米满）等昆虫生长调节剂（促进蜕皮）进行混用。

4. 保证混用后对人畜、有益生物及作物安全，药液浓度在农作物承受范围之内　多种药剂混用直接造成药液整体浓度提高，特别是在高温季节会大幅度增加发生药害的可能性。部分农户甚至混用多达六七种之多的药剂，有的甚至将含相同有效成分的药剂进行混用因此很可能出现药害现象。

二、混用后可能出现的问题

农药混用后，防治效果相互干扰，防治效果下降。如多数农药不能与碱性农药混用。

农药混用后，有效成分的理化性质发生改变。如乙烯利水剂与一般乳油混用有时会出现破乳现象，这种情况不能混用。用肥皂水作为乳化剂的油乳剂，不能与含钙的农药混用。

农药混用后的安全问题，农药混用后要对植物安全不产生药害，并且对人低毒。

三、常见农药混用方案

（一）液态制剂的混合调制

这是农药使用中经常要进行的事。一般来说，只要掌握好药剂的性质，参照有关资料即可进行混合配制。但由于我国还有不少农药的剂型尚未标准化或产品质量不合格，在实际混配时仍会出现问题，因此还必须进行试验才行，如我国生产的一种菊·马合剂乳油不能与百菌清可湿性粉剂混合，否则会出现絮结现象。

另外，有一些比较特殊的情况，在混合配制时应注意操作程序。

1. 碱性药物与易在碱性条件下分解的药物混合 有一些是允许临时混合、随配随用的。例如石硫合剂是最常用的一种碱性药剂，它与敌百虫可以随配随用。但在配制时要注意几点：两种药必须分别先配制等量的药液，这时应把浓度各提高一倍，这样当两液相混时，混合液中的浓度刚好达到最初的要求；混合时应把碱性药液（石硫合剂）倒入敌百虫水溶液中，同时迅速搅拌，这样，混合液的氢离子浓度降低（即 pH 增加）比较缓慢；敌百虫的结晶容易结块，比较难溶，往往需要用热水或升温来促使其溶解，这样得到的溶液是热溶液，必须使它充分冷却之后再与石硫合剂溶液混合，原因是敌百虫的碱性分解在受热的情况下速度显著加快，碱性药剂较常用的还有波尔多液以及松脂合剂等，松脂合剂的碱性更强。

2. 浓悬浮液的使用 几乎没有一种悬浮剂不存在沉淀现象，即在存放过程中上层逐渐变稀而下层变浓稠，有些国产的还出现结块现象。因此使用此种制剂配制药液时，必须保证悬浮剂形成均匀扩散液。在搅拌悬浮剂沉淀物时，如果整瓶药要一次用完，可以用水帮助冲洗。否则，先取的药含量低而剩余的药含量增高，使用时就会发生差错。这一点在使用中必须十分注意。

3. 可溶性粉剂的使用 顾名思义，可溶性粉剂都能溶于水，但溶解的速度有快有慢。所以不能把可溶性粉剂一次投入水中，也不能直接投入已配制好的另一种农药的药液中，必须采取两步法，即先用小水量的可溶性粉溶液，再稀释到所需的浓度；或先配成可溶性粉剂的溶液，再与另一种农药的喷雾液相混合。

这种两步配药法不仅对一些特别的剂型比较有利，在田间作业量大，需要反复多次配药时，此法还有利于准确取药和减少接触原药而发生中毒的危险。

（二）粉剂的混合配制

粉剂的混合，如果没有专门的器具，比液态制剂更难于混合均匀。用户如果需要较大量的粉剂混合，最好用专门的混合机械，这种机械必须可以密闭，使粉尘不易飞扬，比较安全，混合效果也好。

进行少量粉剂混合，可采用塑料袋内混合，先用密封性能良好的比较结实的塑料袋把所需混合的粉剂分别称量好以后放入袋内把袋口扎紧封死，注意袋内留出约 1/3 的空间；然后把塑料袋平放在地上，从不同方向加以揉动，使袋内粉体反复流动，使粉剂得到充分混合。

四、不能混用的农药

农药合理混用能加强药效，但农药混用不当会使农药降低药效、增加成本，有的还会出现药害。不能混用的农药介绍如下。

1. 混合后发生化学反应致使作物出现药害的农药不能使用 波尔多液与石硫合剂分别施用，能防治多种病害，但它们混合后很快就发生化学变化。产生黑褐色硫化铜沉淀，这不仅破坏了两种药剂原有的杀菌能力，而且产生的硫化铜会进一步产生铜离子，使植物发生落叶、落果，叶片和果实出现灼伤病斑或干缩等严重药害现象。因此，这两种农药混用会产生相反的效果。喷过波尔多液的作物一般隔 30 d 左右才能喷施石硫合剂，否则会产生药害，石硫合剂与松脂合剂、有机汞类农药、肥皂或重金属农药等也不能混用。

2. 酸碱性农药不能混用 常用农药一般分为酸性、碱性和中性 3 类。硫酸铜、过磷酸钙等属酸性农药。松脂合剂、石硫合剂、波尔多液、肥皂、石灰、石灰氮等属碱性农药。酸性和碱性农药混合在一起，就会分解破坏，降低药效甚至造成药害。大多数有机磷杀虫剂如乐果、杀螟硫磷、马拉硫磷、磷铵等和部分微生物农药如春雷霉素、井冈霉素、灭瘟素等以及代森锌、代森铵等，不能同碱性农药混用，有机磷类与氨基甲酸酯类农药对碱性比较敏感，遇之易分解失效；菊酯类杀虫剂和二硫代氨基甲酸酯类杀菌剂在强碱条件下也会分解。

3. 混合后乳剂被破坏的农药不能使用 含钙的农药如石硫合剂等，一般不能同乳剂农药混用，也不能加入肥皂。因为乳油、肥皂容易同含钙的药剂发生化学作用，产生钙皂沉淀。乳剂被破坏，药效降低，还会发生药害。

4. 杀菌剂农药不能与微生物农药混用 杀菌剂对微生物有直接杀伤作用，若混用微生物即被杀死，微生物农药因而失效。

5. 作用机制相同的农药谨慎混用 如乙酰胆碱酯酶变构可以对有机磷类和氨基甲酸酯类药剂产生交互抗性，国内同类药剂混用中有机磷类和氨基甲酸酯类混用常见，短期内有效果，长期则产生抗性应引起注意。同类药剂之间，不能混用，如菊酯类农药之间不能混用。

【常见技术问题处理及案例】

1. 河南省开封市除草剂药害案例

农民王某，在自家番茄田中使用 8% 精喹禾灵乳油。施药 3 d 后田中杂草没有得到有效控制，且番茄出现生长受抑制的现象，严重影响产量。

经农药经销部专业技术人员核查，王某在用药时与液态肥料混用，施药时温度过高且干旱。精喹禾灵与液态肥料及矿物油型助剂、非离子表面活性剂型、植物油型喷雾助剂混用，在适宜气候条件下增效明显且安全，在高温条件下混用没有增效作用有药害。

通过这个案例我们认识到，农民朋友在使用农药时应该具备一定的专业知识，如果王某能够完全了解精喹禾灵的产品特性，就不会有以上差错出现。

2. 甘肃省陇西市马铃薯药害造成减产案例

农民李某种植马铃薯，种植后阴雨天 4 d，随后施用 33% 二甲戊灵乳油，马铃薯出芽受到抑制，生长缓慢，植株矮小，薯块小，草害防治效果差。

经专家分析，马铃薯田秋季施药或春季播前施药、播后苗前施药，最好播后随即施药，播后 3 d 之内施完，秋季施药在气温降到 10 ℃ 以下到封冻时进行。

通过这个案例我们可以看出李某缺乏对二甲戊灵的全面认识，如果李某能够认真了解二甲戊灵，即可避免问题发生。

3. 河南省商丘市民权县小麦田除草剂药害案例 张某在自家小麦田防除杂草，喷施禾草灵和 2,4 -滴丁酯混剂。喷施后效果不佳，小麦老叶片出现稀疏退绿斑点，长出的新叶片不受影响。

经专家分析，禾草灵不能与苯氧乙酸类除草剂 2,4 -滴丁酯、2 甲 4 氯钠以及麦草畏、灭草松等混用，也不能与氮肥混用，否则会降低药效。喷施禾草灵的 5 d 前或 7~10 d 后，方可使用上述除草剂和氮肥。

通过这个案例我们可以看出张某对除草剂混用知识缺乏全面了解，如果张某能够对所用药剂有全面掌握，就不会在使用中出现以上问题。

4. 辽宁省本溪市某县大豆田除草剂药害案例

大豆种植户宋某在大豆出苗后，为防治杂草，施用咪唑乙烟酸＋氯嘧磺隆。大豆长势减弱，逐渐枯萎死亡，严重部分死亡绝收。

专家分析，大豆苗前咪唑乙烟酸与氯嘧磺隆、乙草胺、2,4-滴丁酯混用及混配制剂以及大豆苗后咪唑乙烟酸与氯嘧磺隆、乙羧氟草醚、三氟羧草醚、乳氟禾草灵、精喹禾灵混用均加重药害，严重的可绝产。

通过这个案例我们可以看出宋某因为缺乏除草混剂应用知识，不能全面掌握除草剂应用技术，忽略除草剂的应用时间，导致出现严重药害。除草剂应用中应该全面掌握使用技术避免出现不必要损失。

5. 江西省永修县植物调节剂药害案例

农民王某在梨树上使用2,4-滴钠盐，对梨树叶面进行了喷洒，施药后的第4d梨树出现异常。梨树叶子开始枯死，连果苔也慢慢干枯。

经永修县农业局植保站的专家实地调查，出具的调查报告中显示：2,4-滴钠盐是用于禾本科植物田或草坪上防除双子叶杂草的苯氧乙酸类的除草剂，在低浓度下可作为植物生长调节剂使用，高浓度下会使某些植物发生药害，甚至死亡。而梨树正是双子叶植物，梨树药害属于使用不当引起。

通过这个案例我们认识到，农民朋友在使用农药时应全面了解农药的产品特性，如果王某认真了解2,4-滴钠盐应用技术，就不会出现以上的药害事故。

6. 山东省潍坊市昌乐县杀虫剂使用不当造成药害案例

当地一位有着二十多年种瓜经验的瓜农种的几公顷西瓜同时出现了皱叶不结果的情况。瓜农表示，此时原本应该长到一手大的西瓜，到现在都还没有坐果，不仅仅他家西瓜有这样的情况，周围上百户瓜农的几十公顷西瓜都出现了同样的症状。

经当地农业局专家核查，农民打了农药狼毒素用来防治蚜虫，但西瓜属于葫芦科作物，而这个药只能用在十字花科的作物上。经销商说这个药可以用在西瓜上，尤其是防治蚜虫效果好，而且属于低毒生物型农药，推荐使用。该农药的生产厂家已经实地看过发生的情况，并承认是经销商推荐错了药。

通过这个案例我们认识到，农户一方面要提高自身的用药规范，尽量按照农药的说明使用；另一方面也要提高警惕意识，不随意使用不正规、来路不明的农药产品，以免产生药害造成无法挽回的损失。另外，也呼吁农资经销商和零售店，合理合法推广农药产品，给种植户传输正确的使用范例，以免造成不必要的麻烦，只有服务客户才能赢得市场。

7. 湖南省益阳市部分莲藕和水稻出现药害现象案例

兰溪镇农户欧某，在笔架山乡承包水田10.7 hm²。欧某认为种植莲藕效益不佳，想把原来的莲藕田改作水稻种植，于改种前半月，对其承包田进行灭生性除草，选用55%草甘膦异丙胺盐、56% 2甲4氯钠、108 g/L 吡氟禾灵和高功效通用助剂等药剂，采用无人植保飞机喷雾防治。一周后，周边群众反映部分所种植的莲藕、水稻遭受药害，认为是无人植保飞机喷药时药液漂移所致。

专家组到现场查看莲藕、水稻生长状况，调查了农户在莲藕和水稻上的施肥、管水、除草和病虫防治等田间管理情况，并将受害莲藕和水稻与其他农户正常生长的莲藕、水稻生长情况进行了对比，发现被鉴定田块的莲藕叶片出现黄化、白化、植株矮化、皱缩，靠承包田近的周边农户莲藕甚至出现死亡的现象。主要发生区域在无人植保飞机施药区域的南面和西面（施药当天风向为北风，2～3级），受害程度由近及远呈辐射状分布，离施药区域越远，受害越轻，符合除草剂飘移药害典型症状，因此莲藕、水稻受害情况与肥水、病害、天气因素无关。

通过这个案例我们认识到，农民朋友在使用农药时一定要具备一定的专业知识，了解各种施药技术的特点，避免因使用不当而造成损失。

第三章 ▷▷▷

农业有害生物抗药性

现在和今后相当长的一段时间内，农药仍然是人类用来控制病、虫、草等有害生物的一项重要措施，并在农、林、牧、渔业生产的发展中起着积极的作用。但随着农药的普遍、大量使用，导致有害生物的抗药性问题越来越突出。迄今为止已有 500 多种昆虫及螨类、150 多种植物病原微生物、185 种杂草生物型、2 种线虫、5 种鼠类及 1 种鱼类产生了抗药性。因此，研究有害生物的抗药性，既有利于经济、高效、安全地合理使用农药，也为新农药的开发提供依据。

第一节　害虫抗药性

一、害虫抗药性的概念及发展概况

（一）害虫抗药性发展概况

1808 年，Melander 首次发现美国加利福尼亚州梨圆蚧对石硫合剂产生抗药性，20 世纪 50 年代，直线上升，80 年代，愈发严重，多抗现象普遍。1963 年发现棉红蜘蛛对内吸磷产生抗药性。1946 年后，随着有机合成杀虫剂的出现和推广使用，害虫抗药性发展速度明显加快。从 20 世纪 50 年代后期开始，由于有机氯和有机磷杀虫剂的大量使用，产生抗性害虫的种数近直线上升，也引起了人们高度关注。进入 20 世纪 80 年代以来，多抗性现象日益普遍，抗性发展速度加快，完全敏感的害虫种群则十分罕见。据 Georghiou 统计，到 1989 年抗性害虫已达 504 种，其中农业害虫 283 种，卫生害虫 198 种，有益昆虫及螨 23 种。害虫的抗药性越来越严重，抗性种类越来越多，程度也越来越高。害虫抗药性已成为农药研究、生产、供应、使用等方面的重要问题之一。

（二）害虫抗药性的概念

关于昆虫的抗药性，世界卫生组织（WHO）对害虫抗药性的定义：昆虫具有忍受杀死正常种群大多数个体的药量的能力在其种群中发展起来的现象。

害虫抗药性的特点：抗药性是对有害生物群体而言的，是针对某种特定的药剂而做出的反应，是药剂选择的结果，是可以在群体中遗传的，是相对于敏感种群或正常种群而言的。

此外，应注意不要将"抗药性"和"自然耐药性"相混淆。"自然耐药性"是由昆虫不同种的生理生化特性决定的，是一个种全部个体的共同特性，例如抗蚜威对棉蚜的防效很差，但对其他多种蚜虫效果很好。这种自然抗药性也是可以遗传的，但它是自然存在的，不是药剂选择的结果。

害虫抗药性可以分为以下几种类型。

1. 单一抗性　指一种害虫只对某种农药产生抗药性。

2. 交互抗性　指一种害虫对某种药剂产生了抗药性，而且对未曾使用过的某些药剂也具有抗性。例如，对乐果有抗药性的柑橘红蜘蛛对马拉硫磷、敌百虫等 8 种有机磷农药也同样具有抗性。一般来讲，凡是作用机制接近或相似的药剂，较易产生交互抗性，反之则不易产生，但也不是绝对的。例如，有资料显示，抗马拉硫磷或异丙威的稻褐飞虱种群表现出对氯菊酯有一定抗性。

3. 联合抗性　具有单一抗性的害虫品系，由于另一种药剂的选择作用，不仅对前一种药剂保持了抗性，而且又发展了新的抗性。

4. 负交互抗性　对某一药剂有抗性的害虫品系，对另一种药剂反而更敏感，防效更好。例如，日本报道，抗马拉硫磷的稻叶蝉，施用氰戊菊酯的毒力要比敏感种群（未对马拉硫磷产生抗性）的毒力高出 4.3 倍。需要注意的是对害虫的抗药性必须认真鉴别，通过测试把因环境变化、虫龄不同、用药季节、时间不同、用药数量、药剂质量不同等所造成的防效差异同抗药性区别开来。

二、害虫抗药性产生的判断

由于对农药的长期反复使用和滥用，目前，已有多种农药在防治植物病虫害方面，出现药效减退甚至无效的现象。抗药性的出现不仅对农药的效力会产生严重的消极影响，造成生产成本上升和防治效果下降，而且还会因盲目用药影响到自然界的生态平衡。因此，为了减低植物抗药性的发生，必须通过以下调查研究，并采取测试比较的手段和方法，来准确判断是否产生了抗药性。

1. 药效是否持续减退　抗药性一般都不是在毫无预兆的情况下突然出现的。在出现药效严重减退的现象之前，必须有一段药效持续减退的过程，而这个过程因病虫、药剂不同而有长有短。如甜菜褐斑病菌或柑橘青霉菌，对多菌灵的抗药性发展就相当快，但也要经过 2～3 年的时间，才出现药效连续减退，终至无效。稻飞虱对氨基甲酸酯类杀虫剂的抗药性发展就慢得多，要经历相当长的时间。

抗药性的发展，一般不会是跳跃式的，而是连续性的。例如，用辛硫磷防治玉米螟时，第二次用药的药效减退，第三次用药药效正常，而第四次用药时药效减退的现象又发生。这种跳跃式、偶发性的"抗药性现象"应另当别论，所以应排除一些非抗药性现象引起的药效减退事件被误认成抗药性的问题。

抗药性的发生，在同一个生物种群里表现应该是基本一致的。如果在同一块地里，某一部分田里药效好而另外一部分田里药效很差，这种情况下也不能轻率做出抗药性产生的判断。只要作物的品种和耕作条件等基本一致，一般说来抗药性的表现不至于发生很大差别。

2. 是否长期连续使用某种药剂　一种药剂在一种有害生物上连续使用至少一年以上，而且在一年内多次反复使用。对于一年内发生的世代数很多的害虫，如果对同一种害虫频繁地使用同一种药剂，抗药性出现的概率就比较高，如蚜虫、螨类、白粉虱、蚊、蝇等一年可多达数十个世代。但这与药剂的种类还有关系，有的药剂抗药性发展得很快，有的则发展得较慢。对于一年内世代数很少的害虫，如多种鳞翅目、鞘翅目害虫，往往要经过好几年的连续使用，才有可能表现出抗药现象。

3. 虫口数量回升速度是否加快　每次使用药剂以后，虫口数量的回升速度如果比过去明显地加快，则应考虑是否产生了抗药性。在没有出现抗药性之前，药剂对害虫的杀伤力很强，害虫中毒后的死亡率很高，所以虫口密度会很快被压下来，要经过较长的时间后，残存的少量害虫才能繁殖起来，达到相当的虫口密度。但是，产生了抗药性以后，由于残存害虫数量增多了，因此虫口密度的回升就会明显加快。另外，有一部分害虫由于具有了抗药能力，虽然中了毒却并未死亡，会恢复过来。

4. 药剂的有效使用量是否逐步增加　在农药的计量准确、使用方法正确的情况下，如发生药剂的有效使用浓度或单位面积的有效使用剂量出现明显的逐次增高的现象，则应考虑抗药性问题。由于产生了抗药性，原来的有效使用浓度或剂量已不能取得原先所能达到的防治效果，因而逐步增高。但必须说明，因农药计量差错或使用方法不当而造成的药效减退，不能作为判断抗药现象的根据。

5. 药效比较试验和毒力测定　在以上情况下发生了明显的药效减退或用药量增高现象后，为了初步确诊是否属抗药性现象，还可作小区药效比较试验或浸渍法毒力测定。

在田间选择比较平整而且肥力均匀、植物生长比较整齐一致的地块，划分为若干小区（每小区 16.7 m²）。一般设 3～5 个小区，作为 3～5 种药剂使用浓度（或单位面积内的剂量）的处理区。施药前调查每区的虫口基数，配制 3～5 种药剂浓度，其中最低的浓度为习惯上采用的浓度，其余浓度可分别比习惯用浓度提高 20%、40%、60%、80%、100% 等，根据已经注意到的实际浓度增高情况来决定。

把配好的药液准确地喷洒在相应的小区中，经过 24 h 后，检查各小区的残存虫口数，并与施药前的虫口基数相比较，计算出虫口减退率或防治效率。如果需要，可在 48 h 后再调查第二次。

根据试验结果，可整理出各处理小区的防治效果变化情况。如果习惯用浓度（即试验中所用的最低浓度）的防治效果确实降低了，而且 3 次重复的结果相似，而提高了浓度的各处理区中防治效果也都相应地提高了，那么即可初步判断确实存在抗药性问题。这样，便可进行浸渍法毒力测定，做进一步的确诊。

三、害虫抗药性产生的原因

害虫对农药产生抗药性的原因是比较复杂的。其原因大体上有以下几方面。

1. 抗药性是害虫长期对外来有毒化学物质选择适应的结果　在同一地区、同一作物上，连续多年使用某一种杀虫剂防治某几种害虫是害虫抗药性产生的重要原因之一。在自然界同一害虫种群中，在个体之间由于遗传和形态上的差异，对药剂的耐受能力也不完全一样，有大有小。耐受能力小些（即敏感性大）的虫，接触到一定剂量的药剂就会被毒死或受到抑制，而对少数耐受能力大（敏感性差）的害虫，接触到药剂后并不会马上死亡，或者根本就不会被毒死，或者没有受到药剂致死浓度的作用，而处于一种亚毒死浓度下存活下来。经过反复多次的选择，慢慢产生抵抗药剂的能力，增强了其抗药性。而产生这种抗药性的害虫，又经过多次的繁殖，其抗药能力又能遗传到它的后代，这样一代一代经受药剂从低剂量到高剂量的选择，农药起了选择的作用。由于年年连续使用同一种杀虫剂和加大药剂的用量，能使抗药性一代比一代强，抗药性发展就加快，到了最后这种害虫就适应了这种药剂，如果再使用这种药剂来防治这种有抗药性的害虫，效果就会降低，甚至无效。

2. 代谢解毒能力的增强是害虫产生抗药性的重要原因　降解代谢的变化、解毒能力的增强都和昆虫体内存有一种强有力的多功能氧化酶系的活性变化有关，当药剂达到害虫的作用部位前，该酶系对多种有毒化合物作用，促使其迅速降解、代谢为无毒化合物，这是各种代谢机制中最重要的一种。许多事例已证实，害虫对有机磷及氨基甲酸酯类的抗药性，主要是由活性较高的多功能氧化酶系存在所引起的。甲萘威被多功能氧化酶系降解为无毒的代谢产物。其他如克百威、氯菊酯等都容易受到防治目标害虫体内多功能氧化酶系的氧化降解作用影响。棉铃虫体内多功能氧化酶系活力的提高是引起棉铃虫对溴氢菊酯敏感性下降的主要原因。害虫不断受到某一药剂的刺激影响，使体内分解药剂酶的活力增加了，浓度增高了。当杀虫剂进入目标昆虫体内到达作用部位前，就能被这种酶迅速分解代谢、破坏解毒，因而形成抗药性。另外昆虫体内还有其他起代谢作用的酶，如酯酶、谷胱甘肽酶、脱氯化氢酶等，它们都能把脂溶性强的、有毒的杀虫剂分解成水溶性较强、毒性较低的代谢产物，因而形成抗药性。例如马拉硫磷能被害虫体内的羟酸酯酶降解为毒性很低的马拉硫磷一酸，使药剂失去对害虫的毒性，而形成害虫的抗药性。

3. 害虫生理生育的特性，促进害虫抗药性的形成 那些年发生代数多、繁殖快的害虫，如蚜虫、红蜘蛛、蝇类等，一年可繁殖几代乃至几十代，容易产生抗药性。据资料介绍，种蝇每年发生 3～4 代，经 5 年接触同一药剂即可产生抗药性；北方玉米根虫一年一代需要接触 8～10 年；甘蔗金针虫两年才完成一个世代，需要 20 年才会产生抗药性。由于害虫的龄期增大，害虫体内的脂肪量增多，增强对进入体内药剂的抵抗力。害虫表皮穿透性和渗透性的降低也是形成抗性的原因之一。药剂在抗性品系中的穿透性和渗透性比敏感性害虫的要低，这也会使抗药性增强，有研究表明甲萘威通过敏感性德国小蠊表皮速度比通过它的抗性品系表皮速度要快。

其他还有如基因的变化、药剂作用部位的变化、适应酶的形成等的因素，都能促进害虫对药剂抗药性的迅速形成。总之，害虫产生抗药性的原因是多方面的，比较复杂。其中有些原因还有待进一步验证。但是，不论有多少原因，其中最主要的一点是可以肯定的，就是长期连续使用一种药剂防治某一种或某几种害虫。

四、延缓害虫抗药性的措施

（一）害虫抗药性治理的基本原则

第一，尽可能将目标害虫种群的抗性基因频率控制在最低水平，以利于防止或延缓抗药性的形成和发展。

第二，选择最佳的药剂配套使用方案，包括各类药剂混剂及增效剂之间的搭配使用，避免长期连续单一地使用某一种药剂。特别注重选择无交互抗性的药剂进行交替轮换使用和混配。

第三，选择每种药剂的最佳使用时间和方法，严格控制药剂的使用次数，尽可能获得对目标害虫最好的防治效果和最低的选择压力。

第四，实施综合防治，即综合应用涵盖农业、物理、生物、遗传及化学等多方面的各种措施，尽可能地降低种群中抗性纯合子和杂合子个体的比例及其适合度。

第五，尽可能减少对非靶标生物的影响，避免破坏生态平衡而造成害虫的再猖獗。

（二）害虫抗药性治理策略

从化学防治的角度将抗性治理的措施分为 3 类。

1. 适度治理 限制药剂的使用，降低总的选择压力，而在不用药阶段，充分利用种群中抗性个体适合度低的有利条件，促使敏感个体的繁殖快于抗性个体，以降低整个种群的抗性基因频率，阻止或延缓抗性的发展。采用方法是限制用药次数、用药时间及用药量，采用局部用药和选择持效期短的药剂等。

2. 饱和治理 当抗性基因为隐性时，通过选择足以杀死抗性杂合子的高剂量，并有敏感种群迁入起稀释作用，使种群中抗性基因频率保持在低水平，以降低抗性的发展速度。

3. 多种攻击治理 当不同化学类型的杀虫剂交替使用或混用时，如果它们作用于一个以上部位，无交互抗性，而且其中任何一个药剂的选择压力低于抗性发展所需要的选择压力时，就可以通过多种部位的攻击来达到延缓抗性的目的。

（三）害虫抗药性的综合治理

研究害虫抗药性的最终目的是为了解决害虫抗药性问题。就目前世界各国的害虫防治水平而言，短时间内仍以化学防治为主。故科学家一直认为，当前应该从以下几方面入手。

1. 选用抗性品种 种植抗性高的作物品种，对延缓昆虫抗药性的产生与延长现有农药品种的使用时间有重要作用。

2. 综合防治 加强农业防治（如耕作和栽培等措施）、生物防治（如生物农药的应用和保护天敌）、物理防治（如灯光和性引诱剂）及遗传防治等非化学方法与化学防治等方法的有机结合，降低农药对害虫的选择压力，延缓抗性，特别是化学防治与生物防治相结合，有利于发挥相辅相成的作用。

3. 合理用药 当发现害虫出现抗性后，不能采取加大浓度和增加用药次数的方法来解决，应当更换不同作用机制的农药品种，从最低有效浓度开始使用。

4. 交替用药 交替使用没有交互抗性的农药，是减缓和克服害虫抗药性产生的有效方法，包括药剂的种类和使用时间、次数等都要加以注意。要避免长期持续单一使用某种药剂，条件允许时，一种农药在一个生长季节内最多使用两次。交替使用必须遵循的原则是不同抗性机制的药剂之间交替使用，这样才能避免有交互抗性的药剂间交替使用。

5. 农药的限制使用 针对害虫容易产生抗药性的一种或一类药剂或者具有潜在抗性风险的品种，根据其抗性水平、防治利弊的综合评价，采取限制其使用的时间和次数，甚至采取暂时停止使用的措施。

6. 合理混用农药 农药混用是延缓害虫抗药性的一种措施。将作用机制和代谢途径不同的农药混用，不仅可提高对抗药性害虫的防治效果，也是延缓害虫产生抗药性的有效措施。

常用的混剂类型有 3 种：①生物农药与化学农药混用，生物农药（如苏云金杆菌）一般杀虫作用比较慢，与极少量的化学农药混用，既可明显提高防治效果，也有利于延缓抗药性的产生；②杀卵剂与杀幼虫剂混用，这类混剂中杀幼虫剂用量少，选择压力小，有利于延缓抗药性的产生，这类混剂在国外棉铃虫抗性治理中较为常见；③杀幼虫剂与杀幼虫剂混用，我国正在使用的混剂大多属于这种类型。

7. 加入增效剂 增效剂本身基本无效，但与杀虫剂以适当的比例混合后，可以起到活化农药、提高防效、延缓害虫抗药性产生的显著作用。现已登记注册的增效剂有 5 种，分别为增效磷（SV1）、增效醚（Piperonyl butoxide，又称 Pb）、增效酯（Propylisome）、亚砜化合物（Sulfoxide）、增效菊（Sesamex 或 Sesoxanae）。增效剂虽然有其优点，但因其剂型加工成本高、毒性问题和光解问题等诸多原因，目前在田间实际应用的还不多。

第二节 病原微生物的抗药性

一、病原微生物抗药性的概念

(一) 病原微生物抗药性的发展概况

病原微生物抗药性的发生远远晚于害虫抗药性发生的时间,到 20 世纪 50 年代中期,美国 J. G. 霍斯福尔 (James. G. Horsfall) 才提出病原微生物对杀菌剂敏感性下降的问题。但是由于当时长期使用的是非选择性、多作用点的保护剂,病原微生物抗药性没有呈现出来,故并未受到人们的重视。直到 60 年代末,内吸性的苯并咪唑类杀菌剂被开发和广泛用于植物病害防治,抗性问题的普遍性和严重性才暴露出来,使植物病原微生物出现了高水平抗药性,并常常导致植物病害化学防治失败,使农业生产蒙受巨大损失。因此许多国家和地区相继开展了病原微生物对杀菌剂的抗性研究,并成立了专门的研究机构。1980 年 8 月在荷兰 Wagningen 举行的国际植物病理学大会上国际农药制造商协会联合会 (GIFAP) 组织了 35 家农药公司的 68 名代表举行了首次植物病原微生物对杀菌剂抗性的讨论会。成立了共同应对植物病原微生物对杀菌剂抗性的联合委员会。1981 年 11 月在英国 Jealott Hill 召开的会议上该委员会定名为杀菌剂抗性对策委员会 (Fungicide Resistance Action Committee, 简称 FRAC)。我国农业部于 1992 年在南京农业大学植保系建立了抗药性检测中心。

目前已发现产生抗药性的病原物种类有植物病原真菌、细菌和线虫,其他病原微生物的化学防治水平还很低,有些甚至还缺乏有效的化学防治手段,因此还没有出现抗药性,如类菌原体、病毒、类立克次体和寄生性种子植物都没有抗药性问题。

(二) 病原微生物抗药性的概念

植物病原微生物抗药性是指本来对农药敏感的野生型植物病原微生物个体或群体,由于遗传变异而对药剂出现敏感性下降的现象。病原微生物的抗药性包括两方面的含义:一是病原微生物遗传物质发生变化,抗药性状可以稳定遗传;二是抗药性突变体对环境有一定的适合度,即与敏感野生群体具有生存竞争力,如越冬越夏生长繁殖和致病力等有较高的适合度。

二、病原微生物抗药性产生的原因

病原微生物和其他生物一样,可通过遗传物质修饰对环境中特殊因子的变化产生适应性反应而得以生存。因此,通过遗传变异而获得的抗药性,是病原微生物在自然界能够赖以延续的一种快速进化的形式。抗药性的产生不仅可以发生在靶标生物中,也可以发生在非靶标生物中。

一般非选择性农药对病原微生物的毒理具有多个生化作用位点,病原微生物个体不易同时发生多位点抗药遗传变异并保持适合度,因此病原微生物难以对非选择性农药产生抗性。

一些选择性强的农药对病原微生物的毒理往往只对特殊生化位点发生作用。如果该位点是由单基因调节的,病原微生物群体中就可能存在随机的这种单基因遗传变异,药剂对变异的病原微生物的毒力下降或完全丧失,表现为抗药性。这些抗药性个体在药剂的选择下仍然可以继续生长、繁殖、侵染寄主,从而提高抗药病原微生物在群体中的比例,药剂的防效下降。为了保持防治效果,用户会加大用药的剂量和频率,从而进一步加速了抗药性群体的形成,最终导致抗药性病害流行,农药化学防治彻底失效。

三、病原微生物抗药性的治理

（一）抗药性治理策略

植物病原微生物抗药性治理策略的实质，就是以科学的方法最大限度地阻止或延缓病原微生物抗药性的发生和抗药群体的形成，达到维护农药产品药效、延长其使用寿命和确保化学防治效果的目的。

（二）抗药性治理短期策略

第一，建立重要防治对象对常用药剂的敏感性基线，建立相关技术资料数据库。特别是对于我国用药较多的病害，如小麦赤霉病、白粉病、锈病、稻瘟病、白叶枯病及果树和蔬菜常见病害的病原微生物，对其常用药剂尤其是新出现的杀菌剂应建立敏感性基线。

第二，检测重要植物病害对常用药剂抗药性发生的现状和发生趋势。

第三，检测主要病原微生物对常用药剂抗药性的发生动态，建立抗药性病原微生物群体流行预测预报系统。

第四，研究尚未发现抗药性的病原物和药剂组合产生抗药性的潜在威胁，尽早采取合理的用药措施。

第五，合理用药，防止抗药性发生或延缓抗性群体的形成。合理用药的主要措施包括：①使用最低有效剂量；②在病害发生和流行的关键期用药，尽量减少施药次数，以化学保护代替化学治疗，避免用土壤或种子处理的方式防治叶面病害，降低选择压力；③避免在较大范围内使用同种或同类药剂，防止交互抗性的产生；④混用或交替使用杀菌剂，但要避免两种高度危险性的药剂混用或轮用，防止产生多重抗药性；⑤在抗药性严重发生的地区应停止使用该农药。

第六，加强对杀菌剂生产、混配、销售的管理，防止盲目生产、乱混乱配、乱售乱用。

（三）抗药性治理长期策略

第一，在保证传统的保护性杀菌剂生产和应用的同时，研发和生产不同类型的安全、高效、专化性杀菌剂，储备较多的有效药剂品种。

第二，开发具有负交互抗性的杀菌剂是治理抗药性的一种有效途径。

第三，在了解杀菌剂的生物活性、毒理和抗药性发生情况及机制的基础上，研制混配药剂，选用科学的、合理的混剂配方。

第四，根据抗药病原微生物的生物学、遗传学和流行学理论，在病害防治过程中采用综合防治措施。

第五，在抗药性治理策略的实施过程中，及时总结评估，对策略不断进行修改、补充和完善，建立有实用价值的病原微生物抗药性治理策略模型。

第三节　杂草的抗药性

农田杂草无处不在，严重挑战和制约了全球粮食作物的产量和品质。自从 1946 年开始使用 2,4 -滴以来的 50 多年中，已经成功地开发了一大批选择性除草剂，并在生产上广泛使用。除草剂和其他作物保护药剂的成功应用，在很大程度上替代了手工及机械除草。但由于长期过度使用除草剂，导致杂草抗药性加速产生，同时也导致农业生态环境恶化等问题越来越突出。

一、杂草抗药性的基本概念

（一）杂草抗药性的发展概况

化学除草剂的广泛使用，一方面为农业生产的迅速发展和耕作制度的改革奠定了基础，另一方面也为杂草种群的演替和抗药性杂草的形成提供了可能。早在1950年，由于2,4-滴的大量使用，在美国夏威夷的甘蔗田中即发现了铺散鸭跖草对2,4-滴的抗药性生物型，此后相继发现了拟南芥、山柳菊、苦荬菜、田旋花、地肤等杂草的2,4-滴抗药性生物型。但人们通常把1968年发现抗三氮苯类除草剂的欧洲千里光作为报道的首例除草剂抗性杂草。

1995—1996年进行的杂草对除草剂抗性的国际调查中，记录了42个国家183种对除草剂抗性的杂草生物型。这些除草剂抗性杂草的不断出现和杂草抗性种群的蔓延和发展，对目前广泛推行的以除草剂为主体的杂草综合治理体系产生了新的挑战，并促使科学家深入研究和了解杂草抗药性的发生和形成机制，以便阻止或延缓杂草抗药性的形成，制订安全合理的杂草治理策略。

（二）杂草抗药性的概念

杂草抗药性是指杂草群落在使用正常的除草剂剂量下仍然能够存活，这是杂草对除草剂抵抗力提高，并具有遗传能力的一种表现。

二、杂草抗药性的产生原因

一般来说，杂草抗药性群体的形成有两种学说。一种为选择学说，即在除草剂的选择压力下，自然群体中一些耐药性个体或具有抗药性的遗传变异类型被保留并繁殖而逐步发展成抗药性群体。杂草群体中个体间对除草剂遗传差异是抗药性产生的基础，除草剂的单一使用使得抗药性个体得以被选择保留下来。而在没有使用除草剂情况下，由于杂草群体效应及竞争作用，抗性个体因数量极少，难以发展起来。另一种为诱导学说，即由于除草剂的诱导作用，使杂草体内基因发生突变或基因表达发生改变，从而提高了对除草剂解毒能力或使除草剂与作用位点的亲和力下降，而产生抗药性的突变体。然后在除草剂的选择压力下，抗药性个体逐步增加，而发展成为抗药性生物型群体。

三、杂草抗药性的综合治理

杂草抗药性的出现和危害与作物连作、农田耕作及栽培活动减少、高强度除草剂的使用等有密切关系。因此，对杂草抗药性必须进行综合治理，一方面应减少对除草剂的依赖和过度使用，采用环保措施来治理杂草；另一方面，应根据杂草抗药性原理科学合理使用除草剂，减缓杂草抗药性的演化速度。综合治理的措施主要包括以下方面。

（一）农业防除

农业防除主要是通过农业生产操作，减少杂草侵入或创造不适宜杂草生长的环境以控制杂草的危害。

1. 适当深耕　深翻耕可将大部分草籽埋于土壤深层，从而抑制杂草萌发。

2. 轮作　利用轮作控制杂草是有效的栽培方法之一。运用轮作的方法抑制杂草，是通过合理安排种植作物的顺序来达到营养竞争、土壤翻动、机械损伤的种植模式来阻碍杂草的发芽和生长。轮作作物如黑麦、小麦、荞麦、黑芥、高粱和苏丹草的杂交种等均能有效降低杂草种群的数量，并与杂草竞争资源，且通过活体或作物降解产生的化学物质对杂草生长产生抑制作用。

3. 清洁田园 田边、田埂、路旁边的杂草是农田杂草的重要来源，应结合耕地、积肥及时清除，减少杂草来源。

4. 人工防除 主要通过手工拔草和使用简单农具除草。人工除草虽耗力多、工作效率低，但作为局部铲除残存杂草的方法，仍然是一种重要的辅助除草措施。在使用除草剂后，发现还有存活的杂草，此时可以使用简单农具进行人工除草，除去残存的杂草。

（二）合理施用除草剂

1. 除草剂的交替使用 由于不同类型的除草剂作用于不同的生理靶标，因而交替使用不同作用靶标的除草剂，可以避免、延缓和控制杂草产生抗药性。

2. 除草剂的混用 将具有不同化学性质和不同作用机制的除草剂按一定比例混配使用是避免、延缓和控制杂草产生抗药性的有效方法。混配的除草剂可明显降低杂草抗药性的发生频率，同时还具有扩大杀草谱、增强药效、减少用药量、降低成本等优点。

3. 在阈值水平上使用除草剂 把经济观点和生态观点结合起来，从生态经济学角度科学管理杂草，使敏感性杂草和抗药性杂草产生竞争，通过生态适应、种子繁殖、传粉等方式形成基因流动，以降低抗药性杂草种群的比例。Stalder 的研究结果表明，连续重复使用广谱性除草剂后，田旋花、打碗花都产生了抗药性，如果同时维持一定数量的波斯婆婆纳等一年生杂草，就能通过杂草种间的竞争压力限制或减少抗药性杂草的数量。

（三）生物防治和生态防除

杂草的生物防治主要是利用昆虫、禽畜、病原微生物和竞争力强的置换植物及其代谢产物防除杂草。早在 20 世纪 60 年代，我国曾利用真菌作为生物除草剂来防除菟丝子，现在我国南方有的水稻田中利用鸭子喜食杂草、厌恶水稻的习性进行水稻田养鸭除草。

生态防除是采用农业或其他措施，在较大面积范围内创造一个有利于作物生长而不利于杂草生长的生态环境，充分利用光能、水分、时空变换等生态因素，促进作物群体生长优势从而控制杂草发生数量与危害程度。

【常见技术问题处理及案例】

1. 麦田杂草对苯磺隆产生抗药性的报道

2012 年 6 月，陕西电视台新闻中心报道，户县蒋家村镇一户村民的麦地打过除草剂已经近 20 d，地里的杂草却和麦苗长的一样高。据农户反映，往年打过这种除草剂一个星期杂草就会慢慢枯萎直到完全枯死，今年却没见一点效果。

经技术人员鉴定农药质量没有问题，那杂草不死是何原因？经户县植保站技术员初步认定可能跟除草剂的使用时间太长有关。苯磺隆已经用了十五六年的时间，杂草已经产生抗药性。并建议大家使用唑草酮或者 36% 唑草·苯磺隆可湿性粉剂，实在没办法只能人工拔除。

通过这个案例我们可以发现，长期使用同一种除草剂，就会导致杂草对除草剂产生耐药性，防除效果下降。所以，我们在今后的杂草防除中，要注意合理使用和避免连续、单一用药，应交替、轮换使用不同作用机制的除草剂。

2. 连续使用高效氯氰菊酯乳油产生抗药性案例

东北某地种植一定面积的甜菜，2012 年 6 月下旬发现有甜菜夜蛾危害，就选用 5% 高效氯氰菊酯乳油加水稀释1 000倍进行喷雾，效果甚好。之后的3年时间中，都选用此种药剂来防治甜菜夜蛾，但是杀虫效果逐年下降。直到2016年，再次用50%高效氯氰菊酯乳油防治甜菜夜蛾时，发现不但没有杀死，反而危害更加严重。

经过当地植保站技术人员采用生物测定法测定，甜菜夜蛾的田间种群与敏感种群的抗性个体百分率达到25%，证明此地甜菜夜蛾对5%高效氯氰菊酯乳油已经产生了抗性。建议使用其他的杀虫剂进行防治，并且还需轮换用药。

3. 防治小菜蛾频发抗药性案例

赣榆县欢墩镇一农资销售商2008年9月16日反映，当地是全国芦笋生产基地，近期芦笋田小菜蛾发生危害严重，用多种药剂防治效果都不好。据了解，前些年当地使用氯氟氰菊酯防治小菜蛾效果较好，后来防治效果严重下降，更换使用阿维菌素后，对小菜蛾的防治效果很好，但2008年发现阿维菌素防治小菜蛾效果很不好，加量用药，每667 m² 用1.8%阿维菌素乳油90 mL，防治效果也很差。

发生这样的现象是因为小菜蛾是世界性害虫，以对杀虫剂易产生抗性而著称，对有机磷类、菊酯类等各种常规药剂已产生了很强的抗性。阿维菌素是高效广谱的生物源农药，在害虫及害螨防治中广泛应用，随着该药连续多年广泛使用，害虫、害螨对其的抗性日趋增强。

第四章 >>>>

农药管理与经营

第一节 农药相关法律法规

从1997年国务院颁布《农药管理条例》开始，我国发布了一系列促进农药行业健康发展的法律法规。2007年后，行业主管部门推出与农药有关法律法规的频率加快，国家对农药行业的扶持和监管力度不断加强。在行业发展过程中，国务院、国家发展和改革委员会、工业和信息化部及农业部等各政府部门制定了大量推进与规范行业发展的相关法律法规（表4-1）。

表4-1　中华人民共和国农药相关法律法规

法律法规	发布日期	部　门	相关内容
《农药管理条例》	1997年5月8日发布并实施；2017年2月8日修订通过；2017年6月1日起实施	国务院	国家鼓励和支持研制、生产和使用安全、高效、经济的农药，生产和进口农药必须进行登记，农药生产应当符合国家农药工业的产业政策，农药生产实行许可制度
《农药管理条例实施办法》	1999年7月23日发布；2007年12月8日第三次修订；2008年1月8日起实施	农业部	加强对农药登记、经营、使用的监督管理，对农药登记试验单位实行认证制度，农药经营单位所经营农药应当进行或委托进行质量检验
《农药限制使用管理规定》	2002年6月18日农业部第十五次常务会议审议通过；2002年6月28日发布实施	农业部	综合考虑农药资源、农药产品结构调整和农产品卫生质量等因素，规范了农药限制使用的申请、审查、批准和发布等
《农药生产管理办法》	2004年10月11日审议通过；2005年1月1日起实施	国家发展和改革委员会	加强农药生产监督管理，促进农药行业健康发展，规范了农药生产企业核准、农药产品生产审批以及农药产品出厂
《农药登记资料规定》	2007年12月6日审议通过；2008年1月8日起施行	农业部	规范农药登记工作，保证农药产品质量，保护生态环境。新农药、新制剂产品登记分为田间试验、临时登记和正式登记3个阶段，申请登记应按规定提供登记资料和样品
《农药标签和说明书管理办法》	2007年12月6日审议通过；2008年1月8日起施行	农业部	农药在做出准予农药登记决定的同时，公布该农药的标签和说明书内容，对标签标注内容、制作、使用和管理进行了规范

（续）

法律法规	发布日期	部门	相关内容
《农药企业核准、延续核准考核要点（修订）》	2008 年 3 月 1 日起实施	国家发展和改革委员会	进一步促进农药产业结构调整和优化升级，推动农药行业健康有序发展，保障从业人员的安全和身体健康，提高行业准入条件
《农药生产核准管理办法》	2009 年 7 月 1 日正式实施	工业和信息化部	对农药生产实行分级、分类管理，提高农药工业整体水平，如产业集中度、装备大型化、工艺控制自动化、减少"三废"排放以及提高资源综合利用、产品质量、科技水平等

第二节　农药的标签管理

农药标签具体体现了一个农药品种的身份，更重要的是好的农药标签可以指导人们科学合理安全地使用农药。因此，农药标签是农药管理的重要内容。农药标签是指紧贴或印刷在农药包装上，介绍农药产品性能、使用方法、毒性注意事项、生产厂家等内容的文字、图示或技术资料。由于农药标签是经农药登记管理部门严格审查批准后印刷的，因此农药标签是指导使用者安全合理使用农药产品的依据，也是具有法律效力的一种凭证。

一、农药标签的主要内容

农药登记时，对农药标签有严格的要求，规定标签应当注明农药产品名称、农药登记证号或农药临时登记证号、产品特性、使用范围和施用方法、注意事项、毒性分级及标志、中毒急救措施、贮存和运输方法、生产日期及批号、质量保证期、净含量、企业名称及地址、农药类别、象形图及其他经农业部（现农业农村部）审定应标注的内容。分装的农药，还应注明分装单位。农药标签常用的材料为铜版纸或 PVC。

（一）农药名称

农药名称指有效成分及商品的称谓。通常主要包括通用名称、商品名称、化学名称及试验代号。其中化学名称和试验代号一般不出现在标签上。在我国，农药标签上的农药名称通常指通用名称（中文通用名和国际通用名）和商品名称。

1. 农药通用名称　简称统称，是指标准化机构规定的农药活性成分的名称，也是该农药专有的名称。统一农药活性成分各国所制定的通用名称不尽相同，为了便于交流，国际化标准组织（简称 ISO）为农药活性成分制定了国际通用名称。在使用农药的外文名称时，应优先使用国际通用名称，若使用其他国家的通用名称时，应注明国别，英文通用名称的第一个字母用小写字母。如敌草胺的通用名称为 napropamide。国际通用名称（英文）一般置于中文通用名称后面，用括号括上。

农药通用名称由 3 部分组成：有效成分含量，有效成分的通用名称，农药剂型。如

75％百菌清可湿性粉剂。

2. 农药商品名称　农药商品名称是指农药生产厂家为其产品在工商管理机构登记注册所用的名称或办理农药登记时批准的商品名称。同一种农药活性成分可以加工成不同的制剂形态，也可以有不同的商品名称。如阿维菌素的商品名称有爱福丁、阿维虫清、虫螨光、齐螨素、齐墩螨素、齐墩霉素等。商品名称已经注册或登记，就受到法律保护，即使某厂产品的活性成分、含量、剂型等与另一厂的完全相同，也不能以相同的商品名称注册及销售，否则即构成侵权。因为农药商品名称容易有一药多名，使农户多次重复购买使用同一种药剂，造成抗药性，因此我国自 2008 年 7 月 1 日起禁止农药使用商品名称，只能使用通用名称或简化通用名称。

3. 农药化学名称及试验代号　农药化学名称是指农药有效成分的化学结构，即根据化学命名原则命名的化合物名称。试验代号是一种数字名称，是在农药开发期间，为了方便或保密而不愿公开的活性成分的试验编号。如吡嘧磺隆的试验代号是 NC‐311。

（二）农药登记证号、生产许可证号（或生产批准证书号）及质量标准证号

国产农药必须有农药登记证号、生产许可证号（或生产批准证书号）及质量标准证号，这就是我们平时讲的"三证"。进口农药只需有效登记号即可，分装农药的尚需办理分装登记证号。

1. 农药登记证号　LS 表示临时登记，如 LS20110165；PD 表示正式登记，如 PD20091289。

2. 生产许可证号　农药生产许可证号格式为 XK13-067009，农药生产批准文件号格式为 HNP33055-C0440。

3. 质量标准证号　我国农药质量标准分为国家标准、行业标准、企业标准 3 种，其证号分别以 GB 或 Q 等打头。

（三）净重或净含量

表示产品质量，供消费者购买和使用时选择和参考，也可作为有关监督部门检查的依据。单位为 g、kg 或 mL、L。

（四）生产日期、批号和质量保证期

农药产品的生产日期、批号是确定产品的生产时间、判断产品是否在质量保证期内和初步判定产品质量的一个重要标志。质量保证期是确保产品质量的期限，农药产品的质量保证期一般为两年。

（五）生产厂名、地址、邮编、电话（区号）

农药生产厂家必须在标签上标明生产企业名称、地址、邮编及联系电话。更改企业名称或企业搬迁必须取得上级主管部门的同意，并报国务院行政主管部门和化学工业主管部门备案。

（六）农药类别

按农药主要的防治对象把农药分为 7 类，分别为杀虫剂、杀线虫剂、杀菌剂、杀螨剂、除草剂、杀鼠剂和植物生长调节剂。

（七）毒性标志

按照我国农药急性毒性分级标准，农药分为剧毒、高毒、中毒、低毒和微毒 5 种。其毒性标志在农药标签和包装上如下表示。

剧毒：以"☠"表示，并用红字注明"剧毒"。

高毒：以"💀"表示，并用红字注明"高毒"。

中毒：以"◆"表示，并用红字注明"中等毒"。

低毒：以"◇低毒◇"表示。

微毒：以红字注明"微毒"。

（八）使用说明

使用说明应包括产品特点、批准登记作物、使用范围、防治对象、施药时期、施药量、施药方法等。

（九）注意事项

1. 使用方面 要注明该农药与其他农药或物质混用的禁忌，限制使用范围，安全间隔期（即最后 1 次施药至收获前的时间）。

2. 安全方面 农药标签内容还应包括该产品安全防护操作要求，如中毒症状及急救治疗措施、可使用的解毒药剂和医生的建议等内容。

3. 储存运输的特殊要求

4. 注明对环境生态有危害影响的事项

（十）农药类别颜色标志带（色带）

为了方便使用者直接、明了地判断使用农药类别。我国农药登记管理部门还规定农药标签上必须有至少 1 条与底边平行的、不褪色的颜色标志来表示不同的农药类别（公共卫生用农药除外）。各类农药的特征颜色分别为：红色代表杀虫（螺、螨）剂，绿色代表除草剂，黑色代表杀菌（线虫）剂，蓝色代表杀鼠剂，黄色代表植物生长调节剂。

若农药产品中含有 2 种或 2 种以上不同的有效成分时，其产品的颜色标志带应由各有效成分对应的标志带分段组成。

（十一）象形图

为便于购买者和使用者理解文字内容，有的农药标签还附上一些象形图。目前我国使用的农药标签象形图为世界农药生产协会（GIFAP）和联合国粮农组织（FAO）推荐的 12 幅象形图，包括储存象形图（1 幅）、操作象形图（3 幅）、忠告象形图（6 幅）、警告象形图（2 幅）4 部分。

1. 储存象形图

 放在儿童接触不到的地方并加锁

2. 操作象形图 这组图不会单独出现在农药标签上，而是与其他忠告象形图搭配使用。

 配制液体农药时

配制固体农药时

　喷药时

3. 忠告象形图　这组图与安全操作和施药有关,包括防护服和安全措施。

　戴手套　　　　　　　　　戴口罩

　带防护罩　　　　　　　　戴防毒面具

　用药后手需清洗　　　　　穿胶靴

4. 警告象形图　这组图与标签安全内容一致。

　对家畜有害　　　　　　　对鱼有害

对于农药标签上的象形图,目前我国农药登记管理部门未作明确的要求。

二、农药标签的使用规范

1. 农药登记证号要正确　每个产品的农药登记证号必须与对应的农药登记产品相符。不得假冒、伪造、转让农药登记证号。

2. 农药产品名称要规范　农药产品的通用名称和商品名称必须与登记证上的一致。商品名称的命名原则:不得与通用名称相同或相近;不得与其他厂家已注册的商品名称相同或相近,有意误导消费者;在商品名称中不得出现夸张或极端性词汇,如"王、皇、霸、最"等。

3. 使用说明要明确　农药产品的适用作物、防治对象和施药方法必须与农药登记证的内容一致,不得擅自扩大农药产品的使用作物和防治对象,也不得擅自更改施药方法。

第三节　农药的保管与运输

农药是一种常年均衡生产、季节性集中使用的商品,农药的保管无论对于农药生产企业还是农药经营部门都是非常重要的工作。科学的储存和保管才能保证农药的质量及储存安全,更好地支援农业生产,提高经济效益。

一、农药的保管

（一）农药的保管方式

1. 露天保管　露天保管主要是在农药运输过程中允许的临时性短期堆放方式。露天保管一定要设有农药堆放的货台，应该选择地势较高、平坦干燥的地方。为了防止农药受潮，货台堆放农药时应铺下垫物如塑料布、油毡纸等。没有防雨简易棚的货台在堆放农药时应让下垫物离地 30 cm 以上，堆放成屋脊形或斜面形并盖好，避免日晒雨淋。

2. 仓库保管　除了临时性的露天保管以外，生产企业和经营部门对农药都应该采用专用仓库保管。

农药仓库一般选择交通方便、地势高、干燥、结实、排水良好的地方，较大型仓库还应该远离居民区、饲养场和食品库。农药仓库要设计合理、坚实牢固、便于通风散热，要有照明、防雷（多雷区）、消防等设施和防护设备，仓库应远离烟火、易燃、易爆品或与之隔绝，仓库内严禁有吸烟等带来明火的行为、不得存放除农药外的其他物品，仓库要达到"防火、防盗、防潮、阴凉、通风、避光"的基本要求。

（二）农药的仓储管理

农药的仓储管理是农药生产及经营的重要环节。农药的仓储管理的目标是根据农药的特性，为其创造良好的储存条件，采取有效的措施和科学的养护方法，保证农药的安全储存和产品质量，避免或减少其损失，把耗损降到最低程度。

农药仓库是专门储存农药的场所，必须严格管理。农药仓储管理的重点是建立健全并严格执行有关出入库、保管员工作、农药安全管理等规章制度，以及合理安排农药商品货位，组织农药收发货工作等，做到账货数量准确，根据质量保证期或农药的生产日期、生产批号、入库先后做到先产先用、用陈储新。

1. 农药的入库　对所入库的农药，根据其产品类型和特点做好入库前的准备工作。如农药的堆放地点，所需的下垫物等设备。在农药入库时要遵守如下操作规范，以防不合格的农药商品入库。

（1）验收数量。仓管员对将入库农药产品的品种、含量、剂型、数量、批号、生产日期、产地、规格、包装等要逐一检查、核实，防止假冒伪劣农药和违禁农药入库。确定没有缺陷、变质、破损、散包、渗漏等现象方可验收入库，如产品不符合要求或质量保证期不足 6 个月的应及时退货。

（2）验收质量。根据《商品农药验收规则》（GB/T 1604—1995），收货单位应根据产品标准进行核验。核验结果中，若有一项指标不符合标准要求，应采取随机取样进行仲裁检验。

2. 农药的出库　农药商品出库总的要求是要准确、及时发放，加强复核，防止错发。其主要原则如下。

（1）健全提货手续。农药商品出库要凭业务部门开具的正式的农药提货凭证发货或付货，严禁"白条"和无凭证出货。且出货的品种、数量和规格应由提货凭证一致。还应与提货人员当面点清，交接清楚。

（2）用陈储新。农药商品出库要遵循"先进先出，后进后出"的原则。农药商品属于有效期短的商品，一般为 2 年，因此要根据农药的出厂日期、入库先后科学合理地安排农药出库，防止农药存放多年而失效，造成经济损失。

3. 农药的科学存放 农药品种繁多，种类复杂，制剂形态多样，毒性不一，化学性质不同，因此存放的方法也不同。农药的存放是否合理，对农药的科学养护和安全储存起着非常重要的作用。

（1）检查仓库。在农药入库前，要对仓库进行全面的检查，看仓库是否具备存放农药的基本条件，如检查库房是否存在漏水、受潮及发生火灾、盗窃等安全隐患。发现问题，要及时处理。

（2）科学存放。农药存放的基本原则是根据农药的使用性质、制剂的不同形态和毒性的高低分类存放。存放的农药应有完整无损的包装和标志，包装破损或无标志的农药应及时处理。不同种类的农药应分开存放。高毒农药应存放在彼此隔离的有出入口、能锁封的单间（或专箱）内，并保持通风；燃点低于 61 ℃的易燃农药应与其他农药分开，并用难燃材料分隔。库房中禁止存放对农药品质有影响、对防火有碍的物质，如硫酸、盐酸、硝酸等。

（3）合理堆码。农药入库堆码应符合各种农药的特性和不同规格的要求，并有利于用陈储新，实行科学堆码，保证安全。

各种农药应按照品种、用途、包装规格、出厂或入库日期分堆保管。为了便于统计，农药需按分类安排货位，实行统一编号，统一管理。并要求货架牢固，堆码整齐，安全方便。

农药的堆码要合理，一般垛与垛的距离为 1.5 m 左右，过道 1.5～2.0 m，距墙约60 cm，距柱约 40 cm，堆放高度不得超过 2 m。根据农药的性能、数量、包装规格和质量，选择合适的堆码方式。常见的堆码方式有"三字垛""五字垛""井字垛""三三顶四"等。

4. 农药的科学养护 农药在储存过程中，由于自身特性和外界因素的变化，会发生某些物理变化（如挥发、结晶、结块等）和化学变化（水解、光解、热解、氧化等），从而对农药的质量造成一定的影响。因此，科学养护对保证农药的质量有着重要的意义。

一般农药的库存温度要求控制在 5～30 ℃，相对湿度要控制在 75％以下。对于一些对光敏感的农药，还需使用棕色玻璃瓶或遮光性好的聚酯瓶盛装。另外，还有一些不耐高温、容易吸湿霉变，失活失效的微生物农药，如苏云金杆菌、井冈霉素、赤霉素等，在贮存中还应注意预防其他杂菌、杂质的污染。

5. 农药仓储保管的注意事项

（1）剧毒和高毒农药。剧毒和高毒农药需专人负责，专仓保管，不能与其他农药混存。存放保管过程中应做到手续齐全、包装完整、数字准确，同时还要做好保管人员的安全教育和防护工作。

（2）乳油农药。由于乳油农药含有甲苯、二甲苯等有机溶剂，因此具有燃点低、遇明火易燃烧和易挥发等特点。所以这类农药在储存时，应注意仓库内的温度变化，时常通风，避免高温带来危险。并且要严格管理火种和电源，防止发生火灾。

（3）微生物农药。微生物农药不能与碱性农药和杀菌剂混存。因为微生物农药含有大量的孢子，适于在中性和偏酸性的环境下生长，碱性条件会影响它们的生命活动。而杀菌剂更是能杀死孢子，使微生物农药的药效降低。

（4）除草剂。除草剂应与其他农药分开储存，最好使用专库储存。严防除草剂渗漏污染其他农药而造成药害事故。凡堆放过除草剂的仓库，应清理干净后方可储存其他农药。

（5）压缩气体农药。该类农药的主要品种为溴甲烷。溴甲烷本身不易燃、不易爆，其商品常压缩在钢瓶内销售。它在高温、撞击、剧烈震动的情况下，会发生爆炸。且溴甲烷毒性高，所以保管这类农药时要小心谨慎。应经常检查阀门是否松动，钢瓶有无缝隙，以免造成严重的后果。

（6）烟剂农药。这类农药属易燃制剂，需要专仓保管，专人负责。储存过程中要严格管理火种，远离明火。堆放时应堆成塔形小垛，有利于散热，防止自燃。一般垛脚面积要小于 10 m^2，垛高不超过 3 m。

（7）水剂农药。水剂、水悬浮剂及种衣剂类的农药一般使用水作为溶剂，在 0 ℃以下会由于结冰而膨胀导致药瓶破裂。因此冬季仓库温度应保持在 5 ℃以上，若条件差，应加盖保温物品。且这类农药一般不稳定，不宜长期存放，因此最好当年生产，当年使用。

二、农药的运输

农药运输是农药商品流通中的一个重要环节。由于农药本身的特殊性，因此，安全、及时、经济的农药运输对保障农业生产，实现农药的使用价值具有重要的意义。

（一）农药的运输原则

农药的运输要贯彻"安全、及时、经济、合理"的原则，严格遵守相关的法律法规。在运输过程中，要避免迂回运输、倒流运输、相向运输和重复运输，实行就地、就厂、就车站、就码头直拨，货物联运或直线直达运输。减少农药的装卸、短途搬运及进出库等环节，以减少费用，保持农药的合理价格，降低农业生产成本。

农药大多是有毒或危险品，因此在进行农药运输之前，应及时办理有毒或危险品运输证明。

（二）农药的运输方式

1. 铁路运输　利用火车为运载工具运送农药的一种方法。铁路运输是我国运输业的骨干，适合大宗商品的远程运输，对农药运输起着非常重要的作用。选择铁路运输农药时，一般使用专用毒品车承担运输任务。铁路运输具有运载能力大，运费低，安全准确，一般不受季节和气候的影响，连续性强、运输速度快等优点，适合较长距离的运输。但铁路运输受分布的限制，非铁路沿线的地区不能采用。

2. 公路运输　利用公路为运载途径运送农药的一种方法。公路运输的特点是机动、灵活、迅速、装卸方便，是短途运输的最佳选择。我国的公路网四通八达，通过公路运输可将农药直接运送给基层销售单位和用户，这种方式已被大多中小农药企业和商品批发户广泛采用。其缺点是费用较高，运输量少。

3. 水路运输　利用船舶为运载工具运送农药的一种方法。水路运输的特点是费用较低，运输量大。水路运输是航运发达地区农药运输和进口农药的主要运输手段。其缺点是速度慢，受一定气候和自然条件的限制。

4. 航空运输　利用飞机为运载工具运送农药的一种方法。航空运输速度快，但费用昂贵。通常是在病虫害暴发时，为及时救灾政府所采用的一种应急手段。

（三）农药运输的注意事项

我国和联合国粮农组织对农药运输的相关事项做了如下规定。

（1）要严格遵守我国有关管理部门制定的化学危险品的运输规定，使用专业运输工具运输，不能与食品、饲料、种子及生活用品等混装，并确保农药远离乘客、牲畜和食品。

（2）运输农药前要了解运送农药的种类、毒性、应注意的事项及中毒防治知识等，做到会防毒，发生事故后会处理。

（3）装运多品种农药时要分类码放，不得混杂，有条件的要采用集装箱，高毒农药要有明显标记。

（4）运输农药前要检查包装，如有破损，要及时更换包装或修补，防止农药泄漏。损坏的包装（药瓶、纸袋）等，须统一处理，不能随意丢弃，以免引起中毒。

（5）装卸农药时要轻拿轻放，不能倒置，防止碰撞、外溢和破损。装车前，把运输车上凸出的钉子、铁皮、木楔等锤平，以免戳破农药包装引起泄漏。装车时农药要堆放整齐，重不压轻，标记朝外，箱口向上，放稳扎紧。还要防止农药从高处摔落。汽车运输时，后部需适当固定，并加盖苫布或绳网，避免中途滑落；水运时，舱内堆积高度不得超过 6 m。

（6）装卸和运输人员在工作时要做好安全防护，戴口罩、手套，穿长衣长裤。工作期间不抽烟喝酒，不喝水，不进食。

（7）运输必须安全、及时、准确。要正确选择路线，时速不宜过快，力求平稳行驶。运输途中禁止在居民集中点停留休息，必须停留时，应在居民区 200 m 以外，且要停在阴凉处以免暴晒。运输时也要经常检查包装情况，防止包装破损。雨天运输车船上要有防雨设备，避免雨淋。

（8）搬运完毕，运输工具要及时清洗消毒，搬运人员要及时洗澡、换衣。装运有机磷、有机氯农药的车厢、船厢一般可用漂白粉（或熟石灰）液清洗，而后用水冲净；金属材料容器可采用少许溶剂擦洗。废液应倒入专用坑中，不得随意泼洒。

（9）如果运输过程中出现渗漏或散落，应及时、妥善处理：让人畜远离事故现场；将包装破损的农药转移至远离耕地、住宅和水源的地方；用干土或锯木屑吸附洒落的农药液体，在仔细清扫后将废渣埋在远离水源的地方；在远离水源的地方，彻底清洗运输车辆；在整个处理过程中要穿戴防护服。

（10）如工作人员不慎沾染农药，首先要及时脱下并清洗被污染的衣服，接着用肥皂水和清水彻底清洗沾染农药的皮肤，如在清洗后仍感觉不适，应尽快就医。

（11）若食物被农药污染，应将被污染的食物深埋或烧毁，切记不可喂食牲畜和家禽以及避免误食。

第四节　农药的登记

根据《农药管理条例》和《农药管理条例实施办法》的有关规定，我国对农药这一特殊商品实行农药登记制度。因为农药是一种特殊商品，为有效控制无效或低效甚至有害的农药产品进入市场而实行农药登记制度。即农药进入市场前必须在国家相关部门进行登记，获取批准（登记证或其他证明），取得农药登记证这种重要的无形资产。登记分为国内登记与国外登记两部分。

一、农药登记的基本知识

（一）农药登记的概念

根据《农药登记规定》，未经登记批准的农药不得生产、销售和使用。国外的农药，未经我国登记批准，亦不能在我国生产、销售和使用。国内首次生产的农药和首次进口的农药登记，按照 3 个阶段进行，即田间试验阶段、临时登记阶段、正式登记阶段。在田间试验阶段的农药不得生产和销售。农药登记包括临时登记、正式登记、续展登记、变更登记、分装登记、相同产品登记和紧急需要临时登记 7 种类型。这几种类型的农药登记的适用范围如下。

1. 临时登记 适用范围为经 2 年 4 地及以上的田间药效试验后，可以进行田间试验示范、试销的农药以及在特殊情况下需要使用的农药，临时登记有效期为 1 年，可以续展登记，但最多不超过 4 年。

2. 正式登记 适用范围为经田间试验示范、试销可以作为正式商品流通的农药，经全国农药登记评审委员会做出综合评价，符合条件的允许正式登记。正式登记有效期为 5 年，可以续展登记。

3. 续展登记 主要是指临时登记和正式登记的农药产品，在有效期满时，需要继续生产或者继续出售的农药产品，可以申请延长有效期。

4. 变更登记 主要是指经临时登记和正式登记的农药，在登记有效期内改变剂型、含量或者适用范围、使用方法的，应申请变更登记。

5. 分装登记 农药分装是指某个农药生产企业经原农药生产企业授权同意后，将原生产企业产品的大包装改为小包装的一个过程。办理农药分装登记应提供农药分装登记申请报告、农药分装合同书、原农药登记复印件、农药标签样张及使用说明书等资料。

6. 相同产品登记 国家对获得首次登记的、含有新化合物的农药的申请人提交的自己取得未披露的实验数据和其他数据实施保护。自登记之日起 6 年内，对其他申请人未经已获得登记的申请人同意，使用前款数据申请农药登记的，登记机关不予登记；但是，其他申请人提交其自己所取得的数据的除外。

7. 紧急需要临时登记 是指对某些未经登记的农药、某些禁止或限用的农药，如遇紧急需要，农业部可以与有关部门协商，准许在一定范围、一定期限内使用和临时进口。

（二）农药登记的国家主管部门及农药登记评审委员会

国务院农业行政部门主管全国农药的登记工作。农药登记的具体工作由农业部（现农业农村部）农药鉴定所负责。

农药登记评审委员会分为农药正式登记评审委员会和农药临时登记评审委员会。由农业部（现农业农村部）领导，分别负责农药正式登记和农药临时登记的申请，并对我国管理的方针和政策提出建议。委员是来自农业、林业、化学工业、卫生、环境保护、粮食部门和全国供销总社的农药管理和农药技术专家，每届任期为 3 年。

（三）农药登记证

1. 分类 农药登记证是对在我国境内生产和进口农药产品的化学、毒理学、药效、残留、环境影响等各个方面进行综合评价后，对符合条件者颁发的一种允许生产、加工、分装或试验的证件。包括临时登记证、正式登记证、分装登记证及农药田间登记试验批准证书。

2. 农药登记证号及表示方法

（1）农药临时登记证号。以"LS"开头（"临时"两个字的汉语拼音缩写），并在其后顺序加注产品批准登记的年号和产品编号。如农药临时登记证号 LS98303，其中"98"表示该产品是 1998 年获准登记的，"303"表示该产品在 1998 年获准登记产品中的顺序编号。

（2）农药正式登记证号。以"PD"开头（"品登"两个字的汉语拼音缩写），编号原则是：对国外公司的产品，依次在"PD"后面加上产品编号和登记年份，两者之间以"-"相连，如 PD220-97。对国内生产的产品，依次在"PD"后加上登记年号和产品编号，按产品取得正式登记的时间顺序依次排列，如 PD20080005。对同一产品有多家获得正式登记的，依次在登记证编号后加上两位数以下的生产企业编号，中间以"-"相连，如 PD84107-30。

1986 年以后国内新农药成分或已登记农药有效成分的复配制剂取得正式登记的农药产品，其农药正式登记证号不用"PD"，而用"PDN"作为登记证号的开头，其中 N 是英文"NEW"的缩写，并在"PDN"后加上产品编号和年号，两者之间以"-"相连，如 PDN45-97。

（3）农药分装登记证号。农药分装登记证号是在原厂家提供的农药登记证号的基础上加上"-□××××"，"□"代表省（自治区、直辖市）的简称，"××××"代表序号。农药分装登记证为临时登记证，有效期为 1 年，可随原生产厂的产品有效期续展。

（4）卫生杀虫剂的农药登记证号。卫生杀虫剂与一般的农药产品登记证号不同。卫生杀虫剂的临时登记证号以"WL"开头（"卫临"两个字的汉语拼音缩写），并在其后顺序加注登记年号和产品编号。卫生杀虫剂的正式登记证号以"WP"开头（"卫品"两个字的汉语拼音缩写），并依次在"WP"后面加上产品编号和登记年份，两者之间以"-"相连。对 1986 年以后国内新卫生杀虫剂成分或已登记卫生杀虫剂有效成分的复配制剂取得正式登记的卫生杀虫剂产品，其农药正式登记证号不用"WP"，而用"WPN"作为登记证号的开头，并在"WPN"后加上产品编号和登记年号，两者之间以"-"相连。

3. 农药登记证的有效期

（1）临时登记证。有效期为 1 年，可以续展，累积有效期不得超过 4 年。

（2）正式登记证。有效期为 5 年，可以续展。

二、农药登记需要提供的资料

在农药登记中，不同登记类型要求提供的资料也不同，其中正式登记要求的资料最全面。此外，同一类型登记，因农药种类不同，而对登记资料要求不相同，如对混剂、卫生杀虫剂、生物农药等都有各自的登记资料要求。下面仅就新农药制剂正式登记要求的资料做介绍。

1. 正式登记申请表

2. 产品摘要资料　包括对产地、产品化学、毒理学、药效、残留、环境影响、境外登记情况等的简述。

3. 产品化学资料

（1）有效成分。有效成分的通用名、国际通用名、化学名称、化学文摘（CAS）登录号、国际农药分析协作委员会（CIPAC）数字代号、结构式、实验式、相对分子质量。

（2）原药。有效成分（实际存在的形式）含量、相关杂质含量等。

（3）产品组成。制剂产品中所有组分的具体名称、含量及其在产品中的作用。对于限制性组分，如渗透剂、增效剂、安全剂等，还应当提供其化学名称、结构式、基本物化性质、来源、安全性、境内外使用情况等资料，另外还应当提供 3 批次以上常温贮存稳定性报告。

4. 毒理学

（1）急性经口毒性试验。

（2）急性经皮毒性试验。

（3）急性吸入毒性试验。

（4）眼睛刺激性试验。

（5）皮肤刺激性试验。

（6）皮肤致敏性试验。

5. 药效

（1）2个以上不同自然条件地区的示范试验报告。

（2）临时登记期间产品的使用情况综合报告。内容包括产品使用面积、主要应用地区、使用技术、使用效果、抗性发展、作物安全性及对非靶标生物的影响等方面的综合评价。

6. 残留

（1）残留试验数量要求。提供在我国境内进行的2年以上的残留试验报告。

（2）残留资料具体要求。残留试验报告；残留分析方法；在其他国家和地区的残留试验数据；在农产品中的稳定性；在作物中的代谢；联合国粮农组织（FAO）、世界卫生组织（WHO）推荐的或其他国家规定的最高残留限量（MRL）和日允许摄入量（ADI），并注明出处；申请人建议在我国境内的最高残留限量（MRL）或指导性限量（GL）及施药次数、施药方法和安全间隔期。

7. 环境影响资料　提供下列环境试验报告。根据农药特性、剂型、使用范围和使用方式等特点，可以适当减免部分试验。加工制剂所使用的原药对水蚤、藻类、蚯蚓或天敌赤眼蜂的毒性试验结果为低毒，对非靶标植物影响试验结果为低风险。已提供原药环境试验摘要资料的，可以不再提供对该种生物的试验报告。产品为缓慢释放的农药剂型的，提供土壤降解和土壤吸附试验资料。对环境有特殊风险的农药，还应当提供对环境影响的补充资料。

8. 标签或所附的说明书

（1）按照《农药管理条例》、农业部（现农业农村部）有关农药产品标签管理的规定和试验结果设计的正式登记标签样张。

（2）批准农药临时登记时加盖农药登记审批专用章的标签样张、说明书。

（3）临时登记期间在市场上流通使用的标签。

9. 农药产品安全数据单（MSDS）

10. 其他　在其他国家或地区已有的毒理学、药效、残留、环境影响试验和登记情况资料或综合查询报告等。

第五节　农药的销售

随着我国社会主义市场经济的不断完善与发展，农药的销售体制发生了巨大变化。目前，我国农药的经营已形成了农业生产资料公司、农业部门和生产企业等多家经营的格局。同时，我国的农药生产企业的数量也与日俱增，相同或相似使用性能的品种也逐渐增多，农药产品的市场竞争日趋激烈，如何扩大产品的市场占有率，有效控制销售成本，不断提高销售业绩和经营管理水平，是农药销售企业的一项重要任务。

一、农药的经营许可制度

（一）农药的经营资格的认定

《农药管理条例》规定经营农药的单位有供销合作社的农业生产资料经营单位、植物保护站、土壤肥料站、农业或林业技术推广机构、森林病虫害防治机构、农药生产企业、国务院规定的其他经营单位。

另外，农垦系统的农业生产资料经营单位、农业技术推广单位，按照直供原则可以经营农药；粮食系统的储运贸易公司、仓储公司等专门供应粮库、粮站所需农药的经营单位，可以经营储粮用农药；日用百货、日用杂品、超市或专门的商店都可以经营家庭用防治卫生害虫和衣料害虫的杀虫剂。

经营的农药属于化学危险物品的，应当按照国家有关规定办理经营许可证。同时须具备4个条件，并依法向工商行政管理部门申请领取营业执照，方可经营农药，即：有与其经营的农药相适应的技术人员；有与其经营的农药相适应的营业场所、设备、仓储设施、安全保护措施和环境污染防治设施、措施；有与其经营农药相适应的规章制度；有与其经营农药相适应的质量管理制度和管理手段。

（二）农药的经营与管理制度

农药经营必须做到"四个禁止"和"两个不得"。

（1）禁止收购和销售无农药登记证或者农药临时登记证、无农药生产许可证或者农药生产批准文件、无产品质量标准和产品质量合格证及检验不合格的农药。

（2）禁止生产、经营和使用假农药、劣质农药。

（3）禁止经营产品包装上未附标签或者标签残缺不清的农药。

（4）未经登记的农药，禁止刊登、播放、设置、张贴广告。

（5）任何单位和个人不得生产、经营和使用国家明令禁止生产或者撤销登记的农药。

（6）剧毒、高毒农药不得用于防治卫生害虫，不得用于蔬菜、瓜果、茶叶和中草药材。

农药经营单位对所销售的农药，必须保证质量，农药产品与产品标签或者说明书、产品质量合格证应当核对无误。农药经营单位应当向使用农药的单位和个人正确说明农药的用途、使用方法、用量、中毒急救措施和注意事项。

超过产品质量保证期限的农药产品，经省级以上人民政府农业行政主管部门所属的农药检定机构检验，符合标准的，可以在规定期限内销售；但是，必须注明"过期农药"字样，并附具使用方法和用量。

二、农药销售队伍的建设

农药的销售不同于一般商品的销售，它需要销售人员具有多学科的专业知识。一位合格的销售人员，除了要掌握市场营销的基本知识外，还要具备农药、化工、植保及相关的农学知识。在销售中能向客户详细介绍产品的特点及不同环境条件下的使用方法，同时还可以根据所掌握的知识对市场需求进行预测，做出适当的反应。因此，建立一支高素质的农药销售队伍是完成营销战略的重要保证。

严格科学的管理是建设优秀销售队伍的保障。对营销队伍的管理，主要包括5个方面。

1. 销售队伍组织构架 明确各部门在组织中的职能。

2. 销售队伍行政管理制度　规范销售人员品行。

3. 销售队伍业务管理制度　规范销售人员的业务行为。

4. 销售队伍业务考核和薪资政策　激励销售人员的积极性，保证销售目标的完成。

5. 销售队伍的培训计划　使销售人员不断补充新的知识，提升队伍的素质和业务水平。

三、农药销售计划的制订

农药的市场销售计划无论对农药生产企业还是农药经营企业都是企业战略管理的最终体现。好的销售计划可以使企业的目标有条不紊地顺利实现。

（一）销售计划的制订应遵循以下原则

（1）年度销售计划由公司企划部、财务部和销售部联合制订。

（2）销售部按照年度计划制订月销售计划。

（3）销售部按月落实公司的销售计划。

（4）计划控制阶段，销售部应按照要求出具书面报告。

（二）销售计划书通常包括以下几个方面的内容

1. 计划概要　主要对拟议确定的销售计划给予简明扼要的综述，以便管理机构尽快掌握计划书的主要内容。

2. 销售现状　主要包括有关市场、产品、竞争对手、分销商以及宏观环境的相关背景资料。

3. 市场现状　明确目前来自市场的机会和挑战以及自身的优势和劣势等问题。

4. 销售策略和目标　提供用来实现目标的主要营销手段、行动计划及所要完成的目标。

5. 财务开支　预测计划中的预期财务开支和进度预算表。

6. 计划控制　指出销售计划实施的控制手段。

7. 其他事项

【常见技术问题处理及案例】

1. 湖北省嘉鱼县新街镇农资经销商肖某生产销售假农药案

2015 年 11 月，湖北省嘉鱼县农业执法大队接到农民投诉，称新街镇农资经销商肖某销售的十字秀牌精喹禾灵（内含 2 包未标明成分的赠品）除草剂致大白菜生长迟缓、叶片外翻等情况。

经查，肖某所售农药是从河南郑州大韩农业科技有限公司购进的假冒产品，共计 2 240 包，其中 2 021 包销售给新街镇 105 户农户，受损面积 102.2 hm²，经济损失 85 万余元。抽检精喹禾灵产品有效含量 9.9％，标称含量 15％，为不合格产品，赠品检测出未经登记的农药成分，为假农药，司法鉴定认定赠品是造成白菜受害严重的原因。2016 年 2 月，案件移送公安机关查处，犯罪嫌疑人被刑事拘留。

通过此案例我们可以看出当事人的行为已经违反了《农药管理条例》第三十一条的规定，依法对其做出相应处罚。也让我们进一步认识到不得生产和经营假冒伪劣农药，而且一定要做到有法可依、有法必依、执法必严、违法必究，这样才能切实保证农药的质量，真正维护农民的切身利益。

2. 农药临时登记证有效期届满未续展登记，擅自继续生产农药案

2004 年 6 月，浙江省金华市农业行政执法支队接到举报后检查发现，永康市农药厂生产"农家富"农药临时登记证有效期已满，在未办理续展登记情况下，擅自继续生产（分装），共生产（分装）117 件，但尚无售出。

经执法人员认定其行为违反了《农药管理条例》第六条、第七条第二款及《农药管理条例实施办法》第十三条的规定，依据《农药管理条例》第四十条第（二）项之规定，金华市农业局给予限期办理农药登记手续和罚款 45 000 元的行政处罚。当事人在参加听证后，仍不服金华市农业局的行政处罚决定，向金华市人民政府申请行政复议，金华市人民政府做出维持行政处罚决定书的行政复议决定后，又向人民法院提起了行政诉讼，在一审判决驳回原告的诉讼请求后，又向中级人民法院提出上诉，终审判决驳回上诉，维持原判，最终以人民法院强制执行罚款 140 850 元结案。

通过此案例我们认识到生产、经营农药一定要办理登记，并在登记有效期满前申请续展登记，否则将会触犯法律，得到法律的严惩。

第 五 章 »»»

杀虫（螨）剂的选择与使用

第一节 杀虫剂的选择与使用

一、杀虫剂基础

杀虫剂是主要用于防治农业害虫和城市卫生害虫的农药。杀虫剂的农药标签色带为红色。

在我国农药生产中，杀虫剂无论品种还是产量都占较大的比重。我国实施对高毒高残留的农药禁用后，杀虫剂向超高效、低毒、对环境无污染的方向发展。新型杀虫剂正在研制或已投入生产，加工剂型不断改革和创新。

为了提高杀虫剂的使用技术水平，我们必须对杀虫剂的作用方式、杀虫剂进入昆虫体内的途径、性能和作用特点、使用方法等内容有了解，有选择地应用最适合的杀虫剂，并且与其他农业害虫防治方法相互协调，保证农作物产量。

（一）杀虫剂的作用方式

杀虫剂要对害虫发挥毒杀作用，首先要以一定的方式进入虫体达到作用部位，然后才是如何在害虫体内靶标部位起作用。这种杀虫剂侵入害虫体内并到达作用部位的途径和方法称为杀虫剂的作用方式，常规杀虫剂的作用方式有触杀作用、胃毒作用、内吸作用及熏蒸作用4 种，特异性杀虫剂的作用方式有引诱作用、忌避作用、拒食作用、不育作用、调节生长发育作用等多种。

1. 触杀作用 药剂通过害虫表皮接触进入体内发挥作用，使害虫中毒死亡，这种作用方式称为触杀作用，具有触杀作用的杀虫剂称为触杀剂，这是现代杀虫剂中最常见的作用方式，除虫菊酯类、有机磷类等大多数杀虫剂都有很好的触杀作用。

害虫表皮接触药剂有两条途径：一是在喷雾过程中，雾滴直接沉积到害虫体表；二是害虫爬行时，与沉积在靶标表面上的雾滴摩擦接触，药剂与害虫接触后就能从害虫的表皮、足、触角、或者气门等部位进入害虫体内，使害虫中毒死亡。以触杀作用为主的杀虫剂如拟除虫菊酯类杀虫剂、高效氯氰菊酯等，对于体表具有较厚蜡质层保护的害虫如介壳虫防效不佳。无论是哪一条途径，触杀作用杀虫剂在使用时都要求药剂在靶体表面（害虫体壁和农作物叶片等）有均匀的沉积分布。

2. 胃毒作用 药剂通过害虫口器被摄入体内经过消化系统发挥作用中毒死亡，这种作用方式称为胃毒作用，具有胃毒作用的杀虫剂被称为胃毒剂。胃毒剂只能对具有咀嚼式口器的害虫发生作用，如鳞翅目（幼虫）、鞘翅目和膜翅目害虫等。敌百虫是典型的胃毒剂，药液喷洒在甘蓝叶片上，菜青虫嚼食菜叶就把药剂吃进体内，中毒死亡。胃毒剂随作物一起被害虫嚼食而进入消化道，由于害虫的口器很小，太粗而且坚硬的农药颗粒不容易被害虫咬碎进入消化道，与植物体黏附不牢固的农药颗粒也不容易被害虫取食。胃毒剂在植物叶片上的沉积量及沉积的均匀度与胃毒作用的效果相关。要充分发挥胃毒作用，从施药技术方向考虑，要求药剂在作物上有较高的沉积量和沉积密度，害虫只需取食很少作物就会中毒，作物遭受损失就比较小。

3. 内吸作用 药剂被植物吸收后能在植物体内发生传导而传送到植物体内的其他部分发挥作用，这种作用方式被称为内吸杀虫作用，具有内吸作用的杀虫剂称为内吸杀虫剂，如吡虫啉、噻虫嗪等。内吸杀虫剂主要用于防治刺吸式口器的害虫，如蚜虫、螨类、介壳虫、飞虱等。内吸作用可以通过叶部吸收、茎秆吸收和根部吸收等多种途径，所以，内吸杀虫剂施药方式多样化。茎秆部吸收一般采取涂茎和茎秆包扎等施药方法，根部吸收则通过土壤药剂处理、根区施药等施药方法，叶部的内吸作用则主要通过叶片施药方法。目前发现的内吸杀虫剂大多是以向上传导为主，称为向顶性传导作用。叶片处理的内吸杀虫剂很少向下传导。所以，并不是内吸药剂可以随意喷药，也应注意施药方法。

4. 熏蒸作用 药剂以气体状态经害虫呼吸系统进入虫体使害虫死亡的作用方式被称为熏蒸作用，具有熏蒸作用的杀虫剂被称为熏蒸剂。典型的杀虫剂都具有很强的气化性，或常温下就是气体如敌敌畏，熏蒸剂的使用通常采用熏蒸法。由于药剂以气态形式进入害虫体内，因此，熏蒸剂在施药技术方面有两方面要求：一是必须密闭使用，防止药剂逸失；二是要求有较高的温度和湿度，较高温度有利于药剂在密闭空间扩散。熏蒸剂实施过程中容易造成人员中毒事故，因此，需要受过专门培训的技术人员操作。

很多杀虫剂并不局限于一种作用方式，如噻虫嗪等，常常是几种作用方式都起作用。一般情况下，对体壁坚硬的咀嚼式口器的害虫（鞘翅目成虫、鞘翅目和鳞翅目老熟幼虫）优先选择胃毒剂；对于体壁薄弱的咀嚼式口器害虫（如鳞翅目幼虫）可选用胃毒剂、触杀剂；对钻蛀性咀嚼式口器害虫应以内吸剂为主；对刺吸式口器害虫，以内吸剂为主，也可用触杀剂（但是体壁较厚为蜡质层的昆虫如介壳虫、梨木虱等不能用触杀剂）；对活动性强的刺吸式口器害虫（如叶蝉、温室白粉虱等），应以熏蒸剂为主。无论何种口器的地下害虫，均应以触杀型的土壤处理剂为主，也可在有地膜和滴灌的田间使用熏蒸处理。

（二）杀虫剂侵入昆虫体内的途径

杀虫剂施用后，必须进入昆虫体内后到达作用点才能发挥毒效。一般杀虫剂可以从昆虫的口器、体壁及气门部位进入昆虫体内。

1. 从口器进入 杀虫剂从口器进入虫体的关键是必须经过昆虫的取食活动。这就要求昆虫必须对含有杀虫剂的食物不产生忌避和拒食作用。昆虫有敏锐的感化器，大部分集中在触角、下颚须、下唇须及口器的内壁上，能被杀虫剂激发，很快产生反应。

杀虫剂在食物中的含量过高时，害虫即产生拒食作用，使杀虫剂的防治效果降低。另外，咀嚼式口器害虫取食时出现呕吐现象会影响杀虫剂从口器进入虫体，无机杀虫剂有此现象，有机合成杀虫剂更为明显。

有些内吸性能的杀虫剂如吡虫啉、克百威、噻虫嗪等，施用后被植物吸收，随植物汁液在植物体内运转。刺吸式口器害虫取食后（吸取植物汁液），杀虫剂也进入口器和消化道，穿透肠壁到达血液，随血液循环而到达作用点神经系统，与咀嚼口器害虫相比，仅仅是取食方式不同，杀虫剂仍然是由口器进入虫体发挥胃毒作用。

2. 从体壁进入 体壁是以触杀作用为主的杀虫剂进入昆虫体内的主要屏障。昆虫的体壁由表皮、真皮细胞和底膜构成。表皮来源于皮细胞分泌的非细胞质物质，硬化后成为昆虫的外骨骼，这是昆虫的主要特征。表皮分为3层，即上表皮、外表皮和内表皮。上表皮又分为3层，分别是护蜡层、蜡层、角质精层，主要由脂类、鞣化蛋白、蜡质等脂蛋白组成，具有亲脂性。而外表皮和内表皮主要由几丁质、蛋白质复合体组成，具亲水性。因此，昆虫体壁为油/水两相的结构，上表皮代表油相，原表皮代表水相。任何一种杀虫剂首先要在昆虫体壁湿润展布，才能附着在虫体上，并使溶剂溶解上表皮蜡质，使药剂进入表皮层。因此，一个好的触杀性杀虫剂应具有较强的脂溶性和一定的水溶性。在农药的剂型中乳油的湿润性能比较好，乳化剂由于表面活性作用容易在昆虫体壁湿润展布，可使乳油中的溶剂分解蜡质进入表皮层，并且能携带杀虫剂一同进入。故这类杀虫剂具有很强的触杀作用，而杀虫剂中水溶性很强的品种，表现触杀作用很弱。

另外，虽然昆虫整个体壁被硬化的表皮所包围，但是表皮的构造并非完全一致，像节间膜、触角、足的基部及部分昆虫的翅都是未经骨化的膜状组织，杀虫剂易侵入这些部位。而昆虫的跗节、触角和口器是感觉器集中的部位，这些部位杀虫剂更容易侵入。就整个昆虫体壁而言，杀虫剂从体壁侵入的部位越靠近脑和神经节时，越易使昆虫中毒，这是由于现用的杀虫剂大都作用于神经系统。

3. 从气门进入　绝大多数陆栖昆虫的呼吸系统由气门和气管系统组成。气管系统由外胚层细胞内陷形成，因此，气管系统的内壁与表皮相连，并与表皮具有同样的构造。气门是体壁内陷时气管的开口，也是昆虫进行呼吸时空气及二氧化碳的进出口。气体杀虫剂可以在昆虫呼吸时随空气进入气门，沿着昆虫的气管系统到达微气管而产生毒效。以喷雾起触杀作用的杀虫剂，依靠湿润展布能力进入气门，与从表皮进入情况相似。矿物油乳剂由于有较强的穿透性能，由气门进入虫体较一般乳剂更容易，并且进入气管后产生堵塞作用，阻碍气体的交换，使害虫窒息死亡。

昆虫的气门都有开闭结构，气门的开闭是由化学刺激及神经冲动来控制气门肌实现的，凡是促使昆虫气门开放的因素均有利于杀虫剂进入，如升温、增加二氧化碳浓度等。

（三）杀虫剂在昆虫体内分布

杀虫剂穿透体壁或生物膜后，立刻进入血淋巴，然后很容易被运送到虫体的组织中。杀虫剂进入虫体首先面临着被解毒，敏感品系由于缺乏对杀虫剂的解毒机制或解毒机制不健全而中毒死亡。抗性品系对药剂耐受能力强，主要是由于虫体解毒速率接近杀虫剂的穿透速率，进入虫体的杀虫剂迅速被代谢解毒或贮存。

杀虫剂在昆虫体内的分布动态是较复杂的，受到多种因素的影响，如杀虫剂的理化性质、昆虫本身存在的生理生化特点等。

杀虫剂在昆虫体内的穿透、分布、代谢和靶标作用，均与杀虫剂的分子结构有关，同时也与杀虫剂在昆虫的疏水部位和水溶液之间的分配有关。假定淋巴液是所有杀虫剂重要输送相，为了获得最理想的毒力，一个化合物必须很容易地从体壁分配到血淋巴液中，再从血淋巴液分配到神经组织。理想的杀虫剂在血淋巴液和其他组织（消化道、脂肪体）之间的分配应达到平衡。

二、防治咀嚼式口器害虫的药剂

苏云金杆菌（Bt）

类别：生物源类。

性能和作用特点：苏云金杆菌是一种细菌性杀虫剂。具有胃毒作用，药效较缓慢，一般害虫食后 1～2 d 才见效，残效 10 d 左右。该菌可产生两大类毒素，即内毒素（伴胞晶体）和外毒素，使害虫停止取食，最后害虫因饥饿和中毒死亡。

毒性： 低毒。

剂型： 8 000 IU/mg、16 000 IU/mg、20 000 IU/mg、100 亿活芽孢/g 可湿性粉剂，15 000 IU/mg、16 000 IU/mg 水分散粒剂、100 亿活芽孢/g 悬浮剂等。

防治对象和使用方法： 对鳞翅目多种害虫的幼虫有强烈的毒杀作用。防治菜青虫、小菜蛾等害虫，用 8 000 IU/mg 悬浮剂 100～150 g，兑水均匀喷雾。防治果树食心虫、尺蠖、天幕毛虫等，用 100 亿活芽孢/g 可湿性粉剂兑水稀释 200～600 倍，均匀喷雾。

注意事项：

（1）使用期比使用化学农药提前 2～3 d，对鳞翅目害虫的低龄幼虫效果好。

（2）20 ℃以上施药效果最好，7—9 月使用为宜。

（3）本品对家蚕毒力很强，在养蚕地区使用时，必须注意勿与家蚕接触，施药区与养蚕区一定要保持一定距离，以免家蚕中毒死亡。

（4）本品应保存在低于 25 ℃的干燥阴凉仓库中，防治暴晒和潮湿，以免变质。

（5）苏云金杆菌不能与内吸性有机磷杀虫剂或杀菌剂混合使用。

敌 百 虫

类别： 有机磷类。

性能和作用特点： 是一种广谱性杀虫剂，在弱碱条件下可变成敌敌畏，但不稳定，很快分解失效。以胃毒作用为主，兼有触杀作用，对植物有一定的渗透性，持效期较短，4～5 d。

毒性： 对人畜低毒。

剂型： 80％可溶性粉剂，5％粉剂，80％晶体。

防治对象和使用方法： 可有效防治多种作物上的咀嚼式口器害虫。如菜青虫、黏虫、棉铃虫、棉金刚幼虫、甘蓝夜蛾、松毛虫等，一般使用 80％敌百虫晶体稀释 800～1 000 倍液喷雾。

注意事项：

（1）高粱对敌百虫特别敏感，极易发生药害，不宜使用。

（2）某些品种的大豆、苹果、玉米对敌百虫敏感，施药时应注意。

（3）药剂稀释液不宜放置过久，加少量肥皂等碱性物质，可以提高药效，应现配现用。

氰 氟 虫 腙

类别： 缩氨基脲类。

性能和作用特点： 氰氟虫腙以胃毒作用为主，触杀作用较小，无内吸作用。对鳞翅目和鞘翅目害虫具有明显的防治效果，昆虫取食后该药进入虫体，通过独特的作用机制阻断害虫神经元轴突膜上的钠离子通道，使钠离子不能通过轴突膜，进而抑制神经冲动使虫体过度的放松、麻痹，几个小时后，害虫即停止取食，1～3 d 内死亡。对刺吸口器害虫如蚜虫或蓟马等无效，对有益生物包括传粉昆虫和节肢类昆虫比较安全，适合用于病虫害综合防治和虫害的抗性治理。

毒性： 低毒。原药大鼠急性经口 $LD_{50}>5\,000$ mg/kg，急性经皮 $LD_{50}>5\,000$ mg/kg，急

性吸入 LC_{50} >5.2 mg/L。

剂型： 24%悬浮剂。

防治对象和使用方法： 可以有效地防治各种鳞翅目害虫及某些鞘翅目的幼虫、成虫，还可以用于防治蚂蚁、白蚁、蝇类等害虫。防治菜青虫、小菜蛾每 $667 m^2$ 用 24%悬浮剂 60～80 mL，防治稻纵卷叶螟每 $667 m^2$ 用 24%悬浮剂 50 mL，兑水均匀喷雾。

注意事项：

（1）对家蚕的急性毒性较强，桑园周围其他农作物应谨慎使用该杀虫剂。

（2）施药 1 h 后就具用明显耐雨水冲刷效果。

（3）持效期一般为 7～10 d。

氯虫苯甲酰胺

类别： 酰胺类。

性能和作用特点： 是一种高效、广谱新一代杀虫剂，以胃毒作用为主，兼具触杀作用，且具有较强的渗透性，持效性好且耐雨水冲刷，其作用机制与其他种类杀虫剂不同，可结合昆虫体内的鱼尼丁受体，抑制昆虫取食，引起虫体收缩，最终导致害虫死亡，对施药人员非常安全，对稻田有益昆虫、鱼虾也非常安全，对哺乳动物低毒。

毒性： 微毒。

剂型： 5%、20%悬浮剂，35%水分散粒剂。

防治对象和使用方法： 对鳞翅目害虫水稻二化螟、稻纵卷叶螟、小菜蛾、果树金纹细蛾等幼虫活性高，效果好，每 $667 m^2$ 用 20%悬浮剂 5～10 mL，兑水喷雾。

注意事项：

（1）由于该农药具有较强的渗透性，因此在田间作业中，用弥雾或细喷雾喷雾效果更好。

（2）当气温高、田间蒸发量大时，应选择早上 10 点以前、下午 4 点以后用药，这样不仅可以减少用药液量，也可以更好的增加作物的受药液量和渗透性，有利于提高防治效果。

（3）为避免作物对该农药抗药性的产生，一季作物或一种害虫宜使用 2～3 次，每次间隔时间在 15 d 以上。

呋喃虫酰肼

类别： 昆虫生长调节剂。

性能和作用特点： 是我国具有自主知识产权的杀虫剂，以胃毒作用为主。具有拟蜕皮激素作用，害虫取食呋喃虫酰肼后，很快出现不正常蜕皮反应，停止取食，提早蜕皮，但由于不正常蜕皮而无法完成蜕皮，导致幼虫脱水和饥饿而死亡。呋喃虫酰肼可用于防治已对氯虫苯甲酰胺产生抗性的害虫。

毒性： 微毒。

剂型： 10%悬浮剂。

防治对象和使用方法： 主要用于防治鳞翅目害虫如甜菜夜蛾、小菜蛾、稻纵卷叶螟、二化螟、大螟、豆荚螟、玉米螟、棉铃虫、桃小食心虫、小菜蛾、潜叶蛾、卷叶蛾等的幼虫，对鞘翅目和双翅目害虫也有效。防治甜菜夜蛾、小菜蛾，每 $667 m^2$ 用 10%悬浮剂 60～

100 mL，兑水喷雾。

注意事项：

（1）安全间隔期为 14 d，每个作物周期的最多使用次数为 1 次。

（2）属昆虫生长调节剂，建议与其他作用机制不同的药剂轮换使用。

（3）对家蚕有较高毒性，桑园附近严禁使用。

甲氨基阿维菌素苯甲酸盐

类别：农用抗生素类。

性能和作用特点：是一种具有超高效、广谱、低毒、低残留无公害的杀虫剂。杀虫活性高于阿维菌素，对鳞翅目昆虫的幼虫和其他许多害虫的活性极高，以胃毒作用为主，兼有触杀作用，能有效渗入作物表皮组织，持效期较长，对天敌比较安全。

毒性：对人畜中等毒性。

剂型：2％、5％微乳剂。

防治对象和使用方法：可有效防治蔬菜、果树、棉花等农作物上的多种害虫。尤其对鳞翅目、双翅目害虫防治超高效。防治稻纵卷叶螟用 5％微乳剂 7.5～15 g/hm²，兑水喷雾。防治甜菜夜蛾、甘蓝甜菜夜蛾每 667 m² 用 5％微乳剂 4～4.5 g，兑水喷雾。

注意事项：

（1）在甘蓝上使用的安全间隔期为 12 d，每季最多使用次数为 2 次。

（2）对桑蚕、蜜蜂和鱼有较高毒性，施药期间应避免对周围蜂群的影响，开花植物花期、蚕室和桑园附近禁用。远离水产养殖区、河塘等水体施药，禁止在河塘等水域中清洗施药器具，防止药液污染水源地。

（3）不可与呈碱性的农药等物质混合使用。

（4）建议与其他作用机制不同的杀虫剂轮换使用。

（5）赤眼蜂等天敌放飞区域禁用。

毒死蜱（乐斯本）

类别：有机磷类。

性能和作用特点：是一种高效、广谱的杀虫杀螨剂。具有触杀、胃毒及熏蒸作用，有一定渗透作用，击倒力强。在叶片上的持效期不长，但在土壤中持效期较长，对地下害虫的防效好。

毒性：对人畜中等毒性。

剂型：40.7％、40％乳油。

防治对象和使用方法：可以有效防治棉花、粮食作物等多种咀嚼口器和刺吸口器害虫。如蛴螬、水稻潜叶蝇、水稻负泥虫、水稻二化螟、稻飞虱、蚜虫、叶蝉及螨类等害虫，一般使用有效成分含量为 40.7％的乳油稀释 1 000～2 000 倍液喷雾。

注意事项：

（1）对水稻的安全间隔期为 15 d，每季最多使用 2 次。

（2）禁止在蔬菜上使用。

（3）建议与不同作用机制杀虫剂轮换使用。

（4）不能与碱性农药混用。

杀 虫 双

类别：沙蚕毒素类。

性能和作用特点：是一种高效、低残留的杀虫剂。具有胃毒、触杀、内吸作用。对水生生物毒性很小，有效期达 60 d 左右，是一种较为安全的杀虫剂。

毒性：对人畜中等毒性。

剂型：18％、25％、30％水剂。

防治对象和使用方法：可有效防治蔬菜、水稻、小麦、果树等作物的害虫。对水稻螟虫、稻纵卷叶螟有特效。对许多果树及蔬菜鳞翅目害虫均有较好的防效。防治稻纵卷叶螟，每 667 m² 用 18％水剂 150～200 mL，兑水均匀喷雾。防治水稻螟虫，每 667 m² 用 18％水剂 200～250 mL，兑水均匀喷雾。防治菜青虫、小菜蛾，在幼虫 3 龄前，每 667 m² 用 25％水剂 100～200 mL，兑水均匀喷雾。

注意事项：

（1）杀虫双对蚕有很强的触杀、胃毒作用，也具有一定熏蒸毒力，不能在桑园附近及养蚕区使用，尤其注意施药的下风头，在蚕区若要使用，最好使用杀虫双颗粒剂。

（2）白菜、甘蓝等十字花科蔬菜幼苗在夏季高温下对杀虫双敏感，易产生药害，不宜使用。

（3）用杀虫双水剂喷雾，可加入 0.1％的洗衣粉，能增加药液的湿展性能，提高药效。

（4）可用于 A 级绿色食品生产，对水稻安全间隔期为 15 d。

甲 氧 虫 酰 肼

类别：昆虫生长调节剂。

性能和作用特点：是第二代双酰肼类昆虫生长调节剂，对鳞翅目害虫具有高度选择杀虫活性，以胃毒作用为主，同时也具有一定的触杀及杀卵活性。幼虫摄食本药剂 6～8 h 后，即停止取食，不再危害作物，并产生异常蜕皮反应，导致幼虫脱水、饥饿而死亡。对高龄和低龄幼虫均有效，持效期较长。在推荐用量下对作物安全，不易产生药害。

毒性：低毒。

剂型：24％悬浮剂。

防治对象和使用方法：主要防治水稻、果树、蔬菜等鳞翅目害虫。防治甜菜夜蛾、斜纹夜蛾，每 667 m² 用 24％悬浮剂 10～20 mL 兑水喷雾。防治小卷叶蛾、苹果蠹蛾、苹小食心虫等，每 667 m² 用 24％悬浮剂 12～16 mL，兑水喷雾。防治水稻二化螟，每 667 m² 用 24％悬浮剂 20.8～27.8 mL 兑水喷雾。

注意事项：

（1）在甘蓝上使用的安全间隔期为 7 d，每个作物周期的最多使用次数为 4 次。在苹果树上使用的安全间隔期为 70 d，每个作物周期的最多使用次数为 2 次。在水稻上使用的安全间隔期为 60 d，每个作物周期的最多使用次数为 2 次。

（2）为防止抗药性产生，害虫多代重复发生时，建议与其他作用机制不同的药剂交替使用。

（3）对鱼类毒性中等，应避免污染水源和池塘等。

灭 蝇 胺

类别：昆虫生长调节剂。

性能和作用特点：该药具有触杀和胃毒作用，并有强内吸传导性，持效期较长，但作用速度较慢。有非常强的选择性，主要对双翅目昆虫有活性。其作用机制是使双翅目昆虫幼虫和蛹在形态上发生畸变，成虫羽化不全或受抑制。灭蝇胺对人畜无毒副作用，对环境安全。

毒性：低毒。大鼠急性经口 LD_{50} 为 3 387 mg/kg，大鼠急性经皮 $LD_{50} > 3 100$ mg/kg。

剂型：50%、75%可湿性粉剂，10%水剂，50%可溶性粉剂。

防治对象和使用方法：灭蝇胺适用于多种瓜果蔬菜，主要对蝇类害虫具有良好的杀灭作用。防治各种潜叶蝇，用 10%水剂 300～400 倍液、50%可湿性粉剂 1 500～2 000 倍液或 75%可湿性粉剂 2 500～3 000 倍液均匀喷雾。防治美洲斑潜蝇，每 667 m² 用 50%可湿性粉剂 15～18 g，兑水喷雾。

注意事项：

(1) 在作物上使用的安全周期为 7 d，每个作物周期内最多使用 2 次。

(2) 美洲斑潜蝇的防治适期以低龄幼虫始发期为好，如果卵孵期不整齐，用药时间可适当提前 7～10 d 后再次喷药，喷药务必均匀。

多 杀 霉 素

类别：农用抗生素。

性能和作用特点：是一种高效、低毒、广谱的杀虫剂。具有胃毒和触杀作用，对叶片有较强的渗透作用，可杀死表皮下的害虫，持效期较长，对一些害虫具有一定的杀卵作用，无内吸作用。

毒性：对人畜低毒。

剂型：2.5%、48%悬浮剂。

防治对象和使用方法：可有效防治鳞翅目、双翅目和缨翅目害虫，也能很好的防治鞘翅目和直翅目中某些大量取食叶片的害虫种类，对刺吸式害虫和螨类的防治效果较差。如可防治小菜蛾、稻纵卷叶螟、甜菜夜蛾、蓟马等害虫。防治小菜蛾每 667 m² 用 2.5%悬浮剂 33～50 mL，兑水喷雾。防治稻纵卷叶螟每 667 m² 用 2.5%悬浮剂 50～100 mL 兑水喷雾。该药剂最适合在无公害蔬菜、无公害水稻生产中应用。

注意事项：

(1) 在甘蓝上使用的推荐安全间隔期为 7 d，每个作物周期的最多使用次数为 2 次。

(2) 避免喷药后 24 h 内遇降雨。

(3) 建议与作用机制不同的杀虫剂轮换使用，以延缓抗药性产生。

(4) 可能对鱼类或其他水生生物有毒，应避免污染水源和池塘等。

(5) 对蜜蜂、家蚕高毒，作物花期禁用，并注意对周围蜂群的影响，蚕室和桑园附近禁用。

(6) 药剂储存在阴凉干燥处。

乙 酰 甲 胺 磷

类别：有机磷类。

性能和作用特点：是一种内吸性杀虫剂。并具有胃毒、触杀作用，还可以杀卵，有一定的熏蒸作用，持效期长，是缓效型杀虫剂，施药后 2～3 d 效果显著，后效强。

毒性：对人畜低毒，对鱼鸟类均安全。

剂型：30％、40％乳油，25％可湿性粉剂。

防治对象和使用方法：可有效防治粮食作物、棉花、烟草等多种作物的主要害虫。如棉蚜、棉铃虫、黏虫、稻纵卷叶螟、稻飞虱等害虫。一般使用 30％乳油稀释 500～1 000 倍喷雾。

注意事项：

（1）在水稻、棉花、烟草、玉米和小麦的安全间隔期为 14 d，每季最多使用 1 次。

（2）使用时均匀喷雾表面，以利提高药效。

（3）不可与碱性药剂混用，以免分解失效。

（4）自 2019 年 7 月 1 日起，禁止乙酰甲胺磷在蔬菜、瓜果、茶叶、菌类和中草药材作物上使用。

高 效 氯 氰 菊 酯

类别：拟除虫菊酯类。

性能和作用特点：是一种高效广谱、速效杀虫剂。具有触杀和胃毒作用，无内吸作用，杀虫活性高。光、热条件下稳定，可防治对有机磷产生抗性的害虫，但对螨类和盲蝽防效差。

毒性：对人畜中等毒性。

剂型：4.5％、10％乳油，4.5％微乳剂。

防治对象和使用方法：主要防治农作物上发生的鳞翅目、鞘翅目、直翅目、半翅目和同翅目等害虫。一般使用 4.5％乳油稀释 1 500～2 000 倍液或 10％乳油稀释 3 000～4 000 倍液均匀喷雾。

注意事项：

（1）高效氯氰菊酯没有内吸作用，喷雾时必须均匀、周到。

（2）安全采收间隔期一般为 10 d。

（3）对鱼、蜜蜂和家蚕有毒，不能在蜂场和桑园内及其周围使用，并避免药液污染鱼塘、河流等水域。

氯氟氰菊酯（功夫）

类别：拟除虫菊酯类。

性能和作用特点：是一种高效广谱、速效杀虫杀螨剂，以触杀和胃毒作用为主，无内吸作用，但具有强烈的渗透作用，活性高，击倒性强，在植物上稳定性好，喷洒后耐雨水冲刷，长期使用易使害虫对其产生抗性。

毒性：对人畜中等毒性。

剂型：2.5％乳油，5％可湿性粉剂。

防治对象和使用方法：可有效防治花生、大豆、棉花、果树、蔬菜等作物上鳞翅目、同翅目和半翅目等多种害虫，对叶螨、锈螨、瘿螨、跗线螨等也有良好效果，一般使用10％乳油稀释2 000～5 000倍喷雾。

注意事项：

(1) 不要与呈碱性的农药等物质混用。

(2) 对蜜蜂、鱼类等水生生物、家蚕高毒，因此，使用时不要污染鱼塘、河流、蜂场及桑园。

(3) 此药是杀虫剂，兼有抑制害螨作用，但不要作为专用杀螨剂使用。

联 苯 菊 酯

类别：拟除虫菊酯类。

性能和作用特点：是高效、广谱速效杀虫杀螨剂。具有触杀和胃毒作用，有一定驱避作用，击倒力强，在土壤中不移动，对环境较为安全，持效期较长。

毒性：对人畜中等毒性。

剂型：2.5％、10％乳油。

防治对象和使用方法：可用有效防治茶树、番茄等作物上的蚜虫、叶蝉、粉虱、潜叶蛾、叶螨和鳞翅目幼虫等。一般使用10％乳油稀释3 000～5 000倍液喷雾。

注意事项：

(1) 在茶树上安全间隔期为7 d，番茄上安全间隔期为4 d，茶树每季最多使用次数为1次，番茄每季最多使用次数为3次。

(2) 配药和施药时应穿防护服、戴口罩、手套和眼镜等防护措施；施药期间不可吃东西；施药后应及时洗手和脸等裸露部位。

(3) 对蜜蜂、鱼类等水生生物、家蚕有毒，施药期间应避免对周围蜂群的影响、蜜源作物花期、蚕室和桑园附近禁用。远离水产养殖区施药，禁止在河塘等水体中清洗施药器具。

(4) 不可与呈碱性的农药或物质混合使用。

(5) 建议与其他作用机制不同的杀虫剂轮换使用，以延缓抗性产生。

甲氰菊酯（灭扫利）

类别：拟除虫菊酯类。

性能和作用特点：是一种高效、广谱杀虫杀螨剂，是目前防治果树害虫的理想药剂。有较强的触杀和驱避作用，兼有胃毒作用，渗透性强，耐雨水冲刷，持效期10～15 d，杀虫效果好，药效不受温度影响。

毒性：对人畜中等毒性。

剂型：20％乳油。

防治对象和使用方法：对鳞翅目幼虫高效，对双翅目或半翅目害虫有效。防治桃小食心虫，用20％乳油稀释2 000～4 000倍喷雾；防治小菜蛾、菜青虫每667 m² 用20％乳油20～30 mL，兑水喷雾；防治茶尺蠖、茶毛虫，用20％乳油2 000～4 000倍液喷雾。

注意事项：

(1) 不能与碱性物质混用。

（2）对鱼、家蚕、蜜蜂毒性较高，使用时应注意。

（3）在甘蓝上使用的安全间隔期为 7 d，每季最多使用 3 次；棉花上使用的安全间隔期为 14 d，每季最多使用 3 次；在苹果树上使用的安全间隔期为 30 d，每季最多使用 3 次；在柑橘树上使用的安全间隔期为 30 d，每季最多使用 3 次。

（4）不宜用作专用杀螨剂，最好虫螨兼治或轮换用药。

溴氰菊酯（敌杀死）

类别： 拟除虫菊酯类。

性能和作用特点： 是一种高效、广谱杀虫剂。杀虫活性很高，击倒速度快，以触杀和胃毒作用为主，触杀作用大于包括除虫菊酯在内的其他杀虫剂，对害虫有一定的驱避和拒食作用。

毒性： 对人畜中等毒性。

剂型： 2.5％乳油。

防治对象和使用方法： 可有效防治鳞翅目、鞘翅目、双翅目和半翅目大部分害虫，尤其对鳞翅目幼虫及蚜虫杀伤力大，但对螨类无效。防治菜青虫、小菜蛾、棉铃虫，用 2.5％乳油 1 000～1 500 倍液，在 2 龄幼虫发生初期均匀喷雾。防治黄守瓜、黄曲条跳甲等，用 2.5％乳油 2 500～4 000 倍液喷雾。防治桃小食心虫、梨大食心虫、桃蛀螟，用 2.5％乳油 1 500～2 500 倍液喷雾。防治大豆食心虫、豆荚螟，用 2.5％乳油 2 500～3 000 倍液喷雾。

注意事项：

（1）对人眼、皮肤等有刺激性，会发生过敏反应，施药人员在操作过程中应做好防护工作。

（2）对鱼类和水生生物毒性大，在养鱼稻田中禁用。

（3）不能与碱性物质混用，以免降低药效。

（4）叶菜类收获前 15 d 禁用此药。西瓜使用浓度高和茄子高温使用时有药害。红枣上有药害禁止使用。

（5）在气温低时防效更好，因此使用时应避开高温天气。

（6）喷药要均匀周到，否则会降低药效。

（7）要尽可能减少用药次数和用药量，或与有机磷等非菊酯类杀虫剂交替使用。

马 拉 硫 磷

类别： 有机磷类。

性能和作用特点： 是一种广谱杀虫剂，具有良好的触杀、胃毒和微弱的熏蒸作用，无内吸作用。持效期短，对刺吸式口器和咀嚼式口器的害虫都有效。

毒性： 对人畜低毒。

剂型： 45％、70％乳油，25％油剂。

防治对象和使用方法： 可有效防治小菜蛾、菜青虫、黏虫、大豆食心虫等多种鳞翅目害虫的幼虫及蚜虫等。一般使用 45％乳油 900～1 400 倍液喷雾。

注意事项：

（1）对高粱、瓜类、豆类、番茄幼苗和梨、葡萄、樱桃的一些品种易发生药害，应慎用。

(2) 药剂遇水后易分解，必须现用现配。

(3) 不能与碱性农药混用，以免分解失效。

阿 维 菌 素

类别：农用抗生素。

性能和作用特点：是一种广谱性杀虫、杀螨剂，具触杀和胃毒作用，对叶片有较强的渗透性，对鳞翅目、同翅目及螨类多种害虫的防治高效。

毒性：高毒，原药大鼠急性经口 LD_{50} 为 10 mg/kg。

剂型：1.0%、0.6%、1.8%乳油，1%可湿性粉剂，22%水乳剂。

防治对象和使用方法：适用于蔬菜、果树、花卉、粮食、棉花、烟草等作物，可有效地防治鳞翅目、同翅目害虫及害螨，每 667 m² 用 1.8%阿维菌素乳油 30～40 mL，兑水均匀喷雾。

注意事项：

(1) 该药无内吸作用，喷药时应注意喷洒均匀。

(2) 不能与碱性农药混用。

(3) 对鱼高毒，应避免污染水源和池塘等，对蚕高毒，桑叶喷药后 40 d 还有明显毒杀家蚕作用，对蜜蜂有毒，不要在开花期施用。

(4) 收获前 20 d 停止施药。

丁烯氟虫腈（丁虫腈）

类别：苯基吡唑类。

性能和作用特点：是一种活性高，杀虫谱广，对人畜及水生生物安全的杀虫剂，具有触杀、胃毒及内吸作用。对菜青虫、小菜蛾、蚜虫、黏虫、褐飞虱等害虫具有较高的活性。

毒性：对人畜低毒。

剂型：5%乳油，80%水分散粒剂。

防治对象和使用方法：对小菜蛾等害虫具有较高活性，防治小菜蛾、二化螟每 667 m² 用 5%乳油 20～40 mL，兑水均匀喷雾。

注意事项：

(1) 对蜜蜂高毒，使用时应注意。

(2) 在养鱼稻田禁用，不要在河塘等水域内清洗施药器具，施药以后不可将田水排入鱼塘、河沟，以免污染水源毒死鱼虾。

(3) 药剂在强碱条件下易分解，避免与碱性物质混用以免降低药效。

虫 螨 腈

类别：吡咯类。

性能和作用特点：是一种广谱、高效、安全的杀虫杀螨剂，有胃毒和触杀作用，渗透性强。与其他杀虫剂无交互抗性，可以控制抗性害虫。持效期长，为 15～20 d。

毒性：经口中等毒性，经皮低毒。

剂型： 10%悬浮剂。

防治对象和使用方法： 可有效防治钻蛀性害虫、刺吸式口器和咀嚼式口器害虫及螨类。如小菜蛾、菜青虫、甜菜夜蛾、斜纹夜蛾、菜螟、菜蚜、斑潜蝇、蓟马等多种蔬菜害虫。低龄幼虫期或虫口密度较低时，每 667 m² 用 10%悬浮剂 30 mL，虫龄较高或虫口密度较大时，每 667 m² 用 10%悬浮剂 40～50 mL，兑水喷雾。

注意事项：

（1）每茬菜最多只允许使用 2 次，以免产生抗药性。

（2）在十字花科蔬菜上的安全间隔期暂定为 14 d，在黄瓜、莴苣、烟草、瓜菜上应谨慎使用。

（3）对鱼有毒，不能将药液直接洒到水及水源处。

说明： 以上杀虫剂中以触杀作用为主的杀虫剂除防治咀嚼式口器害虫外，对刺吸式口器害虫也有效，有的品种还有杀螨作用。另外在生产实践中往往把以触杀作用为主的杀虫剂和以内吸作用为主的杀虫剂两种混合在一起使用，提高杀虫效果。

三、防治刺吸式口器害虫的药剂

吡 虫 啉

类别： 烟碱类。

性能和作用特点： 是一种广谱、高效、低毒、低残留杀虫剂，害虫不易产生抗性，有内吸、胃毒和触杀作用，速效性好，药后 1 d 即有较高的防效，持效期较长。药效和温度成正相关，温度高则杀虫效果好。对植物和天敌安全，主要用于防治刺吸式口器害虫。

毒性： 对人畜低毒。

剂型： 10%、20%可湿性粉剂，25%、35%悬浮剂，5%、20%乳油，70%可分散粒剂。

防治对象和使用方法： 可有效防治大豆蚜、高粱蚜、玉米螟、梨木虱、叶蝉、卷叶蛾等害虫，可用 10%吡虫啉可湿性粉剂 4 000～6 000 倍液喷雾，或用 5%吡虫啉乳油 2 000～3 000 倍液喷雾。

注意事项：

（1）不能与碱性农药混用。

（2）吡虫啉虽然属于低毒杀虫剂，但对家蚕、蜜蜂等益虫毒性高，使用时要注意。

（3）果品采收前 15 d 停用。

（4）易产生耐药性，避免在同一作物上连续使用。

呋 虫 胺

类别： 烟碱类。

性能和作用特点： 是一种广谱、超高效杀虫剂。具有触杀、胃毒作用，可以快速被植物吸收并广泛分布于作物体内，持效期长，对作物人畜和环境又十分安全。主要作用于昆虫神经传递系统，引起害虫麻痹从而发挥杀虫作用。

毒性： 低毒。

剂型： 20%可溶粒剂，30%水分散粒剂。

防治对象和使用方法：能够在水稻、小麦、蔬菜等多种作物上使用。防治保护地黄瓜白粉虱每 667 m² 用 20%可溶粒剂 30～50 g 兑水喷雾；防治稻飞虱每 667 m² 用 20%可溶粒剂 20～40 g，兑水喷雾。

注意事项：

（1）在黄瓜上的安全间隔期为 3 d。每个作物周期最多使用次数为 2 次。本品在水稻上的安全间隔期为 21 d，每季最多使用 3 次。

（2）为烟碱乙酰胆碱受体的兴奋剂，建议避免持续使用。

（3）对蜜蜂和虾、蟹等水生生物有毒，对蜜蜂、家蚕有毒，使用时要注意。

（4）不可与其他烟碱类杀虫剂混合使用。

噻　虫　啉

类别：烟碱类。

性能和作用特点：是一种广谱高效的杀虫剂。具有内吸、触杀和胃毒作用。可高效作用于害虫烟酸乙酰胆碱酯酶受体，干扰害虫运动神经系统，致害虫过度兴奋而死，与常规农药无交互抗性，击倒力强，杀虫更高效，对一般药剂难以防治的松墨天牛有极好的防治效果，持效期长达 60～90 d。噻虫啉对蜜蜂低毒。

毒性：低毒。

剂型：2%微囊悬浮剂。

防治对象和使用方法：可有效防治梨果、核果、小浆果、棉花、谷物、蔬菜、甜菜、马铃薯、水稻和观赏植物上的刺吸式和咀嚼式口器害虫，用 2%微囊悬浮剂 48～216 mL/hm² 兑水均匀喷雾。防治蚜虫用 2%微囊悬浮剂稀释 4 000～8 000 倍兑水均匀喷雾。

注意事项：

（1）安全间隔期为 7 d。

（2）赤眼蜂等天敌放飞区域禁用。

氟　啶　虫　胺　腈

类别：亚砜亚胺类（磺酰亚胺类）。

性能和作用特点：是害虫综合防治优选药剂，具有触杀、内吸及胃毒作用，高效、快速并且持效期长，用药后 2 h 遇雨不影响药效。能有效防治对烟碱类、菊酯类、有机磷类和氨基甲酸酯类农药产生抗性的刺吸式口器害虫。

毒性：对非靶标节肢动物毒性低。

剂型：22%悬浮剂，50%水分散粒剂。

防治对象和使用方法：可有效防治蚜虫、蓟马、椿象、介壳虫等。防治小麦蚜虫每 667 m² 用 50%水分散粒剂 2.6～3.3 g，兑水 30～45 kg 茎叶喷雾；防治棉花盲椿象每 667 m² 用 50%水分散粒剂 6.7～10 g，兑水 45 kg 茎叶喷雾。

注意事项：

（1）水稻上推荐安全间隔期为 21 d，黄瓜为 3 d，棉花为 21 d，每个作物周期最多使用 2 次。

（2）直接喷施到蜜蜂身上对蜜蜂有毒，在蜜源植物和蜂群活动频繁区域喷施完药剂且作物表面药液彻底干后，才可以放蜂。

（3）禁止在河塘等水体内清洗施药器具，远离河塘等水体施药不可污染水体。

（4）因为氟啶虫胺腈可被土壤微生物迅速降解，所以虽然持效期非常长，也不可用于土壤处理或拌种使用。

啶 虫 脒

类别：烟碱类。

性能和作用特点：是一种广谱性杀虫剂，除触杀、胃毒作用外，还具有较强的渗透作用，速效性好、持效期长，对有机磷、氨基甲酸酯类和拟除虫菊酯类杀虫剂产生抗性的害虫有高效，可和其他类杀虫剂混配。

毒性：对人畜中等毒性。

剂型：3％、5％、10％乳油，5％、10％、20％可湿性粉剂，3％微乳剂，36％水分散粒剂。

防治对象和使用方法：可有效防治同翅目（尤其是蚜虫）、缨翅目和鳞翅目的部分害虫。防治黄瓜蚜虫，每 667 m² 用 3％乳油 40～50 mL 兑水均匀喷雾；防治稻飞虱，每 667 m² 用 3％乳油 50～80 mL，兑水均匀喷雾。

注意事项：

（1）不能与呈碱性的农药等物质混用。

（2）应均匀喷雾植株各部位，为避免产生抗药性，尽可能与其他杀虫剂交替使用。

（3）对蜜蜂、鱼类等水生生物、家蚕有毒，施药期间应避免对周围蜂群的影响，蜜源作物花期、蚕室和桑园附近禁用。远离水产养殖区施药，禁止在河塘等水体中清洗施药器具。

噻 虫 嗪

类别：烟碱类。

性能和作用特点：属第二代新烟碱类杀虫剂。作用机制与第一代烟碱类杀虫剂（吡虫啉）相似，具有更高的活性及良好的内吸、触杀及胃毒作用，速效性好。持效期长达 2～5 周，对刺吸式口器害虫特效。

毒性：低毒，原药大鼠急性经口 LD_{50}＞1 563 mg/kg。

剂型：25％水分散粒剂。

防治对象和使用方法：可有效防治水稻、小麦、棉花、苹果、梨及多种蔬菜作物上的各种飞虱、蚜虫、粉虱等刺吸式口器害虫，防治稻飞虱，用 25％水分散粒剂 30～60 g/hm²，在若虫发生盛期进行喷雾。

注意事项：

（1）不能与碱性药剂混用。

（2）不要在低于 −10 ℃和高于 35 ℃ 的环境储存。

（3）对蜜蜂有毒，用药时要特别注意。

（4）噻虫嗪杀虫活性很高，用药时不要盲目加大用药量。

吡 蚜 酮

类别：吡啶杂环类。

性能和作用特点：是一种高效、低毒、高选择性、对环境生态安全的杀虫剂。具有较好的触杀和内吸活性。作用机制为害虫接触药剂即产生口针阻塞效应，停止取食，丧失对植物的危害能力，并最终饥饿至死。

毒性：低毒，大鼠急性经口 LD_{50} 为 5 820 mg/kg。

剂型：25％可湿性粉剂，50％水分散粒剂，25％悬浮剂。

防治对象和使用方法：可有效防治蔬菜、瓜果及多种大田作物上的大部分同翅目害虫，特别是蚜虫、白粉虱、黑尾叶蝉有独特的防治效果。防治果树桃蚜、苹果蚜，用50％水分散粒剂稀释 2 500～5 000 倍液喷雾，要在水稻破口前和齐穗后各打一次吡蚜酮防治褐飞虱的发生，每 667 m² 用50％水分散粒剂 16～20 g，兑水喷雾。

注意事项：

（1）喷雾时要均匀周到，尤其对目标害虫的危害部位。

（2）在水稻作物上使用的安全间隔期为 14 d，每季最多使用 2 次。

（3）施药后应及时清洗药械，不可将废液、清洗液倒入河塘等水源。

（4）建议与其他作用机制不同的杀虫剂轮换使用。

氟啶虫酰胺

类别：吡啶酰胺类。

性能和作用特点：具有触杀作用、胃毒作用、内吸作用和良好的渗透作用，具有高效、快速和持效期长的特性，该药剂通过阻碍害虫吮吸作用，使其最终因饥饿而死亡。生物活性极高，对刺吸式口器害虫尤其有效。

毒性：低毒。原药对大鼠（雄）急性经口 LD_{50} 为 884 mg/kg，急性经皮 LD_{50} ＞5 000 mg/kg。

剂型：10％水分散粒剂。

防治对象和使用方法：可用于果树、马铃薯、水稻、棉花、豆类、黄瓜、茄子、甜瓜、茶树和观赏植物等防治刺吸式口器害虫，如蚜虫、粉虱、褐飞虱和叶蝉等，其中对蚜虫具有优异防效。防治黄瓜等蔬菜蚜虫，每 667 m² 用10％水分散粒剂 30～50 g，兑水喷雾。防治苹果等果树蚜虫，用10％水分散粒剂稀释 2 500～5 000 倍喷雾。

注意事项：

（1）根据所需药量调制药液，调制后的药液要一次用完。

（2）黄瓜每季作物使用次数不超过 3 次，在苹果树上每季最多使用 2 次，马铃薯上每季最多使用 2 次。安全间隔期：黄瓜为 3 d，苹果为 21 d，马铃薯为 7 d。

（3）由于该药剂为昆虫拒食剂，因此施药后 2～3 d 肉眼才能看到蚜虫死亡。注意不要重复施药。

（4）施药时应避免药液污染河塘等水源地。

（5）建议与其他作用机制不同的杀虫剂轮换使用，以延缓抗性产生。

噻嗪酮

类别：昆虫生长调节剂。

性能和作用特点：具有强触杀作用，兼具有胃毒作用，无内吸作用。作用机制为抑制昆虫几丁质合成和干扰新陈代谢，使害虫不能正常蜕皮和变态而逐渐死亡。该药剂选择性强、对天敌安全，持效期长达 30 d 以上。

毒性：低毒，大鼠急性经口 $LD_{50} > 2\,198$ mg/kg

剂型：25％可湿性粉剂，25％悬浮剂。

防治对象和使用方法：对于粉虱、叶蝉及飞虱有特效。对介壳虫类害虫也有好的防治效果。主要用于防治水稻稻叶蝉和稻飞虱，蔬菜白粉虱，柑橘矢尖蚧等害虫。一般使用浓度为25％可湿性粉剂稀释 $1\,500 \sim 2\,000$ 倍液喷雾。

注意事项：

（1）在水稻作物上使用的安全间隔期为 14 d，每个作物周期最多使用次数为 2 次。

（2）兑水稀释后均匀喷雾，不可使用毒土法。

（3）药液不能直接与白菜、萝卜接触，否则将出现褐斑及绿叶白化等药害。

（4）对鱼类有毒，使用时远离水产养殖区，禁止在河塘等水体中清洗施药器具。

（5）不得与碱性农药等物质混用，建议与其他作用机制不同的杀虫剂轮换使用。

敌 敌 畏

类别：有机磷类。

性能和作用特点：是一种高效、速效、广谱的杀虫剂，具有熏蒸、胃毒和触杀作用，对害虫击倒力强且快，持效期短为 $2 \sim 3$ d。

毒性：对人畜中等毒性。

剂型：50％、80％乳油。

防治对象和使用方法：适用于防治蔬菜、果树、烟草及仓库、卫生害虫。如介壳虫若虫、粉虱、蚜虫、菜青虫、甘蓝夜蛾、棉铃虫、小菜蛾等。一般使用80％乳油稀释 $800 \sim 1\,500$ 倍液喷雾。

注意事项：

（1）对高粱、豆类、葡萄、月季花及樱花易发生药害，忌用。

（2）对瓜类幼苗、玉米、苹果早期及柳树易产生药害，使用浓度不能偏高。

（3）易被皮肤吸收而使人中毒；中午高温时不宜施药，以防中毒。

（4）蔬菜收获前 7 d 停止用药。

（5）不能与碱性农药混用。

（6）水溶液分解快，应随配随用。

四、以杀虫作用为主的种衣剂

福·克悬浮种衣剂

类别：氨基甲酸酯类。

性能和作用特点：玉米专用种衣剂，主要成分为 10％克百威、10％福美双。另含有多种微量元素。本品可以防治玉米地下害虫、苗期害虫及黑穗病等，也有助于玉米提前出苗，促根壮苗。

毒性：对人畜高毒。

剂型：20％悬浮种衣剂。

防治对象和使用方法：对玉米地下害虫、玉米蚜虫等害虫有特效。按药种比例

1：（60～80）对玉米进行包衣。

注意事项：

（1）高毒，使用时应严格遵守农药安全使用规定，包衣时戴好口罩、橡皮手套，不得抽烟、进食，包衣后用碱水洗手、脸和裸露皮肤。

（2）用于包衣的种子应为符合国家标准的良种，包衣后的种子不得食用或作饲料用，不得与粮食和饲料混放。

（3）注意勿受冻，受冻后易破坏种衣剂成膜性。

（4）包衣后的种子必须放在阴凉处晾干。

辛　硫　磷

类别： 有机磷类。

性能和作用特点： 是一种广谱、低毒、低残留的杀虫剂，具有强烈的触杀、胃毒作用，无内吸作用，击倒力较强，在田间因对光不稳定很快分解所以持效期较短，但该药施入土中持效期很长。

毒性： 对人畜低毒。

剂型： 3％、5％颗粒剂，25％微胶囊剂，50％、75％乳油。

防治对象和使用方法： 可有效防治地下害虫和茶叶、桑树上的害虫，特别是对各种鳞翅目幼虫有特效。防治地下害虫，用50％乳油750 mL，兑水45～75 kg，均匀拌小麦、玉米或高粱种子450～750 kg，闷种3～4 h后播种，或每667 m² 用5％颗粒剂2 kg。

注意事项：

（1）不能与碱性物质混合使用。

（2）黄瓜、豆类、高粱、甜菜、十字花科幼苗对辛硫磷敏感，不宜使用。

（3）辛硫磷见光易分解，所以田间使用最好在夜间或傍晚。

（4）玉米田只能用颗粒剂防治玉米螟，不要喷雾防治蚜虫、黏虫等。

噻虫嗪种衣剂

类别： 烟碱类。

性能和作用特点： 是一种广谱、高效、安全、对环境友善的种子处理杀虫剂，具独特的传导和作用机制。持效期长，促进作物生长，提高作物抗逆能力，适用各种土壤条件。对昆虫的作用位点完全不同于其他杀虫剂，因此不存在交互抗性。

毒性： 低毒，原药大鼠急性经口 LD_{50} 为1 563 mg/kg。

剂型： 30％、48％悬浮种衣剂，70％种子处理可分散粒剂。

防治对象和使用方法： 能够有效防治地下害虫和地上刺吸式和锉吸式口器害虫，如金针虫、蛴螬、蓟马、蚜虫、飞虱等害虫，且防效持久。防治地下害虫及苗期早期害虫，每100 kg种子用70％种子处理可分散粒剂300～600 g，均匀拌种。

注意事项：

（1）包衣后的种子必须放在阴凉处晾干。

（2）包衣时，要远离水源和居民，种衣剂要有专人看管，包衣后的种子不得食用和作饲料用，不得与食品和饲料混放。严防种衣剂、包衣种子被人畜误食。

（3）拌种和播种时应穿保护性作业服，戴口罩、手套等，严禁吸烟和饮食，使用后及时洗脸洗手。

（4）剩余药液及清洗容器的废水不能倒入鱼塘等水体；不能将药剂漏洒在包装外或流失在环境中。

（5）配制好的药液应在 24 h 内使用。

（6）在作物新品种上大面积应用时，建议先进行小范围安全性试验。

吡虫啉种衣剂

类别： 烟碱类。

性能和作用特点： 是一种内吸性较强、活性较高的杀虫剂，具胃毒和触杀作用，通过作物种子或根部吸收，能被迅速传到植物各个部位，从而彻底防治作物早期地下害虫和叶面害虫。持效期较长，适合多种作物。

毒性： 对人畜低毒。

剂型： 60％悬浮种衣剂。

防治对象和使用方法： 适用于小麦、玉米、花生、高粱、棉花、水稻、甜菜、马铃薯、油菜等作物的种子处理。可有效防治蝼蛄、蛴螬、金针虫、蚜虫、飞虱、蓟马等害虫。防治棉花蚜虫每 100 kg 种子用 60％悬浮种衣剂 600～800 mL，进行种子包衣。防治玉米蛴螬、小麦蚜虫每 100 kg 种子用 60％悬浮种衣剂 200～600 mL，进行种子包衣。

注意事项：

（1）拌种和播种时应穿保护性作业服，戴口罩、手套等，严禁吸烟和饮食，使用后及时洗脸洗手。

（2）用过的容器应妥善处理，不可作他用，也不可随意丢弃，禁止在河塘等水体中清洗施药器具。

（3）处理后的种子禁止供人畜食用，也不要与未处理种子混合或一起存放。

（4）选用拌种的种子要达到国家良种标准。

（5）按照指导用量拌种，勿多用或少用，否则影响效果或出芽率。

（6）种子处理后，一定要在阴凉处阴干后播种，不能暴晒，必须拌种均匀，禁止种子不干时播种。

丁硫克百威

类别： 氨基甲酸酯类。

性能和作用特点： 是一种广谱性杀虫剂。对害虫具有胃毒、触杀及内吸传导作用，渗透力强、作用较迅速、残留低、持效期长、使用安全，对成虫及幼虫均有效。

毒性： 中等毒性。

剂型： 35％种子处理干粉剂（红色粉末）。

防治对象和使用方法： 可有效防治地下害虫、蚜虫、蓟马等。防治玉米地金针虫、蝼蛄、蛴螬、地老虎，每 100 kg 种子用 35％种子处理剂 9～12 g，均匀拌种。

注意事项：

（1）在使用前必须阅读标签说明，严格按照标签上的方法和剂量施药。

（2）应密封存放于阴凉、干燥通风、远离火源处。

（3）自 2019 年 7 月 1 日起，禁止丁硫克百威在蔬菜、瓜果、茶叶、菌类和中草药材作物上使用。

第二节　杀螨剂的选择与使用

杀螨剂是指用于防治危害植物的螨类的化学药剂。在本节中主要介绍专门用于杀螨的化合物及具有杀螨活性的杀虫剂。

联苯肼酯（爱卡螨）

类别：氨基甲酸酯类。

性能和作用特点：是一种新型选择性叶面喷雾用杀螨剂。其作用机制为对螨类的中枢神经传导系统的一氨基丁酸（GABA）受体的独特作用。对叶螨各个生育期均有较好的防治效果。速效性好，且持效期长。持效期 14 d 左右，推荐使用剂量范围内对作物安全。

毒性：低毒。原药对大鼠急性经口、经皮 LD_{50} 均大于 5 000 mg/kg。

剂型：24％、43％、50％悬浮剂，2.5％水乳剂，

防治对象和使用方法：适用于苹果树、柑橘树、葡萄防治苹果红蜘蛛、二斑叶螨。防治苹果树红蜘蛛用 43％悬浮剂稀释 2 000～3 000 倍液喷雾。防治辣椒茶黄螨每 667 m² 用 43％悬浮剂 20～30 mL 兑水喷雾。防治观赏玫瑰茶黄螨每 667 m² 用 20～30 mL 兑水喷雾。

注意事项：

（1）对鱼类高毒，使用时避免污染水源。

（2）对锈壁虱防治效果不理想。

浏阳霉素

类别：抗生素类。

性能和作用特点：是一种低毒、广谱性杀螨剂，对成螨和幼螨高效，无杀卵作用，以触杀作用为主，无内吸作用，持效期 7～14 d。对环境影响小，对作物及天敌安全，对蜜蜂、家蚕低毒，对鱼类毒性高。因螨类对此药不易产生抗药性，可防治有抗药性的螨类。

毒性：对人畜低毒。

剂型：10％乳油。

防治对象和使用方法：可有效防治蔬菜、棉花、茶叶、果树等多种作物的叶螨，一般使用 10％乳油稀释 1 000～2 000 倍液喷雾。

注意事项：

（1）施药时叶的正反面应均匀喷洒。

（2）可与多种杀虫、杀菌剂混用，但与波尔多液等强碱性物质混用时，必须先做试验。

（3）对鱼类毒性高，使用时避免污染水源。

哒螨灵（扫螨净）

类别：杂环类。

性能和作用特点：是一种高效、广谱性杀螨剂，以触杀作用为主，无内吸、传导作用，具有速效和有效期长的特点，与目前常用杀螨剂无交互抗性。对叶螨各个生育期均有较好的防治效果，对锈螨的防治效果也较好。

毒性：低毒。

剂型：20％可湿性粉剂，15％乳油。

防治对象和使用方法：可有效防治蔬菜、花卉、果树、棉花、茶树等作物的植食性螨类。防治苹果叶螨、柑橘叶螨，用20％可湿性粉剂3 000～4 500倍喷雾。

注意事项：

（1）不宜与波尔多液等碱性农药混用。

（2）施药时叶的正反面应均匀喷洒。

（3）1年最好只用药1次，可延缓抗药性的产生。

（4）对鱼虾、家蚕及蜜蜂有毒，使用时要避免污染水源、蜜源作物、蚕桑。

炔螨特（克螨特）

类别：有机硫类。

性能和作用特点：是一种低毒、广谱性杀螨剂。有触杀和胃毒作用，无内吸传导作用，残效期可达15～25 d。对成螨、若螨有特效，杀卵效果差。防效与温度有关，20 ℃以上条件下使用效果好。对皮肤、眼睛有严重刺激性。对鱼高毒，对蜜蜂低毒。

毒性：低毒。

剂型：73％乳油。

防治对象和使用方法：可有效防治蔬菜、果树、棉花、麻类、茶树、花卉等作物螨类。防治柑橘叶螨，可用73％乳油2 000～3 000倍液喷雾。

注意事项：

（1）不宜与碱性物质混用，以免分解降低药效。

（2）在梨树、番木瓜、白茶上禁用。对25 cm以下的瓜苗、豆苗、棉苗稀释不低于3 000倍。高温期使用对柑橘春梢嫩叶及幼果期使用都易产生药害应慎用。

（3）对鱼类毒性大，使用时不要污染水源。

氟　虫　脲

类别：昆虫生长调节剂。

性能和作用特点：具有触杀和胃毒作用，无内吸传导作用。通过抑制螨类、害虫表皮几丁质合成而达到杀螨、杀虫作用，对未成熟阶段的螨类和害虫有较高的活性，不能杀成螨和成虫。持效期长，但杀螨、杀虫速度较慢。

毒性：对人畜低毒。

剂型：5％乳油，5％可分散液剂。

防治对象和使用方法：可有效防治柑橘、棉花、白菜、甘蓝、茶树、大豆、苹果等作物螨类和害虫。防治柑橘叶螨，用5％乳油1 000～2 000倍液喷雾。其他螨类，在幼螨发生高峰前期喷雾，用5％乳油1 500～2 000倍液喷雾。

注意事项：

（1）喷药要均匀周到。

（2）施药时间要较一般杀螨剂提前3 d左右。

（3）不宜与碱性农药混用。

（4）对家蚕及水生动物有害，使用时不要污染桑园、水源。

噻螨酮（尼索朗）

类别：噻唑烷酮类。

性能和作用特点：该药以触杀作用为主，对植物表皮有较好的穿透性，但无内吸传导作用。持效期长，药效长达50 d左右。药效不受温度变化的影响，有杀卵、幼螨、若螨特性，对成螨无效，对锈螨、瘿螨防效差。在常用剂量下对天敌、蜜蜂、鱼类影响很小。

毒性：对人畜毒性低。

剂型：5％、73％乳油，5％可湿性粉剂。

防治对象和使用方法：可有效防治蔬菜、花卉、果树等作物螨类。当田间零星发现叶螨为害时，可用5％乳油或5％可湿性粉剂1 500～2 000倍液喷雾。

注意事项：

（1）对成螨无效，使用时应掌握防治适期。

（2）可与波尔多液、石硫合剂等多种农药混用。

（3）应1年使用1次，以免产生抗药性，提倡与其他杀螨剂交替使用。

（4）无内吸传导作用，喷药时要均匀周到。

溴 螨 酯

类别：有机含卤类。

性能和作用特点：是一种低毒、广谱杀螨剂。触杀性较强，无内吸作用，对成螨、若螨和卵均有一定的杀伤作用。持效期长，药效不受温度变化的影响，对蜜蜂、鸟类、天敌、作物安全。

毒性：对人畜低毒。

剂型：40％、50％乳油。

防治对象和使用方法：可有效防治蔬菜、棉花、果树、茶等作物螨类，该药与三氯杀螨醇有交互抗性。一般使用浓度为50％乳油稀释1 000～2 000倍液喷雾。

注意事项：

（1）对三氯杀螨醇有抗性的害螨，对溴螨酯也有交互抗性。

（2）在蔬菜采摘期不可用药。

（3）应贮于通风阴凉干燥处，勿超过35 ℃。

（4）自2018年10月1日起，禁止三氯杀螨醇的销售和使用。

双甲脒（螨克）

类别：脒类。

性能和作用特点：是一种广谱性杀螨剂。除具有触杀、拒食、驱避作用以外，也有一定的胃毒、熏蒸和内吸作用，其主要作用机制是抑制单胺氧化酶的活性。对叶螨科各个虫态都有效，对越冬卵的防治效果较差。持效期长，对其他抗性螨类也有较好的防治效果。对鱼类有毒，对蜜蜂、鸟、天敌低毒。

毒性：对人畜中等毒性。

剂型：20%乳油。

防治对象和使用方法：可有效防治蔬菜、棉花、果树、茶树等作物螨类。一般使用20%乳油1 000～2 000倍液喷雾。

注意事项：

（1）双甲脒在低于25℃的气温下使用药效低，应选择在高温天气时使用。

（2）不要与碱性农药混用。

（3）透过皮肤吸收药剂易使人中毒，操作中做好各项安全防护工作。

四　螨　嗪

类别：有机氮杂环类。

性能和作用特点：是一种高效、低毒广谱杀螨剂，具有触杀作用，并有较强的渗透性。对卵、幼螨、若螨有较好的活性，对成螨效果差。持效期长，施药后2～3周可达到最高杀螨效果。对鸟类、鱼类、天敌昆虫安全。

毒性：对人畜低毒。

剂型：10%、20%可湿性粉剂，20%、50%悬浮剂。

防治对象和使用方法：可有效防治果树、蔬菜、观赏植物、棉花等作物螨类，一般使用20%悬浮剂稀释2 000～2 500倍液喷雾，10%可湿性粉剂稀释1 000～1 500倍液喷雾。

注意事项：

（1）不要与碱性农药混用。

（2）药效慢，使用时注意掌握用药适期。

（3）与噻螨酮有交互抗性，不能交替使用。

（4）防止冻结及强光直射。

苯　丁　锡

类别：有机锡类。

性能和作用特点：是一种触杀型、长效专性杀螨剂，以触杀作用为主，对幼螨、若螨、成螨杀伤力强。该药残效期长，可达2个月。温度低于22℃时药效较差，高温使用药效才能充分发挥。对天敌影响小。

毒性：对人畜低毒。

剂型：25%、50%可湿性粉剂，25%悬浮剂。

防治对象和使用方法：可有效和持续地防治棉花及柑橘等作物上发生的植食性螨类，

如：红蜘蛛、锈壁虱、二点叶螨、棉花叶螨等各类叶螨。一般使用 50％可湿性粉剂 1 500～2 000 倍液喷雾。

注意事项：

（1）属于有机锡类农药，不能用于绿色食品生产。安全间隔期柑橘为 21 d，番茄为 7 d。

（2）施药要均匀，喷雾要周到。

（3）开始时作用较慢，一般在施药后 2～3 d 才能较好发挥药效，故应在螨类盛发期前，虫口密度较低时施用。

（4）禁止与碱性农药等物质混用。

（5）对鱼类毒性大，使用时不要污染水源。

螺螨酯（螨危）

类别：季酮酸类。

性能和作用特点：是一种广谱、低毒杀螨剂。具有触杀作用，没有内吸作用。适应性强，持效期长，耐雨水冲刷，喷药 2 h 后遇中雨不影响药效的正常发挥。螨类的各个发育阶段都有效，包括卵。控制柑橘全爪螨危害达 40～50 d。在不同气温条件下对作物非常安全，对人畜及作物安全、低毒。适合用于无公害生产。

毒性：低毒。大鼠急性经口 $LD_{50}>2\,500$ mg/kg，急性经皮 $LD_{50}>4\,000$ mg/kg

剂型：24％悬浮剂。

防治对象和使用方法：可有效防治棉花及柑橘等作物上发生的植食性螨类，防治柑橘树红蜘蛛一般使用浓度为 24％悬浮剂 4 000～5 000 倍液喷雾。

注意事项：

（1）在柑橘上的安全间隔期为 20 d，每季最多使用 1 次。

（2）对鱼虾、家蚕、赤眼蜂及蜜蜂有毒，使用时要避免污染河流、水塘和鱼塘、蜜源作物、蚕桑等。

（3）交替使用，以延缓害虫抗药性产生。

（4）不可与呈碱性的农药等物质混合使用。

（5）无交互抗性，可与大部分农药（强碱性农药与铜制剂除外）现混现用。与现有杀螨剂混用，既可提高螺螨酯速效性，又有利于螨害的抗性治理。

（6）施药要均匀，喷雾要周到，特别是叶背面。

吡螨胺

类别：酰胺类。

性能和作用特点：是一种高效、快速杀螨剂，有独特的化学性质和作用方式，无交互抗性，对各种螨类和螨类各生长期均有速效、高效，持效期长，无内吸性（有渗透性）等特性，生长季节处理 1 次即可奏效。

毒性：对人畜低毒。

剂型：10％乳油，10％可湿性粉剂。

防治对象和使用方法：可有效防治棉花、果树、蔬菜、茶树等作物上的多种螨类以及蚜虫、粉虱等害虫。一般使用方法为 10％乳油稀释 1 000～2 000 倍液喷雾。

注意事项：

（1）操作中做好各项安全防护工作。

（2）对鱼类有毒，池塘附近禁用。

【常见技术问题处理及案例】

1. 黑龙江省友谊农场水稻潜叶蝇防治技术案例

2014年黑龙江省友谊农场某连队张生种植 10 hm² 水稻，返青后水稻潜叶蝇发生严重，连续用五遍杀虫剂也没控制住危害，给种植户造成很大损失。同一连队李亮种植的水稻，地里同样发生了水稻潜叶蝇，防治后效果理想。对水稻产量没有影响。

经过专家分析，张生和李亮在同一连队，种同一个品种，插秧时间一致。但他们选择的药剂和用药时间不同，所以，防治效果完全不一样。张生选用的是溴氰菊酯杀虫剂，用药时间是水稻潜叶蝇幼虫大部分已钻入叶片后，菊酯类杀虫剂是以触杀作用为主，这时不管用多少药，用几遍药，都接触不到害虫，因此，防治效果不好。另外菊酯类杀虫剂对水生生物毒性大，尽量不要使用。

李亮选用的是毒死蜱、吡虫啉和甲氨基阿维菌素苯甲酸盐杀虫剂，在水稻潜叶蝇幼虫钻进叶片前选用毒死蜱兑水均匀喷雾，幼虫钻进叶片之后选用吡虫啉、甲氨基阿维菌素苯甲酸盐杀虫剂分别兑水均匀喷雾，吡虫啉杀虫剂有良好的内吸作用，甲氨基阿维菌素苯甲酸盐具有良好的渗透性。所以防治钻进水稻叶片的潜叶蝇幼虫效果好。

通过这个案例我们可以看出，水稻潜叶蝇防治应以预防为主，在移栽前 1～2 d 喷施吡虫啉、噻虫嗪、啶虫脒等内吸性杀虫剂或高渗透性杀虫剂，插秧返青后卵孵化出幼虫到钻入叶片之前可选用触杀性为主的药剂防治，但对已经钻入叶片的幼虫，我们必须选择以内吸作用为主的杀虫剂或具有高渗透作用的杀虫剂，这样才能有理想的防治效果。

2. 黑龙江省友谊县玉米防虫造成严重损失案例

2014年黑龙江省友谊县某连，有一农户种植 13 hm² 玉米地，出苗后玉米 4 叶期用烟嘧磺隆·莠去津合剂进行除草，除草时发现地里有虫子，农资店主推荐用氧化乐果杀虫，结果玉米大面积出现烂心现象，损失惨重。

经过专家分析，使用含有烟嘧磺隆的除草剂前后 7 d 不能使用有机磷农药，使用有机磷农药进行种子处理的玉米田慎用，这样才安全。

通过这个案例我们可以看出，农户今后一定要严格按照说明书要求使用。农资店主一定要全面了解农户农药使用情况后再推荐药剂。

3. 山东省德州市夏津县克百威颗粒剂喷雾防治蚜虫中毒案例

2009年7月，山东省德州市夏津县一棉农将高毒农药 3％克百威颗粒剂（呋喃丹）用水浸泡，过滤去除滤渣后，在田间喷雾防治棉花蚜虫，喷药过程中出现恶心、呕吐中毒事故，幸运的是送医院抢救及时，未造成死亡。

克百威是一种高毒氨基甲酸酯类杀虫、杀螨、杀线虫剂，对蚜虫、线虫、地下害虫等多种害虫都有很好的防治效果，因其经口毒性高，经皮毒性低，为保障操作人员安全，我国只允许加工成 3％克百威颗粒剂或加工成 35％种衣剂等使用。但部分用户片面追求防治效果，把 3％克百威颗粒剂用水浸泡后喷雾使用。

通过这个案例我们可以看出克百威只能用作种子处理，千万不可兑水喷雾使用，农户应严格按照说明书要求使用。

4. 安徽省安庆市潜山县防治桑叶害虫造成严重损失案例

2009 年 6 月，安徽省安庆市潜山县植桑、养蚕农业村的 20 余户农户，购买 80％敌敌畏乳油防治桑叶害虫，结果发现用打过药的桑叶喂养的家蚕出现大面积的虫体蜷曲、摇头、吐黄水等异常现象，随后渐渐萎缩死亡。

经过当地农技部门抽样检测，发现该农药 80％敌敌畏乳油中混有 0.5％的氯氰菊酯，原来是厂家为了增加药效，在产品中又加入了其他成分。

通过这个案例我们可以看出，厂家为了片面追求防治效果，在 80％敌敌畏乳油中违规添加了氯氰菊酯，且没有在农药标签中说明，导致家蚕的死亡，最后赔偿蚕农的损失。

第六章 >>>

杀菌剂的选择与使用

第一节　杀菌剂基础

一、杀菌剂的基本含义及发展

用于防治植物病害的化学农药，统称为杀菌剂。从字义上看，"杀菌剂"都必须把病菌杀死，但实际上防治植物病害的杀菌剂有的并没有把病菌杀死，而是抑制其生长或使病菌孢子不能萌发，菌丝停止生长，有的却对病菌无毒性作用，而是改变病害的致病过程或通过调节植物代谢诱导（提高）植物抗病能力。所以把这些能达到防治植物病害的化学物质都包括在广义的"杀菌剂"一词中。有的杀菌剂只对真菌病害有效，有的只对细菌病害有效，还有的杀菌剂杀菌谱较广，除了能防治一些真菌病害外，还能防治细菌性病害及其他病害。根据所防治的病原物种类的不同，杀菌剂包括杀真菌剂、杀细菌剂、杀病毒剂、杀线虫剂、杀原生动物剂等。

杀菌剂的发展经历了从无机化合物到有机化合物，从多作用位点到少作用位点乃至单一作用位点，从非内吸到内吸输导，从保护剂到治疗剂等的发展过程。1878 年葡萄霜霉病在欧洲流行，不少果园颗粒无收。但是法国波尔多城一马路边的果园里，却是葡萄满架。这是什么原因呢？原来，由于怕过路人偷摘葡萄，工人就在葡萄上喷了石灰水和硫酸铜，喷后蓝白相间，似乎葡萄害了病，行人就不再偷吃了。波尔多大学教授米拉特根据这个情况，认为这个果园的葡萄幸免病害，可能与石灰水、硫酸铜有关，便进行研究，终于在 1885 年成功研制了具有强烈杀菌能力的杀菌剂——波尔多液，从此揭开了杀菌剂的发展历史。

从波尔多液的发现开始，杀菌剂的发展历史主要可以分为 3 个阶段。1940 年以前，主要是无机化合物应用时期。这个时期的代表性杀菌剂是含铜化合物（如波尔多液等）、汞制剂（2002 年起被禁用）和硫制剂（如硫黄粉、石硫合剂等），也称为第一代杀菌剂。这个时期杀菌剂都是多作用位点的杀真菌剂。人们为了寻求原料丰富，高效、便宜，对植物更安全的铜、汞代用品，于 1934 年发现了福美双，标志着有机合成杀菌剂使用时期的开始。因此，从 20 世纪 40—60 年代末是有机化合物（也称为第二代杀菌剂）大量使用阶段代表性品种是福美类和代森类等有机硫杀菌剂。与第一个阶段的杀菌剂相比，第二代杀菌剂具有相对较少的作用位点，但是仍然是多作用位点杀菌剂。由于多作用位点杀菌剂易导致植物药害，不论是无机化合物，还是有机杀菌剂，只能对植物起保护作用，这些杀菌剂又称为传统保护剂。传统保护剂必须在病原菌侵入前使用才有效，而且使用后仅仅沉积在喷施的植物表面，喷施不到的植物表面和新生长的植物表面就得不到保护，并且这类杀菌剂沉积在植物表面易受外界环境，如风雨的影响，要达到较好的保护作用杀菌剂必须有较长的残留持效期。然而实际病原物微小，重要的是病害常常在出现症状后才能被诊断，因此人们渴望一种农药——能够作用于已侵染的病害，抑制植物体内的病原菌丝的生长、蔓延，甚至可以直接杀死病原菌的内吸性杀菌剂。1966 年出现了第一个内吸性杀菌剂萎锈灵，1967 年又出现了苯菌灵、甲基硫菌灵，70 年代初又出现了苯菌灵和多菌灵等苯并咪唑类的内吸剂。这标志着第三代杀菌剂——内吸性杀菌剂广泛使用的时期的到来。这类药剂施用后可被植物内吸，并可在植物体内运转，具有再分布的能力，因而不但对已侵入植物体内的病菌有作用，而且对施药后新长出的植物组织同样也有保护作用。有的内吸剂可以进入种子内部，治疗种子内部的感染，具有较强内吸作用的治疗剂甚至可以通过种子处理和土壤处理等方式来防治作物地上部的气传病害。与传统保护剂相比，内吸剂作用位点单一，选择性高，也称现代选择性杀菌剂。未来杀菌剂创制的研究方向以可持续发展、保护环境和生态平衡为目标，确保研究开发的化合物不仅具有高活性，而且对环境安全。通过尽可能多的途径寻找作用机制独特或具有多重作用机制的新型化合物（解决抗性）包括对已知结构的化合物的进一步优化；从天然产物如信息素中获得的免疫或抵御外来害物的化合物，如植物活化剂等或结合生物技术将某种基因引入到植物中使其可将合成的小分子化合物转化为天然产物，从而起到免疫或抵御外来害物的作用（增强植物免疫能力）；对已有活性优异、环境友好的杀菌剂进行广泛的应用研究包括混剂的研究，减缓抗性发生的同时扩大其应用范围。这些已逐渐成为当今世界杀菌剂开发中追求应用的方式和方法，是植物病害化学防治研究发展的重要方向。

至 2013 年全球销售的主要杀菌剂品种有 160 多个，超过 15 种化学结构类型，明确的作用机制近 40 种，销售额达到 157 亿美元。与除草剂、杀虫剂有所不同的是，谷物、水果和蔬菜、非农用药、大豆是杀菌剂的最大市场。应用的杀菌剂品种中，销售额超过 1 亿美元的品种有 35 个。嘧菌酯、唑菌胺酯、代森锰锌、肟菌酯、丙硫菌酯、铜类杀菌剂、氟环唑、戊唑醇、甲霜灵、环唑醇等成为排在杀菌剂销售额前 10 位的品种，其销售额均超过了 3.5 亿美元。在十大杀菌剂品种中，甲氧丙烯酸酯类和三唑类是最重要的菌剂品种，嘧菌酯、唑菌胺酯、丙硫菌唑是近年来杀菌剂市场增长最快的品种。

二、植物病害化学防治策略

20 世纪 60 年代后，由于环境污染问题、世界范围的能源不足和病原菌抗药性问题的出现，使人们对植物病害防治的概念产生了变化。植物病害的防治不再是过去传统的单纯用药把病害消灭，而是提倡综合治理：搞好田间卫生，如铲除越冬（越夏）的病菌，减少初侵染源；科学合理的栽培管理，如轮作、调节播期和收获期，使寄主感病期避开病原物活动期；采取生物防治措施等。总之应采取农业防治、物理防治、生物防治和化学防治等方面结合的综合防治措施，把病害控制在经济、生态和社会"可忍受"的程度，最大限度地减少农药的应用。预防性措施常被淡忘，使用者普遍认为只见投入，未见直接效益。实际上所采取的各种预防措施已达到了目的，使用者一般未作比较分析故未见直接效益。例如清洁田园、适时播种、合理施肥等一系列耕作、栽培技术的运用，则可充分满足作物品种丰产的需要，并能减少病源，即使发病也能减少药剂的施用。

使用化学药剂防治植物病害时，还必须考虑到具体的病害种类、作物、杀菌剂、环境等情况，正确选用杀菌剂品种、剂型和使用的方法、剂量、时间、频率，如消灭最初出现的病害时，要选用杀伤力特别强的杀菌剂；对付气流传播的病害则要着眼于压低病菌发展速率，这就要选用持效性好的药剂，保证杀菌剂的高效、安全使用。

三、植物病害化学防治原理

植物病害化学防治的含义：使用化学药剂处理植物及其生长环境，以减少或消灭病原生物或改变植物代谢过程提高植物抗病能力而达到预防或阻止病害的发生和发展的目的。植物病害的化学防治原理是化学保护、化学治疗和化学免疫3个方面。

（一）化学保护

化学保护是指在病菌侵入寄主之前用药将其杀死或抑制其活动、阻止侵入，使植物避免受害而得到保护。具有保护作用的杀菌剂称为保护剂。保护性杀菌剂主要有硫及无机硫化合物（如硫黄悬浮剂、固体石硫合剂）、铜制剂（如波尔多液、铜氨合剂）、有机硫化合物（如福美双、代森锌、代森锰锌）、酞酰亚胺类（如克菌丹、敌菌丹）、抗生素类（如井冈霉素、多氧霉素），还有叶枯灵、百菌清等杀菌剂。保护剂不能通过植物根、茎、叶进入植物体内，只能在植物体外或体表对病原物发挥毒力作用，只能保护施药部位不受病菌侵染，或只具有局部的治疗作用，因此施药要求均匀周到；对于防治多循环病害，需要多次施药，防止药剂被雨水冲刷、氧化、光解失效，保护植物新生组织不被病原物侵染。

保护剂防治植物病害主要有两种策略：一是消灭侵染来源。植物病害的侵染来源包括病菌越冬和越夏场所、中间寄主、带菌土壤及带菌种子等繁殖材料和田间发病中心。在病原物侵染来源上施药，消灭或减少病原菌的侵染来源数量是保护植物免遭危害的重要策略。可是这种策略防治植物病害的效果与侵染来源存在场所、数量和传播途径有关。只通过种苗等繁殖材料传播的病害和通过发病中心扩散的病害，利用种苗药剂处理或在发病中心使用具有铲除作用的杀菌剂，就可以经济有效地防止病害的流行危害。但是，通过土壤、水、病残体、气流或多种途径传播的病害，会因为病原菌侵染来源的场所复杂和数量巨大而难以完全消灭，药剂处理侵染来源后所残存的病菌足以再次引起流行危害，很难达到理想效果。目前大多数重要土传和气传病害都无法通过消灭侵染来源的策略进行有效化学防治。二是药剂处理可能被侵染的植物表面或农产品表面。在寄主植物被病原菌侵染之前施药，杀死病原物，阻止真菌的孢子萌发，或干扰病菌与寄主互作，阻止病菌的侵染，使植物得到化学保护。这是一种防治大多数气流传播的植物茎、叶和果实储藏期病害最有效的策略。一般通过喷施、浸蘸等方法将药剂均匀地施用于寄主植物或器官上，使植物表面形成一层均匀的药膜，病菌孢子不能萌发侵入。如用内吸杀菌剂三唑醇等种子处理，抑制孢子萌发后的附着胞形成，阻止侵入，防治作物苗期土传立枯病和气传白粉病、锈病等。

（二）化学治疗

化学治疗是指在病原物侵入以后至寄主植物发病之前使用杀菌剂，抑制或杀死植物体内外的病原物，终止或解除病原物与寄主的寄生关系，阻止发病。具有内吸治疗作用的杀菌剂称为治疗剂。内吸性杀菌剂有两种传导方式：一种是向顶性传导，即药剂被吸收到植物体内后随蒸腾作用流向植物顶部，传导至顶叶、顶芽及叶尖、叶缘，目前的内吸性杀菌剂多属此类；另一种是向基性传导，即药剂被植物体吸收后于韧皮部沿光合作用产物的运输向下传导。还有的杀菌剂如三乙膦酸铝可上下两个方向传导。

用于治疗的杀菌剂必须具备两种重要的生物学特性。一是必须具备能够被植物吸收和输导的内吸性。杀菌剂的内吸性是指药剂能够被植物的根、叶、嫩茎及其他组织器官吸收，并通过质外体或共质体输导，在植物体内再分配的性质。这种内吸性杀菌剂不仅能够治疗已经被病菌侵染的组织，还能保护植物新生组织免遭病菌侵害。二是必须具备高度的选择性，以免对植物产生药害。药剂进入植物体内，既要对病菌有毒杀和抑制作用，又不能伤害植物，这就要求药剂在植物和病菌间有明显的选择作用。如苯并咪唑类、有机磷类、嘧啶类、苯酰胺类、羧酰替苯胺类等。多数内吸杀菌剂作用位点单一，但选择性强，残效期长，既可在病原物侵入前使用，起化学保护作用，也可在病原物侵入后甚至发病后使用，起化学治疗作用。

使用杀菌剂进行化学治疗有 3 种类型。一是局部（外部）化学治疗。防治果树及其他树木时常常采用的"外科疗法"就是外部化学治疗，即把树干或枝条外部被病菌侵染发病后的病斑刮去，伤口用杀菌剂消毒，再涂保护剂或防水剂，防止病菌侵染的进一步扩大。二是表面化学治疗。少数病菌主要附着在植物表面如白粉病菌，或在植物角质层与表皮之间活动如苹果黑星病菌，前者使用石硫合剂或喷撒硫黄粉把表面病菌杀死，后者使用渗透性较强的杀菌剂（如多果定），都可起到杀菌治疗作用。三是内部化学治疗。就是把杀菌剂引入到作物体内治疗已经侵入到植物体内部的病菌。只有内吸性杀菌剂，如多菌灵、甲基硫菌灵等才有内部化学治疗作用。内部治疗的内吸性杀菌剂的作用有两个方面：一是对病菌直接产生毒杀作用、抑制作用或影响病菌的致病过程；二是药剂影响植物代谢，改变植物对病菌的反应而减轻或阻止病害的发生，亦即提高植物对病菌的抵抗力。但多数杀菌剂只具有其中一种作用，有些杀菌剂则兼有两种作用。

表 6-1　保护剂与内吸剂作用方式比较

	作用方式	
	保护剂	内吸剂
杀菌作用机制	非选择性	选择性
植物能否内吸	不能	能
有无治疗作用	没有	大多数有
杀菌谱	广	窄
施用药剂量	大	小
病菌对药剂的抗性	很小	可能性大

（三）化学免疫

免疫的完整定义是，一种生物固有的周体抗病能力，这种抗病性是可以遗传的。化学免疫是利用化学物质使植物产生这种抗病性。有人把高水平的抗病性称为免疫性，而新的观点认为：植物抗病性的出现，是由于植物细胞内潜在的抗性基因表达的结果，这种基因的表达可以通过生物的或非生物的诱导作用来达到。非生物的诱导剂则可看作一种新型的杀菌剂。近来人们把用化学方法诱导获得的抗病性称为诱导的系统抗病性（SAR）。化学诱导剂作为新型杀菌剂的研究，已受到极大的关注。如三乙膦酸铝、噻瘟唑等杀菌剂。其中噻瘟唑是最典型的化学免疫剂，用它处理水稻植株可诱导产生几种抗菌物质使水稻获得抗稻瘟病的能力。

不同的杀菌剂具有不同的防病作用方式。大多数传统多作用位点杀菌剂只具有保护作用或局部和表面化学治疗作用；现代选择性杀菌剂往往具备多种防治作用，如三唑类杀菌剂三唑酮、丙环唑等除了有极好的化学治疗作用以外，还有较好的保护作用。

四、杀菌剂的作用机制

由于杀菌剂化合物及品种较多，并且杀菌剂作用机制研究需要多学科知识和技术，人们对其认识存在着极大的难度和复杂性，目前只有部分杀菌剂的作用机制得到证实。杀菌剂作用机制可以归纳为抑制或干扰病菌能量的生成、抑制或干扰病菌的生物合成和诱导寄主植物产生抗病性 3 种类型。

（一）抑制或干扰病菌能量的生成

在生物细胞中储存生物能量的是一种被称为 ATP（三磷酸腺苷）的小分子化合物的化合键。微生物细胞中的 ATP 主要形成于呼吸作用过程中的物质降解和氧化磷酸化偶联反应。维持生命所需的能量则是通过 ATP 的降解来提供。一些抑制呼吸作用的杀菌剂通过抑制生物能量的形成，从而导致病原微生物停止生命活动以致其死亡，如表现为孢子不能萌发、菌体生长发育减慢甚至停止等。

生物的呼吸作用包括糖酵解、三羧酸循环、呼吸链电子传递、末端氧化、氧化磷酸化等生物化学反应过程。这一复杂的化学反应过程是在酶的作用下进行的。已知某些无机杀菌剂（如含铜、含硫杀菌剂）、有机硫类（如福美双）、有机胂类（如田安）、有机锡类（如醋酸苯锡）、取代苯类（如百菌清）、酚类（二硝基酚）等传统的保护性杀菌剂，通过钝化或干扰在呼吸作用过程中起催化作用的多种酶的活性，抑制呼吸作用，这些杀菌剂也称为多位点杀菌剂。传统多作用位点杀菌剂的作用靶标多为催化物质氧化降解的非特异性酶，菌体在物质降解过程中释放的能量较少，所以这些杀菌剂不仅表现活性低，而且缺乏选择性。电子传递链中的一些酶的复合物抑制剂及氧化磷酸化抑制剂往往表现很高的杀菌活性和选择性。

病原菌的不同生长发育期对能量的需要量不同，真菌孢子萌发要比维持菌丝生长所需要的能量多得多，因而能量供应受阻时，孢子就不能萌发，呼吸抑制剂对孢子萌发的毒力也往往显著高于对菌丝生长的毒力。由于有氧呼吸是在线粒体内进行的，所以对线粒体结构有破坏作用的杀菌剂，都会干扰有氧呼吸而破坏能量生成。例如福美双、克菌丹、硫黄等能够使乙酰辅酶 A 失活，并可以抑制柠檬酸合成酶、乌头酸酶的活性；硫黄和萎锈灵可抑制琥珀酸脱氢酶和苹果酸脱氢酶的活性；含铜杀菌剂能够抑制延胡索酸酶的活性。

（二）抑制或干扰病菌的生物合成

生物需要自身不断合成新的物质，才能满足细胞结构和生命代谢活动的需要，保持正常的生长、发育、繁殖和侵染等生命活动。在病原体生物合成中，分子小的氨基酸、嘌呤、嘧啶碱及维生素等在细胞质内进行，蛋白质在核糖体进行，DNA、RNA 在细胞核中进行。一些杀菌剂可以通过干扰这些生命物质的生物合成，抑制菌体的生长发育，如表现为孢子芽管粗糙、末端膨大、扭曲畸形、菌丝生长缓慢或停止、过度分枝，细胞不能分裂、细胞壁加厚或沉积不均匀，细胞膜损伤，细胞器变形或消失，细菌原生质裸露等中毒症状，继而细胞死亡。

1. 抑制细胞壁组分的生物合成　不同类型的病原菌细胞壁的主要组分和功能有很大的差异，以致抑制细胞壁组分生物合成的杀菌剂具有选择性或不同的抗菌谱。

（1）对肽多糖生物合成的影响。细菌的细胞壁主要成分是多肽和多糖形成的肽多糖。已知青霉素的抗菌机制是药剂与转肽酶结合，抑制肽多糖合成，阻止细胞壁形成。

（2）对几丁质生物合成的影响。几丁质是真菌中的子囊菌、担子菌、半知菌细胞壁的主要组成成分。几丁质受损是药剂对细胞壁功能最严重的破坏。如多抗霉素类抗生素的作用机制是竞争性抑制真菌几丁质合成酶，干扰几丁质合成，使真菌缺乏组装细胞壁的物质，生长受到抑制。卵菌的细胞壁主要成分是纤维素，不含几丁质，因此几丁质生物合成抑制剂对卵菌没有活性。

（3）对黑色素生物合成的影响。黑色素是许多植物病原真菌的细胞壁的重要组分之一，利于抵御不良物理化学环境和有助于侵入寄主。黑色素化的细胞最大的秘密就是黑色素的分布与附着孢功能间的关系。黑色素沉积于附着孢壁的最内层，与质膜临近。附着孢壁的黑色素层对保证侵入时维持强大的渗透压必不可少。真菌黑色素大多属于二羟基萘酚黑色素。三环唑、灭瘟唑、稻瘟醇、咯喹酮等对真菌的作用机制是抑制 1，3，6，8 - 四羟基萘酚还原酶和 1，3，8 - 三羟基萘酚还原酶的活性。环丙酰菌胺和氰菌胺等则是抑制小柱孢酮脱水酶的活性，使真菌附着胞黑色素的生物合成受阻，失去侵入寄主植物的能力。

2. 抑制氨基酸和蛋白质的生物合成　氨基酸是蛋白质的基本结构单元。蛋白质则是生物细胞重要的结构物质和生物化学反应的催化剂。药剂抑制蛋白质合成或使蛋白质变性，其中毒的显著表现：菌体细胞内的蛋白质合成减少，含量降低，菌体生长明显受到抑制，体内游离氨基酸增多，细胞分裂不正常等。蛋白质合成从第一步氨基酸活化接到 tRNA 上形成起始物到肽链伸长的终止，及其从 mRNA 上脱出与核糖体分离的过程中，几乎每一步都可以被药剂干扰。已知嘧霉胺、甲基嘧啶胺、环丙嘧啶胺等现代选择性杀菌剂的作用机制是抑制真菌蛋氨酸生物合成，从而阻止蛋白质合成，破坏细胞结构；硫酸链霉素、放线菌酮、稻瘟散等通过错码、干扰肽键的形成、肽链的移位等抑制核糖体上肽链的伸长。

3. 抑制细胞膜组分的生物合成　菌体细胞膜是由许多含有脂质、蛋白质、甾醇、盐类的亚单位组成，亚单位之间通过金属桥和疏水键连接。杀菌剂抑制细胞膜特异性组分的生物合成或药剂分子与细胞膜亚单位结合，都会干扰和破坏细胞膜的生物学功能，甚至导致细胞死亡。

（1）对麦角甾醇生物合成的影响。麦角甾醇是真菌生物膜的特异性组分，对保持细胞膜的完整性、流动性和细胞的抗逆性等具有重要的作用。目前已知抑制麦角甾醇生物合成的杀菌剂包括多种化学结构类型，其中吡啶类、嘧啶类、哌嗪类、咪唑类、三唑类杀菌剂的作用靶标是 14α-脱甲基酶，又被称为脱甲基抑制剂。药剂的 N 原子与酶铁硫蛋白中心的铁原子配位键结合，阻止 24（28）甲撑二氢羊毛甾醇第 14 碳位 α 面的甲基氧化脱除，中断麦角甾醇生物合成途径。麦角甾醇不仅参与细胞膜的结构，其代谢产物还是有关遗传表达的信息素，因此，麦角甾醇的生物合成抑制剂可以引起真菌多种中毒症状。

（2）对卵磷脂生物合成的影响。磷脂和脂肪酸是细胞膜双分子层结构的重要组分。硫代磷酸酯类的异稻瘟净、敌瘟磷等的作用机制是抑制细胞膜的卵磷脂生物合成。通过抑制 S - 腺苷高半光氨酸甲基转移酶的活性，阻止磷脂酰乙醇胺的甲基化，使磷脂酰胆碱（卵磷脂）的生物合成受阻，改变细胞膜的透性。

（3）对脂肪酸生物合成的影响。脂肪酸是细胞膜的重要组成成分。已知稻瘟灵杀菌剂的作用靶标是脂肪酸生物合成的关键酶——乙酰辅酶 A 羧化酶，其作用是干扰脂肪酸生物合成，改变细胞膜透性，进一步影响几丁质的生物合成。

（4）对细胞膜的直接作用。有机硫杀菌剂与膜上亚单位连接的疏水键或金属桥结合，使生物膜结构受破坏，出现裂缝、孔隙从而使生物膜失去正常的生理功能。含重金属元素的杀菌剂可直接作用于细胞膜上的 ATP 水解酶，改变膜的透性。

4. 抑制核酸生物合成和细胞分裂

（1）抑制核酸生物合成。核酸是生物重要的遗传物质，细胞分裂分化则是病菌生长和繁殖的前提。因此，抑制和干扰核酸的生物合成和细胞分裂，会使病菌的遗传信息不能正确表达，生长和繁殖停止。苯菌灵、多菌灵等苯并咪唑类杀菌剂与菌体内核酸碱基的化学结构相似，而代替了核苷酸的碱基，造成所谓的"掺假的核酸"，而使正常的核酸合成和功能受影响。苯酰胺类中的甲霜灵杀菌剂干扰 RNA 聚合酶 I 的活性，从而抑制 rRNA 的生物合成。氨基嘧啶类的甲菌定、乙菌定杀菌剂干扰嘌呤代谢的毒理是抑制催化腺苷水解脱氨形成次黄苷的腺苷脱氨酶的活性。

（2）干扰细胞分裂。细胞分裂是菌体生长的基础。苯并咪唑类（如多菌灵）杀菌剂通过与构成纺锤丝的微管的亚单位（β-微管蛋白）结合而阻碍其与另一组分 α-微管蛋白装配成微管，或使已经形成的微管解装配，从而破坏纺锤体的功能，使细胞有丝分裂停止，表现为染色体加倍，细胞肿胀。有研究表明，多菌灵与引起小麦赤霉病的禾谷镰孢菌的微管蛋白的 β 亚单位结合，阻止了微管的组装，从而破坏纺锤丝的形成，影响了细胞分裂。芳烃类和二甲酰亚胺类杀菌剂的确切作用机制还不清楚，但药剂处理后除了发现引起脂质过氧化反应外，还引起菌体细胞有丝分裂不稳定，增加二倍体有丝分裂重组次数。

（三）对病菌的间接作用

一些杀菌剂在离体下对病菌的孢子萌发和菌丝生长没有抑制作用或作用很小，但施用到植物上以后能够表现很好的防病活性。很多研究表明，这些杀菌剂的作用机制很可能是通过干扰寄主与病菌的互作而达到或提高防治病害效果。如三环唑除了抑制附着胞黑色素生物合成，阻止稻瘟病菌对水稻的穿透侵染以外，还能够在稻瘟病菌侵染的情况下诱导水稻体内超氧化物阴离子自由基产生及抗病性相关酶的活性和抑制稻瘟病菌的抗氧化能力等。三乙膦酸铝在离体下对病菌生长发育几乎没有抑制作用，施用于番茄上可以防治致病疫霉引起的晚疫病，但在马铃薯上不能防治同种病菌引起的晚疫病。这是因为三乙膦酸铝在番茄体内可以降解为亚磷酸发挥抗菌作用，而在马铃薯体内则不能降解成亚磷酸。

随着分子生物学研究的发展，近年来在有机酸、核苷酸、小分子蛋白质等诱导寄主植物抗病性研究方面取得许多新成果，尤其是水杨酸诱导抗性得到生产应用的证实。活化酯是第一个商品化的植物防卫激活剂，诱导激活植物的系统性获得抗病性。事实上很多对病菌具有直接作用的杀菌剂也会通过影响病菌和寄主的互作，改善或提高防治病害的效果。例如麦角甾醇生物合成抑制剂等可以清除寄主植物细胞的活性氧，干扰细胞凋亡程序，延缓衰老，提高寄主的抗病性。抑制细胞色素介导的电子传递链的甲氧基丙烯酸酯类杀菌剂，可以与寄主体内抑制旁路呼吸的（类）黄酮类物质协同作用，提高对病菌的毒力。

生物体内的各种生理生化代谢是相互联系的，因此，杀菌剂作用机制绝不是孤立的作用。例如能量生成受阻，许多需要能量的生物合成就会受到干扰，菌体细胞内的生物合成受到抑制，菌体的细胞器就会受到破坏，又必然会导致菌体细胞代谢的深刻变化。麦角甾醇生物合成中的脱甲基作用受到抑制以后，不仅含有甲基的甾醇组入细胞膜，影响了细胞膜的正常功能，改变了膜的透性，引起一系列生理变化，而且有些甲基甾醇本身很可能也是有毒的。

五、杀菌剂的使用方法

杀菌剂的使用必须遵循的原则：在把植物病害控制在经济阈值以下的同时，最大限度地降低农药在自然界的释放量。因此，首先应该考虑需要防治的病害循环特征，然后确定策略，以达到有效、经济、安全的目的。用药的原则：一是根据对象病原菌种类，选用最安全、最经济、最有效的药剂；二是采用较低的使用量；三是最少的施药次数；四是使用最简便的施药方法。

常见的使用方法主要有喷雾和喷粉、种子处理、土壤消毒等。

（一）喷雾和喷粉

叶面喷雾和喷粉是防治作物生长期气传病害最主要的和最有效的施药方法。喷雾比喷粉在植物的表面更容易形成一层有效的保护性残留药层，因此，防病的效果更好。在下雨时喷雾和喷粉都不能得到良好的黏着。在喷雾中加入降低表面张力的表面活性剂能够得到较好的展着，加入有较好黏着能力的化合物则能够提高杀菌剂在植物表面的黏着。

影响杀菌剂田间防治效果的因素不外乎药剂、环境、作物 3 个方面。针对田间农作物喷药要注意两点。一是药剂的种类和浓度。药剂种类的选择取决于病害类型，所以要做出正确的病害类型诊断，然后才能"对症下药"，如稻瘟病可选稻瘟净、稻瘟灵、三环唑等，小麦白粉病、锈病要选三唑酮、三唑醇等，苹果炭疽病可选波尔多液、代森锌、百菌清等。但还应注意的是同样的病若发生在不同的作物上，有时也不能用同一种药剂，如波尔多液可防治霜霉病，但易对白菜产生药害，故不宜防治白菜霜霉病。药剂的种类选定后，还要根据作物种类及生长期、杀菌剂的种类和剂型、环境条件等选择合适的施用浓度。一般农药使用说明书都有推荐的使用浓度，可按说明书使用，但最好还是根据当地植保技术部门在药效试验的基础上提出的使用浓度进行施用。干旱或炎热的夏天应适当降低使用浓度，避免产生药害。二是使用时期和使用次数。掌握好喷药时期的关键是掌握病害发生和发展规律，做好病害发生的预测预报工作，或根据当地植保部门对作物病害的预测预报做好喷药准备。喷药时期除取决于病害发生规律外，还要考虑到作物的生育期，很多病害的发生都与作物的某一生育阶段相联系。另外还要注意作物各生育期对杀菌剂的耐受力，防止药害产生。植物病害的发生和发展往往需要一段时间，喷洒杀菌剂也很难一次解决问题，往往需要喷洒多次。喷洒次数主要取决于病菌再侵染情况、杀菌剂的残效期以及天气条件等。

（二）种子处理

许多植物病害是由种子（包括苗木、块根、鳞茎、插条及其他繁殖材料）携带传播。种子处理旨在用化学药剂杀死种子传播的病原物，保护或治疗带病种子，使其能正常萌芽，也可用来防止土传性病原物的侵染。采用保护性杀菌剂处理种子，可以消灭种子表面黏附的病菌或保护种子的正常萌发，也可以使幼苗免受土传病菌的侵染；采用内吸性杀菌剂处理种子，除上述作用外，还可以消灭潜伏在种子内部的病菌，治疗带病种子。持效期长的内吸性杀菌剂还可以通过种子吸收，进入幼芽并随着植株生长转移到植株的地上部位，保护枝叶免受气流传播的病菌侵染。

以种子带菌为唯一侵染来源的系统性病害，如禾谷类作物黑穗病、条纹病、水稻恶苗病、干尖线虫病等只有种子处理才是最有效的方法，一旦田间发病则无法再用药防治。一些以种子和其他途径同时传播的植物病害，如水稻稻瘟病、白叶枯病、细菌性条斑病、大麦网纹病等进行种子处理可以有效减少初侵染来源,推迟发病,降低病害流行程度。

1. 浸种 种子浸泡在杀菌剂药液中一定时间,捞出种子晾干即可播种。安全性低的药剂浸种后还要求清洗,防止药害。浸种使用的药液必须是真溶液或乳浊液,一般以浸过种子5～10 cm 为宜。浸种的关键是药液的浓度和浸种时间,操作不当会造成杀菌效果差或发生药害,其他因素如温度、种子类别、病菌所在部位等也影响浸种效果。一般规律是,药剂浓度高可适当缩短浸种时间,反之可适当延长浸种时间;病菌所在部位较深或种皮坚硬可适当延长浸种时间;气温高时可适当缩短浸种时间。为了增强药剂的渗透力,提高药效,可把药液加热到一定温度后浸种,这是热力和化学处理的结合,此法可减少药剂的消耗量和缩短浸种时间,所用浓度可比普通浸种用的低几倍。

2. 拌种 分为干拌和湿拌。干拌用的药剂必须是粉状的,所用的种子和杀菌剂必须是很干的,才有利于表面均匀黏附上药粉,一般用量是种子量的 0.2%～0.5%,活性高的杀菌剂要降低用量。湿拌用的杀菌剂制剂一般是胶悬剂,也可以是乳油和可湿性粉剂。根据种子量先用少量的水将药剂稀释,再用喷雾器械将药剂均匀喷施在种子表面,并同时搅拌。湿拌的种子不像浸泡处理的种子需要立即播种,可以晾干或干燥后储藏。

拌种法可提早在播种前数个月或 1 年进行以延长药剂的作用时间,因此可以用较低浓度或剂量。拌过药的种子要加鲜艳的着色剂起警戒作用,以免在贮放时与粮食、饲料混淆,造成事故。

3. 种衣法 是用种衣剂对种子包衣处理的方法。经过处理的种子在其表面包上一层药膜,由于种衣剂中含有黏着剂而使药剂不易从种子表面脱落。播种后药剂慢慢溶解,可连续不断地进入植物体内,使其能维持较长时间的防病作用,甚至运转到地上部防治气流传播的病害。这些药剂的作用方式不同,有的起保护作用,有的进入植物体内而起治疗作用。

(三)土壤处理

土壤是许多病原菌(包括线虫)栖居的场所,是许多病害初次侵染的来源。例如,蔬菜、果树幼苗猝倒病,棉花苗期病害(立枯病、黄萎病、枯萎病),麦类作物立枯病等重要作物病害都是由土壤带菌传染的。土壤处理显然是防治这些病害的重要方法。

用化学药剂消毒土壤防病时,除根据病害种类选择适宜的药剂外,还要考虑到药剂在土壤中浸透和扩散的问题。黏土中含水量多,可直接影响气体药剂的扩散;有机质过多的土壤,由于吸附性太强而使药剂分布不均匀。在土壤中施药后,药剂的气体向各个方向扩散,一般向上扩散比向下快,因此有时仅存在于通气性强的表层土壤,永远达不到足以杀菌的浓度。为了避免这种现象,可以于施药后在土面上加覆盖物或灌入高出土面约3 cm的水层。

土壤消毒有候种期问题的存在,所谓候种期是土壤用药与栽种作物之间的间隔期。没有超过候种期,种下的种子或作物很容易受药害。间隔期长短是根据不同药剂、土壤种类、土壤湿度、种苗对药剂的敏感性和气候条件而定,一般应有 2～4 周。

1. 浇灌法 用水稀释杀菌剂,使用浓度与叶丛喷雾浓度相仿,单位面积所需药量以能渗透到土壤 10～15 cm 深处为准。此法用于防治苗期猝倒病、根腐病或土表感染的病害,宜采用较少量的高限浓度的药液,以便于施药后继续浇水的栽培管理。

2. 沟施法 杀菌剂施于作物播种沟中,或施于犁沟中,一般将药剂施于第一犁的沟底,继而盖以第二犁翻上的土壤。土壤应不黏重、易碎,覆盖的土壤能均匀平整,过于黏重不易碎的土壤使用此法效果较差。易挥发的药剂采用此法效果更好。

3. 撒布法（翻混法） 把药剂尽可能均匀地撒布土表（也可结合施肥进行），随即翻入土层与土壤拌匀，此法也可用于挥发性低的药剂。

4. 注射法 用土壤注射器每隔一定距离注入一定量的药液，每平方米 25 个孔（孔深 15～20 cm）。每孔注入药液 10 mL，药剂浓度可根据药剂种类、土壤湿度和病菌种类而定。

（四）其他施药方法

在作物生长期防治气传病害，除了喷洒的方法以外，还可以根据药剂性质和植物类型采用其他施药方法，如防治果树、森林病害时，可采用内吸性杀菌剂对树干进行吊水处理。防治温室、大棚及大片较浓郁的森林、果园的病害，可选用能燃烧发烟或加热挥发的杀菌剂进行烟雾熏蒸。防治果品储藏期病害常用药剂浸蘸的方法等。

第二节 防治真菌病害的杀菌剂

杀菌剂常根据化学成分及结构、作用方式、施药方法进行分类。如按化学成分及结构分类，可分为无机杀菌剂、有机杀菌剂（有机杀菌剂又可分为有机磷类、氨基甲酸酯类、取代苯类、苯基酰胺类、苯并咪唑类、三唑类、咪唑类、二甲酰亚胺类等）、植物性杀菌剂、微生物杀菌剂；按作用方式可分为保护剂、治疗剂、铲除剂；按施药方法可分为茎叶处理剂、种子处理剂、土壤处理剂；按是否被植物内吸并传导、存留的特性分为内吸性杀菌剂、非内吸性杀菌剂。

一、防治真菌病害的无机杀菌剂

波 尔 多 液

性能及特点： 为天蓝色稠状悬浮液，呈碱性，有一定的稳定性，但放置过久会发生沉淀，所以必须现配现用。对金属有腐蚀作用，配制时不要用金属容器。属于保护性杀菌剂，其有效成分是碱式硫酸铜，喷在植物上黏着性强，不易被雨水冲刷，经空气、水分、二氧化碳和作物、病菌分泌物的作用，逐渐产生铜离子而起杀菌作用。

配制： 波尔多液由硫酸铜、生石灰和水配制而成。生石灰与硫酸铜应随防治对象和气温的不同而采用不同的配比，一般把生石灰与硫酸铜按 1：1 的配比称等量式，而生石灰与硫酸铜按 0.5：1 的配比称半量式，生石灰与硫酸铜按 1：0.5 的配比称倍量式（表 6 - 2）。

表 6 - 2 波尔多液的配合量

（屠予钦，2000 年）

原　　料	配 合 式				
	1％等量式	1％半量式	0.5％倍量式	0.5％等量式	0.5％半量式
硫酸铜	1	1	0.5	0.5	0.5
生石灰	1	0.5	1	0.5	0.25
水	100	100	100	100	100

注：如用熟石灰，用量应增加 30％

选用色白、质轻、块状生石灰和蓝色块状结晶硫酸铜。配制时通常把硫酸铜和生石灰分别放在两个容器中，各用半量的水溶化，然后，将硫酸铜溶液和石灰乳同时倒入第三个容器中，边倒边搅拌，即得天蓝色波尔多液。也可用加水量的 9/10 的水溶解硫酸铜，1/10 的水溶化石灰，然后将稀硫酸铜溶液慢慢倒入浓石灰乳中，不断搅拌即成，但不要把石灰乳倒入硫酸铜溶液中。

毒性： 对人畜低毒，对蚕有毒。

防治对象及使用方法： 波尔多液对花生、马铃薯有刺激生长，提高产量的作用。配好的波尔多液可直接喷雾，防治棉花、马铃薯、花生、烟草等大田作物病害，常用等量式波尔多液；茄科、瓜类、葡萄、茶树等对石灰敏感，用石灰半量式波尔多液；苹果、梨等对铜离子敏感，要用石灰倍量式波尔多液；桃、李、梅、杏、白菜、大豆、小麦等不宜使用。

对真菌引起的霜霉病、绵疫病、炭疽病、猝倒病等防治效果较好，但对白粉病效果差；对细菌引起的柑橘溃疡病、棉花角斑病也有一定的防效。在病原菌侵入之前使用防治效果最好。

注意事项：

（1）要选用品质好的硫酸铜和生石灰作为原料，才能保证配制药液的质量。

（2）波尔多液要随配随用，不能贮存，久置易产生沉淀。

（3）一些作物花期喷药易产生药害；遇阴雨或多雾潮湿天气喷药，铜的游离度增大，易引起药害；在高温干燥条件下对石灰敏感的作物不安全。

（4）本剂为碱性，不能与忌碱的药剂混用，也不能和石硫合剂混用或短间隔连用。一般喷波尔多液后 15～30 d 内不宜喷石硫合剂。

石 硫 合 剂

性能及特点： 是由生石灰、硫黄粉熬制而成的红褐色透明液体，有较浓的臭鸡蛋气味，呈强碱性，遇酸易分解。主要成分是多硫化钙和硫代硫酸钙，并含有少量的硫酸钙和亚硫酸钙，其中只有前者是杀菌有效成分。石硫合剂喷施于植物体上，其中的多硫化钙（尤其是五硫化钙）在空气中，受氧气、水、二氧化碳的作用，发生一系列的化学变化，形成微细的硫黄沉淀并放出少量硫化氢，从而发挥杀菌杀虫作用。同时，石硫合剂呈碱性和亲油性，有侵蚀昆虫表皮蜡质的作用，因此对具有较厚蜡质层的介壳虫和一些螨卵有较好的防治效果。

配制： 由生石灰、硫黄、水三者配制而成，最佳比例是 1∶2∶10。熬制时，必须用瓦锅或生铁锅，不能用铜锅或铝锅。首先将称量好的块状、洁白的生石灰放入锅内，洒入少量水使石灰溶解成粉状，然后加足水量调成糊状，再把事先用少量热水调制好的硫黄糊自锅边慢慢倒入，同时进行搅拌，并记下水位线，然后加火熬煮，沸腾时开始计时（保持沸腾40～60 min），熬煮过程中损失的水量在停火前 15 min 用热水补充。当锅中溶液呈深红棕色、渣滓呈蓝绿色时，则可停止加热。进行冷却过滤或沉淀后，清液即为石硫合剂母液。在实践中，人们将熬制石硫合剂的经验总结为"锅大、火急、灰白、粉细、一口气煮成老酱油色"。

剂型： 除自行熬制的石硫合剂原液外，现成的石硫合剂商品有 29％石硫合剂水剂，45％石硫合剂结晶，45％石硫合剂固体。

防治对象及使用方法： 石硫合剂能防治多种病虫害，如白粉病、锈病、螨类、介壳虫等。一般在作物生长期喷雾，也可在果树休眠季节喷药，以铲除越冬的病原菌、消灭越冬的介壳虫等。

防治麦类锈病、白粉病：喷 0.5 波美度药液，或 45％石硫合剂固体（或结晶）150 倍稀释液，29％石硫合剂水剂 75 倍稀释液，防治秆锈病效果比条锈病好，可兼治麦圆蜘蛛和长腿蜘蛛。

防治谷子锈病、花生叶斑病：喷 0.4～0.5 波美度药液。

防治苹果白粉病、轮纹病等：早春苹果树萌芽前喷 5 波美度药液，或 45％石硫合剂固体或结晶 20～30 倍稀释液；生长期喷 0.2～0.3 波美度药液，或 29％石硫合剂水剂 74～188 倍稀释药液。可兼治花腐病、山楂红蜘蛛、介壳虫等。

防治桃褐腐病、炭疽病等：早春桃树萌芽前，喷 4～5 波美度药液；生长期喷 0.3～0.4 波美度药液。

防治葡萄白粉病、毛毡病等：春季芽鳞膨大尚未绽绿时，喷 2～5 波美度药液。

防治花卉等观赏植物白粉病、介壳虫、茶树红蜘蛛等：喷 0.2～0.5 波美度药液。

注意事项：

（1）对人的皮肤和眼睛有害，配制和使用时要注意防护。

（2）药液有腐蚀性，不能用铁、铝等金属器皿盛放。喷药结束后应立即彻底清洗喷雾器，久置不洗则沉积物不易洗脱，易堵塞喷头。

（3）石硫合剂不能与遇碱分解的农药混用，也不能与波尔多液混用。

（4）应根据作物种类、防治对象及喷药时的天气情况调整药剂的使用浓度，避免发生药害。一般来说，气温高时石硫合剂的药效好，但也易发生药害。不同作物对硫黄的敏感性有差别，如黄瓜、豆类、番茄、马铃薯、洋葱、姜、桃、李、梅、杏等易产生药害，不宜使用，梨、葡萄夏季不宜使用。

（5）不宜长期贮存，必须长期贮存时最好用窄口密封容器盛装或在容器口滴少量煤油，以免与空气接触而分解。

硫 黄 悬 浮 剂

性能及特点：硫黄是无机农药中的一个重要品种。其效力与药粒大小有关，所以粒度尺寸是硫黄制剂的重要质量指标，其粒度可达 1 μm。

毒性：对人畜安全，作物不易发生药害，也无残毒。

剂型：45％、50％悬浮剂。

防治对象及使用方法：均采用加水喷雾法，应在病害初期用药。参考用量如下。

防治小麦白粉病、红蜘蛛：用 50％悬浮剂 200～300 倍稀释液喷雾。

防治黄瓜、哈密瓜、橡胶树白粉病：用 50％悬浮剂 200 倍稀释液喷雾。

防治果树、花卉白粉病：用 50％悬浮剂 200～400 倍稀释液喷雾。

防治枸杞锈螨：50％悬浮剂 300 倍稀释液喷雾。

注意事项：

（1）本品应贮存在阴凉干燥处，严防日光暴晒。

（2）喷药防治白粉病，气温过低会降低药效，而气温超过 32 ℃时易发生药害，在适宜温度范围内，气温高时防效好。

（3）不能与矿油乳剂混用，也不能在喷洒矿油乳剂的前、后立即施用。

二、防治真菌病害的有机杀菌剂

(一) 有机硫类杀菌剂

代 森 锌

性能及特点: 广谱保护性杀菌剂。在水中,其有效成分被氧化成异硫氰化合物,能抑制病原菌体内含有巯基的酶,杀死病菌或抑制孢子发芽,阻止病菌侵入植物体内,但很少能杀伤已侵入植物体内的病原菌。原药有臭鸡蛋气味,挥发性小,难溶于水。吸湿性强,暴露在空气中即能吸收水分,缓慢分解,放出二氧化碳而失效。遇光、热、碱性物质也易分解。

毒性: 按我国农药毒性分级标准,该药为低毒杀菌剂,原粉大鼠急性经口 $LD_{50} >$ 5 200 mg/kg,研究发现对人急性经口最低致死剂量为 5 000 mg/kg,大鼠急性经皮 $LD_{50} >$ 2 500 mg/kg。对皮肤、黏膜有刺激性。

剂型: 80%可湿性粉剂。

防治对象及使用方法: 对真菌中的鞭毛菌、子囊菌、担子菌、半知菌等许多重要的病原菌有活性,可防治如苹果、梨、桃等果树早期落叶病、炭疽病、黑星病、霜霉菌等,蔬菜早疫病、晚疫病、叶霉病、绵疫病、霜霉病、黑斑病等,以及细菌欧氏杆菌和黄单孢杆菌,对一些叶螨和锈壁虱也有一定防效。

防治麦类锈病: 80%可湿性粉剂 500 倍药液,在发病初期喷雾。

防治瓜类病害: 苗期喷 80%可湿性粉剂 500 倍稀释液。

防治蔬菜霜霉病、炭疽病、疫病、各种叶斑病,烟草炭疽病、黑胫病、立枯病: 喷 80%可湿性粉剂 400 倍稀释液。

防治果树、茶树、花卉、花生病害: 喷 80%可湿性粉剂 500~700 倍液。

注意事项:

(1) 在日光照射、高温及潮湿条件下不稳定,遇碱加快分解。

(2) 使用推荐的剂量施药,一般对植物安全,但烟草、葫芦科植物等对锌敏感,易产生药害。某些品种的梨树有时也发生轻微药害。用药时要严格掌握剂量。

(3) 为避免代森锌的代谢物乙撑硫脲被人体摄入产生毒害,提倡在作物生长前期、中期用药,特别是果树、蔬菜等临近收获时不宜施药。

丙 森 锌

性能及特点: 广谱保护性杀菌剂,具有较好的速效性和残效性。作用于真菌的细胞壁和蛋白质的合成,抑制孢子的侵染和萌发,同时还能抑制菌丝体的生长,导致其变形、死亡。

毒性: 低毒,对鱼类中等毒性。

剂型: 70%、80%可湿性粉剂。

防治对象及使用方法: 主要用于防治番茄晚疫病、早疫病,蔬菜霜霉病,还用于防治蔬菜白粉病、锈病、灰霉病等及抑制螨类危害。发病初期用 70%可湿性粉剂 500 倍液喷雾,每 7~10 d 防治 1 次,连续防治 3~4 次,在气候适合发病时,若提早于发病前喷药保护,控制效果更理想。

注意事项：

（1）本药主要起预防保护作用，应在发病前或发病初期使用。

（2）不能与碱性农药或含铜的农药混用，如前后分别使用，应间隔 7 d 以上。

（3）如与其他杀菌剂混用，必须先进行少量混用试验，避免药害和混合后药物发生分解作用。

（4）注意与其他杀菌剂交替使用。

（5）使用时注意安全防护。

代 森 锰 锌

性能及特点：广谱保护性杀菌剂，其基本性质与代森锌相近，而稳定性比代森锌好。杀菌作用主要是能抑制病菌体内丙酮酸的氧化。在植物体内的作用位点有多个，这使其抗性风险很低，施药后在植物表面形成保护膜层，抑制病菌孢子发芽和侵入，抑制病菌蔓延。原药不溶于水及大多数有机溶剂，遇酸碱易分解，高温、暴露在空气中和受潮易分解。

毒性：对人畜低毒。原药雄性大鼠急性经口 LD_{50} 为 10 000 mg/kg，小鼠经口 LD_{50}＞7 000 mg/kg；兔急性经口 LD_{50}＞1 000 mg/kg，对兔皮肤和黏膜有一定刺激性。对鱼类有毒。

剂型：50％、70％、80％可湿性粉剂，30％、42％、43％悬浮剂。

防治对象及使用方法：可用来防治炭疽病、猝倒病、褐斑病、霜霉病、疫病等；在果树上使用可兼治梨木虱若虫。可与多种杀虫剂和杀菌剂及各种肥料混配，特别是与内吸性杀菌剂混配。一般用作喷雾，也可用作种子处理剂。

防治多种蔬菜的早疫病、晚疫病、霜霉病、灰霉病、炭疽病、叶霉病：用 70％可湿性粉剂 600～800 倍稀释液喷雾。

防治苹果各种斑点性落叶病、轮纹病：用 80％可湿性粉剂 1 000 倍稀释液喷雾。

防治棉、麻等苗期立枯病、猝倒病以及镰刀菌引起的根腐病等：用 80％可湿性粉剂按种子用量的 0.1％～0.5％拌种。

注意事项：

（1）不能与铜制剂和碱性农药混用。

（2）对黏膜和皮肤有刺激性，配药施药时注意防护。对鱼有毒，不可污染水源。

福 美 双

性能及特点：广谱保护性杀菌剂，兼有杀虫和鼠类、兔驱避作用。作用机制是与菌体内含有巯基（－SH）的物质（如辅酶 A）结合，抑制其活性，从而干扰菌体细胞内正常氧化还原反应。原药有鱼腥味，微溶于水，遇酸分解，长时间暴露在空气中，或在高温、潮湿环境下会渐渐失效。

毒性：对人畜中等毒性。原药大鼠急性经口 LD_{50} 为 378～865 mg/kg，小鼠急性经口 LD_{50} 为 1 500～2 000 mg/kg。对皮肤和黏膜有刺激性。对鱼类有毒，对蜜蜂低毒。

剂型：50％、75％、80％可湿性粉剂。

防治对象及使用方法：可防治多种作物的烂种、烂苗、霜霉病、白腐病、黑星病、灰霉病、疫病、炭疽病、禾谷类黑穗病等。用作种子处理、土壤处理或茎叶喷雾。

防治烟草、甜菜、蔬菜等苗期立枯病、猝倒病等：苗床播种前土壤处理，用50％可湿性粉剂4～5 g/m²，加70％五氯硝基苯4 g，与15 kg细土充分混匀后，播种时下垫上覆。

防治小麦黑穗病：每100 kg种子用50％可湿性粉剂0.5 kg拌种。

防治蔬菜立枯病等苗期病害：每100 kg种子用50％可湿性粉剂250～500 g拌种。

防治葡萄炭疽病、白粉病、白腐病等：用50％可湿性粉剂500～800倍液喷雾。

防治蔬菜霜霉病：发病初期，用50％可湿性粉剂500倍稀释液喷雾。

注意事项：

（1）本品可燃，应贮存于避火阴凉干燥处。

（2）不可与铜、汞剂及碱性药剂混用或前后相临使用。

（3）对鱼有毒，药液及施药器械不能污染池塘。

（二）取代苯类杀菌剂

百 菌 清

性能及特点：广谱保护性杀菌剂。作用机制是能与真菌细胞中的三磷酸甘油醛脱氢酶发生作用，与该酶中含有半胱氨酸的蛋白质相结合，从而破坏该酶活性，使真菌细胞的新陈代谢受破坏而失去生命力。百菌清没有内吸传导作用，但喷到植物体上之后，能在体表上有良好的黏着性，不易被雨水冲刷掉，因此药持效期较长。原药有微臭，不溶于水，化学性质稳定，碱性或酸性水溶液及紫外线下均稳定。无腐蚀性。

毒性：属低毒杀菌剂。原药大鼠急性经口LD_{50}和兔急性经皮LD_{50}均大于10 000 mg/kg。对兔眼有刺激性，但一周内消失。对鱼类毒性大，对鸟、蜜蜂安全。

剂型：75％可湿性粉剂，2.5％、10％、20％、28％、30％、45％烟剂，40％悬浮剂，5％粉剂，10％油剂。

防治对象及使用方法：用于果树、蔬菜上锈病、炭疽病、白粉病、霜霉病的防治，但对土传腐霉属所引起的病害效果不好。

防治玉米大斑病：75％可湿性粉剂1 650～2 100 g/hm²加900～1 050 kg水喷雾。

防治蔬菜霜霉病、炭疽病、疫病、早疫病、灰霉病，豇豆锈病，白菜白斑、黑斑病等：75％可湿性粉剂600～800倍液喷雾。

防治花生锈病、褐斑病：发病初期，75％可湿性粉剂1 890 g/hm²加900～1 050 kg水喷雾。

防治柑橘疮痂病、沙皮病：花瓣脱落时用75％可湿性粉剂900～1 200倍液喷雾。

防治葡萄炭疽病、白粉病、果腐病：发病初期或花后两周用75％可湿性粉剂600～700倍液喷雾。

防治棉苗根病：75％可湿性粉剂，按干棉籽重0.8％～1.0％拌种。

此外，75％可湿性粉剂还用于防治油菜菌核病、小麦雪腐病、蚕豆赤斑病、红麻炭疽病等。

烟剂主要用于设施蔬菜、果树病害，如防治霜霉病、炭疽病、早疫病、晚疫病等病害，一般用45％烟剂3～3.75 kg/hm²，从发病初用药，每隔7～10 d放烟1次，全生长期需防治4～5次。

注意事项：

（1）不能与碱性农药混用。

（2）梨树和柿树上施用易发生药害，不宜使用；桃、梅、苹果树施药浓度偏高也会发生药害。苹果在落花后 20 d 左右喷药，幼果易产生锈斑，特别是金冠等黄色品种易产生果锈。如用药不当，葡萄会生果锈，玫瑰花也会发生药害。因此用药要掌握适宜浓度和施药适期。

（3）为避免眼睛和皮肤接触药剂产生不适或过敏，要注意防护。

（4）施药、配药要远离池塘、渔区，清洗施药器具不能污染水源。

甲 基 硫 菌 灵

性能及特点：具有内吸（具有向顶性传导功能）、预防和治疗作用的广谱性杀菌剂。药剂在植物体内转化为多菌灵，作用机制为干扰病原菌的有丝分裂中纺锤体的形成，影响细胞分裂。原药为微黄色结晶，在酸、碱环境中稳定。

毒性：属低毒杀菌剂。大鼠急性经口 LD_{50} 为 6 640～7 500 mg/kg，急性经皮 LD_{50}＞10 000 mg/kg。对鱼类毒性，鲤鱼 LC_{50}（48 h）为 11 mg/L。对蜜蜂无接触毒性，对鸟类低毒。

剂型：50％、70％可湿性粉剂，36％、50％悬浮剂，5％膏剂。

防治对象及使用方法：除对藻菌纲真菌无效外，对其他如子囊菌、担子菌、半知菌各纲中的许多病原菌有良好的生物活性，对叶螨和病原线虫有抑制作用。

防治小麦赤霉病：始花期喷药 1 次，5～7 d 后喷第二次药，每次用 70％可湿性粉剂 1 000～1 500 倍稀释液喷雾。

防治水稻纹枯病、稻瘟病：于发病初期或幼穗形成期至孕穗期，每次用 70％可湿性粉剂 1 500 倍液或 50％可湿性粉剂 1 000 倍液喷雾。

防治梨黑星病：从花后 10 d 开始，用 70％可湿性粉剂 1 500～2 000 倍液，或 50％悬浮剂 1 100～1 400 倍液喷雾，隔 10 d 喷 1 次，连续喷 5～6 次。

防治苹果黑星病、黑点病、白粉病、轮纹病，葡萄灰霉病、白粉病、褐斑病、炭疽病：用 70％可湿性粉剂 1 000 倍液，或 50％悬浮剂 700 倍液喷雾，隔 10 d 喷 1 次，连续喷 5～6 次。

防治甘薯黑斑病：用 70％可湿性粉剂 1 500～2 000 倍液或 50％悬浮剂 1 100～1 400 倍药液浸种薯 10 min，或用 70％可湿性粉剂 3 500 倍液或 50％悬浮剂 2 500 倍药液浸薯苗基部 10 min，可以控制苗床和大田黑斑病。

防治蔬菜及瓜类白粉病、炭疽病、灰霉病、褐斑病、茄子灰霉病、黄萎病等：发病初期用 70％可湿性粉剂 700～1 000 倍液喷雾，喷药 3～6 次，间隔期为 7～10 d。

防治油菜菌核病：盛花期用 36％悬浮剂稀释 1 500 倍喷雾。

注意事项：

（1）不能与碱性及铜制剂混用。

（2）长期单一使用易产生抗性，与苯并咪唑类杀菌剂有交互抗性，应注意与其他药剂轮用。

（3）安全间隔期为 14 d。

敌 磺 钠

性能及特点：施用于作物以根、茎吸收并传导，防治病害以保护作用为主，兼有治疗作用。原药水溶液不稳定，易分解，日光、高温、碱性条件下分解加快。

毒性： 属中等毒性杀菌剂。纯品大鼠急性经口 LD_{50} 为 75 mg/kg，大鼠急性经皮 $LD_{50} >$ 100 mg/kg。对皮肤有刺激作用。对鱼类有毒，鲤鱼 LC_{50} 为 1.2 μg/mL。

剂型： 50%、70%、95%可湿性粉剂，55%膏剂，5%颗粒剂，2.5%粉剂。

防治对象及使用方法： 对真菌中腐霉菌、疫霉菌引发的病害防效好，能防治多种土传病害。一般用于种子和土壤处理。

防治水稻苗期立枯病、黑根病、烂秧病：按种子（干重）质量 0.5%药量拌种，拌匀后播种；旱育苗除了拌种外，还要在一叶一心期喷洒 70%可湿性粉剂 1 000 倍液；薄膜湿润育苗田，一叶一心期揭膜处理，用 95%原粉 1 000 倍液 2 kg/m² 浇洒苗床。

防治烟草黑胫病：95%可湿性粉剂 500 倍液喷洒在烟草茎基部及周围土壤，用药液 1 500 kg/hm²，15 d 用药 1 次，共 3 次；或用 95%可湿性粉剂 350 g 拌 15～25 kg 细土，撒于烟草基部并立即覆土。

防治棉花苗期病害：每 100 kg 棉花种子用 95%可湿性粉剂 500 g 拌种。

防治大白菜软腐病，番茄绵疫病、猝倒病：用 70%可湿性粉剂 500～1 000 倍稀释液喷雾。

防治甜菜立枯病、根腐病：每 100 kg 种子用 95%可湿性粉剂 500～800 g 拌种。

注意事项：

（1）不能与碱性及农用抗生素药剂混用。

（2）药剂应放在阴凉干燥处，避免光照。

（3）土壤施药后要覆土，避免晴天中午用药；土壤中含有机质多或黏重土应适当提高药量；稀释液不稳定，要现配现用。

（三）酰胺类杀菌剂

甲 霜 灵

性能及特点： 高效内吸杀菌剂，可被植物根、茎、叶吸收，并上行传导到植物各器官，有良好的保护和治疗作用。主要抑制病菌菌丝体内蛋白质的合成，使其营养缺乏，不能正常生长而死亡。原药为黄色至褐色无味粉末，难溶于水，对热稳定，不易燃、不爆炸、无腐蚀性，在中性或酸性介质中稳定。

毒性： 属低毒杀菌剂。原药大鼠急性经口 LD_{50} 为 669 mg/kg，急性经皮 $LD_{50} >$ 3 100 mg/kg。对兔眼睛及皮肤轻度刺激性。对鸟类、鱼类、蜜蜂毒性较低。

剂型： 35%拌种剂，25%可湿性粉剂，5%颗粒剂。

防治对象及使用方法： 用于防治霜霉病、疫病、晚疫病、绵疫病、白锈病等病害。可用作茎叶处理、种子处理和土壤处理。

防治瓜类、叶菜类、果树类作物霜霉病：25%可湿性粉剂 750 倍液喷雾，用药次数不超过 3 次。

防治葡萄霜霉病：发病初期第一次喷药，以后每隔 14～21 d 用药 1 次，连用 2～3 次，用量同瓜类、叶菜类、果树类作物霜霉病的防治。

防治马铃薯晚疫病、茄绵疫病：叶始见病斑时喷药，每隔 10～14 d 用药 1 次，用药次数不超过 3 次，每次用 25%可湿性粉剂 500 倍液喷雾。

防治烟草黑胫病和蔬菜、甜菜猝倒病：每 667 m² 苗床施 5％颗粒剂 2～2.5 kg，或在播种后 2～3 d 用 25％可湿性粉剂 0.2 g/m²，兑水喷洒苗床。

防治小麦白粉病、谷子白发病、大豆霜霉病：每 100 kg 种子用 35％拌种剂 200～300 g，干拌或湿拌。

注意事项：

（1）可与多种杀虫、杀菌剂混合使用，要注意与其他杀菌剂轮换或混合使用，单独使用易产生抗性。

（2）禁止与碱性农药、化肥混用。

（3）与铜混合制剂安全间隔期为 21 d。

（4）开花期不要使用，避免发生药害。

啶 酰 菌 胺

性能及特点：药液经植物吸收通过叶面渗透、叶内水分的蒸发作用和水的流动使药液传输到叶片末端和叶缘部位，抑制线粒体琥珀酸酯脱氢酶活性，阻碍三羧酸循环，使氨基酸、糖缺乏，能量减少，阻碍了植物病原菌的能量合成，干扰细胞的分裂和生长而使菌体死亡。低浓度的啶酰菌胺能阻碍菌丝生长和孢子形成，故具有治疗作用；而且啶酰菌胺能抑制孢子萌发、芽管伸长和附着器形成，故又具有较好的预防作用，防止发病后的二次感染。

毒性：属低毒杀菌剂。

剂型：50％水分散粒剂。

防治对象及使用方法：防治草莓、番茄、黄瓜等的灰霉病、早疫病等，在发病前或发病初期用 50％水分散粒剂 1 500 倍液喷雾。

噁 霜 灵

性能及特点：有强内吸传导性，药剂被植物根、茎、叶吸收后能双向传导，还可以侧向传导。兼具保护和治疗作用，与甲霜灵常表现有交互抗药性。原药为无色结晶，稍溶于水，在微酸、微碱的水溶液中稳定（常温），对光、热较稳定，室温下耐长期贮存。

毒性：属低毒杀菌剂。雄大鼠急性经口 LD_{50} 为 3 480 mg/kg，雌大鼠急性经口 LD_{50} 为 1 860 mg/kg，兔急性经皮 LD_{50} ＞2 000 mg/kg。对鸟类、鱼类低毒。

剂型：64％可湿性粉剂。

防治对象及使用方法：对卵菌纲中的霜霉菌、腐霉菌有特效。主要用于防治十字花科植物、黄瓜、葡萄等作物的霜霉病，烟草黑胫病，马铃薯、番茄晚疫病，多种果树的根腐病、褐腐病及环腐病，多种蔬菜猝倒病等。

防治黄瓜、白菜、葡萄霜霉病，黄瓜、番茄、青椒、马铃薯晚疫病：发病前或发病初期用 64％可湿性粉剂 1 800～2 550 g/hm² 加水 750 kg 喷雾，间隔期 10～14 d，施药次数视病情轻重而定。

防治烟草黑胫病：发病前或发病初期用 64％可湿性粉剂 1 950～2 400 g/hm² 加水 750 kg 喷雾，间隔期 10 d 左右，施药次数视病情轻重而定。

防治谷子白发病、向日葵霜霉病：每 100 kg 种子用 64％可湿性粉剂 400～500 g 和少量水充分拌匀，然后播种。

注意事项：

（1）为了减轻和延缓抗药性的产生，在使用中应注意每个生长季节只能用本药 2～3 次。

（2）不能与碱性农药混用。

（3）单独使用容易使病菌产生抗药性，与代森锰锌等保护剂混用可有效减轻或延缓抗药性发展。

（四）咪唑类杀菌剂

咪 鲜 胺

性能及特点： 高效、广谱杀菌剂，无内吸性，但具有良好的传导性能和保护及铲除作用。速效性好，残效期长。对麦角甾醇的生物合成起抑制作用。原药为浅棕色固体，有芳香味，难溶于水。

毒性： 属低毒杀菌剂。大鼠急性经口 LD_{50} 为 1 600 mg/kg，急性经皮 LD_{50} >5 000 mg/kg。对大鼠皮肤及眼睛均无刺激，但对兔皮肤和眼睛有中度刺激。对鸟低毒，对鱼和水生生物中等毒性。

剂型： 0.5％悬浮种衣剂，1.5％水乳种衣剂，25％、45％乳油，45％水乳剂，50％可湿性粉剂。

防治对象及使用方法： 对多种作物子囊菌和半知菌引起的病害防效极佳。可用于防治禾谷类作物茎、叶、穗上的许多病害，如白粉病、叶斑病，亦可用于果树、蔬菜、观赏植物炭疽病等病害。

防治水稻恶苗病和胡麻斑病：用 45％乳油 3 600～4 500 倍液，配制好药液搅拌均匀，南方浸种 2 d，北方浸种 5 d，捞出，常温清水催芽。

防治田间杧果炭疽病：花蕾期和始花期，各喷药 1 次，以后每隔 7 d 喷药 1 次，采果前 10 d 再喷药 1 次。用 45％乳油 2 000～3 000 倍液喷施。

防治小麦赤霉病：小麦抽穗扬花期，用 25％乳油 1 000～1 500 倍液喷雾，可兼治多种叶枯病。

防治甜菜褐斑病：播前用 25％乳油 800～1 000 倍液浸种；发病初期 25％乳油 3 000～4 000 倍液喷雾。

水稻种子包衣防治水稻恶苗病：0.5％悬浮种衣剂按药种比 1∶（30～40）包衣，或 1.5％水乳种衣剂按药种比 1∶（100～120）包衣。

防治杧果炭疽病，柑橘炭疽病、蒂腐病，荔枝黑腐病，香蕉炭疽病等贮藏期病害：取当天采摘的果实，剔除病果、伤果，用清水洗净果面，用 45％乳油 1 500～2 000 倍液搅拌均匀，果实浸药液 1 min，捞出晾干。

注意事项：

（1）对鱼及其他水生生物有毒，不能污染鱼塘、河道等。

（2）因对浓酸、浓碱和光不稳定，混用时注意发生不良反应。

（3）器械用后彻底清洗。

抑 霉 唑

性能及特点： 内吸广谱性杀菌剂，作用机制是影响细胞膜的渗透性、生理功能和脂类合成代谢，从而破坏霉菌的细胞膜，同时抑制霉菌孢子的形成。原药纯品外观为黄至棕色结晶。在室温下避光贮存稳定，对热稳定。

毒性：中等毒性杀菌剂。对兔眼睛和皮肤刺激作用中等。

剂型：0.1％涂抹剂，22.2％、50％乳油。

防治对象及使用方法：对柑橘、香蕉和其他水果喷施或浸渍，可防止收获后水果的腐烂。对抗苯丙咪唑类的青霉菌、绿霉菌有较高的防效。

原液涂抹法，用清水清洗并擦干或晾干，用原液（用毛巾或海绵蘸）涂抹、晾干，注意施药尽量薄，避免涂抹层过厚。0.1％浓涂抹剂 1 L 药液可以处理 0.5 t 水果。或 25％乳油稀释 500～900 倍液浸果 0.5 min。

注意事项：

（1）吞入时，饮水并导吐；吸入时，将患者移到新鲜空气处并供氧；溅入眼内，用大量水冲洗；皮肤接触，用肥皂及清水冲洗。以上方法如不奏效，需请医生处理。

（2）按剂量施用，不能使涂层过厚。

（3）贮存于阴凉干燥处，有效期 5 年以上。

（五）有机磷类杀菌剂

三 乙 膦 酸 铝

性能及特点：其内吸传导作用是向顶型和向基型并存，即在植物体内可以进行双向传导，具有保护和治疗作用。其防病原理被认为是药剂刺激寄主植物的防御系统使其防病。原药为白色粉末，易溶于水，遇酸、碱易分解。无腐蚀性，不易燃，不易爆，遇潮湿易结块。

毒性：属低毒杀菌剂。原药大鼠急性经口 LD_{50} 为 5 800 mg/kg，对皮肤和眼睛均无刺激作用。对鱼类低毒，对蜜蜂及野生生物较安全。

剂型：90％可溶性粉剂，40％、80％可湿性粉剂。

防治对象及使用方法：对霜霉属、疫霉属病菌侵染引起的病害具有较好的防治效果。可喷洒、拌种、灌根等。

防治黄瓜霜霉病：发病初期，用 40％可湿性粉剂 2 775 g/hm² 加水 750 kg 喷雾。与百菌清、代森锰锌混用，可兼治黄瓜炭疽病。

防治白菜霜霉病：发病初期，用 40％可湿性粉剂 7 500～11 250 g/hm² 加水 1 125～1 500 kg 喷雾。

防治啤酒花霜霉病：用 40％可湿性粉剂 3 750 g/hm² 加水 750 kg 喷雾。

防治烟草黑胫病：用 40％可湿性粉剂 7 500～11 250 g/hm² 加水 750～1 125 kg 喷雾，或每株 2 g 加水灌根。

注意事项：

（1）不能与强酸、强碱性药剂混用。

（2）连续长期使用易使病原菌产生抗药性，可与代森锰锌、克菌丹、灭菌丹等混合使用，或与其他杀菌剂轮换使用。

（3）贮存时密封包装，保持干燥，避免吸潮结块。

异 稻 瘟 净

性能及特点：对稻瘟病有保护和治疗作用。主要防病作用是干扰病菌细胞膜透性，阻止某些亲脂的几丁质前体通过细胞质膜，阻碍几丁质的合成，使细胞壁不能生长，从而抑制菌体的正常生长发育。原药对光和酸较稳定，遇碱易分解。

毒性：低毒杀菌剂。大鼠急性经口 LD_{50} 为 600 mg/kg，经皮 LD_{50} 为 4 000 mg/kg。对鱼类低毒。

剂型：40％、50％乳油。

防治对象及使用方法：用于防治稻瘟病，对水稻纹枯病、小球菌核病也有效，并可兼治飞虱、叶蝉。

防治水稻叶瘟：初发病时，用 40％乳油 2 250 mL/hm²，加水 1 125 kg 喷雾。视病情轻重，7 d 后再喷 1 次。

防治水稻穗瘟：水稻破口期，用 40％乳油 2 250～3 000 mL/hm²，加水 750 kg 喷雾。如天气条件对发病有利，则在齐穗期再喷 1 次。

注意事项：

（1）不能与碱性农药、高毒的有机磷杀虫剂及敌稗、五氯酚钠等混用。

（2）安全间隔期不少于 20 d，距收获期太近施药或施药量过大，会使稻米有臭味。

（3）喷雾不均匀，浓度过高，药量过大，水稻会产生褐色斑点。

（4）本品易燃，不能接近火源，以免引起火灾。

（六）杂环类杀菌剂

氯苯嘧啶醇

性能及特点：广谱性杀菌剂。其作用机制是干扰病原菌麦角甾醇生物合成，从而影响菌丝正常生长。它虽不能抑制病原孢子萌发，但能阻止芽管的伸长和菌丝的生长发育，使病菌不能侵入植物组织，病害不能扩展，起保护和治疗作用。原药为白色结晶，难溶于水。对光、热、碱、酸稳定。

毒性：属低毒杀菌剂。原药大鼠急性经口 LD_{50} 为 2 500 mg/kg，兔急性经皮 LD_{50}＞2 000 mg/kg。对皮肤和眼睛无刺激作用。对鱼类毒性中等，LC_{50}（96 h）为 4.1～5.7 mg/L，对蜜蜂和鸟类毒性低。

剂型：6％可湿性粉剂。

防治对象及使用方法：对真菌中的子囊菌、担子菌和半知菌中的白粉菌、黑星菌、锈菌、炭疽菌、尾孢菌等具较高活性，对细菌和卵菌无活性。可用于防治作物白粉病、黑星病、锈病、叶斑病、轮纹病、炭疽病等病害。

防治苹果、杜果、葡萄、瓜类等白粉病：用 6％可湿性粉剂 4 000～6 000 倍液喷雾。

防治梨黑星病、轮纹病等：发病初期用 6％可湿性粉剂 4 000～5 000 倍液喷雾，开花期勿喷药。

防治苹果炭疽病：发病初期用 6％可湿性粉剂 4 000 倍液喷雾。

防治花生叶斑病、锈病等：发病初期 6％可湿性粉剂 105 g/hm² 加水 375～700 kg 喷雾。

注意事项：

（1）应遵照农药安全使用规定施用。

（2）应贮存于阴凉干燥处，密封保存。

噁 霉 灵

性能及特点： 属内吸性（以向顶性传导为主）杀菌剂和土壤消毒剂。噁霉灵进入土壤后被土壤吸收并与土壤中的铁、铝等无机金属盐离子结合，有效抑制孢子的萌发和病原真菌菌丝体的正常生长或直接杀灭病菌。被植物的根吸收及在根系内移动，在植株内代谢产生两种糖苷，提高植物生理活性，从而促进植株生长、根的分蘖、根毛的增加和根的活性提高。原药为无色结晶，能溶于水，在酸、碱液中较稳定，无腐蚀性。

毒性： 属低毒杀菌剂。原药大鼠急性经口 LD_{50} 为 4 678 mg/kg（雄）、3 909 mg/kg（雌），急性经皮 $LD_{50} > 10 000$ mg/kg。对家兔皮肤和眼睛有轻度刺激作用。鲤鱼 TLm（48 h）> 40 mg/kg，对鸟类安全。

剂型： 70％可湿性粉剂，15％、30％水剂。

防治对象及使用方法： 对腐霉菌、镰孢菌等引起的猝倒病、立枯病等苗期病害有较好的预防效果。用于种子消毒和土壤处理。

防治苗期立枯病、苗床或育秧盘的消毒：播种前用 30％水剂 3～4 mL/m²，加水 3 L 喷雾，浇透为止。对于大棚育秧盘每 500 盘用 30％水剂 300 mL。苗床 1～2 叶期如果发病，同样用量再喷 1 次。

防治甜菜立枯病：每 100 kg 种子用 70％可湿性粉剂 400～700 g 拌种。

注意事项：

（1）拌种时要严格掌握药剂用量，拌后随即晾干，闷种易出现药害。

（2）操作时应注意防护，如药剂沾染皮肤和眼睛应立即用清水冲洗；如误服，应立即催吐，保持安静，并送医院对症治疗。

（七）二甲酰亚胺类杀菌剂

异 菌 脲

性能及特点： 广谱保护性杀菌剂，兼有治疗作用。既可抑制真菌孢子的萌发及产生，也可抑制菌丝生长，对病原菌生活史中的各发育阶段均有影响。原药白色结晶，遇碱分解，无吸湿性，无腐蚀性。常温下贮存稳定。

毒性： 属低毒杀菌剂。大鼠急性经口 LD_{50} 为 3 500 mg/kg，小鼠为 4 000 mg/kg；大鼠经皮 $LD_{50} > 1 000$ mg/kg。对蜜蜂无毒。

剂型： 50％可湿性粉剂，5％、25％、50％悬浮剂。

防治对象及使用方法： 用于防治灰霉病、核盘菌、长链孢菌、长蠕孢菌、镰孢菌、葡萄孢属及丝核菌等真菌病害。用于种子处理、土壤处理或喷雾。

防治苹果斑点落叶病：苹果春梢生长期初发病时，用 50％可湿性粉剂 1 000～1 500 倍液喷雾，10～15 d 后喷第二次，秋梢生长期再喷 1 次。

防治葡萄灰霉病：在葡萄花托脱落、葡萄串停止生长、成熟开始和收获前 3 周各喷 1 次药，如果花期前或始花期开始发病，可加施 1 次，每次用 75％可湿性粉剂 1 000 倍液喷雾。

防治核果类果树（桃、李、杏、樱桃等）花腐病、灰星病、灰霉病：50％悬浮剂或可湿性粉剂 1 000～1 500 倍液喷雾。

防治油菜菌核病：油菜初花期、盛花期各喷 1 次，每次用 50％可湿性粉剂 1 500 g/hm²

加水喷雾。

防治番茄等瓜果蔬菜灰霉病、早疫病、菌核病、白绢病等：发病初期用 50％可湿性粉剂 1 500～3 000 g/hm² 加水 900～1 200 kg 喷雾。

水果防腐保鲜：柑橘、香蕉、苹果、梨等水果贮存期病害，如蒂腐病、青绿霉病、灰霉病、根霉病等，将水果在 25％悬浮剂 2 500 倍液或每 100 mL 水加 25％悬浮剂 10 mL 液中浸 1 min，取出后将水果表面的药液晾干，再包装。

注意事项：

(1) 该药剂最高用药量为 1 000 倍，最多使用次数为 3 次，安全间隔期为 7 d。

(2) 该药剂不宜与强酸性或强碱性药剂混用，不能与腐霉利、乙烯菌核利等作用方式相同的杀菌剂混用或轮用。

腐 霉 利

性能及特点：属广谱性内吸杀菌剂，具有保护和治疗作用，可被植物根、茎和叶吸收与传导。主要是抑制菌体内甘油三酯的合成，不能抑制病原菌孢子萌发，但能阻止菌丝生长，且能妨碍细胞壁形成。原药为白色至棕色结晶，微溶于水，在日光、潮湿条件下稳定，在碱性介质中不稳定。

毒性：低毒杀菌剂。原药对雄、雌大鼠急性经口 LD_{50} 分别为 6 800 mg/kg 和 7 700 mg/kg，对大鼠急性经皮 LD_{50} 为 2 500 mg/kg。对鱼类有毒，对鸟类低毒。

剂型：50％可湿性粉剂。

防治对象及使用方法：对多数葡萄孢属、核盘菌属、长蠕孢属、链核盘菌属真菌引起的病害，如菌核病、灰霉病、黑星病、果树褐腐病等有良好的防效。

防治玉米大斑病、小斑病：50％可湿性粉剂 750～1 500 g/hm² 加水 750～1 125 kg，于心叶末期至抽丝期喷雾 1～2 次，间隔期 7～10 d。

防治黄瓜、葡萄、番茄、草莓、葱类灰霉病及菌核病、早疫病：发病初期每次用 50％可湿性粉剂 495～750 g/hm² 加水 750 kg 喷雾，间隔 7～15 d，喷药 1～2 次。

防治油菜菌核病：50％可湿性粉剂 450～900 g/hm² 加水 750 kg 喷雾，于盛花初期喷药 1 次，重病田可在盛花期后再喷 1 次。

防治桃、樱桃等果树褐腐病：发病初期用 50％可湿性粉剂 1 000～2 000 倍液喷雾，间隔 7～10 d，喷药 1～2 次。

注意事项：

(1) 连续使用易产生抗药性，故不可连续使用。

(2) 不要与强碱性药物如波尔多液、石硫合剂混用，也不要与有机磷农药混配。

(3) 按推荐剂量使用，一般对作物安全，但对仙客来属植物萌芽后施药易生药害；保护地施放烟剂时，如果温度较高，可能产生药害。

(4) 喷药时期应在发病前，最迟也应在发病初期使用。

乙 烯 菌 核 利

性能及特点：广谱保护性和触杀性杀菌剂。其作用机制为干扰细胞核功能，并对细胞膜和细胞壁有影响，改变膜的渗透性，使细胞破裂。原药为白色结晶，微溶于水，在弱酸性水中稳定，但在碱性溶液中缓慢水解。

毒性：低毒杀菌剂。原药对大鼠急性经口 $LD_{50} > 10\,000$ mg/kg，急性经皮 $LD_{50} > 2\,500$ mg/kg，小鼠急性经皮 $LD_{50} > 1\,500$ mg/kg，小鼠急性吸入 $LC_{50} > 29.1$ mg/L。对兔眼睛无刺激作用，对兔皮肤有中等刺激作用。对虹鳟鱼 LC_{50}（96 h）>18 mg/L。对蜜蜂、鸟类、蚯蚓低毒。

剂型：50%干悬浮剂，50%水分散粒剂。

防治对象及使用方法：对灰葡萄孢、核盘菌、链格孢菌、小菌核菌、蠕孢霉菌等病原真菌引起的灰霉病、褐斑病、菌核病等有良好防效。

防治黄瓜、番茄、茄灰霉病，花卉灰霉病、早疫病，白菜黑斑病：发病初期开始施药，每次用 50%干悬浮剂 $1\,125 \sim 1\,500$ g/hm² 兑水 750 kg 喷雾，$7 \sim 10$ d 可再喷 1 次。

防治大豆、油菜菌核病：大豆 $2 \sim 3$ 片复叶期，油菜盛花初期，用 50%干悬浮剂 $1\,500$ g/hm² 加米醋 $1\,500$ mL 混合喷雾，$15 \sim 20$ d 后再喷 1 次。

注意事项：

（1）在黄瓜和番茄上，安全间隔期为 $21 \sim 35$ d。

（2）每个生长季节只能使用 $1 \sim 2$ 次，要与其他不同作用机制的杀菌剂交替使用，以防抗药性的产生。

（3）可与多种杀虫、杀菌剂混用。

（4）低湿、干旱等条件下谨慎使用。

菌 核 净

性能及特点：有保护、杀菌和内渗治疗作用，残效期长。

毒性：低等毒性。

剂型：40%可湿性粉剂。

防治对象及使用方法：防治作物菌核病、灰霉病等，用 40%可湿性粉剂 $1\,000$ 倍液喷雾，隔 10 d 左右再喷 1 次。

注意事项：

（1）避免与碱性强的农药混用。

（2）施药时应按照农药安全防护要求进行。

（3）密闭封存于干燥、避光、通风处。

（八）三唑类杀菌剂

腈 菌 唑

性能及特点：有较强内吸性，是广谱的保护和治疗剂。主要对病原菌的麦角甾醇的生物合成起抑制作用。纯品为无色针状结晶，原药为淡黄色固体，在环境中降解速度慢。

毒性：低毒杀菌剂。对鼠、兔皮肤无刺激作用，对眼睛有轻微刺激作用。对鼠、兔无致突变作用。

剂型：40%可湿性粉剂，12%、12.5%、25%乳油。

防治对象及使用方法：对子囊菌、担子菌、半知菌等病原菌引起的白粉病、锈病、黑星病、灰斑病、褐斑病、黑穗病等具有良好的预防和治疗效果。

防治小麦白粉病：小麦抽穗扬花期开始喷第一遍药，15 d 后喷第二遍药，共喷 2 次。每次每 667 m² 用 25％乳油 8～12 mL，兑水 40～70 kg 喷雾。

防治梨黑星病：用 40％可湿性粉剂 800～1 000 倍稀释液喷雾；也可用 12.5％乳油 1 500～2 000 倍液稀释喷雾。

注意事项：

（1）虽属低毒农药，但使用时仍需严格遵守农药安全使用规定，特别注意使用时的防护。

（2）防治梨黑星病可与代森锰锌混用。

（3）易燃，应贮存于阴凉、干燥、通风处，远离火源。

烯 唑 醇

性能及特点：具有保护、治疗、铲除和内吸向顶传导作用，杀菌谱广。其作用机制是抑制麦角甾醇生物合成。原药为无色结晶，难溶于水，在光、热、潮湿条件下稳定。

毒性：属中等毒性杀菌剂。雄性大鼠急性经口 LD_{50} 为 639 mg/kg，雌性大鼠急性经口 LD_{50} 为 474 mg/kg；大鼠急性经皮 LD_{50}＞5 000 mg/kg，急性吸入 LC_{50}＞2 770 mg/L。对皮肤无刺激作用，对家兔眼睛有轻微刺激作用。对鱼类毒性中等。

剂型：2％、12.5％可湿性粉剂，5％拌种剂，10％、12.5％、25％乳油。

防治对象及使用方法：对子囊菌、担子菌和半知菌有效，如白粉菌、锈菌、黑粉病菌和黑星病菌等，另外对尾孢霉菌、球腔菌、禾生喙孢菌、青霉菌、菌核菌、丝核菌、串孢盘菌、黑腐菌、柱锈菌等也有较好防效。可用作种子处理和喷雾。

防治小麦黑穗病：播种前，每 100 kg 种子用 2％可湿性粉剂 200～250 g 拌种，充分搅拌后播种。

防治小麦白粉病、锈病：12.5％可湿性粉剂 480～960 g/hm² 加水喷雾或每 100 kg 种子用 5％可湿性粉剂 300～400 g 拌种。

防治玉米、高粱丝黑穗病：每 100 kg 玉米种子用 12.5％可湿性粉剂 480～680 g 拌种。每 100 kg 种子高粱种子用 5％可湿性粉剂 300～400 g 拌种。

防治梨黑星病：初见病芽、病叶或病果时开始喷药，每次喷药用 12.5％可湿性粉剂 3 600～4 000 倍液，间隔 15 d 喷 1 次；多雨地区可适当缩短间隔期，全期喷药 4～6 次。

防治花生叶斑病：发病初期用 12.5％可湿性粉剂 2 000～3 000 倍液喷雾。

注意事项：

（1）不可与碱性农药混用。

（2）避免药剂沾染皮肤，若不小心沾药应及时用肥皂水冲洗。

（3）应存放于阴凉干燥处。

丙 环 唑

性能及特点：是一种具有保护和治疗作用的内吸性杀菌剂，可被植物根、茎、叶部吸收，并很快在体内向上传导。具有杀菌谱广泛、活性高、杀菌速度快、持效期长、内吸传导性强等特点。其作用机制是影响甾醇的生物合成，使病原菌的细胞膜功能受到破坏，最终导致细胞死亡，从而起到杀菌、防病和治病的功效。原药为明黄色黏稠状液体，难溶于水。对光比较稳定，水解不明显，在酸性、碱性介质中较稳定，对金属无腐蚀性。

毒性：低毒杀菌剂。原油对大鼠急性经口 LD_{50} 为 1 517 mg/kg，急性经皮 $LD_{50} >$ 4 000 mg/kg。对家兔眼睛、皮肤有轻度刺激作用。在试验条件下，未见致畸、致癌、致突变。

剂型：25％乳油。

防治对象及使用方法：防治子囊菌、担子菌和半知菌引起的病害，特别是对小麦全蚀病、白粉病、锈病、根腐病、白绢病，水稻恶苗病、纹枯病，香蕉叶斑病等病害具有特效，但对卵菌类病害无效。

防治小麦叶锈病、网斑病、颖枯病，燕麦冠锈病等：用 25％乳油 498 mL/hm² 在发病初期喷雾；防治颖枯病应在小麦孕穗期喷雾。

防治小麦纹枯病：用 25％乳油 300～450 mL/hm² 在小麦茎基节间均匀喷雾。

防治小麦白粉病、锈病、根腐病、叶枯病：发病初期用 25％乳油 450～525 mL/hm²，兑水 900～1 125 L 喷雾。

防治香蕉叶斑病：用 25％乳油 1 000～1 500 倍液喷雾。

防治水稻恶苗病：用 25％乳油 1 000 倍液浸水稻种子，2～3 d 后直播催芽播种。

防治花生叶斑病：用 25％乳油 390～600 mL/hm² 在发病初期喷雾，间隔 14 d 连续喷药 2～3 次。

注意事项：

(1) 可以和大多数酸性农药混配使用。

(2) 用药时注意防护，不要因处理废药液而污染水源和水系，注意不要污染食物和饲料。

(3) 应贮存在通风、干燥的库房中，防止潮湿、日晒。

氟 硅 唑

性能及特点：主要作用机制是破坏和阻止病菌的细胞膜的重要组成成分麦角甾醇的生物合成，抑制甾醇脱甲基化，导致细胞膜不能形成，使病菌死亡。原药为无色结晶，微溶于水，对光、热稳定。

毒性：低毒杀菌剂。原药对雄性和雌性大鼠急性经口 LD_{50} 分别为 1 110 mg/kg、674 mg/kg，兔急性经皮 $LD_{50} > 2$ 000 mg/kg，大鼠急性吸入 $LC_{50} > 5$ 000 mg/m³。对兔皮肤和眼睛有轻微刺激。

剂型：40％乳油。

防治对象及使用方法：对子囊菌、担子菌、半知菌所致病害，如小麦锈病、颖枯病，大麦叶斑病，谷类白粉病，葡萄白粉病，花生叶斑病，甜菜多种病害，特别是对梨黑星病有较好防效，兼治赤星病。对卵菌无效。

防治梨黑星病：发病初期喷药，隔 7～10 d 喷 1 次，连续喷 4～6 次，每次用 40％乳油 8 000～10 000 倍液，并兼治梨赤星病。

防治黄瓜黑星病：发生前或发生初期开始防治，隔 7～10 d 喷 1 次，连续喷 3～5 次，每次用 40％乳油 112.5～187.5 g/hm²，加水 1 125 L，搅拌均匀后喷雾。

注意事项：

(1) 酥梨类品种在幼果期对此类药剂敏感，应谨慎用药，安全间隔期为 18 d。

（2）避免病菌抗药性产生，应与其他保护性药剂交替使用。

（3）药剂应贮存于阴凉干燥处。

（4）如误服不可引吐，不能服麻黄碱等有关药物，应立即饮用两大杯水或药用炭泥水，并送医院治疗。

三　唑　酮

性能及特点：是一种高效、低毒、低残留、持效期长的内吸性杀菌剂。被植物各部分吸收后，能在植物体内传导，主要是向顶型传导。具有保护、治疗、铲除和熏蒸等作用。主要杀菌机制是抑制菌体麦角甾醇的生物合成。

毒性：低毒杀菌剂。原药对大鼠急性经口 LD_{50} 为 $1\,000\sim1\,500$ mg/kg，小鼠急性经口 LD_{50} 为 $990\sim1\,070$ mg/kg，大鼠急性经皮 $LD_{50}>1\,000$ mg/kg，大鼠急性吸入 LC_{50} 分别为大于 439 mg/m³（1 h）和大于 472 mg/m³（4 h）。对人和兔皮肤有短暂的轻度刺激性，对兔眼睛无刺激作用。对鱼类、鸟类低毒，对蜜蜂和家蚕无害。

剂型：15％可湿性粉剂，15％、20％乳油，15％烟雾剂。

防治对象及使用方法：对禾谷类、果树、蔬菜、烟草等作物上的多种锈病和白粉病有特效；另外对玉米圆斑病、麦类云斑病、小麦叶枯病、凤梨黑腐病、玉米丝黑穗病等均有良好的防效。

防治麦类白粉病、锈病：在感病初期每 667 m² 用 15％可湿性粉剂 $60\sim80$ g，兑水喷雾 $1\sim2$ 次；或按种子质量 0.3％～0.4％的药量拌种。

防治小麦根腐病：用 25％可湿性粉剂拌种，每 100 kg 种子拌药 $300\sim500$ g。

防治小麦散黑穗病：用 25％可湿性粉剂拌种，每 100 kg 种子拌药 $200\sim500$ g；或按种子质量 0.1％～0.2％的药量拌种。

防治高粱、玉米丝黑穗病：用 25％可湿性粉剂拌种，每 100 kg 种子拌药 400 g；或按种子质量 0.3％的药量拌种。

防治西瓜、黄瓜、甜瓜及丝瓜白粉病：发病初期用 20％乳油 $450\sim525$ mL/hm²，加水 $1\,500\sim4\,500$ kg 喷雾 $1\sim2$ 次。

防治菜豆、豌豆等白粉病：用 25％可湿性粉剂 $495\sim750$ g/hm²，加水 $750\sim1\,125$ kg 喷雾。

防治豇豆锈病：发病初期，用 25％可湿性粉剂 $1\,875$ g/hm²，加水 $1\,875$ kg 喷雾。

防治苹果、葡萄、草莓白粉病：感病初期，用 20％乳油 $2\,000\sim3\,000$ 倍液喷雾。

防治苹果、梨、山楂等锈病：用 20％乳油 $2\,000\sim3\,000$ 倍液喷雾；或用 25％可湿性粉剂 $2\,500$ 倍液喷雾。

防治玉米圆斑病：在果穗冒尖期，用 25％可湿性粉剂 $750\sim1\,500$ g/hm²，兑水 $750\sim1\,125$ kg 喷雾；或用 20％乳油 $500\sim1\,000$ 倍液喷雾。

防治烟草、甜菜、啤酒花、花卉等白粉病：用 20％乳油 $150\sim450$ mL/hm² 兑水喷雾。

注意事项：

（1）不能与强碱性药剂混用，可与酸性和弱碱性药剂混用。

（2）使用浓度不能随意增大，以免发生药害。出现药害后常表现植株生长缓慢、叶片变小、颜色深绿或生长停滞等。

（3）种子处理时，要严格控制用量，特别是麦类种子播种后如遇长期干旱容易发生药害。

丙 硫 菌 唑

性能及特点：属广谱杀菌剂。其作用机制是抑制真菌中的甾醇的前体——羊毛甾醇或2，4—亚甲基二氢羊毛甾 14 位上的脱甲基化作用。不仅具有很好的内吸活性，优异的保护、治疗、根除的活性，而且持效期长。

毒性：原药大鼠急性经口 $LD_{50} > 6\,200$ mg/kg，大鼠急性经皮 $LD_{50} > 2\,000$ mg/kg，大鼠急性吸入 $LC_{50} > 4\,990$ mg/L。鹌鹑急性经口 $LD_{50} > 2\,000$ mg/kg，虹鳟鱼 LC_{50}（96 h）1.83 mg/L，蚯蚓于干土中 LC_{50}（14 d）$> 1\,000$ mg。对兔眼睛和皮肤无刺激，豚鼠皮肤无过敏现象。无致畸和致突变作用，对胚胎无毒性。

剂型：48％悬浮剂。

防治对象及使用方法：主要应用作物是谷物、油菜和花生。几乎对麦类所有病害都有很好的防效，如白粉病、纹枯病、枯萎病、叶斑病、锈病、菌核病、网斑病、云纹病等，特别是对纹枯病和斑枯病具有特殊的活性。还能防治油菜和花生的土传病害如菌核病，以及主要叶面病害，如灰霉病、黑斑病、褐斑病、黑胫病、菌核病和锈病等。

防治水稻纹枯病、稻曲病：病害始发期每 667 m^2 用 48％悬浮剂 25～35 mL，兑水喷雾；以后根据病情，7～10 d 后可再喷 1 次。

防治小麦白粉病：小麦苗期或孕穗期至抽穗期病株率达 5％～10％时，每 667 m^2 用48％悬浮剂 25～35 mL，兑水喷雾，同时兼治小麦锈病。

防治黄瓜白粉病：发病初期，每 667 m^2 用 48％悬浮剂 25～35 mL，兑水喷雾，喷透叶片正反面。

防治花生白绢病、黑腐病，油菜菌核病：每 667 m^2 用 48％悬浮剂 30～35 mL，兑水喷雾。

注意事项：

（1）为了预防抗性发生，与不同作用机制药剂如氟嘧菌酯、戊唑醇、肟菌酯、螺环菌胺等进行复配。

（2）防治水稻病害注意施药时保持浅水层，等水自然风干后重新进水。

氟 环 唑

性能及特点：具有良好的保护、治疗、铲除活性和内吸活性。能够抑制病菌麦角甾醇的合成，阻碍病菌细胞壁的形成，使病菌死亡。同时氟环唑可提高作物的几丁质酶活性，导致真菌吸器的收缩，抑制病菌侵入，并能通过调节酶的活性提高作物自身生化抗病性，使作物本身的抗病性大大增强。

毒性：低毒杀菌剂。

剂型：12.5％可湿性粉剂，30％悬浮剂。

防治对象及使用方法：防治谷物褐锈病、黄锈病、叶斑病、大豆锈病、白粉病等多种病害，并能防治糖用甜菜、花生、油菜、草坪、咖啡、水稻及果树等病害。

防治小麦锈病：小麦拔节至孕穗期病叶率达 2％～4％，严重度达 1％时开始喷洒

12.5％可湿性粉剂 2 000～2 500 倍液。

防治水稻纹枯病、稻瘟病、稻曲病等：在破口抽穗期及扬花后用 12.5％可湿性粉剂 1 000 倍液喷施。

防治棉花立枯病、炭疽病、猝倒病等：12.5％可湿性粉剂 2 000～2 500 倍液喷雾。

注意事项：

对水生生物有毒，可能对水体环境产生长期不良影响。

戊 唑 醇

性能及特点：该杀菌剂具有优良的生物活性、用量低、内吸性强、适用范围广的特点，被植物吸收后，在植物组织中向顶传导。主要抑制病原真菌体内麦角甾醇中间体的氧化脱甲基反应，与传统的三唑类杀菌剂相比，还存在着其他作用位点，但同样存在于麦角甾醇生物合成过程中，这个特点使其扩大了活性谱。该药剂还具有植物生长调节作用，能够促进作物生长，使作物根系发达、叶色浓绿、植株健壮，使有效分蘖增加，提高产量。

毒性：低毒杀菌剂。在试验剂量下，无致畸、致突变和致癌作用。

剂型：6％悬浮种衣剂，2％干粉种衣剂，2％湿拌种剂，25％水乳剂，43％悬浮剂。

防治对象及使用方法：主要用于防治小麦、水稻、花生、蔬菜、香蕉、苹果、梨以及玉米、高粱等作物上的多种真菌病害；对白粉菌属、柄锈菌属、喙孢属、核腔菌属和壳针孢属菌引起的病害均能有效防治。可作种子处理或叶面喷雾使用。

防治小麦、玉米、高粱病害：预防小麦白粉病、锈病、纹枯病、全蚀病、黑穗病等，每 10 kg 种子用 2％湿拌种剂 100 g 拌种；病害大发生情况下或土传病害，每 100 kg 种子用 2％湿拌种剂 150 g 拌种。对于玉米、高粱丝黑穗病、纹枯病、锈病等，一般发病情况下，每 100 kg 种子用 2％湿拌种剂 600 g 拌种；病害大发生情况下或土传病害严重的地区，每 10 kg 种子用 2％湿拌种剂 60 g（有效成分 1.2 g）拌种。

防治苹果斑点落叶病：发病初期开始喷药，每隔 10 d 喷药 1 次，春梢共喷药 3 次，秋梢喷药 2 次，用 43％悬浮剂 5 000～8 000 倍液喷雾。

防治梨黑星病：发病初期开始喷药，每 15 d 喷 1 次，共喷药 4～7 次，用 43％悬浮剂 3 000～5 000 倍液喷雾。

防治香蕉叶斑病：在叶片发病初期开始用 25％水乳剂 1 000～1 500 倍液喷雾，每 10 d 喷药 1 次，共喷药 4 次。

注意事项：

（1）本品对鱼类等水生生物危险，要远离水产养殖区施药，禁止在河塘等水体中清洗施药器具。

（2）拌种时应穿戴防护服、手套、防护镜、口罩等，不得吸烟、饮食。

（3）拌种后剩余的种子，不得食用或用作饲料。

（4）可以与其他一些杀菌剂如抑霉唑、福美双等制成杀菌混剂使用；也可以与一些杀虫剂混用，制成包衣剂拌种防治地上、地下害虫和土传、种传病害。任何与本药剂的混剂在进行大规模商业化应用前，必须进行严格的混用试验，以确认其安全性和防治效果。

（5）常温贮存稳定，应贮存在干燥、阴凉、通风、防雨处。

环 丙 唑 醇

性能及特点：与其他三唑类杀菌剂作用机制相同，能迅速被植物有生长力的部分吸收并主要向顶部转移。具有预防，治疗、内吸作用，对植物的常见致病菌均有预防和治疗作用。

毒性：原药对雄性大鼠急性经口 LD_{50} 为 1 020 mg/kg，雌性大鼠急性经口 LD_{50} 为 1 333 mg/kg，雄性小鼠急性经口 LD_{50} 为 200 mg/kg，雌性小鼠急性经口 LD_{50} 为 218 mg/kg，大鼠、兔急性经皮 $LD_{50}>2$ g/kg，大鼠急性吸入 LC_{50}（4 h）>5.65 mg/L。对兔皮肤和眼睛无刺激作用，无致突变作用。对鸟类低毒。

剂型：10%、40%可湿性粉剂，10%水溶性液剂，10%水分散颗粒剂。

防治对象及使用方法：对禾谷类作物、咖啡、甜菜、果树上的白粉菌目、锈菌目、尾孢霉属、喙孢属、壳针孢属、黑星菌属菌引起的谷类眼点病、叶斑病和网斑病，麦类锈病、白粉病，果树白粉病，花生、甜菜叶斑病，苹果黑星病和花生白腐病有很好的防除效果。主要用作茎叶处理，也可进行种子处理。

防治小麦白粉病及小麦、玉米锈病等：40%可湿性粉剂 200 g/hm²，兑水喷雾。

防治果树白粉病、锈病、黑星病等：40%可湿性粉剂 25 g/hm²，兑水喷雾。

苯 醚 甲 环 唑

性能及特点：是一种内吸广谱杀菌剂，具保护和治疗作用。

毒性：属低毒杀菌剂。大鼠急性经口 $LD_{50}>1$ 453 mg/kg，兔急性经皮 $LD_{50}>2$ 010 mg/kg。对兔皮肤和眼睛有刺激作用，豚鼠无皮肤过敏现象。对蜜蜂无毒，对鱼及水生生物有毒。

剂型：3%悬浮种衣剂，10%、37%水分散粒剂，25%乳油，30%、40%悬浮剂，10%、12%、30%可湿性粉剂，5%、10%、20%水乳剂。

防治对象及使用方法：用于葡萄、花生、仁果、马铃薯、小麦和蔬菜等作物上防除纹枯病、锈病、早疫病、叶斑病、黑星病、白粉病有优良的防治效果。是防治柑橘疮痂病、斑点落叶病等作物抗性病害的理想杀菌剂。

防治白粉病、黑星病、叶霉病：发病初期用 10%水分散粒剂 2 000～3 000 倍喷雾。

防治西瓜炭疽病：每 667 m² 用 10%水分散粒剂 50～75 g 兑水喷雾。

防治小麦腥黑穗病、根腐病、纹枯病、颖枯病、全蚀病、白粉病：每 100 kg 种子用 3%悬浮种衣剂 200～500 mL 拌种。

注意事项：

（1）对鱼及水生生物有毒，切忌污染鱼塘、水池及水源地。

（2）避免在低于 10 ℃和高于 30 ℃条件下贮存。

（3）不宜与铜制剂混用。

（4）无专用解毒剂，若不慎溅入眼中及皮肤上，用大量清水冲洗。

（九）苯并咪唑类杀菌剂

多 菌 灵

性能及特点：高效、低毒、广谱内吸性（主要是向顶性传导）杀菌剂，具有保护和治疗作用。残效期大约 7 d，对植物生长有一定刺激作用。其作用机制为干扰病原菌有丝分裂过程中纺锤体的形成而阻碍细胞分裂，起到杀菌作用。原药为浅棕色粉末，不溶于水，亦难溶于有机溶剂。阴凉干燥处贮存 2～3 年。

毒性： 低毒杀菌剂。原药大鼠急性经口 LD_{50} >15 000 mg/kg，急性经皮 LD_{50} >15 000 mg/kg。动物试验未见致癌作用，对鱼类、蜜蜂等低毒。

剂型： 40% 悬浮剂，25%、50% 可湿性粉剂。

防治对象及使用方法： 对葡萄孢菌、镰刀菌、青霉菌、核盘菌、黑星菌等多种病原菌有效，但对鞭毛菌引起的病害无效。连续使用容易诱导病菌产生抗药性。一般用作喷雾，也可用作种苗处理和土壤处理。

防治小麦黑穗病：每 100 kg 种子用 50% 可湿性粉剂 200 g，加水 4 kg，均匀喷洒麦种，再堆闷 6 h 后播种。

防治小麦赤霉病：在抽穗 50% 左右时，每次每 667 m² 用 50% 可湿性粉剂 100 g，兑水喷雾。

防治棉花苗期立枯病、炭疽病：每 100 kg 种子用 50% 可湿性粉剂 1 kg 拌种；也可用 50% 可湿性粉剂 500 g 兑水 250 kg，浸 100 kg 种子，浸种时间 24 h。

防治棉花枯萎病、黄萎病：用 40% 悬浮剂 375 g，兑水 50 kg，浸棉花种子 20 kg，浸 14 h 后，捞出滤去水分后播种，也可晒干后备用。

防治油菜菌核病：在油菜盛花期和终花期各喷 1 次，每次每 667 m² 用 50% 可湿性粉剂，兑水喷雾。

防治苹果褐斑病，葡萄白腐病、炭疽病：用 25% 可湿性粉剂 250～400 倍液喷雾，间隔时间 7～10 d。

防治花生立枯病、茎腐病、根腐病：每 100 kg 种子用 50% 可湿性粉剂 250 g 拌种。

防治花卉病害：发病初期用 50% 可湿性粉剂 20 g，兑水 100 kg 喷雾。

瓜类枯萎病：用 25% 可湿性粉剂 2～2.5 kg 加湿润细土 30 kg 制成药土，撒于定植穴内。结果期发现病株立即用 25% 可湿性粉剂 5 000 倍液灌根，每株 250 mL。

防治水稻纹枯病、稻瘟病：水稻分蘖末期孕穗初期每 667 m² 用 25% 可湿性粉剂 200 g，兑水喷雾。

注意事项：

（1）在酸性条件下，有利于本药剂水溶性提高，增加在植株上的渗透和输导能力，但不能与碱性药剂混用，与杀虫剂、杀螨剂混用时要随混随用。

（2）连续使用易使病原菌产生抗药性，不能与硫菌灵、苯菌灵、甲基硫菌灵等同类药剂轮用。

（3）施于土壤，可能很快被一些土壤微生物分解而失效，所以用作土壤处理剂时，各地防效不一。

噻 菌 灵

性能及特点： 具有保护、治疗及内吸传导作用，能向顶传导，但不能向基传导。能抑制真菌线粒体的呼吸作用和细胞增殖。与多菌灵等苯并咪唑药剂有正交互抗药性。原药为灰白色无味粉末，难溶于水，在低温、高温水中及酸碱性介质中较稳定。

毒性： 低毒杀菌剂。原药大鼠急性经口 $LD_{50}>5\ 100\sim6\ 400\ mg/kg$。对兔眼睛有轻度刺激，对皮肤无刺激。对鱼类低毒，对蜜蜂无毒。

剂型： 42%、45%悬浮剂，60%、90%可湿性粉剂。

防治对象及使用方法： 用于防治子囊菌、担子菌、半知菌引起的多种真菌性病害，如灰霉病、菌核病、斑枯病、炭疽病、蔓枯病、枯萎病、根腐病、褐斑病、丝核菌腐烂病等，但对疫霉菌、腐霉菌、根霉菌及细菌无效。

防治草莓白粉病、灰霉病，苹果和梨青霉病、炭疽病、灰霉病、黑星病、白粉病等：收获前用 42%悬浮剂 $1\ 000\sim1\ 995\ mL/hm^2$，兑水喷雾。

防治甘蓝灰霉病：收获后用 45%悬浮剂 666 倍液，或每 100 kg 水加 45%悬浮剂 150 mL 药液浸蘸。

防治芹菜斑枯病、菌核病：收获前用 45%悬浮剂 $600\sim1\ 995\ mL/hm^2$，兑水喷雾。

防治葡萄灰霉病：收获前用 45%悬浮剂 $333\sim500$ 倍液，或 100 kg 水加 45%悬浮剂 $200\sim300\ mL$ 药液喷雾。

防治柑橘青霉病、绿霉病：采收后 45%悬浮剂 $90\sim900$ 倍药液浸 $3\sim5\ min$，晾干装筐，低温保存。

香蕉贮运防腐：采收后用 45%悬浮剂 $450\sim600$ 倍药液浸 $1\sim3\ min$，晾干装箱，可以控制贮运期烂果。

注意事项：

（1）不能与含铜杀菌剂混用。

（2）对鱼类有毒，不要污染池塘和水源。

（3）联合国粮农组织推荐的噻菌灵人体每日允许摄入量（ADI）为 0.3 mg/kg，在苹果、柑橘类、梨中最大允许残留量为 10 mg/kg，在马铃薯、甜菜为 5.0 mg/kg，香蕉为 3 mg/kg，洋葱、草莓为 0.1 mg/kg，谷物中为 0.2 mg/kg。

（十）氨基甲酸酯类杀菌剂

霜 霉 威

性能及特点： 内吸性杀菌剂，有保护、治疗及刺激植物生长的作用。其杀菌机制主要是抑制病菌细胞膜成分中的磷脂和脂肪酸的生物合成，进而抑制菌丝生长、孢子囊的形成和萌发。根施时具有内吸、渗透及向上输导性能；茎叶处理，能很快被叶片吸收并分布在叶片中。在合适剂量下，喷药后 30 min 就能起到保护作用。与其他药剂无交互抗性。尤其对常用杀菌剂已产生抗药性的病菌有效。原药为无色、无味水溶液。

毒性： 属低毒杀菌剂。大鼠急性经口 LD_{50} 为 $2\ 000\sim8\ 550\ mg/kg$，小鼠急性经口 LD_{50} 为 $1\ 960\sim2\ 800\ mg/kg$，大鼠、小鼠急性经皮 $LD_{50}>3\ 000\ mg/kg$，大鼠急性吸入 LC_{50}（4 h）$>3\ 960\ mg/L$。对兔皮肤及眼睛无刺激作用。对蚯蚓低毒，对天敌及有益生物无害。对鱼类、鸟低毒。

剂型： 66.5%、72.2%水剂。

防治对象及使用方法： 对卵菌纲真菌有特效，可用来防治霜霉病、疫病、猝倒病、晚疫病、黑胫病、白锈病等。可用于土壤处理和叶面喷雾。

防治黄瓜、甜椒腐霉病及疫霉病：播种前或播种后、移栽前或移栽后，用 72.2%水剂

$5\sim7.5$ mL/m^2，加 $2\sim3$ L 水稀释灌根，亦可用于防治猝倒病、疫病；或用 72.2％水剂 $400\sim600$ 倍进行土壤浇灌。

防治黄瓜霜霉病：发病前或初期，用 66.5％水剂 $600\sim1\,000$ 倍液喷雾，隔 $7\sim10$ d 喷 1 次，每个生长季节使用 $2\sim3$ 次。

注意事项：

（1）该药剂碱性条件下易分解，不可与碱性药剂混用。

（2）为预防和延缓病菌抗病性，注意应与其他农药交替使用。

（3）该药剂对作物根、茎、叶的生长有明显的促进作用。

（十一）苯胺基嘧啶类杀菌剂

嘧霉胺

性能及特点： 具有保护和治疗作用，叶间输导性不强。在根部施用表现出较强的内吸性能。主要表现在抑制灰葡萄孢霉的芽管伸长和菌丝生长，在一定的用药时间内对灰葡萄孢霉的孢子萌芽也具有一定的抑制作用。研究发现，嘧霉胺可抑制甲硫氨酸的生物合成，抑制灰葡萄孢霉胞外水解酶的分泌并可减少病菌侵入位点的植物寄主细胞的死亡。这种独特的防病原理使该药可以应用于因其他杀菌剂过度使用而产生抗性的灰霉病发生田块。原药为白色晶体，微溶于水，不易分解，不易燃，不易爆，无腐蚀性，在常温下贮存期可达 3 年。

毒性： 低毒杀菌剂，对兔皮肤和眼睛有一定的刺激作用。

剂型： 20％、30％、40％悬浮剂，20％、40％可湿性粉剂，40％、70％、80％水分散粒剂，25％乳油。

防治对象及使用方法： 对果树、蔬菜、花卉等灰葡萄孢菌引起的灰霉病有特效；还可防治梨黑星病、苹果黑星病和斑点落叶病。

防治果树、蔬菜、花卉等作物灰霉病：发病初期 40％悬浮剂 $375\sim1\,500$ mL/hm^2 兑水 750 kg 喷雾，$7\sim10$ d 喷 1 次，每生长季节 $2\sim3$ 次。如需再喷药则要轮换使用其他药剂，防止抗药性的产生。露地黄瓜、番茄施药一般应选早晚风小、气温低时进行，晴天上午 8 时至下午 5 时、空气相对湿度低于 65％、气温高于 28 ℃时停止施药。

防治早疫病、番茄叶霉病、黄瓜黑星病：发病初期用 40％悬浮剂 $1\,000\sim2\,000$ 倍液喷雾，$7\sim10$ d 防治 1 次，视病情防治 $2\sim3$ 次。

注意事项：

（1）在推荐剂量下对作物各生育期都安全，可以在生长季节的任何时期使用。

（2）在不通风的温室或大棚里，如果用药剂量过高，可能导致部分作物叶片出现褐色斑点，因此注意用药剂量，并在施药后通风。

（3）操作中应注意防护。

（4）注意轮换用药。

（十二）甲氧基丙烯酸酯类杀菌剂

苯氧菌酯

性能及特点： 具有良好的保护、治疗、广谱的杀菌活性。为线粒体呼吸抑制剂与其他常用的杀菌剂无交互抗性，且比常规杀菌剂持效期长，具有高度的选择性。

毒性： 低毒杀菌剂。原药对大鼠雌雄急性经口 LD_{50} ＞5 000 mg/kg，急性经皮 LD_{50} ＞ 2 000 mg/kg，对家兔眼睛、皮肤无刺激性。对作物、人畜及有益生物安全，对环境基本无污染。

剂型： 50％水分散粒剂，30％可湿性粉剂。

防治对象及使用方法： 对半知菌、子囊菌、担子菌、卵菌纲等真菌引起的多种病害具有很好的活性，如葡萄白粉病、小麦锈病、马铃薯疫病、南瓜疫病、稻瘟病等病害，特别对草莓白粉病、甜瓜白粉病、黄瓜白粉病、梨黑星病有特效。

防治黄瓜白粉病、霜霉病：发病初期，用30％可湿性粉剂 250～500 g/hm² 加水稀释后均匀喷雾，一般喷药 3～4 次，间隔 7 d 喷 1 次药。

防治香蕉黑星病、叶斑病：发病初期，用30％可湿性粉剂 1 000～3 000 倍液喷雾，间隔 10 d 喷 1 次药，喷药次数视病情而定。

西瓜及甜瓜炭疽病、白粉病：发生初期或初见病斑时开始喷药，用 50％水分散粒剂 2 000～3 000 倍液均匀喷雾，10 d 左右喷 1 次，与不同类型药剂交替使用，连喷 3～4 次。

注意事项：

（1）不可与强碱、强酸性农药等物质混用。

（2）苗期注意减少用量，以免对新叶产生危害。

（3）应贮存于干燥、通风远离火源处。

嘧 菌 酯

性能及特点： 为仿生杀菌剂，具有保护、治疗、铲除、渗透、内吸活性。抑制病菌细胞线粒体呼吸作用，破坏病菌能量合成，由于缺乏能量供应，病菌孢子萌发、菌丝生长和孢子的形成都受到抑制。该杀菌剂能够调节植物的内在生长环境，增强抗逆能力，促进植物生长。

毒性： 低毒杀菌剂。原药大鼠急性经口 LD_{50} ＞5 000 mg/kg，急性经皮 LD_{50} ＞4 000 mg/kg。在土壤、水和空气中通过光和微生物能迅速降解，最终形成二氧化碳，对环境无污染。

剂型： 25％悬浮剂，20％、50％、60％水分散粒剂。

防治对象及使用方法： 对子囊菌、担子菌、半知菌和卵菌等引起的病害，如白粉病、锈病、颖枯病、网斑病、黑腥病、霜霉病、稻瘟病等均有良好的活性。对于对甾醇抑制剂、苯基酰胺类、二羧酰胺类和苯并咪唑类产生抗性的菌株有效。主要用于谷物、花生、葡萄、马铃薯、果树、蔬菜、咖啡、草坪、花卉等。可用于茎叶喷雾、种子处理，也可进行土壤处理。

防治瓜类和番茄霜霉病、早疫病、晚疫病：发病初期用药，每 667 m² 用 25％悬浮剂 60～90 mL，兑水喷雾，一般 7～10 d 再用药 1 次。

防治作物白粉病、霜霉病、锈病、叶斑病，苹果早期落叶病、黑星病等：25％悬浮剂 2 000～3 000 倍液喷雾，10～15 d 用药 1 次，连喷 2 次。

防治作物炭疽病：每 667 m² 用 25％悬浮剂 40～70 mL，兑水喷雾，10～15 d 用药 1 次，连喷 3～4 次。

注意事项：

（1）在病害发生初期施药，有利提高防效。

（2）有报道认为，在保护地番茄或果园内，曾发生过因嘧菌酯不合理使用而产生的药害问题，因此，番茄幼苗移栽 2 周内须谨慎使用；在番茄上禁止阴天用药，应在晴天中午施用，不能随意扩大用量、增加浓度，避免药害发生。在苹果、梨上严禁使用本药剂。

（3）严禁一个生长季节使用超过 4 次，而且要根据病害种类与其他药剂交替使用。

（4）避免与乳油类农药混用。

（5）番茄、辣椒、茄子等安全间隔期为 3 d，黄瓜安全间隔期 2～6 d。

唑菌胺酯

性能及特点： 与嘧菌酯具有同样的作用机制，抑制病菌细胞线粒体的呼吸作用，具有较强的抑制病菌孢子萌发能力，对叶片内菌丝生长有很好的抑制作用，通过抑制孢子萌发和菌丝生长而发挥药效。该药在叶片内向叶尖或叶基传导及熏蒸作用较弱，但在植物体内的传导活性较强。具有一定的植物生长调节作用，能显著提高作物的硝化还原酶的活性。原药为白色或灰白色结晶，在中性和微酸性环境中稳定。

毒性： 中等毒性。原药大鼠急性经口 $LD_{50} > 5\,000$ mg/kg，急性经皮 $LD_{50} > 2\,000$ mg/kg，急性吸入 LC_{50}（4 h）> 0.31 mg/L。对兔眼睛、皮肤无刺激性。对鱼剧毒，对鸟、蜜蜂、蚯蚓低毒。

剂型： 20%颗粒剂，20%可湿性粉剂，20%水分散粒剂，50%乳油。

防治对象及使用方法： 防治子囊菌、担子菌、半知菌和卵菌纲真菌引起的叶枯病、锈病、白粉病、霜霉病、疫病、炭疽病、疮痂病、褐斑病、立枯病等多种病害。用于谷物、玉米、水果和蔬菜等作物。主要用于茎叶喷雾。

防治黄瓜白粉病、霜霉病：每 667 m² 用 50%乳油 20～40 mL，加水稀释后于发病初期均匀喷雾，一般喷药 3～4 次，间隔 7 d 喷 1 次药。

防治香蕉黑星病、叶斑病：50%乳油稀释 1 000～3 000 倍液（有效成分浓度为 83.3～250 mg/kg），于发病初期开始喷雾，一般喷药 3 次，间隔 10 d 喷 1 次药。

注意事项：

（1）以推荐剂量并同其他无交互抗性的杀菌剂现混现用。严格限制每个生长季节的用药次数，以延缓抗性的发生和发展。

（2）不得在池塘等水源和水体中洗涤施药器械，施药残液不得倒入水源和水体中。

（3）本剂对蚕有影响，对附近有桑园地区使用时应严防飘移。梨树上使用时，在开花始期及落花的 20 d 左右，为防止药害应尽量避免施用。

肟菌酯

性能及特点： 有高效、广谱、保护、治疗、铲除、渗透、内吸活性、耐雨水冲刷、持效期长等特性，是一种呼吸链抑制剂，通过锁住细胞色素 b 与 c_1 之间的电子传递而阻止细胞中三磷酸腺苷（ATP）酶合成，从而抑制线粒体呼吸而发挥抑菌作用。肟菌酯在 25 ℃中性和弱酸性条件下稳定，不易水解，在碱性条件下水解速率会随 pH 的增加而增加。

毒性： 原药大鼠急性经口 $LD_{50} > 5\,000$ mg/kg，急性经皮 $LD_{50} > 2\,000$ mg/kg，急性吸入 $LC_{50} > 4.65$ mg/L。对家兔皮肤有轻度刺激性，眼睛有轻度至中度刺激性。对鱼类和水生生物高毒、高风险。对鸟类、蜜蜂、家蚕、蚯蚓均为低毒。

剂型：12.5％乳油，25％悬浮剂，75％水分散粒剂。

防治对象及使用方法：对于对 14 -脱甲基化酶抑制剂、苯甲酰胺类、二羧酰胺类和苯并咪唑类产生抗性的菌株有效，除对白粉病、叶斑病有特效外，对锈病、霜霉病、立枯病、苹果黑星病亦有良好的活性。应用于谷物、水果、蔬菜、玉米和花生等作物。主要用于茎叶处理。

防治小麦白粉病、锈病等：病害发生初期，用 25％悬浮剂 400～450 g/hm^2，兑水喷雾。

防治黄瓜的粉病、番茄早疫病：病害发生初期，用 25％悬浮剂 400～800 g/hm^2，兑水喷雾，最多施用 3 次，每次间隔 7 d。

防治苹果白粉病、黑星病：用 25％悬浮剂 200～350 g/hm^2，兑水喷雾。

注意事项：

(1) 为了延缓抗性发展和扩大杀菌谱，可与丙环唑、环丙唑醇、戊唑醇、丙硫菌唑等混用。

(2) 应用最佳时期为孢子萌发和发病初期阶段，但对黑星病各个时期均有活性。

(3) 在配药和施药时，应注意切勿使该药剂污染水源，禁止在河塘等水体中清洗施药器械。

氰 烯 菌 酯

性能及特点：具有高效、微毒、低残留、对环境友好的特点，有保护和治疗作用。通过根部被吸收，在叶片上有向上输导性，而向叶片下部及叶片间的输导性较差。其作用机制不明确，初步研究推测，其作用靶标为肌球蛋白- 5。具有较强的化学稳定性。

毒性：原药大鼠急性经口 LD$_{50}$＞5 000 mg/kg，急性经皮 LD$_{50}$＞5 000 mg/kg。兔皮肤和眼睛均无刺激性。对蜜蜂、家蚕低毒，对鱼类、鸟类中等毒性。

剂型：25％悬浮剂。

防治对象及使用方法：对由镰刀菌引起的植物病害有很好的防治效果，对小麦赤霉病、水稻恶苗病等病害活性突出。

防治小麦赤霉病：扬花期至盛期喷雾，用药量为 375～750 g/hm^2 有效成分，根据病情，一般使用 1～2 次，间隔 7 d 左右。每个生长季节最多使用 3 次，安全间隔期为 21 d。

注意事项：

(1) 不得在河塘等水域清洗施药器具，以避免造成对有益生物的不利影响；在鸟类保护区禁用本品，使用时注意对蜜蜂的保护。

(2) 使用本品时应穿戴防护服和手套，避免吸入药液，施药期间不可吃东西和饮水，施药后应及时洗手和洗脸。

啶 氧 菌 酯

性能及特点：有铲除、保护、渗透和内吸作用，破坏病菌的能量合成。

毒性：微毒。

剂型：22.5％悬浮剂。

防治对象及使用方法：

防治黄瓜霜霉病：每 667 m^2 用 22.5％悬浮剂 120～160 mL，加水稀释后均匀喷雾。

防治辣椒炭疽病：每 667 m² 用 22.5％悬浮剂 100～120 mL，加水稀释后均匀喷雾。

防治西瓜炭疽病、蔓枯病：每 667 m² 用 22.5％悬浮剂 140～180 mL，加水稀释后均匀喷雾。

醚 菌 酯

性能及特点：为新型仿生杀菌剂，杀菌谱广，有保护和治疗作用。耐雨水冲刷，持效期长。

毒性：低毒，对鱼及水生生物有毒。

剂型：30％可湿性粉剂，50％、60％、80％水分散粒剂，30％、40％悬浮剂。

防治对象及使用方法：白粉病、炭疽病、黑星病有特效，对黑斑病、早疫病、晚疫病、叶斑病也有较好的防效。

防治白粉病、炭疽病、黑斑病、早疫病、晚疫病、叶斑病等：用 50％水分散粒剂 2 000～3 000 倍液喷雾，隔 10～14 d 用药 1 次，若气候条件等因素不利于作物，则每 7～10 d 喷 1 次。

注意事项：

(1) 安全间隔期 4 d，每季作物最多施药 3～4 次。

(2) 不可与强酸、强碱性农药等物质混合使用。

(3) 苗期注意减少用量，以免对新叶产生危害。

（十三）微生物源杀菌剂

木 霉 菌

性能及特点：木霉菌是半知菌亚门木霉属的一种真菌，有效成分为木霉菌的分生孢子。木霉菌利用生长速度快，生命力旺盛和对环境适应性强的特点与病原菌竞争营养和空间，从而达到抑菌作用；木霉菌对病原菌的重寄生作用，使病原菌解体；木霉菌还可产生一些特殊的次生代谢产物，这些代谢产物可以抑制甚至杀死一些病原菌，还可以在植物根系定殖并且能够产生刺激植物生长和诱导植物防御反应的化合物，增强植物抗病能力，同时能促进植物根系及植株生长，从而间接地增强植物抗病性。

毒性：低等毒性。

剂型：1.5 亿活孢子/g、2 亿活孢子/g 木霉菌可湿性粉剂，1 亿活孢子/g 木霉菌水分散粒剂。

防治对象及使用方法：杀菌谱广，可防治蔬菜灰霉病、霜霉病、白粉病、黑星病，小麦纹枯病、全蚀病，棉花立枯病、枯萎病以及多种作物的苗期病害。特别对大棚蔬菜灰霉病等病害有特效。使用该药剂后，由于环境中微生物群落及分泌物发生了变化，可促使植株生长更加健壮。

防治黄瓜和番茄灰霉病、霜霉病：发病初期施药，每隔 7 d 喷 1 次，连续喷 3 次，用 600～800 倍液。

防治西瓜立枯病、青枯病：用 800～1 000 倍液拌种防治，种药比为 20∶1。

防治各种蔬菜白绢病：在发病初期，用可湿性粉剂拌细土，撒在病株茎基部，隔 5～7 d 撒 1 次，连续 2～3 次。

注意事项：

(1) 本剂为真菌制剂，不可与其他杀菌剂及酸性、碱性农药混用。

（2）不可用于食用菌病害的防治。

（3）应避免阳光和紫外线直射。

（4）应贮存于阴凉干燥的场所，温度以不超过 30 ℃为宜。

（5）露天使用时，最好于阴天或下午 4 时后作业。

（6）喷雾时需均匀、周到，不可漏喷。如喷药后 8 h 内遇雨，应及时补喷。

枯草芽孢杆菌

性能及特点：枯草芽孢杆菌在生长过程中产生的枯草菌素、多黏菌素、制霉菌素、短杆菌肽等活性物质，对病菌有明显的抑制作用。枯草芽孢杆菌制剂外观呈紫红、普蓝、金黄等颜色。

毒性：低等毒性。

剂型：10 亿活孢子/g、100 亿活孢子/g、200 亿活孢子/g、1 000 亿活孢子/g 可湿性粉剂。

防治对象及使用方法：

防治蔬菜等作物白粉病：在病害发病前或发生初期用 10 亿活孢子/g 可湿性粉剂 500～1 000 倍液喷雾。

防治草莓等灰霉病：在病害发生前或发生初期每 667 m² 用 1 000 亿活孢子/g 可湿性粉剂 40～60 g，兑水 45～50 kg 喷雾。

注意事项：

（1）不能在强光下喷雾，晴天傍晚或阴天全天用药效果最佳。

（2）施药时将药液均匀喷施到作物各部位，使用前将药剂充分摇匀。

（3）不能与含铜物质或硫酸链霉素等杀菌剂混用。

（4）应密封避光，在低温（15 ℃左右）条件贮存。

（十四）其他杀菌剂

二氯异氰尿酸钠

性能及特点：是一种高效、广谱、新型内吸性杀菌剂。二氯异氰尿酸钠化学性质稳定，干燥条件下保存半年内有效氯下降不超过 1％，便于贮存运输。喷施在作物表面能慢慢地释放次氯酸，通过使菌体蛋白质变性，改变膜通透性，干扰酶系统生理生化反应及影响 DNA 合成等过程，使病原菌迅速死亡。可溶性粉剂为白色粉末。

毒性：低毒。

剂型：20％、40％、50％可溶性粉剂，66％烟剂。

防治对象及使用方法：对蔬菜、果树、小麦、水稻、花生、棉花等作物的病原细菌、真菌、病毒均有较强的杀灭作用。对食用菌栽培过程中易发生的真菌及多种病害有较强的消毒和杀菌作用。

防治平菇、香菇、金针菇等绿霉病：每 100 kg 干料用 40％可溶性粉剂 100～120 g 拌料。菇房消毒杀灭霉菌，用 66％烟剂 6～8 g/m³ 熏烟。

防治黄瓜霜霉病、番茄早疫病、茄子灰霉病等：发病初期用 20％可溶性粉剂 300～400 倍液喷雾，间隔 7 d 喷 1 次，共喷 3 次。

注意事项：

（1）本药宜单独使用，不能与强酸、强碱及铜制剂混用。

（2）在木耳、银耳、猴头菇栽培中慎用。

（3）喷药宜在傍晚进行。

三、防治真菌病害的农用抗生素

农用抗生素有以下特点：一是多数抗生素有效使用浓度较低；二是选择性强，一种抗生素只对一定种类的微生物有抗菌作用；三是多有内吸或内渗作用，易被植物吸收，具有治疗作用；四是多数易被生物体分解，对人畜毒性低，残毒问题小；五是易变异，药效不稳定，残效期短，成本高，易产生抗药性；六是化学结构复杂，毒性差别很大。

井 冈 霉 素

性能及特点：有较强的内吸作用。其作用机制与菌体的糖代谢有关，药剂抑制了菌体海藻酶的活性，使海藻糖不能转化为葡萄糖被菌体所利用，菌丝顶端产生树枝状的异常分枝，干扰菌丝的正常生长。原药为白色粉末，易溶于水，在偏碱性介质中稳定，在偏酸性介质中活性下降，吸湿性强。

毒性：低毒杀菌剂。纯品小鼠急性经口 $LD_{50} > 2\ 000\ mg/kg$。对小鼠皮肤和眼睛无刺激作用。对鱼低毒，鲤鱼 $LC_{50} > 40\ mg/L$，对家蚕、蜜蜂无毒。

剂型：2%、3%、4%、5%水剂，5%、12%、15%、17%水溶性粉剂。

防治对象及使用方法：防治丝核菌病害（禾谷类作物纹枯病、立枯病、根腐病等）有特效，对白绢病、小粒菌核病也有效。采用叶面喷雾或土壤处理。

防治水稻纹枯病：在水稻分蘖末期，病害率达 20% 左右即开始第一次用药，用 5% 水剂 1 500 mL/hm² 或 5% 粉剂 1 500 g，兑水 1 500 kg 喷洒，以后视病情发展，10～15 d 后再用 1 次。

防治麦类立枯病：严重发病地区，播种时用其他药剂种子处理，控制越冬前发病基数，开春后用 5% 水（粉）剂 150～200 mL，兑水 75～100 kg 喷洒，隔 15～20 d 再喷 1 次，喷洒时要确保小麦基部有足够的药液。

防治蔬菜、棉花立枯病：用 5% 水（粉）剂 500～1 000 倍液浇灌苗床，一般用药液量为 2～4 L/m²。

注意事项：

（1）可与多种杀虫剂、杀菌剂混用，如三环唑、吡虫啉等，扩大防治范围。

（2）防治水稻纹枯病可在任何生育期使用，对已发生纹枯病的有明显的治疗作用，但预防效果较差。

（3）贮存于阴凉、干燥的环境，防止高温和日晒。

春 雷 霉 素

性能及特点：为放线菌的代谢产物。具有较强的内吸性，有预防和治疗作用。通过干扰菌体细胞氨基酸形成肽链，抑制蛋白质的生物合成，从而使菌丝生长发育受到抑制，达到防病效果，但对孢子萌发无影响。其盐酸盐纯品，呈白色针头或片状结晶。有甜味，易溶于水，在酸性条件下稳定，遇碱易分解失效。

毒性：低毒杀菌剂。纯品小鼠急性经口 $LD_{50} > 8\,000$ mg/kg，大鼠急性经皮 $LD_{50} > 4\,000$ mg/kg，对兔眼和皮肤无刺激作用。对鱼及水生生物毒性较低，对家蚕、蜜蜂均安全。

剂型：2％、4％、6％可湿性粉剂，0.4％粉剂，2％液剂，2％水剂。

防治对象及使用方法：对稻瘟病具有预防和治疗作用，对高粱炭疽病、番茄叶霉病、甜菜褐斑病、苹果黑星病、柑橘流胶病、猕猴桃溃疡病等也有较好的防治效果。但对镰刀菌、小丛壳菌、圆孢菌、盘圆孢菌、毛盘孢菌、长蠕孢菌、赤霉菌、青霉菌、葡萄孢菌等真菌、细菌、酵母菌的防效较差。

防治水稻叶瘟病：发病初期用 6％可湿性粉剂 750 g/hm² 兑水 750 kg，均匀喷雾，7～10 d 后再喷 1 次。

防治水稻颈瘟病：水稻孕穗末期至破口期每 667 m² 用 6％可湿性粉剂 50 g，兑水 50～75 kg 喷雾，齐穗期再喷 1 次。

防治黄瓜细菌性角斑病、番茄叶霉病：每 667 m² 用 2％液剂 140～170 mL，兑水 60～80 L，在发病初期喷第一次药，以后每隔 7 d 喷 1 次，连喷 3 次。

防治辣椒细菌性疮痂病：每 667 m² 用 2％液剂 100～130 mL，兑水 60～80 L，在发病初期喷第一次药，以后每隔 7 d 喷 1 次，连喷 3 次。

防治芹菜早疫病、菜豆晕枯病：每 667 m² 用 2％液剂 100～120 mL，兑水 60～80 L，在发病初期喷药。

注意事项：

（1）对大豆、茄子、柑橘、葡萄、藕等作物可能有轻微药害。

（2）除碱性农药外，可与其他农药混用（特别适合与多菌灵、代森锰锌、百菌清等农药），施用前先做小范围试验。

（3）应随用随配，以防霉菌污染导致变质失效；施药 8 h 内遇雨需补施。

（4）在番茄、黄瓜上安全间隔期为 7 d。

多 抗 霉 素

性能及特点：是金色链霉素所产生的代谢产物，主要成分是多抗霉素 A 和 B，属于肽嘧啶核苷酸类抗生素。具有内吸传导作用，可被植物根部吸收，向上输送，能渗透到叶片内。对作物无药害，有刺激植物生长的作用。可抑制病原真菌的细胞壁（几丁质）的合成，使病原菌孢子的胚芽和菌丝体顶端异常膨大，难以侵染植物组织，同时使病原菌因孢子菌丝畸形和新壁不能形成而死亡，达到治病的目的。纯品为无色晶体，对紫外线稳定，在酸性和中性溶液中稳定，在碱性溶液中不稳定。

毒性：低毒杀菌剂。对兔皮肤和眼睛无刺激作用。在试验动物体内无蓄积，能很快排出体外。对鱼和水生生物毒性较低，对蜜蜂低毒。

剂型：1.5％、3％、10％可湿性粉剂，0.3％、1％、3％水剂。

防治对象及使用方法：对水稻纹枯病、小麦白粉病和根腐病、烟草赤星病、瓜类枯萎病、苹果斑点落叶病、草莓及葡萄灰霉病、蔬菜灰霉病和疫病等均有良好的防效。

防治黄瓜白粉病：发病初期每 667 m² 用 1％水剂 500～1 000 mL，兑水喷雾。

防治番茄叶霉病、黄瓜灰霉病：发病初期每 667 m² 用 10％可湿性粉剂 100～140 g，兑水喷雾，间隔 7 d，共喷 3～4 次。

防治苹果斑点落叶病、轮斑病：春梢生长期间，斑点落叶病侵染盛期时，用 10％可湿性粉剂 1 000～1 500 倍液喷雾。

防治烟草赤星病：每 667 m² 用 10％湿性粉剂 70～90 g，兑水喷雾。

注意事项：

（1）不能与酸性或碱性农药混用；施药后 24 h 内遇雨应及时补喷。

（2）为减缓抗药性，要与其他杀菌剂轮用。

（3）在蔬菜收获前 2～3 d 停止施药。

嘧啶核苷类抗菌素

性能及特点： 为刺孢吸水链霉菌北京变种的代谢产物，杀菌作用物质为嘧啶核苷酸类。是一种广谱抗菌素，有预防和治疗作用，对作物也有刺激生长作用。通过抑制病原菌的蛋白质合成而发挥杀菌作用，而使病菌死亡；同时提高植株体内过氧化氢酶含量，增强植株抗病性。原药在酸性、中性介质中稳定，遇碱易分解。

毒性： 低毒杀菌剂。纯品 120 A 和 120 B 小鼠静脉注射 LD_{50} 分别为 124.4 mg/kg 及 112.7 mg/kg。

剂型： 2％、4％、6％水剂，10％可湿性粉剂。

防治对象及使用方法： 主要防治水果、蔬菜、粮食作物的白粉病、炭疽病、枯萎病、纹枯病等病害，对小麦锈病、苹果腐烂病、柑橘疮痂病等也有一定防效。

防治苹果早期落叶病、炭疽病、轮纹病，梨锈病、黑星病、黑斑病：用 2％水剂 200～300 倍液喷雾，或 4％水剂 600～800 倍液喷雾。

防治瓜类根腐病、猝倒病、立枯病、蔓枯病：用 2％水剂 50～100 倍液喷雾，或 4％水剂 200 倍液喷雾。

防治苹果腐烂病、轮纹病：刮去病斑后涂抹 2％水剂 10 倍液，或用 4％水剂 50 倍液涂抹。

注意事项：

（1）不要与碱性农药混用。

（2）贮存于干燥、阴凉的环境，远离食物和饲料及用品。

（3）施用时注意安全防护。

武 夷 菌 素

性能及特点： 从福建武夷山区采集的土壤中分离出的不吸水链霉菌武夷变种菌株中分离出来，属核苷酸类广谱抗生素。

毒性： 为低毒杀菌剂。对人畜、蜜蜂、天敌昆虫、鱼类、鸟类安全。对植物无残留，不污染环境。

剂型： 1％水剂。

防治对象及使用方法： 对多种病原真菌和细菌有很强的抑制和杀伤作用，也可用于柑橘等水果保鲜。该药剂对白粉病菌、叶霉病菌有特效，对水稻白叶枯病、稻瘟病、纹枯病，棉花枯萎病，小麦赤霉病，苹果炭疽病、轮纹病，柑橘青霉病、绿霉病，梨黑星病等病原菌有抑制作用。

防治黄瓜白粉病、霜霉病、黑星病、细菌性角斑病，西瓜、甜瓜白粉病、炭疽病、细菌性角斑病、霜霉病：发病初期，用1‰水剂150～200倍液喷雾，隔7 d喷1次，连续喷2～3次。

防治番茄叶霉病、灰霉病、早疫病、晚疫病：用1‰水剂150～200倍液喷雾，隔4～5 d喷1次，连续喷2～3次。

防治甜菜褐斑病、芦笋茎枯病及凤仙花、丁香、月季白粉病：用1‰水剂150倍液喷雾。

防治水稻立枯病、纹枯病、白叶枯病，小麦白粉病、赤霉病，大豆灰斑病、细菌性斑点病：用100～150倍液喷雾。

防治柑橘流胶病：刮除病部，涂抹原药或1‰水剂5倍液。

防治柑橘青霉病、绿霉病：用1‰水剂200～400 mg/L药液浸果1～2 min，可以保鲜。

注意事项：

（1）不要与碱性农药混用。

（2）药液稀释后及时用完。

（3）施药时做到均匀、周到，以提高防治效果。

第三节　防治细菌病害的杀菌剂

许多杀菌剂具有广谱性，有的能防治多种真菌性病害，有的不仅能防治真菌性病害，还能防治细菌性、病毒性病害，甚至能防治某些害虫，如二氯异氰尿酸钠既能防治一些作物的细菌性病害，又能防治真菌性、病毒性病害。一些广谱性杀菌剂，虽然也能防治细菌性病害，但主要是预防真菌性病害。本节介绍了一些主要防治细菌性病害的杀菌剂。

无机铜类杀菌剂

性能及特点：无机铜类杀菌剂对真菌性病害和细菌性病害都有较好的防治效果，既有保护作用，还有治疗和铲除作用。作用机制主要是通过释放的铜离子与菌体蛋白质中的巯基（—SH）、氨基（—NH$_2$）、羧基（—COOH）、羟基（—OH）等基团发生作用，从而表现出杀菌效果，并对植物生长有刺激作用。它们的杀菌抑菌谱与波尔多液相似。

毒性：对人畜低毒。

剂型：氧化亚铜为56％水分散粒剂；氢氧化铜为77％可湿性粉剂（可杀得）；碱式硫酸铜为80％可湿性粉剂、35％悬浮剂；氧氯化铜为30％悬浮剂（王铜）、84.1％可湿性粉剂（好宝多）；络铵铜为25％水剂。

防治对象及使用方法：主要应用于水果和蔬菜、咖啡和坚果等病害，如氧化亚铜主要防治番茄早疫病、黄瓜角斑病及霜霉病、柑橘溃疡病及疮痂病、花生叶斑病、葡萄霜霉病、辣椒疫病等；氢氧化铜主要防治黄瓜角斑病、柑橘溃疡病及疮痂病、番茄早疫病等病害；碱式硫酸铜主要防治梨星病、柑橘溃疡病、烟草野火病等病害；氧氯化铜主要防治番茄叶霉病、柑橘溃疡病、苹果褐斑病、梨黑星病和赤星病等；络铵铜主要用于防治柑橘溃疡病、瓜类枯萎病、水稻纹枯病及稻曲病、棉苗立枯病和炭疽病。该类杀菌剂的不足之处是，药效低、用量大，为了提高活性，经常与苯基酰胺类和氨基甲酸酯类杀菌剂混用。

注意事项：

（1）以上药剂的持效期一般为 7～10 d，具体的施药次数以及施药间隔时间应根据病情发展情况而定，还要考虑到降水等不利于保持药效的诸多因素及每一次喷药后作物新生长出来的感病部位的情况等。

（2）作物幼苗期，在对铜敏感的作物及某些作物中对铜敏感的品种上应慎用；遇高温高湿或阴湿天气，要尽量避免用铜剂，以免发生药害。

（3）避免药液及废液流入鱼塘、河流等水域。

噻 菌 铜

性能及特点： 噻唑类有机铜杀菌剂。具有良好内吸性及保护和治疗作用。作用机制为药剂破坏细菌细胞壁导致细菌死亡，药剂中的铜离子导致病原菌细胞膜上的蛋白质凝固，铜离子渗透进入病原菌细胞内，与某些酶结合，影响其活性，导致机能失调。原药遇强碱分解，在酸性下稳定。

毒性： 低毒杀菌剂。原药雄性大鼠急性经口为 $LD_{50} > 2\,150$ mg/kg，雌雄大鼠急性经皮 $LD_{50} > 2\,000$ mg/kg，雌雄大鼠急性经皮 $LD_{50} > 2\,000$ mg/kg。对皮肤无刺激性，对眼睛有轻度刺激。对人畜、鱼、鸟、蜜蜂、青蛙、天敌和农作物安全，对环境无污染。

剂型： 20％悬浮剂。

防治对象及使用方法： 主要防治水稻细菌性条斑病、白叶枯病，柑橘溃疡病、疮痂病，黄瓜细菌性角斑病、西瓜枯萎病、香蕉叶斑病、白菜软腐病等病害。

防治水稻白叶枯病、细菌性条斑病：苗期 3～4 片叶及移栽前 4～5 d 各预防 1 次；大田分蘖后到孕育期、抽穗期、开花期，叶片初发病时各防治 1 次。每 667 m² 用 20％悬浮剂 100 g 兑水喷雾，兼治稻曲病、基腐病、褐条病。

防治柑橘疮痂病、溃疡病：20％悬浮剂 500～700 倍液喷雾。

防治桃树（李树、杏、樱桃、杧果、柿子等）细菌性穿孔病：用 20％悬浮剂 500 倍喷雾，间隔期 7～10 d，果实膨大期到成熟期停止用药。

防治瓜类角斑病：在始花期开始用药，用 20％悬浮剂 500 倍药液喷雾，连续喷雾 2～3 次。间隔期 7～10 d。兼治白叶枯病、靶斑病、炭疽病。

防治西瓜青枯病：第一次施药在苗期移栽前 4 d，第二次施药在始蔓期灌根，第三次施药在始花期。用 20％悬浮剂 500 倍药液浇根，每株 150～200 mL；如需喷淋，以 500 倍药液全株喷湿，根部多喷。

防治叶菜类（白菜软、甘蓝、花椰菜等）软腐病、黑腐病、黑斑病：第一次用药在苗生长到叶片基本覆盖住垄背时用药，第二次用药在移栽前 3～4 d，第三次用药在莲座期。用 20％悬浮剂 500 倍药液喷雾全株，根部多喷。连续喷 2～3 次，间隔期 7～10 d。

注意事项：

（1）对铜敏感的作物预防产生药害。

（2）应在作物发病初期用药，不能与碱性农药混用。

噻 枯 唑

性能及特点： 噻唑类内吸杀菌剂，具有良好治疗和预防作用。原药性质稳定。

毒性：低毒性杀菌剂。原药小鼠急性经口 LD_{50} 为 3 180～6 200 mg/kg，大鼠急性经口 LD_{50} 为 3 160～8 250 mg/kg。对鱼类安全。

剂型：20％、25％可湿性粉剂。

防治对象及使用方法：主要用于防治植物细菌性病害，对假单孢杆菌属和黄单孢杆菌属有良好活性，防治水稻白叶枯病、细菌性条斑病、柑橘溃疡病有较好的防治效果。

防治水稻白叶枯病：在早、中、晚稻的秧田和本田施用，25％可湿性粉剂 1 500～1 175 g/hm² 加水喷雾，一般秧田在稻苗 4～5 叶期喷药，本田在发病初期和始穗期喷药。

防治小麦细菌性黑颖病：25％可湿性粉剂 1 330～2 106 g/hm² 加水喷药；或按同样的药量施入灌溉水中，随灌溉而施药。施药宜从小麦孕穗初期开始。

防治柑橘溃疡病：在苗木及幼树新梢萌发后 20～30 d 喷药，结果树在花后 10 d、30 d、50 d 各喷 1 次药，如遇暴风雨则过后应及时喷药保护。用 25％可湿性粉剂 1 350～2 106 g/hm² 加水喷雾。

注意事项：

(1) 不宜作毒土处理，最好用喷雾方式施药。

(2) 应贮存在阴凉干燥处，避免受潮。

(3) 防治其他细菌性病害，应事先做试验。

噻森铜

性能及特点：有机铜杀菌剂。高效广谱，强内吸性，有很好的保护和治疗作用，耐雨水冲刷，药效较持久。

毒性：大鼠急性经口 LD_{50} ＞200 mg/kg，大鼠急性经皮 LD_{50} ＞5 000 mg/kg。对兔眼睛有轻度刺激，对其皮肤无刺激。

剂型：20％悬浮剂。

防治对象及使用方法：用于防治水稻白叶枯病、细菌性条斑病，大白菜软腐病，番茄青枯病等；对柑橘溃疡病、疮痂病，黄瓜细菌性角斑病，香蕉叶斑病，西瓜、甜瓜枯萎病、蔓枯病，辣椒青枯病等也有效。

防治水稻白叶枯病、柑橘溃疡病、蔬菜细菌性角斑病等：用 20％悬浮剂 500 倍液喷雾，视病情连续使用 2～3 次，每次间隔 7～10 d。

防治叶菜类软腐病：用 20％悬浮剂 500 倍液灌根，每株 250 mL，也可用 500 倍液喷雾。第一次用药在莲座初期，连续使用 2～3 次，间隔 7～10 d。

防治番茄、辣椒青枯病、软腐病等：第一次用药在定植后两周灌根，第二次用药在定植后 5 周左右灌根并全株喷施。灌根和喷雾均用 20％悬浮剂 500 倍液。

防治瓜类枯萎病、蔓枯病：第一次用药在雄花开时灌根，第二次在座瓜期灌根，以后每隔 10 d 喷雾防治，连续防治 3 次。灌根用 20％悬浮剂 500 倍液，每株 250 mL，喷雾用 20％悬浮剂 500 倍液。

叶枯唑

性能及特点：内吸杀菌剂，具有良好治疗和预防作用。对细菌病害有较好的防效。抗雨水冲刷，高效、低毒、低残留、持效期长。

毒性： 低毒性杀菌剂。原药小鼠急性经口 LD_{50} 为 3 180～6 200 mg/kg，大鼠急性经口 LD_{50} 为 3 160～8 250 mg/kg。无致癌、致畸、致突变作用。对鱼类安全。

剂型： 15％、20％可湿性粉剂。

防治对象及使用方法： 细菌性病害防治专用药剂，对水稻白叶枯病、细菌性条斑病，大白菜软腐病，番茄青枯病、溃疡病，马铃薯青枯病，柑橘溃疡病，核果类果树（桃、杏、李、梅等）细菌性穿孔病等细菌性病害均具有很好的防治效果。

防治水稻白叶枯病：秧田 4～5 叶施药，本田在发病及齐穗期各施 1 次，间隔 7～10 d，每次每 667 m^2 用 20％可湿性粉剂 100～150 g，兑水 40～50 kg 喷雾。

防治番茄及马铃薯青枯病：病害发生前或发生初期开始灌药，一般使用 15％可湿性粉剂 300～400 倍液，或 20％可湿性粉剂 400～500 倍液，每株浇灌药液 150～250 mL，顺茎基部浇灌。

注意事项：

（1）不可与碱性农药混用。

（2）不宜配制成毒土施药。

硫 酸 链 霉 素

性能及特点： 是从灰色链霉菌中分离出来的抗生素。通过与病原细胞 30S 核糖体亚单位结合，引起遗传密码错读，从而抑制病原菌蛋白质的生物合成。原药在低温下稳定，在碱性条件或高温下易分解失效。

毒性： 对人畜、鱼类及天敌低毒，皮肤会对其产生过敏反应。

剂型： 72％可溶性粉剂。

防治对象及使用方法： 革兰氏阳性菌对本药品的反应比革兰氏阴性菌更敏感。能有效地防治多种植物细菌病害，如苹果、梨疫病，柑橘溃疡病，桃细菌性穿孔病，烟草野火病，白菜软腐病，番茄细菌性斑腐病、晚疫病，马铃薯黑胫病、青枯病，黄瓜角斑病、霜霉病，蔬菜细菌性疫病等病害。

防治水稻白叶枯病、白菜软腐病、柑橘溃疡病：用 72％可溶性粉剂 1 000～1 200 倍液喷雾，共喷 2～3 次。

防治黄瓜角斑病、烟草青枯病、桃细菌性穿孔病：72％可溶性粉剂稀释 4 000～5 000 倍液喷雾，隔 7 d 喷药 1 次，共喷 2～3 次。

注意事项：

（1）不要与碱性农药和细菌制剂混用，可与其他抗生素杀菌剂、杀虫剂混用。

（2）高温时可能发生轻微药害。

（3）喷药 8 h 之内遇雨应补喷，以保证药效。

中 生 菌 素

性能及特点： 是从浅灰色链霉菌海南变种中分离出来的 N-糖苷类抗生素。其抗菌谱广，能够抑制多种病原细菌。

毒性： 对人畜中等毒性。

剂型： 3％可湿性粉剂，1％水剂。

防治对象及使用方法：对革兰氏阳性和阴性细菌、分枝杆菌、酵母菌及丝状真菌均有抑制作用。主要对大白菜软腐病、白菜黑腐病、黄瓜角斑病、水稻白叶枯病、柑橘溃疡病、小麦赤霉病有效。

防治水稻白叶枯病、黄瓜角斑病：用 3% 可湿性粉剂 600～800 倍液喷雾。

防治白菜软腐病：用 1% 水剂 60 mg/L 药液拌种；田间发病初期用 3% 可湿性粉剂 1 000～1 200 倍液喷雾。

防治西瓜枯萎病：用 3% 可湿性粉剂 600～800 倍液灌根，每株灌药液 250 mL。

注意事项：

（1）可以与铜制剂等农药混用，不能与碱性农药混用。

（2）贮存于密闭容器，置阴凉处。

（3）药剂要现配现用，不要久存。

蜡质芽孢杆菌

性能及特点：为微生物源杀菌剂。蜡质芽孢杆菌能通过体内的过氧化物歧化酶提高作物对病菌和逆境危害引发体内产生氧的清除能力，调节作物细胞微生境，维护细胞正常的生理代谢和生化反应，提高抗逆性，加速生长，提高产量和品质。蜡质芽孢杆菌与假单芽孢菌混合制剂外观为淡黄色或浅棕色乳液状，有特殊腥味。

毒性：低毒。

剂型：10 亿 CFU/mL 悬浮剂，8 亿 CFU/g 可湿性粉剂。

防治对象及使用方法：主要应用于防治土壤传播的细菌性病害，如姜瘟病，也可防治根结线虫病。

防治姜瘟病：每 100 kg 种姜用 8 亿 CFU/g 可湿性粉剂 240～320 g，兑水浸泡种姜 30 min，或每 667 m² 用 8 亿 CFU/g 可湿性粉剂 400～800 g 兑水顺垄灌根。

防治蔬菜等作物根结线虫病：每 667 m² 用 10 亿 CFU/mL 悬浮剂 4.5～6 L 兑水灌根。

注意事项：

（1）施药后 24 h 内如遇大雨必须重施。

（2）发病较重时，可增大使用深度和增加使用次数。

（3）宜存放于阴凉通风处，打开即用，不再存放。

第四节　防治病毒病害的杀菌剂

烷醇·硫酸铜

性能及特点：是三十烷醇、硫酸铜、十二烷基硫酸钠混制而成。三十烷醇能提高植物叶绿素含量，增加光合效率，促进植物对水分和氮、磷、钾的吸收，抗御病毒侵染和复制；十二烷基硫酸钠起表面活性、乳化发泡作用，以利药液浸透植物组织；硫酸铜通过铜离子起杀菌作用，消灭一些毒源。该药剂集杀菌、脱病毒、调节生长和增产等作用为一体。

毒性：对人畜低毒。

剂型：0.5% 水乳剂，0.5% 乳油，1.5%、2.5%、6% 可湿性粉剂。

防治对象及使用方法：主要防治番茄花叶病、蕨叶病，烟草花叶病等病毒病，对霜霉病、疫病、软腐病也有一定的防治效果。

防治烟草花叶病：苗床期用 1.5％水乳剂 800～1 000 倍液喷雾，移栽缓苗后再喷 1 次，经半个月后再喷 1 次。

防治番茄花叶病、蕨叶病：初花期、盛花期用 2.5％可湿性粉剂 1 000 倍液喷雾。

注意事项：

（1）不可与碱性农药及生物性农药混用。

（2）严格按使用说明操作，不可随意改变稀释浓度。

（3）在作物表面无水时喷药，喷后 6 h 内遇雨及时补喷 1 次。

（4）应结合其他措施综合防治植物病毒病。

吗胍·乙酸铜

性能及特点：由盐酸吗啉胍和醋酸铜混配制成。盐酸吗啉胍是一种广谱、低毒病毒防治剂，该药喷施到植物叶面后，可通过气孔进入植物体内，抑制和破坏核酸及脂蛋白的合成而起到防治病毒的作用；醋酸铜主要通过铜离子来预防或防治菌类引起的其他病害，从而起到辅助作用。

毒性：对人畜低毒。

剂型：20％可湿性粉剂、可溶性粉剂。

防治对象及使用方法：对烟草、蔬菜、茶叶、苹果等作物的花叶病、蕨叶病、条斑病、赤星病等有良好的防治效果，对小麦丛矮病、玉米粗缩病也有明显的预防和治疗作用。

防治番茄病毒病：用 20％可湿性粉剂 2 250～3 750 g/hm² 加水喷雾。在发病初期开始喷药，每隔 7 d 喷 1 次，共喷药 3 次。

注意事项：

（1）不可与碱性及含有铜、汞的药剂混用。

（2）应注意提前喷药，病毒发生初期使用，预防抑制为主。

（3）注意防治蚜虫、螨类等病毒传播媒介，进行综合防治。

（4）对铜制剂敏感的作物慎用。

盐 酸 吗 啉 胍

性能及特点：是一种吗啉类广谱病毒防治剂，对植物病毒病具有较好的控制作用和保护作用。稀释后的药液喷施到植物叶面后，药剂可通过气孔进入植物体内，抑制或破坏核酸和脂蛋白的形成，阻止病毒的复制过程，起到控制病毒的作用。

毒性：对人畜低毒，对鱼类有毒性。

剂型：5％、10％可溶性粉剂，20％可湿性粉剂，20％悬浮剂。

防治对象及使用方法：防治番茄、辣椒、瓜类、十字花科蔬菜、烟草、马铃薯等作物病毒病。主要用于喷雾。

从病害发生初期开始喷药，7～10 d 施用 1 次，连续喷施 3～4 次。一般按 5％可溶性粉剂 80～100 倍液、10％可溶性粉剂或 10％水剂 150～200 倍液、20％可湿性粉剂或 20％悬浮剂 300～400 倍液几种施药方式均匀喷雾。

注意事项：

（1）每种作物在生长季节最多使用 3 次。

（2）不可与碱性农药等物质混合使用。

（3）与作用机制不同的杀菌剂轮换使用，以延缓抗性产生。

（4）远离水产养殖区施药，禁止在河塘等水体中清洗施药器具。

（5）使用本品时应穿戴防护服和手套，避免吸入药液，施药期间不可吃东西和饮水；施药后应及时洗手和洗脸；避免孕妇和哺乳期妇女接触，避免污染水源。

氨 基 寡 糖 素

性能及特点： 高效、无残留生物杀菌的抗病毒剂。能钝化病毒活性、干扰病毒 RNA 的合成，增强植物自身抗病毒能力。

毒性： 低等毒性。

剂型： 0.5%、1%、2%水剂，0.5%可湿性粉剂，99%粉剂。

防治对象及使用方法： 可广泛用于各种作物及有机农产品的真菌、细菌和病毒病的防治。特别对烟草、蔬菜、水果、水稻、大豆及热带水果和花卉病毒病防效十分显著。

防治蔬菜病毒病：用 0.5%水剂 400～500 倍液浸种 6 h；或 0.5%水剂灌根，200～250 mL/株，间隔 7～10 d，连用 2～3 次。

防治番茄病毒病：2%水剂 300～400 倍液，苗期喷 1 次，发病初期开始，每隔 5～7 d 喷 1 次，连续喷 3～4 次。

防治烟草花叶病毒病：自幼苗期开始每 10 d 左右喷洒 1 次 2%水剂 500 倍液，连续喷洒 2～3 次。

防治白菜等软腐病：用 2%水剂 300～400 倍液喷雾，第一次喷雾在发病前或发病初期，以后每隔 5 d 喷 1 次，共喷 5 次。

防治西瓜蔓枯病、黄瓜霜霉病：用 2%水剂 500～800 倍液喷雾，每隔 7 d 喷 1 次，连续喷 3 次。

注意事项：

（1）避免与碱性农药混用，可与其他杀菌剂混合使用。

（2）喷雾 6 h 内遇雨应补喷。

（3）不要在太阳下暴晒，于上午 10 时前，下午 4 时后叶面喷雾。

（4）发病初期用药，或在苗期开始用药，防病效果更好。

菇 类 蛋 白 多 糖

性能及特点： 主要成分是菌类多糖，是由葡萄糖、甘露糖、半乳糖、木糖与蛋白质片段的复合体。以微生物固体发酵而制成的生物农药，为预防性药剂，除抗病毒外还有明显的增产作用。原药为乳白色粉末，溶于水，制剂外观为深棕色，稍有沉淀，无异味，pH 为 4.5～5.5，常温贮存稳定。

毒性： 对人畜低毒。

剂型： 0.5%水剂

防治对象及使用方法： 用于防治蔬菜病毒病，对烟草花叶病、黄瓜花叶病等的侵染均有良好的抑制效果。可采取喷雾、浸种、灌根和蘸根等方法施药。

防治蔬菜类病毒病：用 0.5％水剂 250～300 倍液于苗期或发病初期开始喷雾，隔 7～10 d 喷 1 次，连喷 3～5 次，发病严重的地块，应缩短使用间隔期。若灌根使用，0.5％水剂 250 倍液，每株每次用 50～100 mL 药液，每隔 10～15 d 灌 1 次，连灌 2～3 次。在番茄、茄子、辣椒等的幼苗定植时，用 0.5％水剂 300 倍液浸根 30～40 min 后，再栽苗。

防治马铃薯病毒病：用 0.5％水剂 600 倍液浸薯种 1 h 左右，晾干后种植。

注意事项：

(1) 避免与酸、碱性农药混用；配制时需用清水，现配现用。

(2) 苗期或发病初期施药。

(3) 与其他防治病毒病措施（如防治蚜虫）配合作用，防效更好。

葡 聚 烯 糖

性能及特点：可以抑制病毒的早期定殖、增殖和扩展，而且能钝化作物体外的病毒，还能促进作物细胞活化、刺激生长。原药为白色粉末状固体。

毒性：对人、畜低毒。大鼠急性经口 LD_{50}＞4 640 mg/kg，大鼠急性经皮 LD_{50}＞4 640 mg/kg。

剂型：0.5％可湿性粉剂。

防治对象及使用方法：蔬菜病毒病、辣椒疫病、烟草花叶病毒病等防治效果明显。

防治蔬菜病毒病、烟草花叶病毒病：用 0.5％可湿性粉剂 4 000～5 000 倍液喷雾。在发病前期或苗期使用，连续施药 3～4 次，每次间隔 5～7 d。

注意事项：

(1) 不能与碱性农药、铜汞制剂混用。

(2) 药液均匀喷洒于植株各部位，应避开中午高温时段施用。

(3) 作物苗期、发病前或发病初期叶面喷施效果佳。

宁 南 霉 素

性能及特点：为胞嘧啶核苷肽型广谱抗生素杀菌剂，具有预防、治疗作用。防治植物病毒病兼有防治真菌和细菌病的作用。水剂为褐色液体，带酯香味。

毒性：低毒杀菌剂。本剂无生物富集现象，无致畸、致癌、致突变作用。

剂型：2％、8％水剂，10％可溶性粉剂。

防治对象及使用方法：对烟草花叶病有特效，对小麦和蔬菜白粉病、水稻白叶枯病等防效较好。

防治烟草花叶病：用 2％水剂稀释 250～400 倍液喷雾，均匀喷洒于叶片正反面。在苗床期喷 1～2 次，生长期喷 2～3 次，每次间隔 7～10 d，最后一次喷施距收获 14 d 以上。重病区，应在发病前喷药，或提高药液浓度和喷洒次数。

注意事项：

(1) 不可与碱性药剂混用。

(2) 施药时间宜早，以预防为主。

(3) 在烟草上施用，药液浓度不要高于 100 mg/L，以免产生药害。

(4) 应存放于阴凉干燥处。

第五节 防治线虫的药剂

二 氯 异 丙 醚

性能及特点：是一种有熏蒸作用的杀线虫剂。因其蒸气压低，气体在土壤中挥发较慢，因此对植物安全，可以在作物的生育期施用。原油具有特殊的刺激性臭味。

毒性：低毒杀线虫剂。原药雄性大鼠急性经口 LD_{50} 为 698 mg/kg，急性经皮 LD_{50} 为 2 000 mg/kg。对眼睛有中等刺激作用，对皮肤有轻度刺激作用，对鱼类低毒。

剂型：80％乳油。

防治对象及使用方法：对柑橘、烟草、棉花、甘薯、蔬菜多种植物根结线虫、孢囊线虫、短体线虫、半穿刺线虫等均有较好的防治效果，对烟草立枯病和生理性斑点病也有预防作用。

在播种前 7～20 d 处理土壤，也可在播种后和植物生长期使用。每 667 m² 用 80％乳油 5～9 kg，可在播种沟或在植株两侧距根部约 15 cm 处开沟施药，沟深 10～15 cm，或在植株四周穴施，穴深 15～20 cm，穴距约 30 cm，施药后覆土。

注意事项：

(1) 土壤温度低于 10 ℃时不宜施用。

(2) 施药时严禁吸入气雾，严禁接近儿童、家畜。

(3) 密封保存在远离火源、食物和饲料及阳光直射的低温场所。

(4) 如误服，应饮大量水并催吐，保持安静，并及时就医。

灭 线 磷

性能及特点：为有机磷酸酯类杀线虫剂和杀虫剂，无熏蒸和内吸作用，具触杀作用。在土壤中的半衰期依不同土质、不同温度和湿度而有很大变化，一般为 14～28 d。对光、酸稳定，遇碱则不稳定。原药对光稳定，在酸性溶液中，分解温度可达 100 ℃，在 25 ℃的碱性介质中迅速分解。

毒性：高毒杀线虫剂。原药大鼠急性经口 LD_{50} 为 62 mg/kg，急性经皮 LD_{50} 为 226 mg/kg，急性吸入 LD_{50} 为 249 mg/kg。在试验剂量内对动物无"三致性"。对鱼类高毒，对蜜蜂毒性中等偏高，对鸟类高毒。

剂型：20％颗粒剂。

防治对象及使用方法：能防治多种线虫，如根结线虫、矮化线虫、穿孔线虫、茎线虫、轮线虫、剑线虫、毛线虫等；对土壤中危害根茎部的害虫，如鳞翅目、鞘翅目、双翅目的幼虫和直翅目、膜翅目的一些种类也有防效。

防治花生线虫：每 667 m² 用 20％颗粒剂 1 500～1 700 g，穴施或沟施，但必须注意不宜与种子直播接触，否则易发生药害。在穴内或沟内施药后，覆盖一层有机肥料或土，然后再播种及覆土。

注意事项：

(1) 因本品易经皮肤进入人体，施药时应注意防护，并注意安全。施药后，妥善处理药品包装物。

（2）对鱼类、鸟等有毒，避免药剂污染水域及其他非靶标区域。

<h2 style="text-align:center">棉　　隆</h2>

性能及特点： 为高效、低毒、无残留的环保型广谱性综合土壤熏蒸消毒剂。施用于潮湿的土壤中时，在土壤中分解成有毒的异硫氰酸甲酯、甲醛、硫化氢等，迅速扩散至土壤颗粒间，有效地杀灭土壤中各种线虫、病原菌、地下害虫及萌发的杂草种子等，从而达到清洁土壤的效果。土壤消毒处理所需要的剂量和有效作用时间的长短，以及所防治的生物机体的状态，是由包括土壤在内的相关因素决定的。

毒性： 低毒杀线虫剂。对雌大鼠急性经口 LD_{50} 为 710 mg/kg，雄大鼠为 550 mg/kg；兔急性经皮 LD_{50} 为 2 300～2 600 mg/kg。对眼黏膜有轻微刺激作用。对鱼类中等毒性，对蜜蜂无毒性。

剂型： 50％可湿性粉剂，98％～100％微粒剂。

防治对象及使用方法： 对作物的根腐病、白斑病、枯萎病、立枯病、黑腐病、根癌病等土传病害，寄生线虫、地下害虫、杂草防治效果好。

大田处理用药量为 50％可湿性粉剂 15～22.5 kg/hm² 与 75 kg 细沙土拌匀，沟施或撒施，深度在 20 cm，而后立即覆土，再用薄膜覆盖，经一定的时间间隔后，松土通气，然后播种。施药与播种的间隔时间视施药处理时的土壤温度而定，10 cm 土壤温度 25 ℃时，间隔 8 d，20 ℃时间隔 15 d，15 ℃时间隔 24 d。

注意事项：

（1）本品颗粒剂无腐蚀性，短期接触几乎无刺激作用，但应避免长期接触皮肤、眼睛或黏膜，撒布颗粒剂时，操作人员应带橡胶手套、穿长靴。

（2）不要在提供饮水区使用，该药剂对鱼有毒性。进入土壤的药剂也易污染地下水，所以南方多雨水地区要慎用。

（3）储存应密封于原包装内，并存放在阴凉、干燥的地方。

（4）施药只能在播种前进行，不能直接接触植物的根、茎、叶等部位，以免发生药害。消毒后透气 7 d，才能种植作物。

（5）不同土壤质地施药量要调整，黏性土壤药量要多一些，沙质土则反之。

<h2 style="text-align:center">噻　唑　磷</h2>

性能及特点： 为有机磷类具有触杀与内吸作用的杀虫剂和杀线虫剂，主要作用方式是抑制靶标害物的乙酰胆碱酯酶。杀死根结线虫主要通过两种方式：线虫接触土壤中的噻唑磷而死亡；噻唑磷内吸至作物根部杀死已侵入作物根部形成根瘤的根结线虫。该药剂有向上传导特性，由作物根部向叶片传导强，由叶片向花传导弱，基本不由花向果实传导，可传导至叶片防治刺吸式口器害虫如蚜虫等。

毒性： 原药大鼠急性经口 LD_{50} 为 57～73 mg/kg，小鼠急性经口 LD_{50} 为 91～104 mg/kg；大鼠急性经皮 LD_{50} 分别为 2 396 mg/kg（雄）、861 mg/kg（雌），大鼠急性吸入 LD_{50} 为 0.832 mg/L（雄）、0.558 mg/L（雌）。对兔眼睛有刺激性，对皮肤无刺激性。鲤鱼 LD_{50}（48 h）为 208 mg/L，水蚤 2.17 mg/L。

剂型： 12.5％颗粒剂。

防治对象及使用方法：对根结线虫、根腐线虫（又称短体线虫）、孢囊线虫、茎线虫等有特效，可广泛应用于蔬菜、果树、药材等作物；也可用于防治地面缨翅目、鳞翅目、鞘翅目、双翅目许多害虫，对地下根部害虫也十分有效；对许多螨类也有效，对常用杀虫剂产生抗性的害虫（如蚜虫）有良好内吸杀灭活性。

防治黄瓜、番茄、西瓜、花生、马铃薯、香蕉、药材等根结线虫：12.5％颗粒剂沟施或者穴施，用量为 8～32 kg/hm²。

注意事项：

（1）该药剂不能直接与根系直接接触、不能过量施用，否则易产生药害，如导致植株生长缓慢，根系发育不良，叶片发黄等症状。

（2）施药时注意防护。

威　百　亩

性能及特点：具有熏蒸作用的二硫代氨基甲酸酯类杀线虫剂，其在土壤中降解成异氰酸甲酯发挥熏蒸作用，通过抑制生物细胞分裂与 DNA、RNA 和蛋白质的合成以及造成生物呼吸受阻，能有效杀灭根结线虫、杂草等有害生物，从而获得洁净、健康的土壤。原药为白色粉末，不溶于大多数有机溶剂；在碱性环境中稳定，酸性环境中则分解。

毒性：低毒杀线虫剂，并具有杀菌、除草作用。原药雄性大鼠急性经口 LD_{50} 为 820 mg/kg，家兔急性经皮 LD_{50} 为 800 mg/kg。对眼睛及黏膜有刺激作用。对鱼有毒，对蜜蜂无毒。

剂型：35％、42％水剂。

防治对象及使用方法：适用于花生、棉花、大豆、马铃薯等作物线虫的防治，对马唐、看麦娘、莎草等杂草及棉花黄萎病、十字花科蔬菜根肿病等有防治效果。

防治黄瓜根结线虫病：每 667 m² 用 35％水剂 4～6 kg，兑水 300～500 kg，于种植前约 15 d 开沟土壤处理，覆土压实待药品挥发后才能播种。

注意事项：

（1）施药时间一般选择早 4 时至 9 时或午后 16 时至 20 时，避开中午高温时间，防止药品过多挥发及保证施药人员安全。

（2）该药在稀释溶液中易分解，使用时要现用现配。该药剂能与金属盐起反应，配制药液时避免使用金属器具。

（3）不能与含钙的农药如波尔多液、石硫合剂等混用。

（4）施药后如发现覆盖薄膜有漏气或孔洞，应及时封堵，为保证药效可重新施药。

（5）该药对眼睛及黏膜有刺激作用，施药时应佩戴防护用具。

淡紫拟青霉菌

性能及特点：该药为活体真菌杀线虫剂，其所含的有效菌为淡紫拟青霉菌。淡紫拟青霉菌属于半知菌亚门、丝孢纲、丝孢目、丛梗孢科、拟青霉属。淡紫拟青霉菌对线虫主要是寄生和毒杀作用。菌体在土壤中定殖后，主动寻找寄主，通过菌丝或分生孢子直接穿刺侵入，或在线虫表面产生附着孢吸附侵染，对线虫成虫、卵进行寄生，将线虫体内物质完全破坏利用，最后杀死线虫卵和成虫。同时淡紫拟青霉菌生长繁殖过程中可分泌几丁质酶、蛋白酶、乙酸等，有效杀灭线虫幼虫，强烈抑制卵的孵化。

毒性： 大鼠急性经口 $LD_{50}>5\,400$ mg/kg，大鼠急性吸入 $LC_{50}>2\,300$ mg/m³，大鼠急性经皮 $LD_{50}>2\,350$ mg/kg。对眼睛和皮肤无刺激性，轻度致敏性。对鱼、鸟为低毒，对蜜蜂、家蚕安全。

剂型： 21 亿活孢子/g 淡紫拟青霉菌粉剂。

防治对象及使用方法： 对多种作物根结线虫、孢囊线虫、茎线虫等线虫病的危害，有明显的防治效果。同时可产生特殊肽类抗生素，具有广谱抗真菌、酵母菌和革兰氏阳性菌活性，对根腐病、猝倒病、枯萎病等真菌病害有一定的防治作用。

防治大豆、番茄、烟草，黄瓜、西瓜、茄子、姜等作物根结线虫、孢囊线虫：按种子量的 1‰ 进行拌种后，堆捂 2~3 h，阴干即可播种。处理苗床将淡紫拟青霉菌剂与适量基质混匀后撒入苗床，播种覆土，1 kg 菌剂处理 30~40 m² 苗床。处理育苗基质将 1 kg 菌剂均匀拌入 2~3 m³ 基质中，装入育苗容器中。穴施施在种子或种苗根系附近，每 667 m² 用量为 0.5~1 kg。

注意事项：

（1）不可与化学杀菌剂混合施用。

（2）请注意安全使用，淡紫拟青霉菌可寄生于眼角膜，如不慎进入眼睛，请立即用大量清水冲洗。

（3）最佳施药时间为早上或傍晚，勿将药剂直接放置于强阳光下。

（4）贮存于阴凉干燥处，勿使药剂受潮。

厚 孢 轮 枝 菌

性能及特点： 以活体微生物孢子为主要有效成分，是经发酵而生成的分生孢子和菌丝体。原粉为淡黄色粉末。主要作用机制是通过孢子萌发及产生的菌丝寄生于线虫的雌虫及卵。

毒性： 对雌、雄大鼠急性经口 $LD_{50}>5\,000$ mg/kg，对皮肤和眼睛无刺激性，弱致敏性，无致病性。

剂型： 2.5 亿活孢子/g 厚孢轮枝菌微粒剂。

防治对象及使用方法： 对烟草、香蕉、甘蔗、花生、瓜菜类等作物根结线虫及其他作物根结线虫具有较好防效。并对地老虎、蛴螬、蝼蛄等地下害虫有较强的趋避作用。

防治烟草根结线虫病：每 667 m² 用 2.5 亿活孢子/g 厚孢轮枝菌微粒剂 1.5~2 kg，在移栽时穴施，或在旺盛期再穴施 1 次。

苦 参 碱

性能及特点： 是由豆科植物苦参的干燥根、植株、果实经乙醇等有机溶剂提取制成的，是一种生物碱，一般苦参碱、氧化苦参碱的含量最高。是广谱杀虫剂，具有触杀和胃毒作用。昆虫、线虫触及本药剂，立即麻痹神经中枢，继而使虫体蛋白质凝固，堵死虫体气孔，使害虫窒息而死。

毒性： 对人畜低毒。

剂型： 0.2%、0.26%、0.3%、0.36%、0.5% 水剂，0.36%、0.38%、1% 可溶性液剂，0.38% 乳油，1.1% 粉剂。

防治对象：防治蔬菜、烟草等作物根结线虫等，对刺吸式口器害虫蚜虫、鳞翅目菜青虫、茶毛虫、小菜蛾，以及茶小绿叶蝉、白粉虱等都具有理想的防效。

防治根结线虫病及地下害虫：每 667 m² 用 1.1％粉剂 2～2.5 kg，撒施或条施土壤处理；或每 667 m² 用 1.1％粉剂 2～4 kg，加水 1～2 kg 灌根。

注意事项：

（1）严禁与碱性药剂混用。

（2）本品速效性差，应搞好虫情测报，在害虫低龄期施药防治。

（3）本品无内吸性，喷药时注意喷洒均匀周到。

第六节　以杀菌作用为主的种衣剂

3％苯醚甲环唑悬浮种衣剂

防治小麦、大麦黑穗病、锈病、白粉病：每 100 kg 种子用 3％苯醚甲环唑悬浮种衣剂 200～333 mL 均匀拌种，先用水将药剂稀释至 1～2 L，再将药浆与种子充分搅拌，直到药液均匀分布到种子表面，晾干后即可播种。

防治小麦纹枯病：每 100 kg 小麦种子用 3％苯醚甲环唑悬浮种衣剂 200～300 mL 均匀拌种，拌种方法同上。

防治小麦全蚀病：每 100 kg 小麦种子用 3％苯醚甲环唑悬浮种衣剂 557～667 mL 均匀拌种，拌种方法同上。

防治大豆根腐病：每 100 kg 大豆用 3％苯醚甲环唑悬浮种衣剂 300～400 mL 均匀拌种，拌后晾干即可播种。

防治棉花立枯病：每 100 kg 棉花种子用 3％苯醚甲环唑悬浮种衣剂 600～800 mL 均匀拌种，拌后晾干即可播种。

25 g/L 灭菌唑悬浮种衣剂

防治小麦腥黑穗病和散黑穗病：采用播种前种子包衣方法施药，每 100 kg 小麦种子用 25 g/L 灭菌唑悬浮种衣剂 100～200 g，先将药剂加适量水稀释成药液，按种子与药液（500～1 000）：1 的比例配制成拌种药液后，将药液缓缓倒在种子上，边倒边拌直到药剂均匀包裹在种子上，晾干后即可播种。

25％三唑醇干拌剂

防治小麦锈病：每 100 kg 小麦种子用 25％三唑醇干拌剂 136～150 g 均匀拌种，播种时要求将土地耙平，播种深度一般在 3～5 cm 为宜，出苗可能稍迟，但不影响生长并很快恢复正常。

防治小麦纹枯病：每 100 kg 小麦种子用 25％三唑醇干拌剂 120～180 g 均匀拌种。

25％三唑酮可湿性粉剂

防治麦类作物黑穗病：每 100 kg 小麦种子用 25％三唑酮可湿性粉剂 120 g 药剂均匀拌种，拌种后立即晾干。

防治玉米黑穗病：每 100 kg 种子用 25％三唑酮可湿性粉剂 240～320 g 药剂均匀拌种，

拌种后立即晾干。

防治高粱黑穗病：每 100 kg 种子用 25％三唑酮可湿性粉剂 160～240 g 药剂均匀拌种，拌种后立即晾干。

6％戊唑醇种子处理悬浮剂

防治小麦散黑穗病：每 100 kg 小麦种子用 6％戊唑醇种子处理悬浮剂 30～45 mL 均匀拌种，待种子晾干后即可播种。播种时要求将土地耙平，播种深度一般在 2～5 cm 为宜，出苗可能稍迟，但不影响生长并很快恢复正常。

防治小麦纹枯病：每 100 kg 小麦种子用 6％戊唑醇种子处理悬浮剂 50～67 mL 均匀拌种，待种子晾干后即可播种。播种时要求将土地耙平，播种深度一般在 2～5 cm 为宜，出苗可能稍迟，但不影响生长并很快恢复正常。

防治玉米丝黑穗病：每 100 kg 玉米种子用 6％戊唑醇种子处理悬浮剂 100～200 mL 均匀拌种，待种子晾干后即可播种。

防治高粱丝黑穗病：每 100 kg 高粱种子用 6％戊唑醇种子处理悬浮剂 100～150 mL 均匀拌种，待种子晾干后即可播种。

2％戊唑醇湿拌种剂

防治小麦散黑穗病：每 100 kg 小麦种子用 2％戊唑醇湿拌种剂 100～150 mL 均匀拌种，待种子晾干后即可播种。播种时要求将土地耙平，播种深度一般在 2～5 cm 为宜，出苗可能稍迟，但不影响生长并很快恢复正常。

防治小麦纹枯病：每 100 kg 小麦种子用 2％戊唑醇湿拌种剂 180～200 mL 均匀拌种，待种子晾干后即可播种。

防治玉米丝黑穗病：每 100 kg 玉米种子用 2％戊唑醇湿拌种剂 400～600 mL 均匀拌种，待种子晾干后即可播种。

4.23％甲霜·种菌唑微乳剂

防治棉花立枯病：采用拌种法处理，每 100 kg 棉花种子用 4.23％甲霜·种菌唑微乳剂 320～425 g 均匀拌种。

防治玉米茎基腐病：种子包衣处理，每 100 kg 玉米种子用 4.23％甲霜·种菌唑微乳剂 80～128 g，种子包衣时先将药剂加 1～3 倍水稀释再均匀包衣玉米种子。

防治玉米丝黑穗病：种子包衣处理，每 100 kg 玉米种子用 4.23％甲霜·种菌唑微乳剂 213～425 g，种子包衣时先将药剂加 1～3 倍水稀释后再均匀包衣玉米种子。

35％甲霜灵拌种剂

防治谷子白发病：采用拌种法处理，每 100 kg 谷子种子用 35％甲霜灵拌种剂 200～300 g 均匀拌种，干拌或湿拌均可，拌完即可播种。

35％精甲霜灵种子处理乳剂

防治大豆根腐病、棉花猝倒病、花生根腐病：每 100 kg 种子用 35％精甲霜灵种子处理乳剂 40～80 g 拌种，将药液与种子充分拌匀，直到药液均匀分布到种子表面，晾干后即可播种。

防治水稻烂秧病：每 100 kg 种子用 35％精甲霜灵种子处理乳剂 15～25 g 拌种，先用水将推荐用药量稀释至 1～2 L，将药液与种子充分搅匀，直到药液均匀分布到种子表面，晾干后即可播种。

防治向日葵苗期霜霉病：每 100 kg 种子用 35％精甲霜灵种子处理乳剂 100～300 g 均匀拌种，晾干后即可播种。

70％噁霉灵可湿性粉剂

防治甜菜立枯病：每 100 kg 种子用 70％噁霉灵可湿性粉剂 400～700 g 均匀拌种，湿拌和闷种易出现药害。

防治水稻、油菜立枯病：每 100 kg 种子用 70％噁霉灵可湿性粉剂 100～200 g 均匀拌种，而后晾干播种。

防治棉花立枯病：每 100 kg 种子用 70％噁霉灵可湿性粉剂 100～140 g 均匀拌种，而后晾干播种。

20％萎锈灵乳油

防治高粱散黑穗病、丝黑穗病、玉米丝黑穗病：每 100 kg 种子用 20％萎锈灵乳油 500～1 000 mL 均匀拌种，晾干后即可播种。

防治麦类黑穗病：每 100 kg 种子用 20％萎锈灵乳油 500 mL 均匀拌种，晾干后播种。

防治谷子黑穗病：每 100 kg 种子用 20％萎锈灵乳油 800～1250 mL 均匀拌种或闷种，晾干后播种。

防治棉花苗期病害：每 100 kg 种子用 20％萎锈灵乳油 875 mL 均匀拌种，晾干后播种。

2.5％咯菌腈悬浮种衣剂

防治大麦、小麦网腥黑腐菌、雪腐镰孢菌、立枯病菌、链格孢属、壳二孢属、曲霉属、长蠕孢属、丝核菌属及青霉属菌导致的病害，玉米青枯病、茎基腐病、猝倒病，花生立枯病、根腐病，马铃薯立枯病、疮痂病等：每 100 kg 种子用 2.5％咯菌腈悬浮种衣剂 100～200 mL 拌种。

防治棉花立枯病、红腐病、炭疽病、黑根病、种子腐烂病等：每 100 kg 种子用 2.5％咯菌腈悬浮种衣剂 100～400 mL 拌种。

防治大豆立枯病、根腐病：每 100 kg 种子用 2.5％咯菌腈悬浮种衣剂 200～400 mL 拌种。

防治水稻恶苗病、胡麻斑病、早期叶瘟病、立枯病：每 100 kg 种子用 2.5％咯菌腈悬浮种衣剂 200～800 mL 拌种。

防治油菜黑斑病、黑胫病：每 100 kg 种子用 2.5％咯菌腈悬浮种衣剂 600 mL 拌种。

防治蔬菜枯萎病、炭疽病、褐斑病、蔓枯病：每 100 kg 种子用 2.5％咯菌腈悬浮种衣剂 400～800 mL 拌种。

12.5%硅噻菌胺悬浮剂

防治小麦全蚀病：每 100 kg 种子用 12.5%硅噻菌胺悬浮剂 160～320 mL 拌种，先加入适量水将药剂稀释后拌种处理，拌匀后可闷种 6～12 h，晾干后播种。要将药剂充分浸沾到种子上，以利于药效的发挥并杀死种子所带病菌。

20%甲基立枯磷乳油

防治棉花立枯病：每 100 kg 种子用 20%甲基立枯磷乳油 1 000～1 500 mL 拌种，先加入适量水将药剂进行稀释，然后再均匀拌种处理。

2%宁南霉素水剂

防治大豆根腐病：播种前拌种施药，每 100 kg 种子用 2%宁南霉素水剂 1 250～1 667 mL 均匀拌种，使药液充分附着在种子表面，晾干后播种。

50%苯菌灵可湿性粉剂

防治茄子黄萎病、褐纹病：用 50%苯菌灵、50%福美双可湿性粉剂各 1 份，混拌均匀，然后再与填充剂（细土或炉灰等）3 份混匀，用种子质量 0.1%的混合药剂拌种。

50%咯喹酮可湿性粉剂

防治水稻稻瘟病：播种前每 100 kg 种子用 50%咯喹酮可湿性粉剂 800 g 均匀拌种。

25%甲呋酰胺乳油

防治小麦、大麦散黑穗病、高粱丝黑穗病：每 100 kg 种子用 25%甲呋酰胺乳油 200～300 mL 拌种。

防治小麦光腥黑穗病和网腥黑穗病、谷子粒黑穗病：每 100 kg 种子用 25%甲呋酰胺乳油 300 mL 拌种。

5%井冈霉素水剂

防治麦类纹枯病：每 100 kg 种子用 5%井冈霉素水剂 600～800 mL，用适量水稀释均匀喷在麦种上，搅拌均匀，堆闷几小时后播种。

麦穗宁干拌种剂

防治小麦黑穗病，大麦条纹病、白霉病：每 100 kg 种子用麦穗宁干拌种剂 4.5 g 拌种。

1.5%咪鲜胺水乳种衣剂

防治禾谷类作物白粉病、叶斑病：每 100 kg 种子用 1.5%咪鲜胺水乳种衣剂 200～400 mg/L（有效成分用量）。

24%噻呋酰胺悬浮剂

防治马铃薯黑痣病：种薯切块后拌种，用 24%噻呋酰胺悬浮剂 150～300 倍液处理种薯。

12％腈菌唑乳油

防治麦类作物黑穗病：每 100 kg 种子用 12％腈菌唑乳油 80～150 mL 均匀拌种，拌种后立即晾干。

防治玉米丝黑穗病：每 100 kg 种子用 12％腈菌唑乳油 200～250 mL 均匀拌种，拌种后立即晾干。

50％克菌丹可湿性粉剂

防治马铃薯种传及土传病害：每 100 kg 种薯用 50％克菌丹可湿性粉剂 50～70 g 均匀拌种。

防治花生、荷兰豆、三七等种传及土传病害：每 100 kg 种子用 50％克菌丹可湿性粉剂 30～50 g 均匀拌种。

50％福美双可湿性粉剂

防治水稻秧苗立枯病、稻瘟病（苗期）、胡麻叶斑病，麦类作物黑穗病及玉米黑穗病：每 100 kg 种子用 50％福美双可湿性粉剂 500 g 均匀拌种。

防治豌豆、花生、大豆苗期病害：每 100 kg 种子用 50％福美双可湿性粉剂 800 g 均匀拌种。

防治十字花科蔬菜苗期病害：每 100 kg 种子用 50％福美双可湿性粉剂 25 g 均匀拌种。

【常见技术问题处理及案例】

1. 过量使用农药造成经济损失案例

南阳市宛城区栗河镇是远近有名的马铃薯种植大镇，每年马铃薯种植面积达 5 000 hm²。2014 年 4 月中旬，阴雨连绵，导致马铃薯晚疫病大发生，有的田块大片植株叶片枯死腐烂。这可吓坏了种了 0.2 hm² 马铃薯的张大伟（化名），虽然自家种植的马铃薯没有生病，但是看到邻居家的马铃薯病情严重，他急忙到镇上庄稼医院向植物医生陈述病情，医生按照他的描述推断马铃薯可能患上晚疫病，于是给他一瓶名为"铜大师"的农药。他回到家，连茶也没顾上喝，就背着药桶下地喷药。

几天后，他怀着期待的心情到地里查看马铃薯病情。可是到地里，他傻了眼，除了地头几株马铃薯没有死亡外，其余马铃薯枯焦一片。他到镇里向卖农药的讨说法，双方各说各有理，找到工商部门。工商部门会同农业部门赶往实地查看并取证，经调查是农药过量使用导致马铃薯出现药害，并非用错了杀菌剂，也不是农药质量问题。农药经营者和使用者都应承担责任，因农药经营者没有向购药者说明农药用量、农药使用方法等用药技术，向张大伟赔偿 1 000 元，纠纷得以调解。

作物对各种农药的耐受能力有一定限度，如超过忍受限度，就有可能产生药害，所以用药时，应按农药使用浓度或施药量准确称量，进行使用，决不可随意提高浓度或增加使用量，否则事与愿违，损失惨重。

2. 植物病害应做到预防为主的案例

2013 年 5 月初，笔者带学生到离校 10 km 远的农田采集病虫害标本。走到一块小麦田，看到一位农民正在认真地喷洒农药。一位学生好奇地走上前问老农喷的什么药、预防什么病等问题，老农一一回答。当老农说这块地小麦黑穗病发生严重，想通过喷药挽回损失时，笔者当着老农的面，向同学们介绍了小麦黑穗病发生规律及防治知识。并向大家算了一笔账：小麦每 667 m² 产 300 kg，黑穗病病穗率达 5％，直接减产 15 kg。小麦市场价按 1 元/kg 计，损失 15 元。如果用药剂拌种防治，用 20％三唑酮乳油拌种，播种量 20 kg，需投入药费 0.6 元，能得到全效，即投入药费 0.6 元可挽回损失 15 元，投入与产出比为 1：25。可是如果出现症状，无论喷多么昂贵的农药，花再多的钱，也不能挽回一分钱的损失。

防治病害，重在预防。预防措施要根据植物病害的发生规律，如越冬场所、传播途径、侵染寄主部位和发生时期以及发病条件等确定。原则上是防病要早，即采取措施不使植物生病，如种子处理或种子包衣防御，或已预测得知某种病害将要流行提早田间施药保护。如果按照防治虫害的方法，有病之后才施药治疗，则为时已晚很难挽回损失。

3. 杀菌剂与杀虫剂混用不当导致药效丧失的案例

家住河南新野的青年农民小张这几天正为他家的桃树白粉病发愁，不是没有喷药治病，而是喷了多遍石硫合剂，防效一直不明显。果子在一天天长大，叶片上的白粉病没有得到控制，最终果实将因得不到充足的养分供应而脱落，或者果实瘦小卖不上好价钱。万般无奈中，他到镇上农技中心请专家诊断。

原来，在用药时他看到桃树上长有少量蚜虫，于是用石硫合剂与乐果混合喷雾，想一举双得，既治了白粉病又杀死蚜虫，省工又省时。专家听了他的描述，指出石硫合剂属于碱性农药，而乐果是酸性农药，碱性物质与酸性物质相遇发生中和反应，不仅花费了人力和物力，也没有防病治虫，贻误了防病治虫的最佳时机，影响了农产品的产量和质量。

农药混合使用，可取长补短，得到好效果。但是，混合不当，会降低药效，造成浪费。在农业生产中进行农药混用，或者农药与肥料混用，要具体到药物的成分、特性，应了解混合后能否产生化学反应生成有毒的、无效的其他物质，避免农药、肥料间的拮抗作用及对作物的不良影响，增加它们之间的协同作用，减少农药与肥料的用量，获得最佳的应用效果，从而保护环境、提高农作物的产量。

4. 杀菌剂使用时间不当发生药害的案例

一瓜农防治西瓜苗期炭疽病，在短短的一周内两次用药，并且不到 667 m² 地的西瓜每次用 25％的丙环唑 300 mL 兑水 400 kg 喷雾。在第二次用药的第二天下午，西瓜出现卷叶的药害症状。在专家的指导下，立即采取喷清水、氨基酸肥加芸薹素内酯等措施解救，才避免了绝收的损失。

植物苗期对农药比较敏感，一旦施药浓度过大或药剂选用不当，极易发生药害。丙环唑为内吸传导性杀菌剂，可以被作物迅速吸收并在体内传导。许多资料显示，丙环唑等唑类杀菌剂在不当使用对作物造成轻度药害后，对作物生长抑制作用一般持续 1 周左右，以后能逐渐恢复。所以应特别注意此类杀菌剂的用量，不能超量用药，也不要在短期内反复用药。对丙环唑这类农药，按推荐剂量用药间隔期宜在 1 周以上。

易发生植物药害的药剂，尽量避开对农药敏感期使用。杀菌剂的喷药浓度、使用次数、使用时间等应根据植物生育期、药剂残效期的长短、气象条件等因素进行确定。既不要因为用药过多增大成本、造成药害，又不要因为用药过少而无法达到用药目的。

第 七 章 >>>>

除草剂的选择与使用

农田杂草，种类繁多，抗逆性强，适应性广，繁殖迅速。它们和农作物争光、争肥、争空间，有些杂草还是农作物病虫害的中间寄主或蛰伏越冬的场所，助长病虫害的蔓延与传播，严重地影响农作物的产量与质量。因此，从农作物播种到收获都要不断地除草，以确保农作物丰收。

防除杂草的方法很多，有农业除草法如精选种子、人工拔草、水旱轮作、合理翻耕、春灌诱发杂草和淹灌杂草等，机械除草法如机械中耕除草，生物除草法如利用昆虫和微生物防除杂草，化学除草等。

上述各种除草方法都有一定的作用和特点，但化学除草具有高效、快速、经济的优点，能够克服雨天等不良天气的限制，是人工除草效率的 5～10 倍；还能促进作物生长，带来增产的效果；同时，使用化学除草剂与多功能农机相结合，有利于耕作制度的改革，普及农业机械化，提高农业生产效率，在杂草治理中占有重要的位置，是农业高产、稳产的重要手段，是大幅度提高劳动生产率，实现农业现代化必不可少的一项先进技术。

化学除草，是根据作物和杂草的生长特点和规律，利用化学除草剂除草的方法。20 世纪 60 年代以后，全世界除草剂的产量和品种的增长速度已超过了杀虫剂与杀菌剂的总和。随着农业发展水平的提高，世界上一些农业发达国家，如英国、美国、德国和日本等，已普遍采用化学除草。我国从 1956 年开始在稻田、麦田使用 2,4 -滴防除杂草。20 世纪 60 年代初五氯酚钠、敌稗防除稻田杂草试验取得成功后，迅速向全国各地推广。20 世纪 70 年代末从国外引进了一些新的除草剂，如甲草胺、丁草胺、禾草敌、噁草酮、氟乐灵、氟磺胺草醚、吡氟禾草灵、烯禾啶和草甘膦等。

除草剂高频率地重复使用，也会伴随产生许多不利的影响，诸如对环境的污染、对当茬或后茬作物的药害、除草剂在作物中的残留以及杂草对除草剂的抗药性等。其中抗药性杂草种群的蔓延，也会给农业生产带来潜在的威胁。因此，在推广使用除草剂的同时，还要加强向广大农村技术人员、农民宣传如何合理地使用除草剂，提高他们科学使用除草剂的水平。

第一节　除草剂基础

一、除草剂选择性原理

作物与杂草同时发生，而绝大多数杂草同作物一样属于高等植物，因此，要求除草剂具备特殊选择性或采用恰当的使用方式使除草剂获得选择性。这样才能安全有效地应用于农田。除草剂的选择性原理大致可划分为 5 个方面。

（一）位差与时差选择性

1. 位差选择性　对作物具有较强毒性的一些除草剂，施药时可利用杂草与作物在土壤中或空间位置上的差异而获得选择性。

（1）土壤位差选择性。利用作物和杂草的种子或根系在土壤中位置不同，施用除草剂后，使杂草种子或根系接触药剂，而作物种子或根系不接触药剂，来杀死杂草保护作物安全。下列3种方法可达到此目的。

① 播后苗前土壤处理法。在作物播种后出苗前用药，利用药剂仅固着在表土层（约1～2 cm深）不向深层淋溶的特性，杀死或抑制表土层中萌发的杂草，作物种子因有覆土层保护，可正常发芽生长（图7-1）。

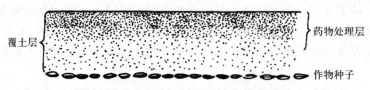

图7-1 播后苗前土壤处理法除草示意

（赵善欢，2000. 植物化学保护）

下列情况很难利用这种选择性：浅播作物（如谷子），易造成药害；淋溶性强的除草剂（如三氯乙酸、草芽畏、西草净等）；沙性土且有机质含量低的地块容易使药剂向下淋溶；降水后积水的地块，也易造成作物药害。

② 深根作物生育期土壤处理法。利用除草剂在土壤的位差，杀死表层浅根杂草，而无害于深根作物（图7-2）。

（2）空间位差选择性（生育期行间处理法）。一些行距较宽且作物与杂草有一定高度差异的作物田或果园、林木、橡胶园等，可用定向喷雾或保护性喷雾的方式，使药液接触不到作物或仅喷到非要害基部（图7-3）。

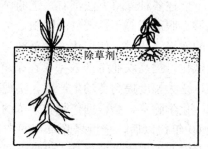

图7-2 利用土壤位差除草剂杀死浅根杂草而无害于深根作物

（赵善欢，2000. 植物化学保护）

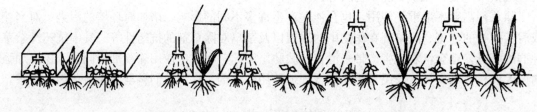

保护性喷雾　　　　　　　　　　　　定向喷雾

图7-3 生育期行间处理

（赵善欢，2000. 植物化学保护）

2. 时差选择性 对作物有较强毒性的除草剂，利用作物与杂草发芽及出苗期早晚的差异而达到安全有效地除草，称为时差选择性。例如草甘膦用于作物播种、移栽或插秧之前，杀死已萌发的杂草，而这种除草剂在土壤中很快失活或钝化，因此可安全地播种或移栽。玉米、大豆田免耕法中将草甘膦这种灭生性除草剂与其他苗前土壤处理剂混用除草，可杀死已出苗的杂草，但因其很快失活，不会影响玉米、大豆的出苗。

3. 利用位差与施药方法等的综合选择性　水稻插秧缓苗后可安全、有效地施用丁草胺、禾草丹等除草剂，其原因有：杂草处在敏感的萌芽期，稻秧龄期较大，对药剂有较强的耐药性；除草剂采用颗粒剂或混沙、混土、混入化肥撒施，药剂才不会黏在秧苗上，避免受害；药剂固着在杂草萌动的表土层，能杀死杂草，而插秧后的水稻根系与生长点处在药剂层下方，接触不到药剂，因此安全（图 7-4）。采用这一方法应注意：漏水田易产生药害；应在 5～7 d 内保持适宜的水层深度，还要保证水层不浸没上部秧苗；水稻缓苗后用药；不宜在降雨过后或有露水时施药。

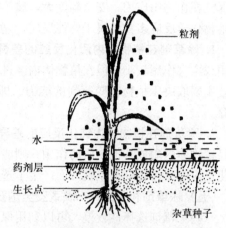

图 7-4　水稻田施用除草剂的除草原理示意
（赵善欢，2000. 植物化学保护）

（二）形态选择性

利用作物与杂草的形态差异（如叶表面的结构、生长点的位置等）而获得的选择性，称为形态选择性。形态差异，直接关系到药液的承受与吸收，从而影响植物的耐药性。例如，单子叶植物与双子叶植物（表 7-1）。

表 7-1　双子叶与单子叶植物形态差异

植物类型	叶　片	生　长　点
单子叶植物	竖立、狭小、表面角质层和蜡质层较厚，表面积较小，叶片和茎秆直立，药液易于滚落	顶芽被重重叶鞘所包围、保护，触杀性除草剂不易伤害分生组织
双子叶植物	平伸、面积大、叶片表面的角质层较薄，药液易于在叶子上沉积	幼芽裸露，没有叶片保护，触杀性除草剂直接伤害分生组织

由表 7-1 可知，用除草剂喷雾，双子叶植物常较单子叶植物对药剂敏感。田间应用 2,4-滴、2 甲 4 氯防除玉米、小麦或甘蔗田的双子叶杂草，可能都与形态因素有重要关系，当然形态仅是某些除草剂选择性的因素之一，不是唯一因素。例如三棱草虽属单子叶植物，但对 2,4-滴仍然敏感。近年来发展起来的多种苗后除草剂如烯禾啶、吡氟禾草灵、喹禾灵、噁唑禾草灵等，禾本科杂草对它们表现敏感而阔叶杂草对它们则表现出耐药性。

（三）生理选择性

植物茎叶或根系对除草剂吸收与输导性差异而产生的选择性，称为生理选择性。易吸收与输导除草剂的植物对除草剂常表现敏感。

1. 吸收的差异　不同植物的根、茎、叶对除草剂的吸收程度不同。如黄瓜容易从根部吸收草灭畏，故表现敏感，而某些南瓜品种则根部吸收豆科威的能力极弱，表现较高的耐药性。同样，植物叶片表面角质层的厚薄，气孔的多少及开张程度均影响对除草剂的吸收。

2. 输导性差异　不同植物施用同一除草剂或同种植物施用不同除草剂在植物体内的输导性均存在差异，输导速度快的植物对该除草剂敏感。

（四）生物化学选择性

利用除草剂在植物体内生物化学反应的差异产生的选择性，称为生物化学选择性。这种选择性在作物田应用，安全幅度大，属于除草剂真正意义的选择性。除草剂在植物体内进行的生物化学反应多数都属于酶促反应，这些反应可分为活化反应与钝化反应两大类型。

1. 除草剂在植物体内活化反应的差异产生的选择性　这类除草剂本身对植物并无毒害作用或毒害作用较小，但在植物体内经过代谢而成为有毒物质。因此，此类除草剂的毒性强弱，主要取决于植物转变药剂的能力。即转变能力强者将被杀死，而转变能力弱者则得以生存。

2. 除草剂在植物体内钝化反应的差异产生的选择性　这类除草剂本身虽对植物有毒害，但经植物体内酶或其他物质的作用，则能使钝化而失去活性。由于药剂在不同植物中的代谢钝化反应速度与程度有差别，而产生了选择性。

（五）除草剂利用保护物质或安全剂获得选择性

一些除草剂选择性较差，可以利用保护物质或安全剂而获得选择性。

1. 保护物质　目前已广泛应用的保护物质为活性炭。活性炭具有很高的吸附性能，因此，用它处理种子或种植时施入种子周围，可以使种子免遭除草剂的药害。

2. 安全剂　除草剂安全剂近年来发展迅速，被认为使化学除草的选择性进入了一个新纪元。利用安全剂提高某些除草剂的选择性，增加对作物的安全性，有广泛的应用前景。例如 2,4,6-三氯苯氧乙酸可减轻在番茄上使用 2,4-滴的毒害。用 NA（1,8-萘二甲酸酐）拌种，可减轻多种除草剂的毒害。并且在 1973 年第一个安全剂和除草剂的复配制剂 Eradcane（茵达灭 12 份，R-25788 1 份）开始出售。另外，还发现有些杀菌剂和植物生长调节剂也可作为安全剂，例如杀菌剂萎锈灵处理小麦种子，不仅可防除小麦散黑穗病，同时还可增强小麦对防除野燕麦的除草剂野麦畏的耐药性；杀菌剂噁霉灵处理稻种可免受西草净、草枯醚与敌稗的毒害；敌磺钠可以减轻莠去津对大豆的毒害；矮壮素可以明显减轻土壤残留莠去津对小麦的毒害作用。

二、农田杂草基础知识

杂草是指人们有意识栽培植物以外的草本植物，是能够在人工生境中自然繁衍其种族的植物。生长在农作物田间的、对农作物生长发育具有不良影响的杂草及小灌木和小树均被称为农田杂草。农田杂草是长期适应当地耕作、气候、土壤等生态条件及其他社会因素而生存下来的，它与农作物共同生长，与农作物争光、争肥、争空间，直接或间接地严重影响到农作物的产量与品质，给农业生产带来了很大的损失。

杂草的识别与鉴定是杂草防治的基础。而要识别和鉴定杂草，就必须先了解和掌握杂草的形态特征。农田杂草种类繁多，全世界重要杂草约 206 种，其中 43% 归属于 4 个科。禾本科与菊科各含 76 种以上，其他 59 科中总计有 68% 的种。分类上除了采用形态学的分类方法外，在杂草防除工作中为了方便起见，也常根据杂草的某些生物学特征、生态特点及对植物的危害程度进行分类。

（一）根据杂草的形态学分类

根据杂草的形态特征及器官的相似程度将杂草分为单、双子叶两大类。该分类方法虽然粗糙，但在杂草的化学防治中具有实际意义，许多除草剂就是由于杂草的形态特征获得选择性的。

1. 单子叶杂草　茎秆圆或略扁，节与节之间有区别，节间中空。叶鞘开张，常有叶舌。

具1片子叶（单子叶），通常叶片狭窄而长，平行叶脉，无叶柄。

（1）禾本科。叶鞘开张，有叶舌，茎秆圆或扁平，有节，节间中空（图7-5）。如稗草、狗尾草等。

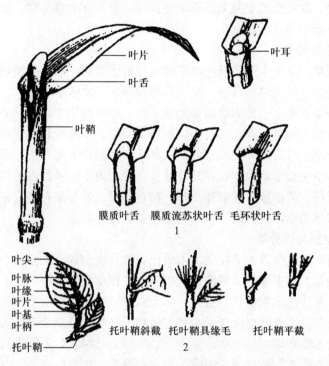

膜质叶舌　膜质流苏状叶舌　毛环状叶舌
1

叶尖
叶脉
叶缘
叶片
叶基
叶柄
托叶鞘

托叶鞘斜截　托叶鞘具缘毛　　托叶鞘平截
2

图7-5　叶的组成

1. 禾本科杂草　2. 双子叶杂草

（赵善欢，2000. 植物化学保护）

（2）莎草科。茎三棱形或扁三棱形，节与节之间无区别，茎秆常实心。叶鞘不开张，无叶舌。具1片子叶，叶片狭窄而长，平行叶脉，无叶柄。

2. 双子叶杂草　茎秆圆形或四棱形，草本或木本。具2片子叶，叶脉网状，叶片宽，有叶柄。主要有菊科、十字花科、藜科、蓼科、苋科、唇形科、旋花科等。如荠菜、繁缕、猪殃殃等都属双子叶杂草（图7-5）。

（1）菊科。头状花序，花分两类，内部为管状花，外部为舌状花。

（2）十字花科。常有基生叶莲座状，茎生叶互生，无托叶。花两性，总状花序，萼片4枚，花瓣4枚，雄蕊6枚，其中4长2短被称为四强雄蕊，雌蕊由2心皮结合而成，子房上位，角果。

（3）藜科。叶互生，无托叶。花不明显，密集，小坚果。

（4）蓼科。茎通常具膨大的节。单叶，互生，叶柄基部的托叶常膨大成膜质托叶鞘。花两性，稀为单性，辐射对称，瘦果。

（5）苋科。营养体含红色素。叶对生或互生，无托叶。花小，不明显，簇生或穗状花序，小坚果。

（6）唇形科。茎四棱。单叶，对生。轮状聚伞花序，不整齐两性花，小坚果。

（7）旋花科。缠绕草本，有的有乳液。腋生聚伞花序，花大型，花冠漏斗状，子房上位，蒴果。

（二）根据杂草的生物学特性分类

主要根据杂草所具有的不同生活型和生长习性进行分类。由于少数杂草的生活型随地区及气候条件有变化，故按生活型分类虽不十分详尽，但其在杂草生物、生态学研究及农业生态、化学及检疫防治中仍有重要意义。

1. 根据不同生活型分类

（1）一年生杂草。整个生命周期在当年内完成种子繁殖，幼苗不能越冬，是农田的主要杂草类群。如马齿苋、铁苋菜、马唐、稗、异型莎草和碎米莎草等。

（2）二年生杂草。整个生命周期需要跨越 2 年，亦称越年生杂草，通常是冬季出苗，翌年春末夏初开花结实。如野燕麦、看麦娘、波斯婆婆纳、猪殃殃和黄花蒿等。

（3）多年生杂草。可以用种子及营养器官繁殖，冬季地上部死亡，营养器官存活，翌年萌发新株，可在多个生长季节内生长并开花结实。根据地下营养器官的特点分为：①根茎杂草，如问荆、狗牙根、两栖蓼；②根芽杂草，如苣荬菜、苦荬菜；③直根杂草，如车前、羊蹄、蒲公英；④球茎杂草，如香附子；⑤鳞茎杂草，如小根蒜。

2. 根据不同生长习性分类

（1）草本类杂草。茎多非木质化或少木质化，直立或匍匐，大多数杂草均属此类。

（2）藤本类杂草。茎多缠绕或攀缘。如打碗花、葎草和乌敛莓等。

（3）木本类杂草。茎多木质化，直立。多为森林、路旁和环境杂草。

（4）寄生类杂草。多营寄生生活，从寄主植物上吸收部分或全部所需的营养物质。根据寄主特点可分为全寄生和半寄生杂草。全寄生杂草多无叶绿素，不能进行光合作用，根据寄生部位又可分为茎寄生类如菟丝子、根寄生类如列当等；半寄生杂草含有叶绿素，能进行光合作用，但仍需从寄主体内吸收水分、无机盐等必需营养的一部分，如独脚金和桑寄生。

（三）根据植物系统学分类

按照植物系统演化和亲缘关系的理论，将杂草按界、门、纲、目、科、属、种进行分类。这种分类对所有杂草可以确定其位置，比较准确和完整，但实用性稍差。

（四）根据生境的生态学分类

根据杂草所生长的环境以及杂草所构成的危害类型对杂草进行分类。此种分类的实用性强，对杂草的防治有直接的指导意义。

1. 耕地杂草（或称田园杂草）　是指能够在人们为了获取农业产品进行耕作的土壤上不断自然繁衍其种族的植物，包括旱田、水田杂草与果、茶、桑园杂草。它们是最重要的杂草，有野燕麦、猪殃殃、稗草、眼子菜、牛毛毡等；由于果、茶、桑均为多年生木本，故其间的杂草包括秋熟作物田和夏熟作物田中的许多种类，如白茅、狗牙根等。但其本身也有显著特点，多年生杂草比例高，有些在农田中并不常见。

2. 非耕地杂草　能够在路边、宅旁、沟渠边、荒地、荒坡等生境中不断自然繁衍其种族的植物。这类杂草中许多都是先锋植物或部分为原生植物。

3. 水生杂草　能够在沟、渠、塘等生境中不断自然繁衍其种族的植物。它们影响水的流动和灌溉、淡水养殖、水上运输等，如小浮萍、小茨藻、水绵等。

4. 草地杂草　能够在草原和草地中不断自然繁衍其种族的植物，影响畜牧业生产。

5. 林地杂草　能够在速生丰产人工管理的林地中不断自然繁衍其种族的植物。

6. 环境杂草 能够在人文景观、自然保护区和宅旁、路边等生境中不断自然繁衍其种族的植物。能影响人们要维持的某种景观，对环境产生影响。如豚草可产生致敏的花粉，飘落于大气中，污染大气。由于杂草侵入被保护的植被或物种生境，会影响后者的生存和延续。

（五）各种农田杂草

生产上往往根据作物种类进行杂草调查与分类，不同作物田间杂草种类往往因轮作及土壤耕作情况而发生变化。

1. 棉田杂草 有马唐、马齿苋、铁苋菜、半夏、鳢肠、苋、香附子、狗牙根、刺儿菜、婆婆纳、稗、牛筋草、双穗雀稗、千金子等。

2. 麦田杂草

（1）冬小麦田杂草：有荠菜、播娘蒿、萹蓄、葎草、小旋花、碎米芥、米瓦罐、离子草、麦家公、稗、卷茎蓼、野燕麦、猪殃殃、打碗花、藜、本氏蓼、香薷等。

（2）春小麦田杂草：有猪殃殃、婆婆纳、野燕麦、半夏、通泉草、狗牙根、卷茎蓼、看麦娘、早熟禾、繁缕、密穗香薷、麦家公等。

3. 玉米田杂草 有马唐、稗草、藜、苋、反枝苋、马齿苋、铁苋菜、苣荬菜、牛筋草、双穗雀稗、狗尾草、小旋花、苍耳等。

4. 西甜瓜田杂草 有无芒稗、芦苇、田旋花、野西瓜苗等。

5. 油葵田杂草 有马唐、千金子、狗尾草、稗草、金狗尾草、狗牙根、牛筋草、马齿苋、反枝苋、藜、圆叶牵牛、小蓟、苘麻、苣荬菜、打碗花、鳢肠等。

6. 甜菜田杂草 有稗草、狗尾草、芦苇、藜、灰绿藜、碱蓬、萹蓄、田旋花、苍耳、蟋蟀草、反枝苋、龙葵、野葡萄、小蓟、野苋菜等。

7. 番茄田杂草 有无芒稗、芦苇、田旋花、野西瓜苗、灰藜等。

8. 大豆田杂草 有稗草、狗尾草、马唐、野燕麦、反枝苋、龙葵、苍耳、碱草、牛筋草、马齿苋等。

9. 水稻田杂草 有异型莎草、稻稗、稗草、扁秆藨草、水莎草、鸭舌草、鳢肠、节节菜、矮慈姑、野慈姑、陌上菜、丁香蓼、萤蔺、水苋菜、眼子菜、千金子、空心莲子、双穗雀稗、水竹叶、游草、雨久花、泽泻、牛毛毡等。

10. 马铃薯田杂草 有马唐、狗尾草、稗草、反枝苋、藜、马齿苋等。

第二节 主要作物化学除草剂

一、棉花田化学除草剂

（一）芽前土壤处理

氟 乐 灵

性能及特点：是一种高效芽前除草剂，能有效抑制杂草细胞分裂而使杂草死亡，易挥发、易光解、水溶性极弱，不易在土层中移动。是选择性芽前土壤处理剂，主要通过杂草的胚芽鞘与胚轴吸收，对已出土杂草无效，对禾本科和部分小粒种子的阔叶杂草有效，持效期长。

适用作物及防治对象：适用于大豆、棉花、玉米、小麦、旱稻、甘蔗、甜菜、向日葵、番茄、甘蓝、菜豆、胡萝卜、芹菜、香菜等40多种作物，及果园、林业苗圃、花卉、草坪、种植园等，防除稗草、野燕麦、狗尾草、马唐、牛筋草、碱茅、千金子、早熟禾、看麦娘、藜、苋、繁缕、猪毛菜、宝盖草、马齿苋等一年生禾本科杂草及部分双子叶杂草。

毒性：对人畜低毒，对鸟类低毒，对鱼类高毒。

剂型：24%、48%乳油，5%、50%颗粒剂。

使用方法：播前整好地，每667 m² 用48%乳油125~150 mL，兑水50 kg，均匀喷布土表，随即混土2~3 cm，混土后即可播种。

注意事项：

(1) 氟乐灵蒸气压高，48%乳油，在棉花地膜覆盖时使用，药量不宜超过100 mL；在叶菜类蔬菜地使用，药量不宜超过150 mL，以免产生药害。

(2) 氟乐灵易挥发、光解，施药后必须立即混土。

二 甲 戊 灵

性能及特点：一种优秀的旱田作物选择性除草剂，可以广泛应用于玉米、大豆、花生、棉花、直播旱稻、马铃薯、烟草、蔬菜等多种作物田除草。目前，二甲戊灵是世界第三大除草剂，也是世界上销售额最大的选择性除草剂。

毒性：对人畜低毒。大鼠急性经口 LD_{50} 为 1 050~1 250 mg/kg，兔经皮 LD_{50} > 5 000 mg/kg，对鸟类、蜜蜂低毒。

剂型：33%乳油。

适用作物及防治对象：棉花、玉米、直播旱稻、大豆、花生、马铃薯、大蒜、甘蓝、白菜、韭菜、葱、姜等多种旱田及水稻旱育秧田。防治一年生禾本科杂草、部分阔叶杂草和莎草，如稗草、马唐、狗尾草、千金子、牛筋草、马齿苋、苋、藜、苘麻、龙葵、碎米莎草、异型莎草等。对禾本科杂草的防除效果优于阔叶杂草，对多年生杂草效果差。

使用方法：棉花每667 m² 用33%二甲戊灵乳油150~200 mL，兑水15~20 kg，播种前或播种后出苗前表土喷雾。因北方棉区天气干旱，为了保证除草效果，施药后需混土3~5 cm。

注意事项：

(1) 土壤有机质含量低、沙质土、低洼地等条件用低剂量，土壤有机质含量高、黏质土、气候干旱、土壤含水量低等条件用高剂量。

(2) 土壤墒情不足或干旱气候条件下，用药后需混土3~5 cm。

(3) 甜瓜、甜菜、西瓜、菠菜等作物对本品敏感，容易产生药害，不得在这些作物上使用本品。

(4) 本品在土壤中的吸附性强，不会被淋溶到土壤深层，施药后遇雨不仅不会影响除草效果，而且可以提高除草效果，不必重喷。

(5) 本品在土壤中的持效期为45~60 d。

甲 草 胺

性能及特点：是一种选择性芽前除草剂，主要是通过杂草的芽鞘吸收，根部和种子也可有少量吸收。主要杀死出苗前土壤中萌发的杂草，对已出土杂草无效。能被土壤团粒吸附不易淋失，也不易挥发，但可被土壤微生物分解。有效期为 35 d 左右。

毒性：对人畜低毒，大鼠急性经口 LD_{50} 为 930 mg/kg，家兔急性经皮 LD_{50} 为 13 300 mg/kg，对眼睛和皮肤有刺激作用。

剂型：48％乳油、15％颗粒剂、43％乳油。

适用作物及防治对象：适用于大豆、玉米、花生、棉花、马铃薯、甘蔗、油菜等作物田，防除稗草、马唐、蟋蟀草、狗尾草、秋稗、臂形草、马齿苋、苋、轮生粟米草、藜、蓼等一年生禾本科杂草和阔叶杂草。对菟丝子也有一定防效。

使用方法：在棉花地上使用，一般于播后出苗前或者播前，每 667 m² 用 48％乳油 200～250 mL，兑水 35 kg 左右，均匀喷雾于土表。

注意事项：

(1) 甲草胺水溶性差，如遇干旱天气又无灌溉条件，应采用播前混土法，否则药效难以发挥。

(2) 甲草胺对已出土杂草无效，应注意在杂草种子萌动高峰而又未出土前喷药，方能获得最大药效。

扑　草　净

性能及特点：难溶于水，易溶于有机溶剂，该除草剂为内吸传导型，药可从根部吸收，也可从茎叶渗入体内，传导至绿色叶片内发挥除草作用。中毒杂草产生失绿症状，逐渐干枯死亡，对花生安全。主要防除二年生阔叶杂草、禾本科杂草和莎草科杂草。是芽前除草剂，于棉花等阔叶作物播前或者播后苗前使用。

毒性：对人畜低毒。大鼠急性经口 LD_{50} 为 3 150～3 750 mg/kg，家兔急性经皮LD_{50}＞10 200 mg/kg，对大鼠无作用剂量为 1 250 mg/kg，对鸟类和蜜蜂低毒，对鱼毒性中等。

剂型：50％、80％可湿性粉剂。

适用作物及防治对象：适用于棉花、大豆、麦类、花生、向日葵、马铃薯、果树、蔬菜、茶树及水稻田，防除稗草、马唐、千金子、野苋菜、蓼、藜、马齿苋、看麦娘、繁缕、车前等一年生禾本科杂草及阔叶杂草。

使用方法：棉花播种前或播种后出苗前，每 667 m² 用 50％可湿性粉剂 100～150 g，兑水 30 kg 均匀喷雾于地表，或混细土 20 kg 均匀撒施，然后混土 3 cm 深，可有效防除一年生单、双子叶杂草。

注意事项：

(1) 严格掌握施药量和施药时间，否则易产生药害。

(2) 有机质含量低的沙质土壤，容易产生药害，不宜使用。

(3) 施药后半月不要任意松土或耘耥，以免破坏药层影响药效。

(4) 喷雾器具使用后要清洗干净。

乙　氧　氟　草　醚

性能及特点：乙氧氟草醚是二苯醚类触杀型除草剂，其除草活性为禾草丹的 16.32 倍。使用范围广、杀草谱广、持效期长、用量少、活性高，与多种除草剂复配使用，可扩大杀草谱、提高药效、使用方便，既可芽前处理又可芽后处理，毒性低。

毒性：对人畜低毒，对水生无脊椎动物、野生动物和鱼高毒。无致癌、致畸、致突变作用。对皮肤有轻度刺激，对眼睛有中度刺激。

剂型：23.5%、24%乳油。

适用作物及防治对象：适用于水稻、大豆、玉米、棉花、蔬菜、葡萄、果树等作物田防除一年生阔叶杂草和禾本科杂草、莎草科杂草，如稗草、牛毛草、鸭舌草、水苋菜、野荸荠、异型莎草、节节菜、陌上菜、碱草、铁苋菜、狗尾草、蓼、藜、苘麻、龙葵、曼陀罗、豚草、刺黄花稔、田芥、苍耳、牵牛花等。

使用技术：

(1) 苗前土壤处理，对一年生阔叶杂草、莎草、禾草都具有较高防效，其中对阔叶草的防效高于禾草。与酰胺类除草剂有互补性，故在长期单一使用酰胺类除草剂的地区，推广乙氧氟草醚或其混剂是一种理想选择。

(2) 乙氧氟草醚苗前处理为选择性除草剂，苗后早期施药则为灭生性除草剂，在适当剂量下可有效防除各种一年生杂草。因此在玉米苗后适期定向喷雾，既能杀灭已出土的多种阔叶杂草、莎草、禾草，又兼具良好的土壤封闭作用，故其持效期长于一般土壤处理剂及苗后定向喷雾药剂，除草效果好。因其无内吸传导作用，对玉米的飘移药害也易于控制，且能很快恢复，常应用于各种果园除草。

(3) 旱稻施药时可与丁草胺混用；在大豆、花生、棉花田等施药，可与甲草胺、氟乐灵、二甲戊灵等混用；在果园等处施药，可与草甘膦混用。

注意事项：

(1) 该药为触杀型，因此喷药时要均匀，施药剂量要准。

(2) 插秧田使用时，以药土法施用比喷雾安全，应在露水干后施药。施药田整平，保水层，切忌水层过深淹没稻心叶。在移栽稻田使用，稻苗高应在 20 cm 以上，秧龄应在 30 d 以上的壮秧，气温达 20～30 ℃。切忌在日温低于 20 ℃，土温低于 15 ℃情况下或秧苗嫩弱及遭受伤害未恢复的稻苗上施用。勿在暴雨来临之前施药，施药后遇暴雨田间水层过深，需要排出深水层，保浅水层，以免伤害稻苗。

(3) 该药用量少、活性高，对水稻、大豆易产生药害。初次使用时应根据不同气候带先进行小规模试验，找出适合当地使用的最佳施药方法和最适剂量后，再大面积施用。

（二）杂草茎叶喷雾处理

1. 防除禾本科杂草的除草剂

精吡氟禾草灵（精稳杀得）

性能及特点：精吡氟禾草灵内吸传导型的选择性茎叶处理剂。原药为褐色液体，在水中的溶解度为 1 μL/L，几乎不溶于水。可在正常条件下贮藏。制剂为褐色液体。对一年生和多年生禾本科杂草具有良好的防除效果。用作茎叶处理，药剂可被茎叶吸收，并被水解成酸的形态，通过韧皮部、木质部的输导组织传导到生长点和分生组织，抑制其节、根茎、芽的生长，受药杂草逐渐枯萎死亡。精吡氟禾草灵作用速度慢，一般在施药后 2～3 d 才起作用，禾本科杂草药剂持效期可达 45 d 左右。

毒性：对人畜低毒。

剂型：15%精吡氟禾草灵乳油。

适用作物及防治对象： 主要用于阔叶作物如西瓜、棉花、大豆、花生、油菜、甜菜、甘薯、马铃薯、阔叶蔬菜、烟草等，防除稗草、野燕麦、狗尾草、金色狗尾草、牛筋草、看麦娘、千金子、画眉草、雀麦、早熟禾、狗牙根、双穗雀稗、假高粱、芦苇、白茅、匍匐冰草等一年生和多年生禾本科杂草。

使用技术： 在作物出苗后，而禾本科杂草在 2～5 叶期，用 15％乳油 750～900 mL/hm² 加水 150～225 kg 搅匀喷雾。在土壤水分、空气相对湿度、温度较高时有利于杂草对精吡氟禾草灵的吸收和传导。长期干旱无雨、低温和空气相对湿度低于 65％时不宜施药。一般选早晚施药，上午 10 时至下午 3 时不应施药。施药前要注意天气预报，施药后应 2 h 内无雨。长期干旱且近期有雨时，待雨过后田间土壤水分和湿度改善后再施药，或有灌水条件的在灌水后施药，虽然施药时间延后，但药效比雨前或灌水前施药好。

注意事项：

（1）精吡氟禾草灵在土地湿度较高时除草效果好，干旱时较差，所以在干旱时应略加大药量和用水量，并避免在高温、干燥情况下施药。

（2）万一误食中毒，需饮水催吐，并送医院治疗。

（3）应在阴暗处密封贮存，防火。

高效氟吡甲禾灵

性能及特点： 是一种苗后选择性除草剂，茎叶处理后能很快被禾本科杂草的叶子吸收，传导至整个植株，积累于植物分生组织，抑制植物体内乙酰辅酶 A 羧化酶的活性，导致脂肪酸合成受阻而杀死杂草。喷洒落入土壤中的药剂易被根部吸收，也能起杀草作用。杂草在吸收药剂后很快停止生长，幼嫩组织和生长旺盛的组织首先受抑制。施药后 48 h 可观察到杂草的受害症状。从施药到杂草死亡一般需 6～10 d。

毒性： 对人畜低毒，对眼睛和皮肤有轻微刺激。

剂型： 10.8％乳油。

适用作物及防治对象： 用于大豆、棉花、花生、油菜及甘蓝等阔叶作物田，防除看麦娘、稗草、马唐、狗尾草、牛筋草、野燕麦、千金子、早熟禾、狗牙根等禾本科杂草，对阔叶杂草和莎草科杂草无效。

使用方法： 在杂草 3～4 叶期，用 10.8％高效氟吡甲禾灵乳油 375～525 mL/hm²，加水 450 kg 喷雾，若杂草已长至 4～6 叶期，用药量应为 600～900 mL/hm²，如以多年生杂草为主时，用药量需增加到 1 200～1 500 mL/hm²。

注意事项：

（1）施药后 1 h 下雨，不会影响药效。

（2）防止造成飘移药害。

（3）与阔叶除草剂混用时，可能出现禾本科杂草防效减退，而阔叶杂草防效增加的现象。

（4）喷药器具要反复清洗干净。

精噁唑禾草灵（威霸、骠马）

性能及特点： 属杂环氧基苯氧基丙酸类除草剂，主要是通过抑制脂肪酸合成的关键酶——乙酰辅酶 A 羧化酶的活性，从而抑制了脂肪酸的合成。药剂通过茎叶吸收传导至分生组织及根的生长点，作用迅速，施药后 2～3 d 停止生长，5～6 d 心叶失绿变紫色，分生组织变褐色，叶片逐渐枯死，是选择性极强的茎叶处理剂。

毒性：低毒除草剂。原药对兔眼和皮肤无刺激作用，对水生生物毒性中等，对鸟类低毒。

剂型：6.9％水乳剂，12％、7.5％、10％乳油。

适用作物及防治对象：精噁唑禾草灵适于双子叶作物如大豆、花生、油菜、棉花、甜菜、亚麻、马铃薯、蔬菜田及桑果园等田中防除一年生和多年生禾本科杂草。防除看麦娘、稗草、牛筋草、野燕麦、狗尾草、臂形草、千金子等。加入安全剂 Hoe070542 后，适于小麦田防除禾本科杂草。

使用方法：

小麦田：防禾本科杂草，春小麦 3 叶期至拔节前，10％乳油 450～600 mL/hm²，加水 300 L 茎叶处理。

大豆田：大豆芽后 2～3 复叶期，52～69 g/hm²（有效成分），加水 300～450 L，茎叶处理。

花生田：花生 2～3 叶期，杂草 3～5 叶期，46.6～62 g/hm²（有效成分），加水 300 L 茎叶处理。

油菜田：油菜 3～6 叶期，杂草 3～5 叶期施药，用 6.9％水乳剂 41.4～51.75 g/hm²（冬油菜），6.9％水乳剂 51.75～62.1 g/hm²（春油菜），兑水 300 L 喷雾。

注意事项：

（1）勿使药剂流入池塘。

（2）在单、双子叶杂草混生地可与异丙隆、溴苯腈等除草剂混用。

精喹禾灵（精禾草克）

性能及特点：内吸传导型选择性除草剂，除草活性高。当药剂喷于杂草后能被杂草吸收，并能上下传导，积累于分生组织中，使杂草枯死，一般施药后 2 d 新叶即变黄，3～4 d 新叶基部分生组织发生坏死，10 d 枯死。精喹禾灵具有较好的耐雨性，处理后 1～2 h 即使遇雨，也不影响除草效果。

毒性：对人畜低毒。

剂型：5％乳油。

适用作物及防治对象：适用于大豆、棉花、花生、甜菜、番茄、甘蓝、葡萄等作物田，防除稗草、马唐、牛筋草、看麦娘、狗尾草、野燕麦、狗牙根、芦苇、白茅等一年生和多年生禾本科杂草。

使用方法：防除一年生禾本科杂草，在杂草 3～6 片叶时，每 667 m² 用 5％乳油 40～60 mL，兑水 40～50 kg 进行茎叶喷雾处理。防除多年生禾本科杂草，在杂草 4～6 片叶时，每 667 m² 用 5％乳油 130～200 mL，兑水 40～50 kg 进行茎叶喷雾处理。

注意事项：精喹禾灵在阔叶作物的任何时期都可使用。对一年生和多年生禾本科杂草，在任何生育期间都有防效，耐雨水冲刷。

烯禾啶（稀禾定、拿捕净）

性能及特点： 为选择性强的内吸传导型茎叶处理剂，能被禾本科杂草茎叶迅速吸收，并传导到顶端和节间分生组织，使其细胞分裂遭到破坏。由生长点和节间分生组织开始坏死，受药植株 3 d 后停止生长，7 d 后新叶褪色或出现花青素色，2～3 周内全株枯死。本剂在禾本科与双子叶植物间选择性很高，对阔叶作物安全。

毒性： 对人畜低毒。未见致畸、致突变和致癌作用。对鱼类低毒，对蜜蜂低毒，对家兔皮肤、眼睛无刺激。

剂型： 20％乳油，12.5％机油乳剂

适用作物及防治对象： 适用于大豆、棉花、油菜、花生、甜菜、亚麻、马铃薯、阔叶蔬菜、果园、苗圃等，防除稗草、野燕麦、狗尾草、马唐、牛筋草、看麦娘、野黍、臂形草、黑麦草、稷属、旱雀麦、自生玉米、自生小麦、狗牙根、芦苇、冰草、假高粱、白茅等一年生和多年生禾本科杂草。

使用方法： 防除一年生禾本科杂草每 667 m² 用本品 65～100 mL，多年生禾本科杂草用本品 150～200 mL，兑水 15～45 kg，茎叶均匀喷雾。

注意事项： 本品在油菜、大豆、甜菜、花生等作物上用药的安全间隔期分别为 60 d、14 d、60 d 和 90 d，在亚麻、棉花作物上无安全间隔期；在所有作物上每季最多使用 1 次。

烯 草 酮

性能及特点： 溶于大多数有机溶剂，对紫外光稳定，在强碱介质中不稳定。该药是内吸传导型茎叶处理除草剂，有优良的选择性。对禾本科杂草具有很强的杀伤作用，对双子叶作物安全。茎叶处理后经叶迅速吸收，传导到分生组织，在敏感植物中抑制支链脂肪酸和黄酮类化合物的生物合成，使其细胞分裂遭到破坏，抑制植物分生组织的活性，使植株生长延缓。施药后 1～3 周内植株褪绿坏死，随后叶干枯而死亡。对大多数一年生、多年生禾本科杂草有效，对双子叶杂草、莎草活性很小或无活性。

毒性： 低毒。雄、雌大鼠急性经口 LD_{50} 分别为 1 630 mg/kg、1 360 mg/kg，家兔急性经皮 LD_{50}＞5 000 mg/kg。对眼睛和皮肤有轻微刺激性，对皮肤无致敏性。

剂型： 12％乳油。

适用作物及防治对象： 适用于大豆、油菜、花生、棉花、亚麻、烟草、甜菜、马铃薯、向日葵、甘薯、红花、油棕、紫花苜蓿、白三叶草、大蒜、黄瓜、辣椒、番茄、菠菜、芹菜、胡萝卜、萝卜、菊苣、韭菜、莴苣、南瓜、草莓、西瓜、豆类作物田，防治稗草、野燕麦、狗尾草、金狗尾草、大狗尾草、马唐、早熟禾、多花千金子、蚊子草、狗牙根、龙牙茅、生马唐、止血马唐、看麦娘、毒麦、洋野黍、黍、特克萨斯稷、宽叶臂形草、牛筋草（蟋蟀草）、葡萄冰草、芒稗、红稻、罗氏草、野高粱、假高粱、野黍、多枝乱子草、自生玉米、芦苇等禾本科杂草。

使用技术：

大豆田：在大豆 2～3 片复叶，一年生禾本科杂草 3～5 叶期，每 667 m² 用 12％乳油 35～40 mL，兑水 30～50 kg 喷雾。

油菜田：油菜播种或移植后，禾本科杂草 2～4 叶期，每 667 m² 用 12％乳油 30～

40 mL，兑水 30～50 kg 喷雾。

混用：在大豆田本药可与氟烯草酸、氟磺胺草醚、三氟羧草醚、乳氟禾草灵、灭草松混用，增加对阔叶杂草的防治效果。本药与两种防治阔叶杂草的除草剂混用，可增加对难治杂草如苣荬菜、刺儿菜、大蓟、问荆、苍耳、鸭跖草、龙葵、苘麻等杂草的药效，特别是在不良环境条件下对大豆安全，药效稳定。

注意事项：

（1）配药时，要注意不要让人体溅上药液，如不慎沾上，迅速用肥皂水洗净；配药时要远离水源和居民点；农药要有专人看管，严防农药被人畜、家禽误食。

（2）喷洒时注意喷头朝下，对杂草进行充分、全面、均匀的喷洒。长期干旱、空气相对湿度低于 65％时不要施药。施药时注意不要飘移到小麦、水稻、玉米等禾本科作物田，以免造成药害。施药后间隔 1 h 降雨不会影响药效。使用烯草酮后可立即种大豆、棉花，而禾本科作物需在药后 4 个月方可播种。

（3）喷药时要穿工作服，戴好口罩、手套，要避免药液吸入口中和接触皮肤。喷药以后要漱口，并用肥皂将手、脚和脸等皮肤暴露的地方洗净。

2. 防除阔叶杂草的除草剂

乳氟禾草灵（克阔乐）

性能及特点：触杀型选择性苗后茎叶处理除草剂，为二苯醚类除草剂，具有高效广谱、除草活性高、杀草速度快、在土壤中易分解等特点。大豆、花生对克阔乐有耐药性，但在不利于生长发育的环境条件下，如高温、低洼地排水不良、低温、高湿等，易造成药害。药害症状为叶片皱缩，有灼伤斑点，一般在 1 周后恢复正常生长，对产量影响不大，对环境安全，施入土壤易被微生物降解。活性高，施药期宽，耐雨水冲刷。

毒性：大鼠急性经口 $LD_{50} > 50\,000$ mg/kg，急性经皮 LD_{50} 为 20 000 mg/kg。对眼睛有刺激作用。

剂型：24％乳油。

适用作物及防治对象：用于玉米、棉花、花生、马铃薯、水稻、大豆田，防除苍耳、苘麻、龙葵、铁苋菜、狼把草、鬼针草、野西瓜苗、水棘针、香薷、反枝苋、刺苋、地肤、荠菜、曼陀罗、辣子草、藜、小藜、马齿苋、鸭跖草等一年生阔叶杂草。

使用方法：单用。防除大豆田阔叶杂草，在大豆苗后 1～2 片复叶期，阔叶杂草 2～4 叶期喷雾；防除花生田阔叶杂草，在花生 2 片复叶期，阔叶杂草 2～4 叶期，大部分阔叶杂草出齐后施药。

混用。本药与精噁唑禾草灵、高效吡氟甲禾灵、烯禾啶、精喹禾灵等防除禾本科杂草的除草剂混用，可有效地防除大豆田、花生田禾本科杂草和一年生阔叶杂草，将本药和防除阔叶杂草的除草剂混用，降低其用药量后再与防除禾本科杂草除草剂混用，对大豆安全性好，杀草谱宽。

注意事项：

（1）施药后，大豆、花生茎叶可能出现枯斑式黄化现象，只要按规定剂量使用不会影响新叶的生长，1～2 周便恢复正常，不影响产量。

（2）杂草生长状况和气候会影响本药的杀草效果。4 叶期前活性高。当气温、土壤、水分等有利于杂草生长时施药药效好，反之低温、持续干旱影响药效。施药后连续阴天，光照不好，会影响药效迅速发挥。

（3）要注意施药时期。

（4）施药要选择在早晚气温低、风速小时进行。

（5）本药对鱼高毒，应避免药液污染池塘和河渠。

三 氟 啶 磺 隆

性能及特点：磺酰脲类除草剂，施药后可被杂草的根、茎、叶吸收，可在植物体内向下和向上传导，通过抑制乙酰乳酸合成酶（ALS）的活性，从而影响支链氨基酸（如亮氨酸、异亮氨酸、缬氨酸等）的生物合成。植物受害后表现为生长点坏死、叶脉失绿，植物生长受到严重抑制、矮化，最终全株枯死。三氟啶磺隆对杂草和作物的选择性主要是由于降解代谢的差异。其在棉花和甘蔗体内可以被迅速代谢为无活性物质，从而使作物植株免受伤害。

毒性：对人畜低毒。

剂型：10％可湿性粉剂、75％水分散粒剂。

适用作物及防除对象：适用于棉花、甘蔗，防除阔叶杂草和莎草科杂草。对苣荬菜（苦苣菜）、藜（灰菜）、小藜、灰绿藜、马齿苋、反枝苋、凹头苋、绿穗苋、刺儿菜、刺苞果、豚草、鬼针草、大龙爪、水花生、野油菜、田旋花、打碗花、苍耳、鳢肠（旱莲草）、田菁、胜红蓟、羽芒菊、臂形草、大戟、酢浆草（酸咪咪）等阔叶杂草具有很好的防除效果；对香附子（三棱草）有特效；对马唐、旱稗、牛筋草、狗尾草、假高粱等禾本科杂草防效较差。

使用方法：棉花 5 叶以后或株高 20 cm 以上时，一般每 667 m² 用量为 75％水分散粒剂 1.5～2.5 g，或 10％可湿性粉剂 15～20 g，兑水 20～30 kg，均匀喷雾于杂草茎叶，喷药时尽量避开棉花心叶（主茎生长点）。

注意事项：

（1）每季作物只能使用本品 1 次。

（2）本品主要用于甘蔗和棉花除草，如果用于其他作物，请先进行安全性试验。

（3）本品在棉花田喷施时，应尽量避开棉花心叶。

（4）本品对个别品种的棉花叶片有轻微灼伤，1 周后可以迅速恢复，不影响产量。

氟 磺 胺 草 醚

性能及特点：是一种具有高度选择性的大豆、花生、棉花田苗后除草剂，能有效地防除大豆、花生、棉花田阔叶杂草和香附子，对禾本科杂草也有一定防效。能被杂草根和叶吸收，使其迅速枯黄死亡，喷药后 4～6 h 遇雨不影响药效，对大豆安全。

毒性：对人畜低毒。大鼠急性经口 LD_{50}＞1 000 mg/kg。对皮肤和眼睛有轻度刺激作用。对鱼类和水生生物毒性很低，对鸟和蜜蜂亦低毒。

剂型：25％水剂。

适用作物及防治对象：适用于大豆、花生、棉花田，防除苘麻、铁苋菜、三叶鬼针草、豚草属、野油菜、荠菜、藜、曼陀罗、龙葵、裂叶牵牛、粟米草、萹蓄、宾州蓼、马齿苋、刺黄花稔、野苋、决明、地锦草、猪殃殃、水棘针、田菁、苦苣菜、蒺藜、车轴草、苘麻、宾州苍耳、刺苍耳、苍耳等阔叶杂草。也可用于果园、橡胶种植园防除阔叶杂草。

使用方法：大豆苗后1～3片复叶时，杂草1～3叶期，兑水均匀喷雾于杂草茎叶，药液中加适量非离子型表面活性剂效果更好。

注意事项：

（1）药后4～6 h遇雨不影响药效，对大豆安全，苗前苗后均可使用。

（2）在土壤中持效期长，药量偏高，对后茬敏感作物（白菜、谷子、高粱、甜菜、玉米、亚麻等）有不同程度的药害，在推荐剂量下，不翻耕种植玉米、高粱，都会有轻度影响，因此应严格掌握药量，选择安全后茬作物。

（3）用量较大或高温施药，大豆或花生可能会产生灼伤性病斑，一般情况下几天后可恢复正常生长，不影响产量。

（4）在果园中使用，切勿将药液喷到树叶上。

（5）本药对大豆安全，但对玉米、高粱、蔬菜等作物敏感，施药时注意不要污染这些作物，以免产生药害。

嘧 硫 草 醚

性能及特点：嘧硫草醚为侧链氨基酸合成抑制剂，为选择性茎叶处理除草剂，是一种乙酰乳酸合成酶抑制剂，通过阻止氨基酸的生物合成而达到防除杂草的作用。对棉花高度安全，因为它可在棉花植株中快速降解。

毒性：对人畜低毒。

剂型：75％水分散颗粒剂、50％可湿性粉剂。

适用作物及防治对象：主要用于棉田，苗前苗后均可使用，用于防治棉花田一年生和多年生阔叶杂草，稗草，防除一年生和多年生禾本科杂草和大多数阔叶杂草。对难防除杂草如各种牵牛、苍耳、苘麻、刺黄花、阿拉伯高粱等都有很好的防除效果。

使用方法：土地处理和茎叶处理均可，用作茎叶处理每667 m² 使用3 g（活性物），用作土地处理每667 m² 使用7 g（活性物），施药量为35～105 g/hm²。

3. 防除田间恶性杂草的除草剂

草 甘 膦

性能及特点：是由美国孟山都公司开发的除草剂。纯品为非挥发性白色固体，相对密度为0.5，大约在230 ℃左右熔化，并伴随分解。25 ℃时在水中的溶解度为1.2％，不溶于一般有机溶剂，其异丙胺盐完全溶解于水。不可燃、不爆炸，常温贮存稳定。对中碳钢、镀锌铁皮（马口铁）有腐蚀作用。

毒性：低毒除草剂。

剂型：30％、46％水剂，30％、50％、65％、70％可溶粉剂，74.7％、88.8％草甘膦铵盐可溶粒剂和95％、98％草甘膦原药。

适用作物及防治对象：适用于棉田芦苇防除。

使用方法：将芦苇用剪刀剪去尖端，将草甘膦水溶液涂抹于剪开处。

注意事项：

（1）草甘膦为灭生性除草剂，施药时切忌污染作物，以免造成药害。

（2）对多年生恶性杂草，如白茅、香附子等，在第一次用药后1个月再施1次药，才能达到理想防治效果。

（3）在药液中加适量柴油或洗衣粉，可提高药效。

（4）在晴天，高温时用药效果好，喷药后 4～6 h 内遇雨应补喷。

（5）草甘膦具有酸性，贮存与使用时应尽量用塑料容器。

（6）喷药器具要反复清洗干净。

（7）包装破损时，高湿度下可能会返潮结块，低温贮存时也会有结晶析出，用时应充分摇动容器，使结晶溶解，以保证药效。

（8）为内吸传导型灭生性除草剂，施药时注意防止药雾飘移到非目标植物上造成药害。

（9）易与钙、镁、铝等离子络合失去活性，稀释农药时应使用清洁的软水，兑入泥水或脏水时会降低药效。

（10）施药后 3 d 内请勿割草、放牧和翻地。

草　铵　膦

性能及特点：高度稳定，草铵膦及其所有盐不挥发、不降解，在空气中稳定。草铵膦是谷氨酰胺合成抑制剂，是非选择性触杀除草剂。药剂在叶片内转移，使植物体内谷氨酰胺合成受阻，体内代谢紊乱，叶绿体解体，从而光合作用受抑制，最终导致植物死亡。该药的传导性较差，但可以随蒸腾流在植物体木质部内向上运输，也可以在韧皮部内向地下部分运输。其代谢受到土壤特性、微生物活性和环境气候等条件影响，半衰期为 12～70 d，有些土壤可以持续到 100 d，但一般情况下为 40 d。

毒性：低毒。急性经口 LD_{50}：雄大鼠 2 000 mg/kg、雌大鼠 1 620 mg/kg、雄小鼠 416 mg/kg、雌小鼠 416 mg/kg、犬 200～400 mg/kg。急性经皮 LD_{50}：雄大鼠＞2 000 mg/kg、雌大鼠＞4 000 mg/kg。对兔眼、皮肤无刺激性。无诱变性、无致畸性。

剂型：200 g/L 可溶性液剂。

食用作物及防治对象：可用于果园、葡萄园、非耕地防除一年生和多年生双子叶及禾本科杂草。

使用技术：每 667 m² 用草铵膦有效成分 50～60 g，在杂草 10～30 cm 时，定向喷雾。采用涂抹方式对附着在树干的地衣、苔藓也有防除效果。

注意事项：

（1）防除阔叶杂草应在杂草旺盛生长始期施药，防除禾本科杂草应在分蘖始期施药。

（2）药剂的活性受水分、温度、光照的影响，湿度大、温度高，能促进本药发挥除草效果。

（3）耐雨水冲刷，施药后 5～6 h 降雨，防效不受影响。

二、小麦田化学除草剂

（一）芽前土壤处理剂

野　麦　畏

性能及特点：氨基甲酸酯类芽前选择性除草剂。主要用于防除野燕麦。对看麦娘和早熟禾也有较好的控制作用。

毒性：低毒。

适用作物及防治对象：小麦、大麦、青稞、油菜、豌豆、蚕豆、亚麻、甜菜、大豆等作物田的野燕麦。

剂型：40％乳油。

使用方法：

（1）在冬小麦 3 叶期、野燕麦 2～3 叶期，结合冬前灌水（或利用降大雨机会），每667 m² 用 40％乳油 200 mL，同时追施尿素 6～8 kg，或拌细沙土 20～30 kg，撒于田间，随撒药随灌水。这种方法不仅能抑制已出苗的野燕麦，也能对正在萌发的野燕麦起到抑制作用。

（2）在野燕麦严重发生的田块，可在整地播种前，每 667 m² 用 40％野麦畏乳油 150～200 mL，加水均匀喷雾于地面；在雨水较多、土壤潮湿的地区可将 40％野麦畏乳油 150～200 mL用含水量为 60％（手捏成团，落地散开）的细潮土 30 kg 拌均匀，撒施土表，再覆土 1～3 cm。

（3）大豆、甜菜地除草：大豆、甜菜播种前，每 667 m² 用 40％乳油 200 mL，兑水20～40 kg，土壤喷雾，或拌细土 20～30 kg 撒于田间，用药后立即混土 5～7 cm，然后播种。

注意事项：燕麦畏有挥发性，施药后必须立即用圆盘耙或齿耙纵横浅耙地面，将药剂混入 10 cm 深的土层内，然后播种小麦，播种深度 3～5 cm，播种量应加大 5％～10％，保证小麦苗全。

（二）杂草茎叶喷雾处理剂

1. 防除禾本科杂草的除草剂

炔 草 酯

性能及特点：本品是用于苗后茎叶处理的高效麦田除草剂，在土壤中很快降解为游离酸苯基和吡啶部分进入土壤，对一年生禾本科杂草有较好的防治效果。

适用作物及防除对象：防治小麦田鼠尾看麦娘、燕麦草、黑麦草、普通早熟禾、狗尾草等禾本科杂草。

毒性：对人畜低毒，与皮肤接触可能致敏，对水生生物有极高毒性，可能对水体环境产生长期不良影响。

剂型：8％、15％的水乳剂。

使用方法：56.25～78.75 g/hm² 兑水进行茎叶喷雾。

注意事项：

（1）施药时穿长衣长裤，戴手套、眼镜和口罩；不能吸烟、饮水；施药后清洗干净手脸。

（2）使用过的空包装，用清水冲洗 3 次后妥善处理，切勿重复使用或改作其他用途。所有施药器具，用后应立即用清水或适当的洗涤剂清洗。

（3）勿将制剂及其废液弃于池塘、沟渠、河流和湖泊等，以免污染水源。

唑 啉 草 酯

性能及特点：唑啉草酯是由瑞士先正达作物保护有限公司开发的新苯基吡唑啉类除草剂。唑啉草酯为乙酰辅酶 A 羧化酶（ACC）抑制剂类除草剂，药物可被杂草叶片吸收，然后传导至分生组织，造成脂肪酸合成受阻，使细胞生长分裂停止，细胞膜含脂结构被破坏，导致杂草死亡。该品种具有内吸性，作用速度快，一般施药后 48 h 敏感杂草停止生长，1～2 周内杂草叶片开始发黄，3～4 周内杂草彻底死亡。施药后杂草受害的反应速度与气候条件、杂草种类、生长条件等有关。

适用作物及防除对象：主要用于麦田防除一年生禾本科杂草。对野燕麦、黑麦草、狗尾草、硬草、蔄草、看麦娘、日本看麦娘、棒头草等禾本科杂草有良好防效，尤其对恶性禾本科杂草野燕麦、黑麦草、硬草、蔄草的防效接近 100%。

毒性：低毒，原药大鼠急性经口 $LD_{50} > 5\,000$ mg/kg。

剂型：5% 乳油。

使用方法：5% 唑啉草酯乳油在小麦田使用，冬前每 667 m² 推荐用量为 80～100 mL，春季推荐每 667 m² 用 100～120 mL，在草龄较大或苏南等地抗性杂草较多的田块，使用推荐剂量的上限。

注意事项：综合施药成本和除草效果等方面考虑，在禾本科杂草 3～5 叶期施用最适宜，药后尽量避免出现大幅度降温寒潮天气。

氟 唑 磺 隆

性能及特点：磺酰脲类内吸型高效小麦田除草剂，对小麦田中的雀麦和野燕麦有特效；安全性好，对小麦无任何药害；既具有茎叶杀草作用，又具备一定的土壤封闭作用，持效期长；杀草谱广，对大多数禾本科杂草及部分阔叶杂草有效，其有效成分可被杂草的根和茎叶吸收，通过抑制杂草体内乙酰乳酸合成酶的活性，破坏杂草正常的生理生化代谢而发挥除草活性。

毒性：低毒。

剂型：70% 水分散性粒剂。

适用作物及防治对象：可有效防除小麦田雀麦、野燕麦、狗尾草、早熟禾等禾本科杂草及十字花科杂草和蓼科杂草。

使用方法：

（1）在小麦 2～4 叶期（杂草 1～3 叶期，且大部分杂草已萌发），适时施药不仅可有效防除已出土的杂草，也可控制即将出土的杂草。

（2）本药在春小麦田每 667 m² 的用量为 2.5～3.0 g，冬小麦田每 667 m² 的用量为 3.0～3.5 g。

（3）施药时可将本药先用少量清水充分搅拌至完全溶解，配置成母液，然后加入喷雾器内，再加入清水至所需用量，并再次搅拌均匀后，对叶面与土壤均匀喷雾，每 667 m² 用水量为 30～40 L，如遇干旱天气，一定要保持充足的用水量，以保证对杂草的防效。

（4）可根据当地小麦田杂草情况，选择与苯磺隆、2, 4 -滴、2 甲 4 氯钠及使它隆等除草剂混用以扩大杀草谱，防除恶性杂草。

注意事项：

（1）本药对大麦、荞麦、燕麦、十字花科和豆科作物敏感，因此不能在上述作物使用本药除草；在套种或间作有大麦、燕麦、十字花科作物及豆科作物的小麦田中，施用氟唑磺隆时注意避让上述作物，防止药液飘移到上述作物上。

（2）在干旱、低温、冰冻、洪涝、肥力不足及病虫害侵扰等不良气候环境条件下，不宜使用本药。

（3）冬小麦区在晚秋或初冬施药时，应注意选择冷尾暖头天气用药，最好在气温高于8℃时施药；恶劣天气下使用，小麦可能表现受害症状，也可能影响防治效果。

（4）本药在施药65 d后绝大部分有效成分在土壤中已降解为无活性的代谢物质，在冬小麦区对玉米、大豆、水稻、棉花及花生的安全间隔期为60～65 d。

甲基二磺隆

性能及特点：甲基二磺隆属于磺酰脲类高效除草剂，通过抑制乙酰乳酸合成酶而起作用，杂草根和叶吸收，在植株体内传导，使杂草停止生长后枯死。该药剂对冬小麦、春小麦一年生禾本科杂草和繁缕等部分阔叶杂草都有较好防效。一般情况下，施药2～4 h后，敏感杂草的吸收量达到高峰，2 d后停止生长，4～7 d后叶片开始黄化，随后出现枯斑，2～4周后死亡。小麦拔节后不宜使用。

毒性：低毒。

适用作物及防治对象：适合在软质型和半硬质型冬小麦品种中使用。可防除看麦娘、野燕麦、棒头草、早熟禾、硬草、碱茅、多花黑麦草、毒麦、雀麦、蜡烛草、节节麦、茼草、冰草、荠菜、播娘蒿、牛繁缕、自生油菜等。

剂型：3％油悬浮剂。

使用方法：用药量为15 g/hm²。掌握在小麦3～6叶期，禾本科杂草基本出齐，处于3～5叶期时及早施药，一般每667 m² 用3％油悬浮剂20 mL即可起到理想防效，若田间杂草以抗性较强的杂草为主时，每667 m² 用药量可适当增大至25～30 mL。采用喷雾法施药，每667 m² 用水量保证在30 kg以上。

注意事项：

（1）生产上最好在冬前施药，在越冬期和春季小麦返青期施药，药后易遇不良天气，药害风险较大。

（2）小麦拔节或株高达13 cm后严禁使用。

（3）后茬玉米、水稻、大豆、花生、棉花等作物需在施药100 d后播种，间套作上述作物的麦田慎用该药。

（4）角质型硬质小麦相对比较敏感，应做微区试验后再用。

（5）土壤湿度较大、麦苗容易受涝害的田块施用本药风险更大，一般不要使用。

禾 草 灵

性能及特点：禾草灵是苗后处理剂，主要供叶面喷雾，可被杂草根、茎、叶吸收，但在体内传导性差。根吸收的药剂，绝大部分停留在根部，杀伤初生根，只有很少量的药剂传导到地上部。叶片吸收的药剂，大部分分布在施药点上下叶脉中，破坏叶绿叶体，使叶片坏死，但不会抑制植株生长。对幼芽抑制作用强，将药剂喷施到杂草顶端或节间分生组织附近，能抑制生长，破坏细胞膜，导致杂草枯死。

毒性：低毒。

剂型：36％乳油、28％乳油（含增效的表面活性剂）。

适用作物及防治对象： 适用于小麦、大麦、大豆、油菜、花生、向日葵、甜菜、马铃薯、亚麻等作物地，防除稗草、马唐、毒麦、野燕麦、看麦娘、早熟禾、狗尾草、画眉草、千金子、牛筋草等一年生禾本科杂草。对多年生禾本科杂草及阔叶杂草无效。也不能用于玉米、高粱、谷子、水稻、燕麦、甘蔗等作物地。

使用方法：

（1）麦田使用。最适宜的施药时期是野燕麦等禾本科杂草 2～4 叶期，防除稗草和毒麦亦可在分蘖开始时施药。每 667 m² 用 36％乳油 120～200 mL，兑水叶面喷雾。用量超过 200 mL，对小麦有药害。

（2）甜菜、大豆等阔叶作物使用。在作物苗期、杂草 2～4 叶期，每 667 m² 用 36％乳油 170～200 mL，兑水叶面喷雾。

注意事项：

（1）本药不能与苯氧乙酸类除草剂 2,4 - 滴丁酯、麦草畏、灭草松等混用，也不能与氮肥混用，否则会降低药效。

（2）喷施本药后，接触药液的小麦叶片会出现稀疏的褪绿斑，但新长出的叶片不会受害。对 3～4 片复叶期的大豆有轻微药害，叶片出现褐色斑点一周后可恢复，对大豆生长无影响。

2. 防除阔叶杂草的除草剂

2,4 - 滴 丁 酯

性能及特点： 2,4 - 滴丁酯为苯氧乙酸类激素型选择性除草剂。具有较强的内吸传导性。在小麦田主要用于苗后茎叶处理。药液喷施到杂草茎叶表面后，穿过角质层和细胞质膜，最后传导到植株各部分。杂草受害后茎叶扭曲、畸形，最终死亡。用药后一般 24 h 阔叶杂草即会出现畸形卷曲症状，7～15 d 死亡。由于植物之间在外部形态、组织结构和生理方面的差异，对 2,4 - 滴丁酯表现出不同抵抗能力。一般双子叶植物降解 2,4 - 滴丁酯的速度慢，因而抵抗力弱，容易受害，而禾本科植物能很快地代谢 2,4 - 滴丁酯，使之失去活性。因此，该药在禾本科植物小麦和双子叶杂草之间具有很好的选择性。

适用作物及防治对象： 防除小麦田播娘蒿、荠菜、藜、蓼、猪殃殃、苦荬菜、刺儿菜、田旋花等阔叶杂草，对禾本科杂草无效。

毒性： 对人畜低毒，对鱼类高毒。

剂型： 常用制剂为 72％的 2,4 - 滴丁酯乳油。

使用方法： 在小麦返青期每 667 m² 用 72％的 2,4 - 滴丁酯乳油 40～50 mL，加水 25～30 kg 均匀喷雾。2,4 - 滴丁酯乳油可以与麦草畏、溴苯腈等混用，剂量各减半，以扩大杀草谱。

注意事项：

（1）2,4 - 滴丁酯有很强的挥发性，药剂雾滴可在空气中飘移很远，使敏感植物受害。本药施用时应选择无风或风小的天气进行，喷雾器的喷头最好有保护罩，防止药剂雾滴飘移到双子叶作物田，更不能在与敏感作物套种的小麦田使用此药。

（2）严格掌握施药时期和使用量。小麦在 3 叶前和拔节后对 2,4 - 滴丁酯敏感，此时用药，易造成小麦药害，药害症状在小麦抽穗期后才表现出来。轻者小麦抽穗时表现麦穗弯曲不易从旗叶抽出，重者麦穗表现畸形，变成方头穗。因此，该药应在小麦 3 叶期以后至拔节前施用。

（3）分装和喷施 2,4-滴丁酯的器械要专用，以免造成二次污染。

（4）2,4-滴丁酯乳油不能与酸碱性物质接触，以免因水解作用造成药效降低，也不宜与种子及化肥一起贮藏。

（5）该产品只被保留原药生产企业的境外使用登记，原药生产企业可在续展登记时申请将现有登记变更为仅供出口境外使用登记。

2 甲 4 氯钠

性能及特点： 激素类型选择性除草剂。可被植物根茎叶吸收并传导，阔叶作物对其敏感，可有效地防除阔叶杂草和莎草科杂草，对禾本科杂草无效。

适用作物及防治对象： 适用于水稻、麦类、玉米等禾本科作物田，防除异型莎草、鸭舌草、水苋菜、扁秆藨草、蓼、大巢菜、猪殃殃、毛茛、荠菜、蒲公英、刺儿菜等阔叶杂草和莎草科杂草。

毒性： 对人畜低毒，对鱼安全。

剂型： 20% 水剂、56% 可溶性粉剂。

使用方法：

（1）小麦田：适期为小麦分蘖末期至拔节前，每 667 m² 用 20% 2 甲 4 氯钠水剂 250～300 mL，兑水 25～35 kg 喷雾，可防除大多数一年生阔叶杂草。

（2）玉米田：玉米播后苗前，每 667 m² 用 20% 2 甲 4 氯钠水剂 100 mL，兑水进行土表喷雾，除草效果也很好，也可在苗后进行喷雾处理防除阔叶杂草。

（3）水稻田：在移栽稻田使用，一般在水稻分蘖末期，每 667 m² 用 56% 可溶性粉剂 15～20 g，喷药时撤浅水层，使杂草露出水面，均匀喷雾，喷药时，匀速行走，每 667 m² 喷液量 15 kg。

注意事项：

（1）棉花、大豆、瓜类、果林等阔叶作物对 2 甲 4 氯钠很敏感，使用时尽量避开种植敏感作物地块，应在无风天气施药，以免产生药害。

（2）用过 2 甲 4 氯钠的喷雾器，应同用过 2,4-滴丁酯一样彻底清洗，否则易产生药害。

（3）水稻孕穗期不能施药，以免产生药害。

麦 草 畏

性能及特点： 麦草畏苯甲酸类除草剂，具有内吸传导作用。该药用于苗后喷雾，很快被杂草的叶、茎、根吸收，通过韧皮部及木质部向上下传导，药剂多集中在分生组织及代谢活动旺盛的部位，阻碍植物激素的正常活动，从而使其死亡。对一年生和多年生阔叶杂草有显著防除效果。用药后一般 24 h 阔叶杂草即会出现畸形卷曲症状，10～20 d 死亡。小麦等禾本科植物吸收药剂后能很快地进行代谢分解使之失效，故表现较强的耐药性。

适用作物及防治对象： 防除小麦田播娘蒿、荠菜、藜、猪殃殃、牛繁缕、大巢菜、荞麦蔓、苍耳、田旋花、刺儿菜、问荆等，对禾本科杂草无效。

毒性： 对人畜低毒，原药对大鼠经口 LD_{50} 为 1 040 mg/kg。

剂型：48%的水剂。

使用方法：小麦分蘖至拔节前，每 667 m² 用 48% 麦草畏水剂 25～40 mL，加水 20～30 kg，均匀喷雾。

注意事项：麦草畏施用时严防飘移到周围的敏感作物上。小麦 3 叶期前和拔节期后，不宜施用麦草畏，以免造成药害。

溴 苯 腈

性能及特点：溴苯腈是选择性苗后茎叶处理触杀型除草剂。主要经由叶片吸收，在植物体内进行极其有限的传导，通过抑制光合作用的各个过程迅速使植物组织坏死。施药 24 h 内叶片褪绿，出现坏死斑。在气温较高、光照较强的条件下，加速叶片枯死。

适用作物及防治对象：溴苯腈适用于小麦、玉米、亚麻田防除播娘蒿、荠菜、藜、蓼、萹蓄、荞麦蔓、婆婆纳、牛繁缕、大巢菜等，对禾本科杂草无效。

毒性：对人畜低毒，对眼睛、皮肤有刺激作用。

剂型：22.5%乳油。

使用方法：小麦 3～5 叶期，阔叶杂草基本出齐，处于四叶期前，生长旺盛时施药。每 667 m² 用 100～170 mL（有效成分 22.5～37 g），兑水 30 L 均匀喷洒。玉米、高粱，3～8 叶期，每 667 m² 用 83～133 mL（有效成分 18.7～30 g），兑水 30 L 茎叶处理均匀喷到杂草上。亚麻 5～10 cm 时施药，每 667 m² 用有效成分不宜超过 18.7 g，亚麻孕蕾后施药不安全。

注意事项：该药可与 2,4-滴丁酯或 2 甲 4 氯钠等混用，扩大杀草谱。混用剂量较各药剂单用时减半。该药为茎叶处理触杀型除草剂，施用时期应尽量提前。杂草植株较大时，除草效果降低。另外施用后如有降雨，应重新施药。

噻 吩 磺 隆

性能及特点：内吸传导型苗后选择性除草剂，能用于禾谷类作物防除一年生阔叶杂草，主要通过杂草叶面和根系吸收并传导。一般施药后，敏感杂草立即停止生长，1 周后死亡。小麦对噻吩磺隆有抵抗能力，正常剂量下安全。噻吩磺隆在土壤中被好气微生物分解，30 d 后对下茬作物生长无害。

适用作物及防治对象：噻吩磺隆主要用于防除禾谷类作物小麦、大麦、燕麦、玉米田间的阔叶杂草，如反枝苋、马齿苋、播娘蒿、荠菜、猪毛菜、猪殃殃、婆婆纳、牛繁缕等，对刺儿菜、田旋花及禾草等无效，该药对 2,4-滴丁酯类药剂不能防除的麦瓶草等有很好的防效。

毒性：对人畜低毒，对眼睛有轻度刺激作用。在试验条件下未见致畸、致突变作用。

剂型：75%干悬浮剂，10%、15%、25%、30%、70%、75%可湿性粉剂，75%水分散粒剂。

使用方法：小麦、大麦 2 叶期到孕穗前，杂草出齐至 2～4 叶期，用在小麦、大麦 2 叶期至早穗期每 667 m² 用有效成分 1.5～2.5 g，兑水 30～40 kg，加入液量 0.2%的非离子表面活性剂，茎叶喷雾处理。玉米 3～4 叶期、杂草 2～4 叶期施药，每 667 m² 用有效成分 0.73～1.0 g，兑水 30～50 kg，喷洒茎叶。大豆田，一般在大豆播种后苗前施药，每 667 m² 用 75%水分散粒剂 1.6～2 g，兑水 30～40 kg 进行均匀喷雾。

注意事项：

（1）施药适期为杂草生长早期（10 cm 以内）和作物生长前期。

（2）阔叶作物反应敏感，喷药时切勿污染以防引起药害。

（3）喷雾器具用后应反复冲洗干净。

（4）冬前施药，在气温低于 5 ℃下不可施药。

（5）该药活性高、施药量低，必须采用二次稀释法配制药液。

（6）当作物处于不良环境时，如低温、干旱、空气湿度低于 65％不宜施药，大豆在田间有积水时也不宜施药，否则会产生药害。

（7）不能与马拉硫磷混用。

苯 磺 隆

性能及特点：通过植物的根、茎、叶吸收后，迅速传导，抑制乙酰乳酸合成酶（ALS）的活性，阻碍缬氨酸与异亮氨酸生物合成，造成生长受抑制，植株在 1～3 周内死亡。在正常情况下，施药后经 60 d，可以安全种植各种作物，因而适于在多熟地区的麦田应用。

适用作物及防治对象：主要用于防除各种一年生阔叶杂草，对播娘蒿、荠菜、碎米荠菜、麦家公、藜、反枝苋等效果较好，对地肤草、繁缕、蓼、猪殃殃等也有一定的防除效果，对丝路蓟、卷茎蓼、田旋花、泽漆等效果不显著，对野燕麦、看麦娘、雀麦、节节麦等禾本科杂草无效。

毒性：对人畜低毒。

剂型：75％水分散粒剂、10％可湿性粉剂、20％可湿性粉剂。

使用方法：小麦 2 叶至孕穗期。分春秋两个时期。秋季一般在小麦 3 叶至分蘖期施药，每 667 m² 用药剂量为 10％苯磺隆可湿性粉剂 5～7.5 g，加水 25～30 kg 喷雾。春季施药在小麦返青至孕穗期进行，每 667 m² 用药剂量为 10％苯磺隆可湿性粉剂 7.5～15 g，加水 30～35 kg 喷雾。苯磺隆对小麦安全性也很好，在小麦出苗后至孕穗期喷施对小麦产量均无影响。苯磺隆可与 2,4 -滴丁酯和 2 甲 4 氯钠混用，以扩大杀草谱。

注意事项：

（1）杂草对苯磺隆反应较慢，药后 4 周以上杂草才能全部死亡，不可在未见效果之前急于人工除草。

（2）两熟地区麦田苯磺隆应尽量早用，冬前杂草基本出全苗或春季 3 月 20 日前喷施为宜。如果喷施太晚，后茬花生等套播作物早期生长易受药剂在土壤中残留药效的影响。

唑 草 酮

性能及特点：唑草酮是三唑啉酮类触杀型选择性除草剂。通过抑制叶绿素生物合成过程中原卟啉原氧化酶导致有毒中间物积累，从而破坏杂草的细胞膜，使叶片迅速干枯死亡。该药喷施到植物茎叶后 15 min 内很快被植物吸收，不受雨水淋洗的影响，杂草 3～4 h 出现中毒症状。麦田杂草对本药反应快，在药后 15 d 有明显效果。

适用作物及防治对象：用于小麦田，防除播娘蒿、荠菜、藜、卷茎蓼、萹蓄、地肤草、婆婆纳、打碗花、苣荬菜等阔叶杂草。

毒性：对人畜低毒，对鱼低毒。

剂型：40％、50％干悬浮剂，22.5％浓乳剂。

使用方法：杂草 2～3 叶期为最佳用药时期。每 667 m² 适宜用量为 40％唑草酮干悬浮剂 4～5 g，加水 25～30 kg 喷雾。该药在小麦出苗后至孕穗期均可用药。

注意事项：

（1）该药为超高效除草剂，因此施药时药量一定要准确，最好将药剂配成母液，再加入喷雾器。喷雾应均匀，不可重喷，以免造成作物的严重药害。

（2）该药只对杂草有触杀作用，没有土壤封闭作用，在用药时期应尽量选在田间杂草大部分出苗后。

（3）小麦在拔节至孕穗期喷药后，叶片上会出现黄色斑点，但药后 1 周就可恢复正常绿色，不影响产量。

（4）喷施过的药械要彻底清洗，以免药剂残留。

3. 防除禾本科和阔叶杂草的除草剂

<h1 align="center">绿 麦 隆</h1>

性能及特点：绿麦隆为取代脲类选择性内吸传导型除草剂。药剂主要通过植物的根系吸收，并有叶面触杀作用，是植物光合作用电子传递抑制剂。施药后 3 d，杂草开始表现中毒症状，叶片褪绿，叶尖和心叶相继失绿，约 10 d 左右整株干枯而死亡，在土壤中的持效期 70 d 以上。

适用作物及防治对象：绿麦隆用于小麦田防除看麦娘、野燕麦、藜、繁缕等多种禾本科杂草及某些阔叶杂草。

毒性：对眼睛、皮肤和黏膜有刺激作用，一般不会引起全身中毒。

剂型：25％可湿性粉剂。

使用方法：小麦播种后出苗前至 2 叶期，杂草 1～2 叶期以前。每 667 m² 施用 25％绿麦隆可湿性粉剂 300 g，加水 40～50 kg 喷雾。

注意事项：

（1）绿麦隆施药前后保持土壤湿润，才能发挥理想药效。

（2）该药应做到喷雾均匀，若施药不均，作物会稍有药害，表现为轻度变黄，20 d 左右可恢复正常生长。

<h1 align="center">异 丙 隆</h1>

性能及特点：异丙隆为取代脲类选择性内吸传导型除草剂。药剂主要通过植物的根系吸收，在导管内随水分向上传导到叶内，抑制绿色植物的光合作用。受药害的杂草表现在叶尖和叶缘褪绿，发黄，最后枯死。

适用作物及防治对象：用于小麦田防除看麦娘、野燕麦、早熟禾、网草、硬草、牛繁缕、麦家公、稻茬菜、播娘蒿等一年生禾本科杂草及阔叶杂草。

毒性：对人畜低毒。

剂型：50％、75％可湿性粉剂。

使用方法：最适宜的用药时间为杂草出苗前至 3 叶期以前，用药量为每 667 m² 施用 50％异丙隆可湿性粉剂 125～300 g，兑水 30～40 kg 喷雾。异丙隆可与苯磺隆等除阔叶杂草的除草剂混用，扩大杀草谱。

注意事项：

（1）施药前后保持土壤湿润，才能发挥理想药效。土壤干旱时须增加用药量。

（2）应做到喷雾均匀，若施药不均，作物会稍有药害。

（3）异丙隆施药后对麦苗早期生长会有一定影响，表现为麦苗叶色发黄、植株低矮，以后随着小麦生长可以恢复。喷施植物生长促进剂可缓解药害症状。

啶磺草胺

性能及特点：磺酰胺类内吸传导型除草剂，杀草谱广、除草活性高、药效快。该药经杂草叶片、鞘部、茎部或根部吸收，在生长点积累，抑制乙酰乳酸合成酶，无法合成支链氨基酸，进而影响蛋白质合成，影响杂草细胞分裂，造成杂草停止生长、黄化，直至死亡。

适用作物及防治对象：对小麦田常见的看麦娘、多花黑麦草、野燕麦、硬草等禾本科杂草有良好的效果，对婆婆纳、野老鹳草等阔叶杂草也具有一定的防效。

毒性：对人畜低毒。

剂型：7.5％水分散粒剂。

使用方法：使用时期仅限于冬小麦冬前，麦苗 3～6 叶期，禾本科杂草 2.5～5 叶期施药，7.5％水分散粒剂 140.7～187.5 g/hm² 加水 15～30 L 稀释后茎叶喷雾。

注意事项：

（1）应注意勿在套种、间种麦田使用本药剂。

（2）由于该药剂的活性较高，要严格按推荐的用药剂量、施药时期和方法施用，否则容易出现药害。

（3）喷雾时应恒速，均匀喷雾，避免重复、漏喷或超范围施用。

（4）在推荐的施药时期范围内，原则上禾本科杂草出齐后用药越早越好，小麦起身拔节后不得施用。

（5）药剂施用后，前期麦苗有时会出现临时性黄化或蹲苗现象，正常使用条件下小麦返青起身后黄化消失，不影响产量。

（6）每季最多使用次数为 1 次。

三、玉米田化学除草剂

（一）芽前土壤处理

莠去津（阿特拉津）

性能及特点：为均三氮苯类选择性内吸传导型土壤兼茎叶处理除草剂。主要是通过根吸收，是典型的光合作用抑制剂，且能抑制蒸腾和呼吸作用。在玉米体内被玉米酮分解为无毒物质，对玉米安全。原药在微酸和微碱性介质中稳定，但在高温的碱液或酸液中易水解。

适用作物及防治对象：玉米、高粱、甘蔗、马铃薯、谷子等作物田，果园、苗圃、林地、玉米免耕地。主要防除一年生单、双子叶杂草和部分多年生杂草。

毒性：对人畜低毒。

剂型： 20％、38％、45％、50％、55％、60％悬浮剂，48％、80％可湿性粉剂，38％水悬浮剂。

使用方法： 用于作物播种后出苗前土壤处理或苗后茎叶兼土壤处理。在播后苗前用 38％水悬浮剂春玉米 4 500～6 000 mL/hm²，夏玉米 2 250～4 500 mL/hm²，加水 450～600 L 喷洒土面。玉米田苗后，杂草 2～3 叶期，用 38％水悬浮剂 1 875～4 050 mL/hm²，加 450～600 L 水喷雾。麦茬少免耕直播夏玉米田，畦面覆盖麦秸，播后苗前灌出苗水，速灌速排，用 38％水悬浮剂 3 000 mL/hm²，加水 15 kg 拌 225～300 kg 细沙，当麦秸上水已干，而表土有水膜时均匀撒施，封闭地面。如无细沙，也可拌细土。

注意事项：

(1) 与豆类间作的玉米田，不能使用本药。

(2) 在使用本药时，因风或使用方法不当出现药液漂移时，会对相邻西瓜、黄瓜、豆类、桃树、杨树、枣树等造成叶片黄化或叶缘卷曲的药害现象，严重时会使叶片脱落。

(3) 玉米田用药量不能过大，施药要均匀，避免重喷。夏玉米田在播后 15～20 d，杂草基本出齐时立即进行苗后化除，不要过迟，并尽量应用混剂，以免影响下茬作物。

(4) 用药量应根据土壤质地、有机质含量和气温等进行适当调整。

(5) 播后苗前土表喷雾，喷药后如果天气干旱需要浅混土。有机质含量在 3％以上的黏质土壤用量高一些，有机质含量在 3％以下的沙质土壤用量低一些。

西 玛 津

性能及特点： 为三氮苯类内吸传导型选择性除草剂，由杂草根系吸收并传导到叶内抑制其光合作用，使杂草饥饿死亡。玉米、高粱对该药剂有解毒作用，故耐药性强。原药难溶于水，在碱和稀酸中稳定，在酸液中加热易分解。

适用作物及防治对象： 玉米、高粱、甘蔗、果树、茶树、桑园及林地、非耕地化除。可防除稗、狗尾草、马唐、牛筋草、鳢肠、苍耳、苋、藜、马齿苋、龙葵、铁苋菜、苘麻等一年生禾本科杂草、阔叶杂草及部分莎草，对芦苇、苣荬菜、附地菜、荠菜等防效较差。

毒性： 低毒。

剂型： 40％悬浮剂，50％可湿性粉剂。

使用方法： 播后苗前，杂草萌发出土之前，用 50％可湿性粉剂 4 500～6 000 g/hm²（沙质土壤用 1 125～1 950 g/hm²），加水喷洒地面。

注意事项：

(1) 该药剂对玉米很安全，但玉米自交系新品种大面积化除，要先做耐药性试验。

(2) 该药剂在土壤中残留期可长达 6～18 个月，在干旱地区和旱年，玉米用药后，下茬作物不能种小麦、大麦、燕麦、棉花、花生、水稻、十字花科蔬菜、瓜类、向日葵、马铃薯、甜菜等敏感作物。套种敏感作物的玉米田也忌用。

(3) 施药后 5～7 d 内，土壤水分饱和效果好，干旱则防效差，应在灌水和降雨后施药，药后连续 10 d 无雨则进行灌水。用药量应根据土壤质地、有机质含量、气温而定，沙性土、有机质含量低、气温高的情况用药量要减少，反之则增加。

(4) 在杂草种子大量萌发未出土时，喷施该药防效最高，杂草出土后施药，防效明显下降。

异噁唑草酮

性能及特点： 三酮类选择性内吸型苗前除草剂。主要经由杂草幼根吸收传导而起作用，敏感杂草吸收此药后，通过抑制对羟基苯丙酮双氧酶而破坏叶绿素的形成，导致受害杂草失绿枯萎。

适用作物及防治对象： 用于玉米、甘蔗等作物防除苘麻、藜、地肤草、猪毛菜、龙葵、反枝苋、柳叶刺蓼、鬼针草、马齿苋、繁缕、香薷、苍耳、铁苋菜、水棘针、酸模叶蓼、婆婆纳等多种一年生阔叶杂草，对马唐、稗草、牛筋草、千金子、大狗尾草和狗尾草等一些一年生禾本科杂草也有较好的防效。

毒性： 对人畜低毒，对水生动物、飞禽、害虫天敌安全。

剂型： 75％水分散粒剂。

使用方法： 在玉米播后1周内，春玉米用75％水分散粒剂150～180 g/hm²，夏玉米用75％水分散粒剂120～150 g/hm²。也可在玉米播前进行土壤处理，用药量可略加大，使除草有效期延长。异噁唑草酮可与乙草胺、异丙草胺等酰胺类除草剂混用。

注意事项：

（1）本药与其他土壤处理除草剂一样，在干旱少雨、土壤墒情不好时不易充分发挥药效，因此要求播种前把地整平，播种后把地压实。

（2）杀草活性较高，施用时不要超过推荐用量。

（3）用于碱性土或有机质含量低、淋溶性强的沙质土，有时会使玉米叶片产生黄化、白化药害症状，爆裂型玉米对该药较为敏感。

（4）间套作玉米田一般不宜使用。

乙 草 胺

性能及特点： 酰胺类选择性芽前除草剂。禾本科杂草以幼芽吸收为主，阔叶杂草以根吸收为主。被植物吸收后在体内干扰和抑制核酸代谢、蛋白质合成及 α-淀粉酶的形成，使幼苗生长受阻而死亡。原药微溶于水，不易光解和挥发，性质稳定。

适用作物及防治对象： 适用于玉米、大豆、花生、棉花、蔬菜等旱田作物。预防对象为一年生禾本科杂草，如稗草、马唐、牛筋草、狗尾草、看麦娘、千金子等；阔叶杂草，包括鸭跖草、菟丝子等。对马齿苋、反枝苋、繁缕、龙葵、蓼等防除效果较差。

毒性： 对人畜低毒；对眼睛、皮肤有轻度刺激作用。

剂型： 55％、88％、90％乳油，20％、40％可湿性粉剂。

使用方法： 作物播种后、出苗前进行土壤表面喷雾处理，土壤干旱时施药后应浅混土，玉米田可与莠去津混用，以扩大对阔叶杂草的杀除效果。播后苗前化除，一般用50％乳油1 125～1 500 mL/hm²，覆膜田可减少1/4～1/3。麦茬夏玉米，可施毒沙化除。

注意事项：

（1）不能与碱性物质混用。

（2）在瓜类、韭菜、菠菜等作物上易产生药害，应慎用；在高温、高湿下使用，或施药后遇降雨，种子接触药剂后，叶片上易出现皱缩发黄现象；对已出土杂草防效差，土壤干旱，影响除草效果。

唑嘧磺草胺

性能及特点：为内吸传导型选择性除草剂，由杂草的幼芽、叶片和根系吸收，并传导到全株，在分生组织内积累，抑制乙酰乳酸合成酶，使蛋白质合成受阻，生长停止，逐渐死亡。原药稍溶于中性水中，难溶于有机溶剂。

适用作物及防治对象：玉米、小麦、大豆、苜蓿、三叶草田防除阔叶杂草，如苘麻、藜、反枝苋、繁缕、曼陀罗、猪殃殃、卷茎蓼、萹蓄、香薷、野西瓜苗、地肤草、龙葵、苍耳、风花菜、遏蓝菜、荠菜等。

毒性：低毒，对水生动物、野生动物、甲壳类动物及昆虫均低毒。

剂型：80％水分散粒剂。

使用方法：玉米播前或播后苗前用80％水分散粒剂48～60 g/hm²，加水喷雾，进行土壤封闭；苗后在玉米3～5叶期用80％水分散粒剂24～34.5 g/hm²，加水喷雾。播前处理可与化肥混拌撒施，施药后要进行2次混土，第一次耙地混土后经3～5 d再进行第二次耙地混土，把药耙入土中5 cm深。

注意事项：

（1）在土壤pH大于7.8的碱性地块，当低温高湿时，玉米的耐药性会下降，碱性土壤的玉米田不宜用该药进行土壤处理。

（2）用药时要称量准确，配药采用二次稀释法。喷药当天及药后7 d内不能中耕，一般在施药15 d后才能中耕。

（3）与其他药剂混用，须先在药箱内加1/4水，再加该药，然后加附加药剂，搅拌均匀后补足水量。

（4）该药剂在土壤中残效期长，其残留量及残留期与土壤pH、有机质含量、土壤温湿度密切相关；土壤pH高、有机质含量低、土壤温湿度高则降解快残留期短，反之则降解慢残留期长。

乙·莠

性能及特点：为乙草胺与莠去津按一定比例混配的一种复合型内吸传导性除草剂，在作物播后苗前土壤喷雾处理，可同时防除作物田中的多种阔叶杂草与禾本科杂草。

适用作物及防治对象：适用于玉米、甘蔗、果园等。主要用于防除一年生禾本科杂草和某些阔叶杂草，如稗草、狗尾草、金狗尾草、马唐、牛筋草、看麦娘、早熟禾、藜、蓼、反枝苋、铁苋菜、狼把草、鬼针草、繁缕、野西瓜苗等。

毒性：属低毒除草剂，对眼睛、皮肤和呼吸道有刺激性。

剂型：40％悬浮剂（15％＋25％，14％＋26％，20％＋20％）、40％可湿性粉剂（14％＋26％）、48％悬浮剂（16％＋32％）、52％悬浮剂（26％＋26％，27％＋25％）、62％悬浮剂（26％＋36％）、63％悬浮剂（28％＋35％）。括号内均为乙草胺含量＋莠去津含量。

使用方法：播后苗前土表喷雾用药。东北春玉米，一般用40％悬浮剂4 500～5 250 mL/hm²，或40％可湿性粉剂4 500～5 250 g/hm²，或48％悬浮剂3 750～4 500 mL/hm²，或52％悬浮剂3 300～3 750 mL/hm²；夏玉米一般使用40％悬浮剂3 000～3 750 mL/

hm², 或 40％可湿性粉剂 3 000～3 750 g/hm²，或 48％悬浮剂 2 250～3 050 mL/hm²，或 52％悬浮剂 1 950～2 400 mL/hm²，兑水 450～750 mL 喷雾。南方水分好的条件下用药量应适当减少。

注意事项：

（1）有机质含量高、新土壤或干旱情况下，建议采用较高剂量；有机质含量低、沙壤土或降雨灌溉情况下，建议采用下限剂量。

（2）喷药前后，土壤宜保持湿润，以确保药效。

（3）本剂对麦类、豆类、水稻、高粱、黄瓜、蔬菜等作物敏感，不宜施用。

（二）杂草茎叶喷雾处理

1. 防除禾本科杂草的除草剂

烟 嘧 磺 隆

性能及特点：磺酰脲类内吸传导型选择性除草剂，由植物茎、叶、根吸收并迅速传导，使敏感杂草细胞分裂受阻，生长停止，心叶变黄，逐渐死亡。通常一年生杂草 1～3 周能死亡，使用高剂量也可使多年生杂草死亡。

适用作物与防治对象：用于春、夏玉米田有效防除马唐、狗尾草、牛筋草、稗、野燕麦等禾本科杂草，与具芒碎米莎草、茸毛辣子草、繁缕、酸模叶蓼、皱果苋、马齿苋、鸭跖草、荠等，以及多年生禾本科杂草假高粱与匍匐冰草，但对狗牙根、婆婆纳基本无效。

毒性：对人畜低毒。

剂型：4％悬浮剂。

使用方法：在玉米 3～5 叶，杂草基本出齐处于 2～4 叶时，用 4％悬浮剂 900～1 500 mL/hm² 加水 450～600 L 喷雾。可与莠去津、2,4 -滴丁酯、砜嘧磺隆等混用，扩大杀草谱。

注意事项：

（1）用药要注意玉米品种的耐药性，施过有机磷农药的玉米，需间隔 7 d 才能用本药，已用过长效除草剂的玉米田也不能再用本药。

（2）施药后 6 h 下雨，对药效无显明影响，不必重喷。

（3）该药剂在土壤中残效期 30～40 d，对大部分下茬作物无不良影响，但对小白菜、甜菜、菠菜等有药害。

（4）苋菜、鳢肠发生多的玉米田不宜使用该药。

利 谷 隆

性能及特点：为取代脲类选择性内吸传导土壤兼茎叶处理剂。杂草根与幼芽吸收，兼有一定触杀作用。药效高，但选择性较差，敏感植物吸收传导快而代谢慢，易中毒。主要通过抑制幼苗生长点的蛋白质合成而间接地阻止了分裂期间的 DNA 复制，从而引起细胞分裂数减少，最终导致了幼苗缓慢生长直至停止生长。

适用作物及防治对象：适用于玉米、大豆、棉花、小麦、花生、马铃薯、甘蔗、胡萝卜、芹菜、葱等田块和果园，防除一年生禾本科杂草如马唐、稗、狗尾草等，阔叶杂草如藜、苋、苍耳、猪殃殃、蓼等。

毒性：低毒。

剂型：25％、50％可湿性粉剂。

使用方法：出苗后，杂草3～4叶时，用50％可湿性粉剂990～3 990 g/hm² 加水叶面喷雾，对玉米田作用应用保护罩，以免玉米受药害。

注意事项：黏粒土壤及有机质对本剂吸附力强，故在此类土壤中用量应略大，有机质含量高于5％不宜使用本剂，而沙质贫瘠地应减少用量。

2. 防除阔叶杂草的除草剂

氯氟吡氧乙酸（使它隆）

性能及特点：为内吸传导型选择性除草剂，由植物的茎叶吸收，并迅速传导到全株，使敏感杂草畸形、扭曲而死亡。在耐药作物体内可结合成锘合物而失去毒性。原药微溶于水。

适用作物及防治对象：适用于玉米、小麦、大麦、大蒜、果园、牧草、林地、草坪等田块防除阔叶杂草，如猪殃殃、卷茎蓼、大巢菜、田旋花、遏蓝菜、播娘蒿、繁缕、龙葵、鼬瓣花、香薷等；对麦家公、刺儿菜、荔枝草、蚊母草、稻槎菜等防效差，对禾本科杂草无效。

毒性：低毒除草剂，对鱼有毒。

剂型：20％乳油。

使用方法：玉米苗后阔叶杂草3～5叶基本出齐时施用，20％乳油750～990 mL/hm²，进行茎叶喷雾。

注意事项：

（1）土壤墒情大，空气潮湿时防效高；相反，空气相对湿度低于65％、气温高于28 ℃、风速大于4 m/s时应停止用药。

（2）与其他除草剂混用时应先在药箱中加入一半水，再加入附加的除草剂，搅拌使其完全混合后加入该药剂再加足水并充分搅拌，施药时间一般按附加药剂特性而定。

（3）施药要防止药液飘移，污染邻近阔叶作物，以免产生药害。

（4）该药对皮肤、眼睛有刺激作用。操作时要戴好口罩和手套，不要饮食和抽烟。

硝 磺 草 酮

性能及特点：三酮类内吸性、广谱性玉米田除草剂，具有触杀和内吸作用。敏感杂草接触到该药剂后，在植物木质部和韧皮部传导，产生白化症状，其后缓慢死亡。

适用作物及防治对象：主要用来有效防除玉米田一年生阔叶杂草和某些禾本科杂草，如苘麻、苍耳、刺苋、藜、地肤草、芥菜、稗草、繁缕、龙葵、马唐等多种杂草，不仅对玉米安全，而且对环境、后茬作物安全。对狗尾草、马齿苋效果差，对4叶期以上的马唐、牛筋草也很难起到好的控制效果。

毒性：对人畜低毒。对鱼、鸟、蜜蜂、家蚕等环境生物均低毒。

剂型：9％、10％、15％、20％、40％悬浮剂，10％、15％、20％可分散油悬浮剂，75％水分散粒剂。

使用方法：可在玉米出苗前土壤处理，也可在玉米出苗后采用茎叶喷雾。苗前，使用10％悬浮剂1 500～1 950 mL/hm²，或20％悬浮剂750～1 050 mL/hm²，或10％可分散油悬浮剂 1 500～2 100 mL/hm²，兑水 450～600 kg 均匀喷雾。苗后处理时，宜在玉米 3～5 叶期、杂草 2～4 叶期施药，使用 10％悬浮剂 1 500～1 950 mL/hm²，或 20％悬浮剂 750～975 mL/hm²，或 10％可分散油悬浮剂 1 500～2 100 mL/hm²，兑水 300～450 kg 均匀喷雾。硝磺草酮与精异丙甲草胺、乙草胺、二甲戊灵、烟嘧磺隆、莠去津等混配可扩大杀草谱。

注意事项：

（1）该药剂活性高，使用时注意用量。

（2）加入油类助剂（甲酯化植物油或者矿物油），有助于降低药剂表面张力、增加药剂在靶标上黏附，对防除杂草有增效作用。

（3）对狗尾草效果差，对 4 叶期以上的马唐、牛筋草也很难起到好的控制效果，这时可以选用其他玉米田使用的除草剂，如烟嘧磺隆类品种。

（4）不同玉米品种对本品的敏感性差异较大，观赏玉米、甜玉米和爆裂玉米较敏感，不可使用。豆类、十字花科作物敏感，施药时须防止飘移，以免其他作物发生药害。

四、西甜瓜田化学除草剂

（一）芽前土壤处理

（1）48％甲草胺（拉索、草不绿、灭草胺）乳油每 667 m² 100～150 mL，兑水 40 L，进行播前土壤处理，防除一年生禾本科及部分阔叶杂草。

（2）33％二甲戊灵（除草通、施田补、二甲戊灵）乳油每 667 m² 100～150 mL，兑水 45 L，进行播前土壤处理，防除一年生禾本科及部分阔叶杂草。

（3）20％萘丙酰草胺（大惠利、敌草胺、草萘胺）乳油每 667 m² 150～200 mL，兑水 45 L，进行播前土壤处理，防除一年生禾本科及部分阔叶杂草。

（4）72％异丙甲草胺（都尔、稻乐思）乳油每 667 m² 100～150 mL，兑水 45 L，进行播前土壤处理，防除一年生禾本科及部分阔叶杂草。

（5）72％异丙草胺（普安保、普乐宝）乳油每 667 m² 100～150 mL，兑水 45 L，进行播前土壤处理，防除一年生禾本科及部分阔叶杂草。

（6）48％仲丁灵（地乐胺、双丁乐灵）乳油每 667 m² 150～200 mL，兑水 50 L，进行播前土壤处理，防除一年生禾本科及部分阔叶杂草。

（7）50％扑草净（扑灭净、扑灭通）乳油每 667 m² 150～300 mL，兑水 45 L，进行播前土壤处理，防除一年生禾本科及部分阔叶杂草。

瓜类对该类药剂较敏感，施药时一定要注意调控药量，切忌施药量过大，混土不及时会降低药效，施药后 3～5 d 播种。

（二）苗后茎叶处理

1. 防治禾本科杂草的除草剂

（1）5％精喹禾灵（精禾草克）乳油每 667 m² 50～75 mL，兑水 30 L，茎叶喷雾处理。

（2）10.8％精氟吡甲禾灵（高效吡氟氯禾灵、高效盖草能）乳油每 667 m² 70～100 mL，兑水 30 L，茎叶喷雾处理。

（3）12.5％烯禾啶（拿捕净、乙草丁）乳油每 667 m² 100～150 mL，兑水 30 L，茎叶喷雾处理。

（4）24％烯草酮（收乐通、赛乐特）乳油每 667 m² 40～60 mL，兑水 30 L，茎叶喷雾处理。

（5）10％精噁唑禾草灵（威霸）乳油每 667 m² 50～70 mL，兑水 30 L，茎叶喷雾处理。

（6）10％喔草酯（爱捷）乳油每 667 m² 40～80 mL，兑水 30 L，茎叶喷雾处理。

2. 防除阔叶杂草的除草剂

（1）41％草甘膦（农达、贞操宁）水剂每 667 m² 200～400 mL，兑水 50 kg，定向茎叶喷施。

（2）25％三氟羧草醚（杂草焚、达克尔）水剂每 667 m² 40～70 mL，兑水 40 kg，定向茎叶喷施。

（3）24％乳氟禾草灵（克阔乐、眼镜蛇）乳油每 667 m² 30～50 mL，兑水 40 kg，定向茎叶喷施。

五、油葵田化学除草剂

（一）芽前土壤处理

向日葵的播前或者播后苗前除草，可以使用以下药剂进行防除。

（1）33％二甲戊灵（除草通或施田补）乳油每 667 m² 0.25～0.3 L，兑水 25～30 L，进行播前土壤封闭处理。

（2）48％氟乐灵乳油每 667 m² 0.1～0.15 L，喷液量和施药方法同除草通。

（3）48％仲丁灵（地乐胺）乳油每 667 m² 0.1～0.15 L，兑水进行播后苗前或播前土壤封闭处理。

（4）50％扑草净可湿性粉剂每 667 m² 0.13～0.26 kg，进行播后苗前土壤封闭处理，可以防除多种阔叶杂草和部分一年生禾本科杂草。

以上 4 种药剂均可以防除多种一年生禾本科杂草和部分阔叶杂草，还可以选择氟乐灵，乙草胺、异丙甲草胺等进行播前土壤处理，除草剂种类不同，施药量和施药时间有所不同，请严格按照除草剂商品说明书使用，以免发生药害。

（二）苗后茎叶处理

向日葵田苗后茎叶处理防除田间禾本科杂草，可以选择以下几种除草剂。

（1）高效吡氟氯禾灵（高效盖草能），向日葵苗后，禾本科杂草 3～5 叶期施药。

（2）精吡氟禾草灵（精稳杀得），向日葵苗后，禾本科杂草 3～5 叶期施药。

（3）烯草酮（收乐通），向日葵苗后，禾本科杂草 3～5 叶期施药。

（4）精噁唑禾草灵（威霸），向日葵苗后，禾本科杂草 3～5 叶期施药。

（5）精喹禾灵（精禾草克），向日葵苗后，禾本科杂草 3～5 叶期施药。

（三）向日葵列当的防除

（1）向日葵播种前可结合整地使用仲丁灵（地乐胺）乳油、氟乐灵乳油、48％甲草胺乳油等药剂进行土壤处理。

（2）播种及出苗后用烯效唑灌根等措施都有较好防治效果。

（3）用 0.2％的 2,4-滴丁酯水溶液，喷洒于列当植株和土壤表面，每 667 m² 用药液 300～350 L，8～12 d 后可杀灭列当 80％左右。但必须注意，向日葵的花盘直径普遍超过 10 cm 时，才能进行田间喷药，否则易发生药害。在向日葵和豆类间作地不能施药，因豆类易受药害死亡。

（4）有专家通过田间试验筛选防治药剂，发现较经济的混配药剂为 41％草甘膦异丙胺盐水剂＋57％的 2,4-滴丁酯乳油或 41％草甘膦异丙胺盐水剂＋96％精异丙甲草胺乳油（防效在 95％以上）。

六、甜菜田化学除草剂

（一）芽前土壤处理

常用的甜菜田土壤封闭除草剂是异丙甲草胺（都尔），主要防治一年生禾本科和小粒种子的阔叶杂草可用环草特，防治野燕麦可用野麦畏播前土壤处理；还可以选择乙草胺，但是不能使用氟乐灵，氟乐灵易引起甜菜药害。

（二）杂草茎叶喷雾处理

1. 防除禾本科杂草的除草剂

防治一年生禾本科杂草苗后可用 12.5％的烯禾啶、24％的烯草酮、15％的精吡氟禾草灵、10.8％的高效氟吡甲禾灵、6.9％的精噁唑禾草灵、5％的精喹禾灵等进行处理。

2. 防除阔叶杂草的除草剂

甜 菜 宁

性能及特点： 甜菜宁为选择性芽后二氨基甲酸酯类茎叶处理剂。杂草通过茎、叶吸收，传导到各部位。对甜菜田许多阔叶杂草有良好的防治效果，对甜菜安全。甜菜宁药效受土壤类型和湿度影响较小。

毒性： 毒性较低。对皮肤和眼睛有轻度刺激性。对鸟类的毒性较低，对蜜蜂的毒性较低，对水生生物有毒，对海藻高毒。

主要剂型： 16％乳油。

适用作物及防治对象： 甜菜宁为选择性苗后茎叶处理剂，适用于甜菜、草莓等作物田防除多种双子叶杂草。如藜属、荠菜、野芝麻、萹蓄、卷茎蓼、繁缕、野萝卜等，但蓼、龙葵、苦苣菜、猪殃殃等杂草耐药性强，对禾本科杂草、莎草科杂草和未萌发的杂草无效。

使用方法： 用药的适宜时间为杂草 2～4 叶期。在气候条件不好、干旱、杂草出苗不齐的情况下宜采用低量分为几次用药。每 667 m² 1 次施药的剂量为 330～400 mL（有效成分 53.3～64 g），低量分别几次喷药推荐每 667 m² 用 200 mL，每隔 7～10 d 重复喷药 1 次，共 2～3 次即可。每 667 m² 兑水 20 L 均匀喷雾，高温高湿有助于杂草叶片吸收。

注意事项：

（1）配制药剂时，应先在喷雾箱内加少量水，倒入药剂摇匀后加入足量水再摇匀，一经稀释，应立即喷雾。

（2）甜菜宁可与大多数杀虫剂混合使用，每次宜与一种药剂混合，随混随用。

（3）避免药剂接触皮肤和眼睛，或吸入药雾。如果药液溅入眼中，应立即用大量清水冲洗，然后用阿托品解毒，无专用解毒剂，应对症治疗。

甜菜宁＋甜菜安

性能及特点： 甜菜安＋甜菜宁是甜菜宁和甜菜安复配的甜菜田选择性苗后茎叶处理除草剂，在正常使用技术条件下对甜菜安全，药效不易受土壤湿度影响。土壤中半衰期约 25 d，在土壤中不富集，正常使用条件下对后茬作物无残留影响。

毒性：低毒农药。大鼠急性经口 LD_{50} 为 4 059 mg/kg；家兔急性经皮 LD_{50} ＞1 980 mg/kg。对眼睛有中等毒性和刺激作用，但对皮肤无刺激作用。

主要剂型：16％乳油。

适用作物及防治对象：适用于甜菜、草莓等作物地防除藜、豚草、牛舌草、鼬瓣花、野芝麻、野胡萝卜、繁缕、荞麦蔓等多种一年生阔叶杂草。

使用方法：在甜菜 4 叶期后，每 667 m^2 用 16％甜菜宁＋甜菜安乳油 333～400 mL，每 667 m^2 兑水 15～30 kg，喷施出芽早的杂草。必要时，在甜菜生长任一时期可再减量喷施加强防效。施药后应保持 6 h 无雨。气温 25 ℃以上时停止施药，选早晚气温低、风小的时段施药。

注意事项：

（1）甜菜宁＋甜菜安对杂草种子及未出土的杂草幼芽无效，适宜于杂草 2～4 叶期喷雾，但对蓼必须在子叶期才有效，其他一年生阔叶杂草超过 4 叶期防效下降，对禾本科杂草无效，可与烯禾啶等药剂混用防除单子叶、双子叶杂草。

（2）施药后 6 h 内无降雨方能保证药效。

（3）施药要避开高温、强光，最好在傍晚喷雾。

（4）避免皮肤和眼睛接触药剂，如不慎入眼应立即用净水冲洗 15 min，并找医生诊治。

（5）贮存时应远离食品、饲料和儿童能接触到的地方，勿在高温或有明火的地方贮存或使用。

七、番茄田化学除草剂

（一）芽前土壤处理

（1）20％萘丙酰草胺（大惠利、敌草胺、草萘胺）乳油每 667 m^2 50～80 mL，兑水 40 L，进行播前土壤处理，防除一年生禾本科及部分阔叶杂草。

（2）33％二甲戊灵（除草通、施田补、二甲戊乐灵）乳油每 667 m^2 50～75 mL，兑水 40 L，进行播前土壤处理，防除一年生禾本科及部分阔叶杂草。

（3）72％异丙甲草胺（都尔、稻乐思）乳油每 667 m^2 50～75 mL，兑水 40 L，进行播前土壤处理，防除一年生禾本科及部分阔叶杂草。

（4）48％仲丁灵（地乐胺、双丁乐灵）乳油每 667 m^2 200～250 mL，兑水 50 L，进行播前土壤处理，防除一年生禾本科及部分阔叶杂草。

（5）33％二甲戊灵（除草通、施田补、二甲戊乐灵）乳油每 667 m^2 40～50 mL＋24％乙氧氟草醚（果尔、割草醚）每 667 m^2 10～20 mL 或 25％噁草酮（农思它）乳油每 667 m^2 75～100 mL，兑水 40 L，进行播前土壤处理，防除一年生禾本科及部分阔叶杂草，乙氧氟草醚与噁草酮为触杀型芽前封闭除草剂，要求施药均匀，药量过大时会产生药害。

（二）苗后茎叶处理

1. 防治禾本科杂草的除草剂

（1）5％精喹禾灵（精禾草克）乳油每 667 m^2 50～75 mL，兑水 30 L，茎叶喷雾处理。

（2）10.8％精氟吡甲禾灵（高效吡氟氯禾灵、高效盖草能）乳油每 667 m^2 30～35 mL，兑水 30 L，茎叶喷雾处理。

（3）12.5％烯禾啶（拿捕净、乙草丁）乳油每 667 m² 50～80 mL，兑水 30 L，茎叶喷雾处理。

（4）24％烯草酮（收乐通、赛乐特）乳油每 667 m² 20～40 mL，兑水 30 L，茎叶喷雾处理。

（5）10％精噁唑禾草灵（威霸）乳油每 667 m² 50～70 mL，兑水 30 L，茎叶喷雾处理。

（6）10％喔草酯（爱捷）乳油每 667 m² 40～80 mL，兑水 30 L，茎叶喷雾处理。

2. 防除阔叶杂草的除草剂

（1）48％灭草松（苯达松、排草丹）水剂每 667 m² 100～150 mL，兑水 40 kg，定向茎叶喷施。

（2）25％三氟羧草醚（杂草焚、达克尔）水剂每 667 m² 40～80 mL，兑水 40 kg，定向茎叶喷施。

（3）24％乳氟禾草灵（克阔乐、眼镜蛇）乳油每 667 m² 30～50 mL，兑水 40 kg，定向茎叶喷施。

3. 防除禾本科及阔叶杂草，茎叶处理的复配除草剂

（1）5％精喹禾灵（精禾草克）乳油每 667 m² 50 mL＋48％苯达松（灭草松、排草丹）水剂每 667 m² 150 mL，兑水 40 kg，定向茎叶喷施。

（2）10.8％精氟吡甲禾灵（高效吡氟氯禾灵、高效盖草能）乳油每 667 m² 20 mL＋25％三氟羧草醚（杂草焚、达克尔）水剂每 667 m² 50 mL，兑水 40 kg，定向茎叶喷施。

（3）5％精喹禾灵（精禾草克）乳油每 667 m² 50 mL＋24％乳氟禾草灵（克阔乐、眼镜蛇）乳油每 667 m² 20 mL，兑水 40 kg，定向茎叶喷施。

八、大豆田化学除草剂

（一）芽前土壤处理

异噁草酮（广灭灵）

性能及特点：异噁草酮属于有机杂环类内吸传导型除草剂。由杂草根、幼芽吸收，随蒸腾水分通过木质部传导造成叶片失绿、白化。持效期长，一次用药，药效可持续作用于作物整个生育期；用药时间灵活，可以苗前土壤封闭，也可以苗后茎叶处理。异噁草酮一般不单独与杀稗剂混用，多采用与氟磺胺草醚或灭草松混配后再与杀稗剂混用，以延长药效持效期，提高除草效果。

毒性：对人畜低毒，对鱼类毒性较低。

剂型：48％乳油，360 g/L 微囊悬浮剂。

适用作物及防治对象：用于马铃薯、玉米、大豆、油菜、烟草和甘蔗田，防除稗、狗尾草、金狗尾草、马唐、牛筋草、秋稷、龙葵、水棘针、马齿苋、苘麻、野西瓜苗、藜、小藜、遏蓝菜、柳叶刺蓼、酸模叶蓼、鸭跖草、毛稀莶、狼把草、鬼针草、苍耳、豚草等一年生禾本科和阔叶杂草；对刺儿菜、大蓟、苣荬菜、问荆等多年生杂草也有一定的抑制作用。

使用方法：播前或播后苗前，用 48％异噁草酮乳油 1 000～1 200 mL/hm²，加水喷雾；在大豆 1～2 片复叶期，阔叶杂草 2～4 叶期使用，48％异噁草酮乳油 800～1 200 mL/hm²，加水喷雾土壤封闭。

注意事项:

(1) 有机质含量大于3‰的黏壤土要提高剂量,有机质含量低于3‰的沙质土用低剂量。

(2) 异噁草酮在土壤中的生物活性可持续6个月以上,施用后当年秋天或次年春天,都不宜种植小麦、谷子、大麦和苜蓿。

(3) 使用异噁草酮可能会使附近某些植物叶片发白、变黄,施药时注意风速、风向,不要使药剂飘移到附近敏感作物田,以免造成药害。

嗪草酮 (赛克津)

性能及特点: 嗪草酮属于三氮苯类选择性内吸传导型土壤处理剂,药剂主要被杂草根吸收随蒸腾流向上传导,也可被叶片吸收在杂草体内有限传导。施药后杂草萌发不受影响,杂草出苗后叶片褪绿,最后营养枯竭而死。

毒性: 对人畜低毒。

剂型: 50%、70%可湿性粉剂,75%干悬浮剂。

适用作物及防治对象: 酸模叶蓼、柳叶刺蓼、龙葵、狼把草、香薷、铁苋菜等一年生阔叶杂草。对一年生禾本科杂草有一定防效,对多年生杂草效果不理想。

使用方法: 一般在大豆播后苗前3~5 d做土壤处理。土壤有机质含量在2%以下,沙质土不适合使用嗪草酮,壤质土用70%嗪草酮0.6~0.75 kg/hm²,黏质土用70%嗪草酮0.75~1.05 kg/hm²;土壤有机质含量在2%~4%时,沙质土用70%嗪草酮0.75 kg/hm²,壤质土用70%嗪草酮0.75~1.05 kg/hm²,黏质土用70%嗪草酮1.05~1.2 kg/hm²;土壤有机质含量在4%以上时,沙质土用70%嗪草酮1.05 kg/hm²,壤质土用70%嗪草酮1.05~1.2 kg/hm²,黏质土用70%嗪草酮1.05~1.35 kg/hm²。

注意事项:

(1) 土壤有机质含量在2%以下及沙质土、pH大于7、地势不平、整地质量不好及低洼地不能使用嗪草酮,否则会因为药剂淋溶造成药害。

(2) 低温雨水大的年份使用也易产生药害,药害症状为叶片褪绿、皱缩、变黄、坏死。

丙 炔 氟 草 胺

性能及特点: 丙炔氟草胺是选择性触杀型除草剂,可被杂草的幼芽和叶片吸收,在杂草体内进行传导,抑制叶绿素的合成,造成敏感杂草迅速凋萎、白化及枯死。在环境中易降解,对后茬作物安全。大豆、花生对其有很好的耐药性。玉米、小麦、大麦、水稻具有中等耐药性。

毒性: 对人畜低毒。

剂型: 50%可湿性粉剂,48%悬浮剂。

适用作物及防治对象: 大豆田主要防除一年生阔叶杂草。对柳叶刺蓼、酸模叶蓼、萹蓄、鼬瓣花、龙葵、反枝苋、苘麻、藜、小藜、香薷、水棘针、苍耳、荠菜、遏蓝菜等有很好的防治效果,尤其对鸭跖草防效理想。对稗草、狗尾草、金狗尾草、野燕麦、小蓟、大蓟、苣荬菜、问荆有一定的抑制作用。

使用方法: 用于大豆播后苗前,60~90 g/hm² 有效成分进行大容量地表均匀喷雾,然后与浅表土混合。

注意事项：

（1）大豆发芽后施药易产生药害，所以必须在苗前施药。

（2）严禁在大风天施药。

（3）禾本科杂草和阔叶杂草混生的地区，应与防除禾本科杂草的除草剂混合使用，效果会更好。

（4）详细阅读商品标签上记载的具体使用方法和注意事项。

（二）苗后茎叶除草

1. 防除禾本科杂草的除草剂

高效氟吡甲禾灵、精吡氟禾草灵、精喹禾灵、稀禾啶、烯草酮。

2. 防除阔叶杂草的除草剂

氟 磺 胺 草 醚

性能及特点：氟磺胺草醚属于二苯醚类选择性触杀型除草剂，是唯一能与绝大多数杀稗剂混用的除草剂。具有杀草谱宽、适用范围广、除草效果好、对大豆安全、对环境及后茬作物安全（推荐剂量）等优点。大豆苗后使用，可通过杂草根茎叶吸收，破坏杂草光合作用，叶片黄化或产生枯斑，最后枯萎死亡。施药后 4 h 遇雨药效不降低。后茬敏感作物是玉米、高粱、谷子、马铃薯等。

毒性：对人畜低毒。大鼠急性经口 LD_{50}＞1 000 mg/kg。对皮肤和眼睛有轻度刺激作用。对鱼类和水生生物毒性很低，对鸟和蜜蜂低毒。

剂型：25％、48％水剂。

适用作物及防治对象：氟磺胺草醚适用于大豆、花生、棉花等作物。对苋菜、藜、蓼、狼把草、鸭跖草、苘麻、香薷等一年生杂草有较好防效，对小蓟、大蓟、苣荬菜等恶性杂草在适当时期也有良好效果。也可用于果园、橡胶种植园防除阔叶杂草。

使用方法：大豆苗后 1～3 片复叶期，杂草 1～3 叶期，每 667 m² 用 25％水剂 68～132 mL，兑水 20～30 kg，均匀喷雾。药液中加适量非离子型表面活性剂效果更好。

注意事项：

（1）药后 4～6 h 遇雨不影响药效，对大豆安全，苗前苗后均可使用。

（2）在土壤中持效期长，药量偏高，对后茬敏感作物（玉米、高粱、谷子、马铃薯、白菜、甜菜、亚麻等）有不同程度的药害，在推荐剂量下，不翻耕种植玉米、高粱，都有轻度影响，应严格掌握药量，选择安全后茬作物。

（3）用量较大或高温施药，大豆或花生易产生药害，一般情况下几天后可正常恢复生长，不影响产量。

（4）氟磺胺草醚对大豆安全，但玉米、高粱、蔬菜等作物对其敏感，施药时注意不要污染这些作物。

（5）施药后大豆叶片上偶尔出现暂时性的局部接触性药斑，对大豆生长、产量均无影响。

灭草松（苯达松）

性能及特点：灭草松是选择性触杀型苗后除草剂，主要通过杂草茎叶吸收，可通过破坏杂草的光合作用致其死亡。大豆植株接触药液 2 h 后，光合作用受到抑制，8 h 即可将其分解代谢为无活性物质，光合作用及生长完全恢复正常。灭草松是大豆田防治阔叶杂草中对大豆最安全的除草剂，且对后作无影响，但由于活性略低，生产上一般不与杀稗剂单独混用，多采用与氟磺胺草醚或异噁草酮混配后再与杀稗剂混用，以提高除草效果。

毒性： 对人畜低毒。

剂型： 25％、48％水剂。

适用作物及防治对象： 主要用于大豆、水稻、花生等作物，防除阔叶杂草和莎草科杂草，对禾本科杂草无效。对苋菜、藜、蓼、狼把草、鸭跖草（3 叶前）、小蓟、大蓟、苣荬菜、苘麻、麦家公、猪殃殃、荠菜、播娘蒿（麦蒿）、马齿苋、繁缕、异型莎草、碎米莎草、香附子等防除效果好，对苍耳有特效。

使用方法： 大豆 2～3 片复叶期、阔叶杂草 2～4 叶期（约 5 cm 左右）为施药适期。48％水剂 2.0～3.0 L/hm²，兑水茎叶喷雾。土壤水分、空气湿度适宜、杂草苗小时用低剂量，干旱、草龄大、或多年生杂草多时用高剂量。

注意事项：

（1）灭草松以触杀作用为主，喷药时必须充分湿润杂草茎叶。

（2）喷药后 8 h 内降雨影响药效。

（3）对禾本科杂草无效，如与防除禾本科杂草的除草剂混用，应先试验，再推广。

（4）高温、晴朗的天气有利于药效的发挥，故应尽量选择高温晴天施药。在阴天或气温低时施药效果欠佳。

（5）在干旱、水涝或气温大幅度波动的不利情况下使用灭草松，容易对作物造成伤害或无除草效果。施药后部分作物叶片会出现干枯、黄化等轻微受害症状，一般 7～10 d 后即可恢复正常生长，不影响最终产量。

三氟羧草醚（杂草焚）

性能及特点： 三氟羧草醚属于二苯醚类选择性触杀型芽后除草剂，可被杂草茎叶吸收，在光照条件下发挥除草效果，使杂草死亡。易被土壤吸附，不易淋溶。进入大豆、花生体内的药剂能被迅速分解为无毒物质，所以对大豆、花生安全。

毒性： 对人畜低毒。大鼠急性经口 LD_{50} 为 1 540 mg/kg，家兔急性经皮 LD_{50} ＞3 680 mg/kg。对眼睛和皮肤有中等刺激作用，对鸟类、鱼类低毒。

剂型： 21.4％、24％水剂。

适用作物及防治对象： 适用于大豆田苗后早期茎叶处理，可防除苋菜、苘麻、香薷、藜（2 叶期前）、蓼、苍耳（2 叶期前）、狼把草、鸭跖草（3 叶期前）等一年生阔叶杂草。对苣荬菜、刺儿菜有较强的抑制作用。

使用方法： 大豆苗后 1～3 片复叶期，阔叶杂草出齐，株高约 5 cm 时施药，每 667 m²用 24％水剂 50～80 mL，兑水均匀。

注意事项：

（1）三氟羧草醚对排水不良、低洼地块的大豆易造成药害。药量过高或高温干旱也易造成药害。

（2）在空气湿度低于 65％、气温低于 21 ℃或高于 27 ℃、土壤温度低于 15 ℃都不适于喷施三氟羧草醚。

(3) 三氟羧草醚施药期应掌握在大豆1～2片复叶期，阔叶杂草2～4叶期（约5 cm左右）施药，苍耳、藜超过2叶期，鸭跖草超过3叶期抗药性增强，药效不好。

(4) 施用三氟羧草醚后，大豆易产生药害症状，表现为叶片皱缩，有灼伤状斑点，严重时则整片叶干枯，通常1～2周大豆即恢复正常生长，对产量基本无影响。

乙羧氟草醚

性能及特点： 乙羧氟草醚为二苯醚类选择性触杀型苗后除草剂，是原卟啉氧化酶抑制剂，乙羧氟草醚被植物吸收，只有在光照下才能发挥作用破坏细胞膜，活性很高。在土壤中分解快，11 h内分解完。

毒性： 对人畜低毒。大鼠急性经口 LD_{50} 为1 500 mg/kg，兔急性经皮 $LD_{50} > 5 000$ mg/kg。对皮肤和眼睛有轻度刺激作用。对鸟类低毒，对鱼类低毒。

剂型： 10%、15%、20%乳油，5%水剂。

适用作物及防治对象： 主要用于大豆、水稻、花生、小麦等作物，可有效防除苋菜、藜、蓼、苍耳、狼把草、鸭跖草、小蓟等多种阔叶杂草。该药剂对禾本科杂草或多年生杂草无效。

使用方法： 大豆1～2片复叶期，阔叶杂草2～4叶期（约5 cm左右）施药，在生产上不单独使用，多与两种或两种以上防除阔叶杂草的除草剂混用，加10%乙羧氟草醚0.25～0.5 L/hm²，用于提高杀草速度及提高对大龄杂草的防效。

注意事项：

(1) 是苗后触杀型除草剂，用药量是经过科学试验总结出来的，不要随意加大用药量。

(2) 喷施后，气温过高或在作物上局部施药过多时，作物上会产生不同程度药害，由于不具有内吸传导作用，经过10～15 d的恢复期后，作物会完全得到恢复，不造成减产。

(3) 运用正确的施药技术。人工施药时最好选择扇形喷嘴，顺垄施药，不可左右甩动施药，避免因重复施药而引起较重药害。

(4) 在光照条件下才能发挥药效，所以应在晴天施药，但高温季节选择在早晚用药。

氯酯磺草胺（豆杰）

性能及特点： 氯酯磺草胺属于磺酰胺类除草剂，药剂经杂草叶片、根吸收累积在生长点，抑制乙酰乳酸合成酶（ALS），影响蛋白质的合成，使杂草停止生长而死亡。

毒性： 对人畜低毒。

剂型： 84%水分散粒剂。

适用作物及防治对象： 主要用于大豆田苗后防除柳叶刺蓼、鸭跖草、苍耳、苘麻、狼把草、香薷和卷茎蓼等阔叶杂草。对苦菜、苣荬菜有较强的抑制作用，同时对打碗花、小蓟、铁苋菜等均有杀伤力。

使用方法： 大豆第一片三出复叶后施药，鸭跖草3～5叶期，84%水分散粒剂30～37.5 g/hm²，兑水茎叶喷雾。

注意事项：

(1) 施药后大豆叶片可能暂时出现一定程度的褪绿症状，后期可恢复正常，不影响产量。

（2）对未使用过的大豆新品种，在小区试验安全后，再大面积使用；本品仅限于一年一茬的春大豆田施用。

（3）对后茬作物的安全性试验：在推荐剂量下，施药后间隔 3 个月可安全种植小麦和大麦；间隔 10 个月后，可安全种植玉米、高粱、花生等；间隔 22 个月以上，可安全种植甜菜、向日葵、烟草等。

（4）干旱条件下效果降低。

九、水稻田化学除草剂

（一）旱育秧田除草
1. 旱育秧田封闭除草剂

禾草丹（杀草丹）

性能及特点：选择性内吸型除草剂，主要通过杂草根部和幼芽吸收，对水稻安全，对稗草有优良防治效果。

毒性：对人畜低毒。大鼠急性经口 LD_{50} 为 1 300 mg/kg，急性经皮 LD_{50} 为 2 900 mg/kg。对鸟类低毒。

剂型：50％、90％乳油。

适用作物及防治对象：适用于水稻田防除稗草、牛毛毡等一年生杂草。

使用方法：禾草丹在育秧田、直播田、插秧田均可使用。在水稻育秧田播种覆土后，每 667 m² 用 50％禾草丹乳油 300～400 mL，兑水 15 kg 进行土壤处理；直播田，水稻发芽至立针期使用易产生药害，应在晒田复水后用药；插秧田于返青后稗草 3 叶期前用药，每 667 m² 用 90％禾草丹乳油 150～200 mL，毒土法施用。

注意事项：

（1）育秧田封闭除草要求苗床平整、覆土均匀、水分适中，水分过大床面有积水易产生药害，苗床过于干旱则影响效果。

（2）直播田在水深情况下易发生药害，表现为植株矮小、茎叶深绿。

（3）在有机质含量过高和用大量稻草还田的地块最好不用禾草丹，以免造成水稻矮化。

（4）沙质土、漏水田不宜使用。

丁草胺（马歇特、新马歇特）

性能及特点：是酰胺类选择性内吸传导型芽前除草剂，主要通过杂草幼芽吸收，其次是通过根部吸收。阻碍蛋白质的合成，进而抑制细胞的分裂及生长，受害的杂草幼株表现为肿大、畸形、色深绿，最后死亡。

毒性：对人畜低毒。大鼠急性经口 LD_{50} 为 2 000 mg/kg，对鸟类低毒，对鱼类高毒。

剂型：60％乳油，5％颗粒剂。

适用作物及防治对象：适用于水稻田（育秧田、移栽田）防除种子萌发的稗草，异型莎草、萤蔺、水莎草、牛毛毡等一年生禾本科杂草及莎草科杂草。

使用方法：水稻育秧田使用，播种覆土后，每 667 m² 用 60％乳油 100～133 mL，兑水

15 kg 进行土壤处理。在移栽田使用，一般在移栽前 5~7 d，移栽后 15~20 d，稗草等萌动高峰时，每 667 m² 使用 60％乳油 100~133 mL，兑水 15 kg 均匀喷雾或毒土法施药；或每 667 m² 撒施 5％颗粒剂 1 000~1 200 g，保持浅水层 3~4 d。

注意事项：

（1）丁草胺对 1.5 叶期以前的稗草防效好，应掌握适宜的用药时期。

（2）育秧田封闭除草要求苗床平整、覆土均匀、水分适中，水分过大床面有积水易产生药害。

（3）药液一定要喷施均匀，不能重喷和漏喷。

2. 旱育秧田苗后茎叶除草剂

敌　稗

性能及特点： 选择性触杀型茎叶处理除草剂。敌稗能破坏杂草细胞的透性，同时抑制杂草的光合作用、呼吸作用，以及干扰核酸与蛋白质的合成等，使杂草的生理机能受到影响，加速失水、叶片逐渐干枯直至死亡。水稻体内含有酰胺水解酶，可将敌稗降解为无活性物质，所以对水稻安全。

毒性： 对人畜低毒。大鼠急性经口 LD_{50} 为 1 400 mg/kg。对人的皮肤和眼睛有刺激作用。

剂型： 20％乳油。

适用作物及防治对象： 适用于水稻育秧田、插秧田，是防除稗草的特效药，对马唐、狗尾草、藜、苋、蓼、鸭舌草等杂草也有一定抑制作用。

使用方法： 在水稻育秧田使用，稗草 1.5 叶期前，每 667 m² 用 20％乳油 750~1 000 mL，兑水 15 kg，茎叶喷雾。如温度过高或风大、施药不均匀易发生药害，表现为叶片干枯，生长缓慢。在水稻移栽田使用，稗草 2~3 叶期，每 667 m² 用 20％乳油 1 000~1 500 mL，兑水 15 kg，茎叶喷雾。喷药前一天排水落干，喷药后 24 h 灌水淹没稗草，保水层 2 d。稗草腐烂后水层正常管理。

注意事项：

（1）施药时最好为晴天，但不要超过 30 ℃，水层不要淹没秧苗。

（2）敌稗在土壤中易分解，不能用作土壤处理剂。

（3）不能与有机磷和氨基甲酸酯类农药混用，也不能在施用敌稗前 2 周或施用后 2 周内使用有机磷和氨基甲酸酯类农药，以免产生药害。

（4）喷雾器具用后要反复清洗干净。

（5）避免敌稗与液体肥料混用。

氰氟草酯（千金）

性能及特点： 氰氟草酯属于芳氧苯氧丙酸类选择性内吸输导型茎叶除草剂。从施药至杂草死亡一般为 1~3 周。在水稻植株内可迅速降解，故对水稻安全。对幼龄及大龄稗草都具有很好的防效。

毒性： 对人畜低毒。原药大鼠急性经口 LD_{50} ＞5 000 mg/kg，大鼠急性经皮 LD_{50} ＞2 000 mg/kg。对皮肤无刺激作用，对眼睛有轻微刺激。无致癌、致畸、致突变作用。

剂型： 10％乳油，10％水乳剂，10％微乳剂。

适用作物及防治对象： 适于各种栽培方式的水稻田，主要防除禾本科杂草。

使用方法： 在水稻育秧田使用，水稻 1.5～2.5 叶期，稗草 2～3 叶期，每 667 m² 使用 10％氰氟草酯乳油 50～70 mL，兑水茎叶喷雾，喷液量为 15 kg。在直播田、抛秧田、移栽田使用，于稗草 2～4 叶期，每 667 m² 使用 10％氰氟草酯乳油 50～70 mL，兑水喷雾。杂草较大时可适当增加用药量。

注意事项：

（1）本药对水生节肢动物毒性大，避免流入水产养殖场所。本药与部分阔叶除草剂混用时有可能会出现拮抗作用，表现为氰氟草酯药效降低。

（2）氰氟草酯在土壤和水中能快速降解，无残留，对后茬作物安全。不适宜用作土壤处理。

灭草松（苯达松、排草丹）

性能及特点： 灭草松为选择性触杀型茎叶除草剂。主要被杂草茎叶吸收，但传导作用有限；在水稻田使用也可以被根吸收。主要抑制光合作用，使叶片萎蔫、变黄、死亡。

毒性： 对人畜低毒。大鼠急性经口 LD_{50} 约为 1 710 mg/kg，大鼠急性经皮 LD_{50}＞4 000 mg/kg。

剂型： 48％水剂。

适用作物及防治对象： 适用于防除阔叶杂草和莎草科杂草，对禾本科杂草无效。对雨久花、泽泻、慈姑、矮慈姑、异型莎草、牛毛毡、萤蔺、藨草等杂草效果好。

使用方法： 在水稻育秧田使用水稻 1.5～2.5 叶期，每 667 m² 使用 48％水剂 160～180 mL 兑水 15 kg 茎叶处理，防治阔叶杂草。在移栽田使用，水稻移栽后 10～15 d，杂草出齐，大部分杂草 3～4 叶期时，每 667 m² 使用 48％水剂 180～200 mL，兑水喷雾。防除一年生杂草用低剂量，防除莎草科杂草用高剂量。

注意事项：

（1）灭草松以触杀作用为主，喷药时必须充分湿润杂草茎叶。

（2）灭草松对禾本科杂草无效，如与防除禾本科杂草的除草剂混用，应先试验，再推广。

（3）高温、晴朗的天气有利于药效的发挥，故应尽量选择高温晴天施药。在阴天或气温低时施药，则效果欠佳。

（4）在干旱、水涝或气温大幅度波动的不利情况下使用本药，容易对作物造成伤害或无除草效果，施药后部分作物叶片会出现干枯、黄化等轻微受害症状，一般 7～10 d 后即可恢复正常生长，不影响最终产量。

（二）移栽田除草

1. 主要防除禾本科杂草的除草剂

丙 草 胺

性能及特点： 丙草胺属于酰胺类选择性内吸传导型除草剂，药剂被杂草的下胚轴及芽鞘吸收，根部吸收较少，不影响杂草种子发芽，只能使幼苗中毒。丙草胺是细胞分裂抑制剂，同时干扰蛋白质合成，对杂草的光合作用和呼吸作用也有间接影响。水稻本身具有分解丙草胺成为无活性物质的能力，对水稻安全。杀草谱广，只能用作芽前土壤处理。

毒性：对人畜低毒，对鱼类、蜜蜂毒性较高。

剂型：30%、50%、72%乳油。

适用作物及防治对象：适用于水稻田防除稗草（1.5叶期前）、稻稗、千金子等一年生禾本科杂草，兼治部分阔叶杂草和莎草科杂草，如雨久花、泽泻、鸭舌草、异型莎草、牛毛毡、萤蔺等杂草，对多年生杂草防效较差。

使用方法：在水稻移栽田使用，整地结束后，移栽前5～7 d，泥浆沉降水面澄清后施药，每667 m²用50%乳油60～70 mL，水层3～5 cm，保水5～7 d，自然落到"药达水"后插秧；第二次施药在水稻4.5～5.5叶期（插秧后15～20 d），每667 m²用50%乳油60～70 mL，不同田块进行单独甩喷或毒土法，药液量15 kg，水层3～5 cm，保水5～7 d。

注意事项：

（1）渗漏性强的稻田不宜使用丙草胺，因为渗漏会使药剂过多集中在根部，易对水稻产生轻度药害。

（2）为扩大杀草谱、提高防效、降低成本，可与苄嘧磺隆、吡嘧磺隆等混用。

（3）不加安全剂的丙草胺不能用于水稻直播田和育秧田。

莎稗磷（阿罗津）

性能及特点：莎稗磷属于有机磷类选择性内吸传导型除草剂。主要通过杂草的幼芽和茎吸收，抑制细胞分裂伸长，对正萌发的杂草效果好，对已长大的杂草效果较差。杂草受药后生长停止，叶片深绿，有时脱色，叶片变短、节变厚，极易折断，心叶不易抽出，最后整株枯死。能有效防除3叶期内的稗草和莎草科杂草，对水稻安全。

毒性：对人畜低毒。

剂型：1.5%颗粒剂，30%乳油。

适用作物及防治对象：适用于水稻田防除一年生禾本科杂草和部分阔叶杂草、莎草科杂草，如稗草、稻稗、异型莎草、千金子、碎米莎草、鸭舌草等杂草。

使用方法：第一次施药在插秧前5～7 d单用莎稗磷，重点防治田间已出土稗草，每667 m²用30%莎稗磷乳油60～70 mL，水层3～5 cm，保水5～7 d，自然落到"药达水"后插秧；第二次施药在插秧后15～20 d混用防治阔叶杂草的除草剂，重点防治阔叶杂草兼治后出土的稗草。不同田块进行单独甩喷或毒土法，每667 m²药液量15 kg，水层3～5 cm，保水5～7 d。在低温、水深、弱苗等不良环境条件下，仍可获得良好的安全性和防效。

注意事项：

（1）超过3叶1心期的稗草对莎稗磷抗性增强，应掌握好用药时间。

（2）对一年生的莎草科杂草防效较好，对多年生莎草科杂草无效。

苯噻酰草胺（苯噻草胺）

性能及特点：苯噻酰草胺属于酰胺类选择性内吸传导型除草剂、细胞分裂和生长抑制剂，用于防治萌芽期和苗后早期的杂草，以毒土法施药后，药剂被吸附于土表1 cm以内形成药土层，对生长点处于土壤表层的稗草杀伤力很强，对由种子繁殖的多年生杂草也有抑制作用。

毒性：对人畜低毒。

剂型：50％可湿性粉剂。

适用作物及防治对象：适用于水稻田有效防除禾本科杂草和部分阔叶杂草、莎草科杂草，对稗草在萌芽至2叶期有特效，对牛毛毡、异形莎草、泽泻、眼子菜、萤蔺、水莎草等杂草有一定的防效。

使用方法：水稻田（移栽田、抛秧田、直播田）适用，水稻移栽后5～7 d，稗草1叶1心期前，每667 m² 施用50％可湿性粉剂50～60 g（南方）或60～80 g（北方），拌细土撒施或甩喷，施药时及药后保持3～5 cm的水层5～7 d。

注意事项：

（1）控制药量，避免水稻芽期施药，正常施药时间应保持适当的水层。

（2）稗草叶龄小时用推荐量的最低限量，稗草叶龄大时用推荐量的最高限量。

二氯喹啉酸（快杀稗）

性能及特点：二氯喹啉酸属于有机杂环类选择性内吸传导激素型除草剂，是激素型喹啉羧酸类除草剂，施药后能被萌发种子、根及叶吸收，以根部吸收为主。受害的稗草嫩叶轻微失绿，叶片出现纵向条纹并弯曲，施药一次即能控制整个水稻生育期内的稗草。对3叶期后的水稻安全性高，对稗草1～7叶期均有效，尤其对4～7叶期的稗草有突出防效。

毒性：对人畜低毒，对鱼类、蜜蜂无毒。

剂型：25％、50％可湿性粉剂。

适用作物及防治对象：主要用于稻田防除稗草。对雨久花，水芹、鸭舌草等杂草也有抑制作用。

使用方法：在水稻移栽田，插秧后5～20 d均可施药，用50％可湿性粉剂450～750 g/hm²（北方）或300～450 g/hm²（南方）兑水喷雾，稗草叶龄较大、基数较多时用药增加，反之则应用低药量，施药前一天应排干水，施药一天后灌水，保水5～7 d。在直播田使用，稻苗3叶期后，稗草1～3叶期均可施药，以稗草2.5～3.5叶期效果最佳。

注意事项：

（1）土壤中残留量较大，对下茬易产生药害，下茬可种水稻、玉米、高粱等耐药作物。

（2）浸种及露芽的稻种，2叶期前的秧苗对二氯喹啉酸敏感，施药应避开这些阶段。

（3）可与禾草丹、苄嘧磺隆、吡嘧磺隆、敌稗、氰氟草酯等混用以扩大除草谱。

（4）部分地区常年超量使用二氯喹啉酸，以致田间产生药害累积。

嘧草醚（必利必能）

性能及特点：嘧草醚是嘧啶水杨酸类选择性内吸传导型专用除稗剂，它可以被杂草的茎叶和根吸收，迅速传导至全株，抑制乙酰乳酸合成酶（ALS）和氨基酸的生物合成，从而抑制和阻碍杂草体内的细胞分裂，使杂草停止生长，最终使杂草白化而枯死。对水稻极为安全，即使在播种后0～3 d也可使用；能防除3叶期以前的稗草；持效期长，在有水层的条件下，持效期可长达40～60 d。

毒性：对人畜低毒。对鱼类及水生物的毒性也很低。

剂型： 10％可湿性粉剂。

适用作物及防治对象： 主要用于水稻田（移栽田和直播田）防除稗草。

使用方法： 移栽田移栽后、直播田播种后 0～10 d，稗草 2～3 叶期，每 667 m² 用 10％嘧草醚可湿性粉剂 30～50 g。具体方法为每 667 m² 20～30 kg 拌湿润细土均匀撒施，施药时田间水层 3～5 cm，药后保水 5～7 d，自然落干后水层正常管理。如采用喷雾法施药，喷雾前排水，务必使杂草露出水面 2/3 以上，确保有足够的药液接触面积，但同时保持浅水层，药后 1 d 复水，保持 3～5 cm 水层，5～7 d 后恢复田间正常水层管理。

注意事项：

（1）施用嘧草醚的田块必须平整，地势不平会影响用药的效果。

（2）施用后，若遇暴雨田间大量积水且需排水时，药液会随排出的水分流失，因此在排干水后，需要补喷嘧草醚。

（3）一定要在清水条件下施药，且保持水层。

（4）无论是直播田还是移栽田，建议在稗草 2.5 叶前施用。

（5）嘧草醚在推荐用量下对阔叶杂草防效不佳，如要同期防除田间阔叶杂草，可与苄嘧磺隆或吡嘧磺隆等杀阔叶杂草的除草剂混用，以扩大杀草谱，提高防效。

丙炔噁草酮（稻思达）

性能及特点： 丙炔噁草酮是选择性触杀型芽期除草剂，丙炔噁草酮施于水中后经过沉降，逐渐被表层土壤胶粒吸附形成稳定的药膜封闭层，萌发的杂草幼芽穿过此药膜层时，经接触吸收和有限传导，在有光条件下接触部位的细胞膜破裂，叶绿素分解，致使生长旺盛部位的分生组织遭到破坏，幼芽期的杂草枯萎死亡。丙炔噁草酮在土壤中的移动性较小，杂草根部不易接触到药剂。其持效期可维持 30 d 左右。

毒性： 低毒除草剂。大鼠急性经口 LD_{50} ＞ 5 000 mg/kg，大鼠急性经皮 LD_{50} ＞ 2 000 mg/kg；对家兔皮肤无刺激，对眼睛有轻微刺激。

剂型： 80％水分散粒剂，80％可湿性粉剂。

适用作物及防治对象： 用于水稻田，可有效防除一年生禾本科杂草、阔叶杂草、莎草科杂草和水绵。如稗草、萤蔺、雨久花、泽泻、小茨藻、碎米莎草、异型莎草、牛毛毡、节节菜、千金子、三棱草、鸭舌草、慈姑、狼把草、眼子菜等杂草。

使用方法： 丙炔噁草酮在插秧前施用为宜，也可在插秧后施用。以杂草出苗前或苗后早期防治最好。在水稻移栽田使用，插秧前，水整地结束后，等待泥浆自然沉降水面澄清后，每 667 m² 施用 80％丙炔噁草酮水分散粒剂 6 g，采用甩喷方法施药（将喷雾器喷片摘下，使药液成股喷出，呈现柱状），每 667 m² 喷液量为 15 kg。施药后保水 5～7 d，水 3～5 cm，自然落到花达水后插秧。水层自然落到"花达水"后插秧，插秧后 7～10 d，先将药剂溶于少量水中，然后按每 667 m² 拌入备好的 15～20 kg 细沙或适量化肥充分拌匀，再均匀撒施到田里。对水层要求施药时为 3～5 cm 深，施药后至少保持该水层 5～7 d，缺水补水，切勿进行大水漫灌，以防淹没稻苗心叶。

注意事项：

（1）丙炔噁草酮对水稻的安全幅度较窄，不宜用在弱苗田、制种田、抛秧田及糯稻田，否则易产生药害。

（2）整地时田面要整平，施药时不要超过推荐用量，把药拌匀施用，并要严格控制好水层。以免因施药过量、稻田高低不平、缺水、水淹没稻苗心叶或施药不均匀等造成药害。

（3）在杂草发生严重地块，应与磺酰脲类除草剂混用或搭配使用。

（4）不推荐在抛秧田和直播水稻田及盐碱地水稻田中使用。

噁草酮（农思它）

性能及特点：噁草酮为选择性触杀型除草剂，芽前及芽早期都可使用，主要通过杂草幼芽吸收药剂，幼苗和根也能吸收。对萌发期的杂草效果最好，随着杂草长大而效果下降，对成株杂草基本无效。

毒性：对人畜低毒。大鼠急性经口 LD_{50} ＞8 000 mg/kg。急性经皮 LD_{50} ＞8 000 mg/kg，对鸟类、蜜蜂低毒。对鱼类中等毒性。

剂型：12％、25％乳油，38％悬浮剂。

适用作物及防治对象：主要用于水稻田防除一年生禾本科杂草和部分阔叶杂草、莎草科杂草。如稗草、雨久花、水莎草、异型莎草、牛毛毡等杂草。

使用方法：在水稻移栽田使用。插秧前，水整地后趁泥浆混浊施药，每667 m² 用38％悬浮剂 75～120 mL（北方），不同田块单独进行甩喷，每667 m² 甩喷药液量 15 kg（北方），施药时田间保持 3～5 cm 水层，保水 5～7 d，自然落到"花达水"后插秧。

注意事项：

（1）38％噁草酮悬浮剂要在水整地后泥浆混浊条件下施用。

（2）喷雾器具使用时要清洗干净。

除以上除草剂以外，还可以选择使用丁草胺、氰氟草酯、禾草丹。

2. 防除阔叶杂草及莎草科杂草的除草剂

苄嘧磺隆（农得时）

性能及特点：苄嘧磺隆属于磺酰脲类选择性内吸传导型除草剂。在水中迅速扩散，能有效防治一年生及多年生阔叶杂草和莎草，能被杂草根、叶吸收并传到其他部位。对水稻安全，使用方法灵活。

毒性：对人畜低毒。大鼠急性经口 LD_{50} ＞5 000 mg/kg，兔急性经皮 LD_{50} ＞2 000 mg/kg。对鱼类、鸟和蜜蜂低毒。

剂型：10％可湿性粉剂。

适用作物及防治对象：适用于水稻田防除一年生及多年生阔叶杂草和莎草科杂草。如雨久花、泽泻、萤蔺、水莎草、异型莎草、牛毛毡、慈姑、眼子菜等杂草。

使用方法：在水稻移栽田使用。移栽前后 3 周均可使用，但以插秧后 5～7 d 施药为佳。每667 m² 用药量10％可湿性粉剂 20～30 g，兑水 30 kg 喷雾或混拌细潮土20 kg 撒施。施药时田间保持 3～5 cm 水层，保水 5～7 d，自然落到"花达水"后插秧。防除多年生杂草，每667 m² 用药量可提高到30～50 g。在水稻育秧田和直播田使用。播种后至杂草 2 叶期以内均可施药。每667 m² 用 10％可湿性粉剂 20～30 g，兑水 30 kg 喷雾或混拌细潮土20 kg 撒施。

注意事项：

（1）苄嘧磺隆对2叶期以内杂草效果好，超过3叶效果差。

（2）喷雾器械使用结束后要冲洗干净。

吡嘧磺隆（草克星）

性能及特点：吡嘧磺隆属于磺酰脲类高活性选择性内吸传导型除草剂，主要通过根系被吸收，在杂草植株体内迅速转移，抑制生长，杂草逐渐死亡。水稻能分解该药剂，对水稻生长几乎没有影响。药效稳定，安全性高，持效期 25～35 d。

毒性：对人畜低毒。

剂型：10％、20％可湿性粉剂。

适用作物及防治对象：适用于水稻田（育秧田、直播田、移栽田）防除一年生和多年生阔叶杂草和莎草科杂草，如异型莎草、雨久花、水莎草、萤蔺、鸭舌草、水芹、节节菜、野慈姑、眼子菜、鳢肠等杂草。

使用方法：在水稻移栽田和抛秧田使用。插秧后或抛秧后 5～7 d，稗草 1 叶 1 心期，每 667 m² 用 10％可湿性粉剂 10～20 g，拌细土 20 kg，均匀撒施，保持水层 3～5 cm，5～7 d，可缓慢补水，但不能排水。南北稻区因地制宜地调整用量。在水直播田使用。播种后 6～10 d（北方约 14 d）、稗草 1 叶 1 心期之前施药，保水 5～7 d 后排水晒田。用药量、施药方法、水层管理与水稻移栽田相同。在旱直播田使用，水稻 1～3 叶期，每 667 m² 用 10％可湿性粉剂 15～30 g，兑水 40～60 kg 喷雾，施药后灌水，并保持土壤湿润。

注意事项：

（1）阔叶作物敏感对吡嘧磺隆，施药时请勿与阔叶作物接触。

（2）对插秧早、杂草发生晚以及东北地区莎草科杂草严重的地块，可在第一次用药后 15～25 d 第二次施药。

（3）吡嘧磺隆为高效磺酰脲类除草剂，使用时称量要准确，不要超量使用。

3. 广谱性除草剂

五氟磺草胺（稻杰、农地隆）

性能及特点：五氟磺草胺为选择性内吸传导型除草剂，经茎叶、幼芽及根系吸收，通过木质部和韧皮部传导至分生组织，抑制植株生长。用药后 2～4 d，生长点失绿，有时叶脉变红；用药后 7～14 d，茎尖和叶芽开始枯萎坏死；用药后 2～4 周杂草死亡。吸收迅速，耐雨水冲刷，持效期较长，不影响后茬作物。对水稻安全是因为活性成分在水稻体内降解迅速。

毒性：对人畜低毒。大鼠急性经口 LD_{50} >5 000 mg/kg，兔急性经皮 LD_{50} >5 000 mg/kg，大鼠急性吸入 LC_{50}（4 h）>3.5 mg/L，对眼睛和皮肤有极轻微刺激性。

剂型：2.5％油悬浮剂，22％悬浮剂。

适用作物及防治对象：适用于各种水稻田（旱直播田、水直播田、秧田、抛秧田及移栽田）。对水稻田所有生物型的稗草、稻李氏禾一年生莎草和许多阔叶草等有防除效果，对于对许多磺酰脲类产生抗性的杂草也有较好的防效。水稻 1 叶期至成熟期均可使用。

使用方法：各种类型的水稻田，水稻 1 叶期至成熟期均可使用。茎叶喷雾时，每 667 m² 用水量为 20～30 kg。施药前排干水，用药后 24 h 灌水，施药时保持 3～5 cm 水层，保水 5～7 d。施药量视稗草密度和叶龄而定，一般稗草 1～3 叶期，每 667 m² 用 2.5％油悬浮剂 40～60 mL；3～5 叶期，每 667 m² 用 2.5％油悬浮剂 60～80 mL，田间杂草密度大时取用药量的上限，5叶期以后适当增加用药量。

注意事项：

（1）喷药不均匀或施药时遇到低温，水稻可能出现短时间的黄化现象，通常5～7 d即可恢复，不影响生长及产量。

（2）喷药时一定要用小口径喷头片。高浓缩、细雾滴，才能达到稳定的除草效果。

十、马铃薯田化学除草剂

（一）芽前土壤处理

二 甲 吩 草 胺

性能及特点： 为酰胺类细胞分裂抑制剂。禾本科杂草主要通过幼芽（胚芽鞘）吸收，而阔叶杂草则经幼芽与根吸收，在植株内传导差，对已出苗杂草作用效果差，在抗性作物体内迅速代谢而丧失活性。二甲吩草胺在土壤中主要通过微生物降解而消失。

适用作物及防治对象： 马铃薯、玉米、大豆、花生及甜菜田，主要用于防除众多的一年生禾本科杂草如稗草、马唐、牛筋草、狗尾草等；还可防除多数阔叶杂草，如反枝苋、鬼针草、荠菜、鸭跖草、粟米草和油莎草等。

毒性： 大鼠急性经口 LD_{50} 为 1 570 mg/kg，鹌鹑急性经口 LD_{50} 为 1 908 mg/kg。大鼠和兔急性经皮 LD_{50} ＞2 000 mg/kg。对兔皮肤无刺激作用，对兔眼睛有中度刺激作用。无致突变、致畸、致癌性。

剂型： 72％乳油。

使用方法： 马铃薯出苗前土壤处理，使用 72％乳油 750～1 500 g/hm²。可与利谷隆、嗪草酮等混用扩大杀草谱。

注意事项：

（1）杀草谱与乙草胺及异丙甲草胺相似，但其生物活性很高，注意安全施用。

（2）马铃薯播前或播后苗前还可以使用异噁草酮。

（二）杂草茎叶喷雾处理

1. 防除禾本科杂草的除草剂

砜 嘧 磺 隆

性能及特点： 磺酰脲类选择性芽后除草剂。通过抑制植物乙酰乳酸合成酶，阻止支链氨基酸的生物合成，从而抑制细胞分裂。植物分生组织经砜嘧磺隆处理后敏感的禾本科和阔叶杂草停止生长，然后褪绿、出现斑枯，直至全株死亡。

适用作物及防治对象： 主要用于马铃薯、春玉米、番茄、烟草等作物，防除一年生和多年生禾本科及阔叶杂草，如稗草、马唐、狗尾草、金狗尾草、野燕麦、野高粱、牛筋草、野黍、藜、风花菜、鸭跖草、荠菜、马齿苋、猪毛菜、狼把草、反枝苋、野西瓜苗、豚草、苣荬菜、酸模叶蓼、铁苋菜、苘麻、鼬瓣花、刺儿菜、莎草、野芥、油莎草、裂叶牵牛、野胡萝卜、地肤草、宝盖草等。

毒性： 低毒除草剂。

剂型： 25％干悬浮剂。

使用方法： 马铃薯苗后，杂草 2～4 叶期用 25％干悬浮剂 75～90 g/hm²，加水茎叶喷雾。与嗪草酮、甲酯化植物油混配，可扩大杀草谱，而且还能延缓杂草抗性的产生，通常两者可以按 1∶8 比例进行混配。

注意事项：

（1）使用砜嘧磺隆 7 d 内，尽量避免使用有机磷杀虫剂，否则可能会使马铃薯产生明显药害。

（2）该药剂一般对下茬作物无不良影响，萝卜对该药最敏感，应在施药 42 d 后种植。

（3）药液要现配现用，不要放置较长时间。

2. 防除阔叶杂草的除草剂

嗪 草 酮

性能及特点： 为非均三氮苯类选择性内吸传导除草剂。植物的根、茎、叶均可吸收传导，是光合作用抑制剂。原药微溶于水，对光稳定，在弱酸、强碱中稳定。

适用作物及防治对象： 用于马铃薯、大豆、番茄、豌豆、苜蓿、胡萝卜、甘蔗、芦笋、菠萝等作物田，对一年生阔叶杂草，如反枝苋、蓼、繁缕、荠菜、萹蓄、野胡萝卜、苣荬菜、卷茎蓼、马齿苋等有较好的防效；对苘麻、苍耳、龙葵次之，对禾本科杂草防效差。

毒性： 低毒农药。

剂型： 50％、70％可湿性粉剂。

使用方法： 种植前混土或种植后出苗前土壤处理。播后苗前、杂草萌发时施药。沙壤土，有机质含量为 1％～2％用 70％可湿性粉剂 375～525 g/hm²；壤土，有机质含量为 1.5％～4％用 70％可湿性粉剂 525～750 g/hm²；黏土，有机质含量为 3％～6％用 70％可湿性粉剂 750～1 125 g/hm²。加水 750～900 L 均匀喷于土面。马铃薯苗后株高 10 cm 时，用 70％可湿性粉剂 600～990 g/hm²，加水 900 L 喷雾。

注意事项：

（1）该药剂的选择性差，按推荐的方法和用量，对作物安全，但用药过量或施药不均匀，会引起药害。

（2）土壤质地、有机质的含量对该药除草效果及作物对药剂的吸收影响很大，不宜在沙壤土或有机质含量低于 2％的土壤施用。

（3）土壤墒情大，有利于药效发挥；若土壤干旱要加大用药量，干旱地区施药后要浅混土；土壤温度高，除草活性高，可适当降低用药量；整地精细、田面平整、无土块、无残茬，土壤封闭严密，药效好。

（4）最好与防除禾本科杂草的土壤处理剂混用，一次用药可控制阔叶杂草、禾本科杂草的危害。

丙 炔 氟 草 胺

性能及特点： 为酰亚胺类选择性除草剂。丙炔氟草胺被认为抑制了植物叶绿素合成中十分重要的酶——原卟啉原氧化酶（PPO）。用丙炔氟草胺处理后原卟啉在敏感植物的体内聚积导致光敏作用和细胞膜脂质的过氧化，造成细胞膜功能和结构不可逆的破坏。在大田中，茎叶处理后敏感杂草的茎叶坏死，日光照射后死亡；土壤处理后敏感杂草的芽坏死，在短暂的日光照射后死亡。

适用作物及防治对象： 用于马铃薯、大豆、花生田，主要用于防除一年生阔叶杂草和部分禾本科杂草，如鸭跖草、藜类杂草、蓼属杂草、马齿苋、马唐、牛筋草、狗尾草等。

毒性： 低毒。

剂型： 50％可湿性粉剂。

使用方法： 马铃薯播后苗前、苗后，用50％可湿性粉剂120～180 g/hm²，加水喷雾。如果土壤干旱应进行浅拌土，使药与浅土混合。可与二甲戊乐灵、异丙甲草胺、乙草胺、嗪草酮以及砜嘧磺隆混用扩大杀草谱。

注意事项：

（1）对杂草的防效取决于土壤湿度，干旱时严重影响除草效果。

（2）禾本科杂草和阔叶杂草混生的地区，应与防除禾本科杂草的除草混合使用，效果会更好。

（3）化学除草要严格掌握用药量，农药称量准确，配药要采用二次稀释法，喷雾要均匀，不重不漏。

（4）严禁大风天施药，避免药液飘移到邻近作物上。药剂要密封、避光保存于阴凉干燥处。

【常见技术问题处理及案例】

1. 哪些除草剂使用后下茬不能种向日葵

若前茬用过咪草烟（普施特）75 g/hm²（有效成分），需间隔18个月才可以种向日葵；前茬使用过氯嘧磺隆（豆磺隆）15 g/hm²（有效成分），需间隔18个月才可以种向日葵；前茬使用过烟嘧磺隆（玉农乐）超过60 g/hm²（有效成分），需间隔24个月才可以种向日葵；前茬使用过唑嘧磺草胺（阔草清）48～60 g/hm²（有效成分），需间隔18个月后才可种向日葵；前茬使用过氟磺胺草醚（虎威）375 g/hm²（有效成分），需间隔24个月才可以种向日葵；前茬使用过甲磺隆超过75 g/hm²（有效万分），需要间隔24个月才可以种向日葵；前茬使用过西玛津有效成分超过2 240 g/hm²（有效成分），需要间隔24个月才可以种向日葵。

2. 河北省万全县农民小麦施药造成周围棉田药害严重损失案例

河北省万全县农民在自家小麦返青期至拔节期期间间隔施用2次除草剂2,4-滴丁酯，在第二次施药后周围棉花田棉株叶片褪绿皱缩，叶片产生各种各样的畸形症状，造成严重损失。

经调查询问，原来万全县农民小刘第二次在自家小麦田施用2,4-滴丁酯那天正好赶上有风，2,4-滴丁酯有很强的挥发性，药剂雾滴可在空气中飘移很远，使敏感植物受害，而棉花对该药物敏感。

通过该案例我们要清楚施用该药应选择无风或风小的天气进行，喷雾器的喷头最好戴保护罩，防止药剂雾滴飘移到双子叶作物田。更不能在与敏感作物套种的小麦田使用此药。

3. 陕西渭南市西湾村村民小麦田混合使用溴苯腈与2甲4氯钠施药造成药害案例

陕西渭南市西湾村村民用溴苯腈与2甲4氯钠混合施药为自家小麦田除杂草，造成田间小麦全部失绿枯死，造成严重损失。

经调查询问，该村民以每667 m²用22.5％溴苯腈乳油150 mL和20％2甲4氯钠水剂150 mL，兑水40 kg进行均匀喷雾。但是以上两种用药量均是单药施用时的量，而溴苯腈与

2 甲 4 氯钠混用时,混用剂量应为各药剂单用时减半的药量,也就是说该村民施药时的用药量过大造成小麦田发生药害。

通过该案例我们要知道在施用农药的时候一定要了解各种药品的药理性质和用药量,不要盲目用药。

4. 吉林省昌邑区农民于小麦田施用苯磺隆造成损失案例

吉林省昌邑区农民于小麦田施用苯磺隆为小麦除杂草,半月之后见杂草依然长势很强,觉得自己施药浓度低对自家小麦田的杂草没有效果,于是第二次加大用药量再次施用,结果小麦大面积死亡,造成经济损失。

因为杂草对苯磺隆反应较慢,药后 4 周以上杂草才能全部死亡,而该农民文化水平低又急于灭杂草,农资店主也没有尽到职责,如果能得到详细的讲解就不会出现这样的损失。

第八章 >>>>

植物生长调节剂的选择与使用

20世纪20—30年代发现植物体内存在微量的天然植物激素如乙烯、吲哚乙酸和赤霉素等，具有控制生长发育的作用。到20世纪40年代，开始人工合成类似物的研究，陆续开发出2,4-滴、吲哚丁酸和萘乙酸等，逐渐推广并在农、林、园艺中广泛应用。至今已合成并投入使用的植物生长调节剂已有上百种，农业生产中常用的也有几十种。要特别说明的是，不少常用农药品种，特别是除草剂，在适当的剂量和植物生长期施用，也会不同程度地表现出生长调节活性；而不少植物生长调节剂在某些情况下又表现出除草、杀虫、防病活性。如2,4-滴、抑芽丹、氯苯胺灵、仲丁灵是重要的除草剂品种；多效唑、氟节胺还具杀菌防病作用；可用于疏花、疏果的西维因是一个非常重要的杀虫剂老品种。这说明，植物生长调节剂的使用技术性很强，如使用得当，则有用量少、见效快、毒性低的突出优点，如使用不当，则可能造成严重的不良后果。几十年来，人们对植物生长调节剂的研究越来越深入，应用范围也越来越广泛，它的使用已和化肥、杀虫剂、杀菌剂及除草剂一样，成为农业生产上一项重要的增产措施。

第一节 植物生长调节剂基础

植物生长调节剂是人们在了解天然植物激素的结构和作用机制后，人工合成的与植物激素具有类似生理和生物学效应的物质。这些物质的化学结构和性质可能与植物激素不完全相同，但有类似的生理效应和作用特点，即均能通过施用微量的特殊物质对植物体生长发育产生明显的调控作用。植物生长调节剂的合理使用可以使植物的生长发育朝着健康的方向或人为预定的方向发展，增强植物的抗虫性、抗病性，起到防治病虫害的目的。另外一些生长调节剂还可以选择性地杀死一些植物而用作田间除草剂。目前，已在生产上应用的有2,4-滴、萘乙酸、复硝酚钠、乙烯利、矮壮素、抑芽丹、芸薹素内酯、胺鲜酯、氯吡脲等品种。

诸多植物生长调节剂，可以按其生理效应划分为以下6类。

（一）生长素类

该类植物生长调节剂的主要生理作用是促进细胞生长，促进发根，延迟或抑制离层的形成，促进未受精子房膨胀形成单性结实，促进形成愈伤组织。如萘乙酸、吲哚乙酸、吲哚丁酸、复硝酚钠等。

（二）赤霉素类

植物体内存在内源赤霉素，从高等植物和真菌中已分离出80多种含有赤霉素的化合物，一般用于植物生长调节剂的赤霉素主要是GA_3。赤霉素类可以迅速打破种子、块茎和鳞茎等器官的休眠，促进长日照植物开花，促进茎叶伸长，改变某些植物雌雄花比例，诱导单性结实，提高植物体内酶的活性。

（三）细胞分裂素类

这类物质能促进细胞分裂，诱导离体组织芽的分化，抑制或延缓叶片组织衰老。目前人工合成的细胞分裂素类植物生长调节剂有多种，如激动素、玉米素、苄氨基嘌呤、氯吡脲等。

（四）乙烯类

高等植物的根、茎、叶、花、果实等在一定条件下都会产生乙烯。乙烯有促进果实成熟，抑制细胞的伸长生长，促进叶、花、果实脱落，诱导花芽分化，促进发生不定根的作用。乙烯作为一种气体很难在田间使用，但乙烯利这一生长调节剂品种的研制和使用则避免了这一问题。

（五）脱落酸类

脱落酸称为休眠素或脱落素，又称 S-诱抗素，最早是 20 世纪 60 年代初从将要脱落的棉铃和槭树叶片中分离出的一种植物激素。脱落酸是一种抑制植物生长发育和引起器官脱落的物质。它在植物各器官都存在，尤其是进入休眠和将要脱落的器官中含量最多。脱落酸能促进休眠，抑制萌发，阻滞植物生长，促进器官衰老、脱落和气孔关闭等。这一类植物生长调节剂的作用特点是促进离层形成，导致器官脱落，增强植物抗逆性。此类化合物结构比较复杂，虽已可人工合成，但价格较贵，尚未大量用于生产。一个近似品种噻苯隆，能促进棉花叶柄与茎之间离层的形成而脱落，便于机械收获，并使棉花收获期提前 10 d，棉花品质也得到提高，已大量用于生产。

（六）植物生长抑制物质

植物生长抑制物质可分为植物生长抑制剂和植物生长延缓剂。植物生长抑制剂对植物顶芽或分生组织都有破坏作用，并且破坏作用是长期的，不为赤霉素所逆转，即使在药液浓度很低的情况下，对植物也没有促进生长的作用，施用于植物后，植物停止生长或生长缓慢。植物生长延缓剂只是对亚顶端分生组织有暂时抑制作用，延缓细胞的分裂与伸长，过一段时间后，植物即可恢复生长，而且其效应可被赤霉素逆转。植物生长抑制物质在农业生产中的作用是抑制徒长、培育壮苗、延缓茎叶衰老、推迟成熟、诱导花芽分化、控制顶端优势、改造株型等。如矮壮素、烯效唑、多效唑、氟节胺等。

我国使用植物生长调节剂已有 40 多年历史，时间虽不是很长，但是发展速度很快。目前已经被广泛应用于大田作物、经济作物、果树、林木、蔬菜、花卉等各个方面。不少研究成果已在生产上大面积推广应用，并取得了显著的经济效益，对促进农业生产起到了一定的作用。植物生长调节剂的特点之一是只要以很低的浓度使用，就能对植物的生长、发育和代谢起调节作用。一些栽培措施难以解决的问题，可以通过它的使用得以解决，如打破休眠、调节性比、促进开花、化学整枝、防止脱落等。

植物生长调节剂的作用方式大致有两类：一类是生长促进剂，如促进生长、生根用的萘乙酸，打破休眠用的赤霉素，防治衰老用的腺嘌呤；另一类是生长抑制剂，如防止棉花和小麦徒长的矮壮素，防止大蒜和洋葱发芽的抑芽丹等。但是这种分类不是绝对的，因为同一植物生长调节剂在低浓度下可能作为生长促进剂，而在高浓度下又可以作为生长抑制剂。如 2,4-滴，用低浓度处理时，具有促进生根、生长、保花、保果等作用；高浓度时，会抑制植物生长；浓度再提高，便会杀死双子叶植物，具有除草剂的作用。

正确合理地施用植物生长调节剂则可以使植物朝着人为预定的方向发展，可以增强植物抗虫、抗病能力，以及消除田间杂草。归纳起来，常用的植物生长调节剂的主要作用可分为下述几个方面，详见表8-1。

表8-1 常用植物生长调节剂的主要作用

主要作用	植物生长调节剂
促进发芽	赤霉素、萘乙酸、吲哚乙酸、腺嘌呤、噻苯隆
促进生根	萘乙酸、三十烷醇、吲哚乙酸、吲哚丁酸、2,4-滴、腺嘌呤、胺鲜酯
促进生长	赤霉素、芸薹素内酯、胺鲜酯、复硝酚钠、腺嘌呤、氯吡脲
促进开花	赤霉素、乙烯利、萘乙酸、2,4-滴、S-诱抗素、腺嘌呤
促进成熟	赤霉素、乙烯利、S-诱抗素、增甘膦、胺鲜酯
抑制发芽	抑芽丹、氟节胺、矮壮素
防止倒伏	矮壮素、多效唑、抗倒胺、抗倒酯、烯效唑
打破顶端优势	抑芽丹、三碘苯甲酸、乙烯利
控制株型	矮壮素、整形素、调节膦、多效唑、三碘苯甲酸、丁酰肼
疏花疏果	乙烯利、西维因、吲熟酯、整形素
保花保果	赤霉素、防落素、2,4-滴、萘乙酸、复硝酚钠、腺嘌呤
调节性别	乙烯利、赤霉素
化学杀雄	乙烯利、抑芽丹
改善品质	赤霉素、乙烯利、复硝酚钠、吲熟酯、芸薹素内酯、胺鲜酯、S-诱抗素
增强抗性	矮壮素、多效唑、S-诱抗素、芸薹素内酯、抑芽丹、胺鲜酯、助壮素
贮藏保鲜	腺嘌呤、氯吡脲、2,4-滴、抑芽丹、防落素、赤霉素、丁酰肼
促进脱叶	乙烯利、噻苯隆
提高产量	赤霉素、噻苯隆、氯吡脲、三十烷醇、多效唑

植物生长调节剂进入植物体内，影响植物体生长发育及代谢作用。包括植物生长调节剂及植物激素在内的植物生长物质在对植物生长发育进行调控时，不同调节物质作用途径不尽相同，作用机制也较为复杂。有的能影响细胞膜的通透性；有的能促进结合态底物的释放，从而加快酶促反应的速度；还有的通过一系列生理生化反应，最终调节植物体内活性酶的种类与含量，影响代谢作用，调节植物的生长发育。

第二节 植物生长调节剂的选择与使用

乙 烯 利

性能及特点：纯品为白色针状结晶，工业品为淡棕色液体，熔点74～75 ℃，沸点约265 ℃，易溶于水、甲醇、乙醇、丙酮、乙二醇和丙二醇，难溶于苯和二氯乙烷，不溶于石油醚，对酸、碱比较敏感，pH小于3.5时在水溶液中稳定，随pH升高水解释放出乙烯，对紫外光敏感。乙烯利是优质高效的植物生长调节剂。乙烯利可由植物的叶片、树皮、果实或种子进入植物体内，然后传导到作用部位，产生促进果实成熟和脱落、矮化植株、改变雌雄花的比例、促进开花、打破休眠等生理效应。在一定条件下，乙烯利不仅自身能释放出乙烯，而且还能诱导植株产生乙烯。

毒性： 低毒，原药大鼠急性经口 LD_{50} 为 4 229 mg/kg。

剂型： 40％水剂。

使用方法： 主要用于棉花、番茄、西瓜、柑橘、香蕉、桃、柿子等果实催熟，也用于改变黄瓜、西葫芦、南瓜等的雌雄花比例，多用喷雾法常量施药。促进早熟增产时，在棉花上使用浓度为 0.5～1 g/L，水稻、番茄使用浓度是 1 g/L，甜菜使用浓度为 0.5 g/L，苹果使用浓度为 0.4 g/L，香蕉、柿子使用浓度为 0.25～1 g/L。黄瓜、南瓜、甜瓜增加雌花时使用浓度为 0.1～0.2 g/L。要增收橡胶可将 40％水剂兑水 5～10 倍稀释后涂布割胶部位。

丁 酰 肼

性能及特点： 纯品是带有微臭的白色结晶，熔点 154～156 ℃。25 ℃时 100 g 溶剂中溶解量：水 100 g，丙酮 2.5 g，甲醇 5 g，不溶于一般的碳氢化合物，贮存稳定性好。丁酰肼为植物生长延缓剂，可以被植物根、茎、叶吸收，进入体内后主要集中于顶端及亚顶端分生组织，影响细胞分裂素和生长素的活性，从而抑制细胞分裂和纵向生长，使植物矮化粗壮，但不影响开花和结果，使植物的抗寒、抗旱能力增强。另外还有促进次年花芽形成、防止落花、落果，促进果实着色及延长贮藏期等作用。

毒性： 低毒，工业品大鼠急性经口 LD_{50} 为 8 400 mg/kg。

剂型： 85％可溶性粉剂。

使用方法： 主要用于果树、大豆和黄瓜、番茄等蔬菜作物上，用作矮化剂、坐果剂、生根剂及保鲜剂等。一般使用浓度为 0.1％～0.5％，苹果用 0.1％～0.2％药液喷雾提早结果；桃、葡萄、李等使用浓度为 0.1％～0.4％；水稻使用浓度为 0.5％～0.8％，可促进矮壮，防止倒伏；番茄使用 0.25％～0.5％药液可增加坐果率。国家明令禁止丁酰肼在花生上使用。

助 壮 素

性能及特点： 纯品为无味白色结晶体，熔点 285 ℃，对热稳定。20 ℃时 100 g 溶剂中溶解量：水大于 100 g，乙醇 16.2 g，氯仿 1.1 g，丙酮、乙醚、乙酸乙酯、环己烷、橄榄油均小于 0.1 g。含助壮素 99％的原粉外观为白色或灰白色结晶体，不可燃，不爆炸。50 ℃以下贮存稳定期 2 年以上。助壮素是内吸性植物生长调节剂，可被植物绿色部位吸收并传导至全株。能抑制植物体内赤霉酸的合成，调节营养生长和生殖生长的矛盾，使节间缩短、叶片增厚、面积变小，因而株型紧凑粗壮、田间群体结构合理。助壮素还能增加叶绿素含量和增强光合效率，使植物提前开花、提高坐果率以及增产。

毒性： 低毒，99％原粉大鼠急性经口 LD_{50} 为 1 490 mg/kg。

剂型： 97％原粉，5％、25％水溶液。

使用方法： 助壮素主要用于棉花，也可用于小麦、玉米、花生、番茄、瓜类、果树等。在棉花上，初花期喷药，用 97％原粉 45～75 g/hm²，兑水 300 kg。

多 效 唑

性能及特点： 原药为白色固体，熔点 165～166 ℃，水中溶解度为 35 mg/L，溶于甲醇、丙酮等有机溶剂，可与一般农药混用。50 ℃时可稳定贮存至少 6 个月，常温（20 ℃）贮存稳定性在 2 年以上。多效唑是三唑类植物生长调节剂，是内源赤霉酸合成的抑制剂，可明显减弱顶端生长优势，促进侧芽分蘖，使茎变粗、植株矮化紧凑；能增加叶绿素、蛋白质和核酸的含量；可降低植株体内赤霉酸的含量，还可降低吲哚乙酸的含量和增加乙烯的释放量。多效唑主要通过根系吸收而起作用，而叶吸收的量少，不足以引起形态变化，但能增产。

毒性： 低毒，原药大鼠急性经口 LD_{50} 为 2 000 mg/kg（雄）和 1 300 mg/kg（雌）。

剂型： 95％原药，25％乳油，15％可湿性粉剂，10％可湿性粉剂。

使用方法： 适用于谷类，特别是水稻田用以培育壮秧、防止倒伏；也可用于大豆、棉花和花卉；还可用于桃、梨、柑橘、苹果等果树的"控梢保果"、矮化树型；多效唑处理的菊花、单竹葵、一品红以及一些观赏灌木，株型明显受到调整，更具有观赏价值；对大棚蔬菜的培育，如番茄、油菜壮苗也有明显作用。主要以常量喷雾法使用，用药量为 105～525 g/hm²。

芸薹素内酯（油菜素内酯）

性能及特点： 原药有效成分含量不低于 95％，外观为白色结晶粉，熔点为 256～258 ℃，水中溶解度为 5 mg/L，溶于甲醇、乙醇、四氢呋喃、丙酮等多种有机溶剂。

芸薹素内酯是一种新型绿色环保植物生长调节剂，可广泛用于粮食作物如水稻、麦类、薯类，一般可增产 10％左右；也可应用于各种经济作物如果树、蔬菜、草莓、瓜果、棉麻、花卉等，一般可增产 10％～20％，高的可达 30％，并能明显改善作物品质，增加糖分和果实质量，使花卉艳丽。可提高作物的抗旱、抗寒能力，缓解作物遭受病虫害、药害、肥害、冻害后的受害症状。

毒性： 低毒，原药大鼠急性经口 LD_{50} 为 5 250 mg/kg。

剂型： 0.01％乳油。

使用方法： 本品可用于水稻、小麦、大麦、玉米、马铃薯、西瓜、葡萄等及萝卜、菜豆等多种蔬菜。主要用作浸种和茎叶喷施处理，使用浓度极低，一般 10^{-5}～10^{-1} mg/L 便可表现出明显的生理活性。小麦浸种浓度为 0.05～0.5 mg/L，时间为 24 h，小麦的叶面喷雾浓度为 0.01～0.05 mg/L，可起到明显增产作用。

赤 霉 素

性能及特点： 工业品为白色结晶粉末，含量在 85％以上，熔点 233～235 ℃，可溶于乙酸乙酯、甲醇、乙醇、丙酮或 pH 为 6.2 的磷酸缓冲液，难溶于煤油、氯仿、醚、苯、水等，遇碱易分解。赤霉素是一种广谱性植物生长调节剂。植物体内普遍存在着内源赤霉素，为促进植物生长发育的重要激素之一，是多效唑、矮壮素等生长抑制剂的拮抗剂。赤霉素可以促进细胞、茎伸长，叶片扩大，单性结实，果实生长，以及打破种子休眠，改变雌雄花比例，影响开花时间，减少花果的脱落。外源赤霉素进入植物体内，具有内源赤霉素同样的生理功能。赤霉素主要经叶片、嫩枝、花、种子或果实进入植株体内，然后传导到生长活跃的部位起作用。

毒性：低毒，小鼠急性经口 LD_{50} >25 000 mg/kg。

剂型：85%原粉，4%乳油。

使用方法：赤霉素是目前农、林、园艺上使用极为广泛的一种调节剂。可用于马铃薯、番茄、稻、麦、棉花、大豆、烟草、瓜果等。因为赤霉素不溶于水溶于酒精，使用时先用少许酒精或高度数的烧酒（如 60°白酒）将其溶解，然后再兑水稀释到需要浓度。在水稻上用原粉 7.5~15 g/hm² 兑水 750 kg 喷雾，可提高结实率。在麦类上用原粉 15 g/hm² 兑水 900 kg 喷雾，可促进灌浆，提高产量。在油菜上用原粉 15 g/hm² 兑水喷雾，可提高结实率。马铃薯切块浸在 0.5~1 mg/L 药液中 10 min，可打破休眠，如使用浓度过高也会产生抑制作用。葡萄用 200~400 mg/L 药液喷洒，可提高坐果率和产量。

吲哚丁酸（生根素）

性能及特点：本品为白色结晶，熔点 123~125 ℃。不溶于水和氯仿，易溶于丙酮、乙醚、甲醇、乙醇等有机溶剂，对酸稳定。吲哚丁酸可以促进植物根部的生长，是一种广谱高效生根促进剂。本品在植物体内运转速度慢，容易保持在施药部位，具有促进形成层细胞分裂并通过再分化而长出新根的作用。

毒性：低毒，原药大鼠急性经口 LD_{50} 为 5 000 mg/kg。

剂型：原粉（含量98%以上）。

使用方法：本品用于多种植物的硬枝扦插和播种育苗时泡根、浸种，可提高出苗率和造林成活率。处理果林苗木、插条、种子或移栽苗可用 50~100 mg/L 药液浸 8~12 h；处理农作物和蔬菜可用为 5~10 mg/L 的药液浸 8~12 h。

萘乙酸（NAA）

性能及特点：纯品为白色无味结晶，熔点 130 ℃，易溶于丙酮、乙醚和氯仿等有机溶剂，几乎不溶于冷水，易溶于热水。80%萘乙酸原粉为浅土黄色粉末，熔点 106~120 ℃，水分含量≤5%。常温下贮存，有效成分含量变化不大。本品易吸潮，遇光易变色，遇碱能成水溶性盐，因此配制药液时，常将原粉溶于氨水后再稀释使用。萘乙酸是类生长素物质，也是一种广谱性植物生长调节剂。它有着内源生长素吲哚乙酸的作用特点和生理功能，如促进细胞分裂与扩大，诱导不定根形成，增加坐果，防止落果，改变雌雄花比例等。萘乙酸可经种子、叶片、树枝的幼嫩表皮进入到植株体内，传导至作用部位。

毒性：低毒，大鼠急性经口 LD_{50} 约为 2 520 mg/kg。

剂型：80%原粉。

使用方法：萘乙酸主要用作扦插生根剂，又可用于防止落果、调节开花等。用 10~20 mg/L 药液喷苹果、梨、西瓜、番茄等可防落花，促坐果；用 10~20 mg/L 药液喷洒水稻、棉花可增产；用 25~100 mg/L 药液浸扦插枝基部，可以促进茶、桑、侧柏、柞树、水杉等生根。

氟节胺

性能及特点：纯品为黄色或橘黄色结晶体，熔点 101~103 ℃，常温下几乎不溶于水（溶解度小于 0.1 mg/L），易溶于苯、二氯甲烷。氟节胺为内吸性高效烟草侧芽抑制剂，适用于烤烟、马里兰烟、晒烟、雪茄烟。打顶后施药 1 次，能抑制烟草腋芽发生直至收获。作用迅速，吸收快，施药后 2 h，无雨即可生效。药剂接触完全伸展的烟叶不产生药害，节省人工，并使自然成熟度一致，提高烟叶质量。

毒性： 低毒，原药大鼠急性经口 $LD_{50} > 5\,000$ mg/kg。

剂型： 90% 原药，25% 乳油。

使用方法： 施药时期应掌握好，在烟草植株上部花蕾伸长期至始花期进行人工打顶（摘除顶芽），打顶后 24 h 内施药（通常是打顶后随即施药），剂量为每株 10 mg。用 25% 氟节胺乳油 $900 \sim 1\,050$ mL/hm²，兑水稀释 $300 \sim 500$ 倍，采用喷雾法或涂抹法均可。

矮 壮 素

性能及特点： 纯品为白色结晶，原粉为浅黄色粉末。纯品在 245 ℃时分解，原粉在 $238 \sim 242$ ℃分解，易吸潮，在 20 ℃水中溶解 74%，溶于低级醇，难溶于乙醚及烃类有机溶剂，遇碱分解，对金属有腐蚀作用。矮壮素是赤霉素的拮抗剂。可经叶片、幼枝、芽、根系和种子进入植株体内。其作用机制是抑制植株体内赤霉素的生物合成。它的生理功能是控制植株的徒长，促进生殖生长，使植株节间缩短而粗壮、根系发达、抗倒伏；同时叶色加深，叶片增厚，叶绿素含量增多，光合作用增强，从而提高坐果率；也能改善品质，提高产量。矮壮素还有提高某些作物的抗旱、抗寒、抗盐碱及抗某些病虫害的能力。

毒性： 低毒，大鼠急性经口 LD_{50} 为 883 mg/kg。

剂型： 50% 水剂，50% 乳油。

使用方法： 适用于棉花、小麦、玉米、水稻、花生、番茄、果树等。用 $20 \sim 40$ mg/L 药液在棉花叶面喷雾可增产；用 $20 \sim 40$ mg/L 药液叶面喷雾，用 $1\,500 \sim 3\,000$ mg/L 药液浸种，可使小麦增产；用 $50 \sim 100$ mg/L 药液于黄瓜 $14 \sim 15$ 叶片时全株喷雾，可促进坐果、增产。

噻 苯 隆

性能及特点： 外观为无色无味晶粒，在 $210.5 \sim 212.5$ ℃时分解。23 ℃时，在水中溶解度为 20 mg/L。在 23 ℃，pH 为 $5 \sim 9$ 时稳定。在 60 ℃、90 ℃和 120 ℃温度下，贮存稳定期超过 30 d。噻苯隆是一种植物生长调节剂，在棉花种植上作为落叶剂使用。叶片吸收后，可促进叶柄与茎之间的离层的形成而落叶，有利于机械采收，并可使棉花收获期提前 10 d 左右，有助于提高棉花品级。

毒性： 本品为低毒药物，原药大鼠急性经口 $LD_{50} > 4\,000$ mg/kg。

剂型： 50% 可湿性粉剂。

使用方法： 噻苯隆能够促使棉花落叶，取决于诸多因素及相互间的作用。主要是温度、湿度，气温高、湿度大时效果好。在我国中部，75\,000 株/hm² 的条件下，于 9 月末施用 50% 可湿性粉剂 1\,500 g/hm² 进行全株叶面处理，施药后 10 d 开始落叶，吐絮增多，15 d 达到高峰，20 d 后有所下降。

复 硝 酚 钠

性能及特点： 枣红色片状晶体、深红色针状晶体和黄色晶体的混合晶体，易溶于水，可溶于乙醇、甲醇、丙酮等有机溶剂。常温下稳定，具有酚类芳香味。是一种广谱型植物生长调节剂，优秀的肥料及杀菌剂、增效剂，广泛适用于粮食作物、蔬菜作物、瓜果、茶树、棉花、油料作物及畜牧、渔业等之中一切有生命力的动植物，具有促进细胞原生质流动、提高细胞活力、加速植株生长发育、促根壮苗、保花保果、提高产量、增强抗逆能力等作用，既可单独使用，又可作为农药添加剂、肥料添加剂与肥料、农药、饲料等复配使用。复硝酚钠对人体具有促进血液循环、美容美发等功效，对人体和动物无任何副作用，不存在残留问题。

毒性：低毒。

剂型：98%原粉，1.8%水剂，1.4%可溶性粉剂。

使用方法：复硝酚钠在碱性叶肥、液肥中（pH>7），可直接搅拌加入；在偏酸性液肥中（pH为5~7），应先将复硝酚钠溶于10~20倍的温水中再加入；复硝酚钠在酸性较强的液肥中（pH为3~5）加入时，可用碱性物质中和至5~6后加入，或加入液肥0.5%的柠檬酸缓冲剂后加入，可以防止复硝酚钠絮凝沉淀。固体肥料则不考虑酸碱性均可加入，但必须用10~20 kg的载体混匀后再加入，或加入造粒用水中溶解后加入，根据实际情况灵活掌握。

胺鲜酯（DA-6）

性能及特点：是具有广谱和突破性效果的高能植物生长调节剂，原药纯品为白色片状晶体，粉碎后为白色粉状物，无可见机械杂质，具有清淡的酯香味和油腻感。易溶于水，可溶于乙醇、甲醇、丙酮、氯仿等有机溶剂。能提高植物过氧化物酶和硝酸还原酶的活性，提高叶绿素的含量，加快光合速度，促进植物细胞的分裂和伸长，促进根系的发育，调节体内养分的平衡。可以和杀菌剂复配使用，增强植物的抗病能力。

毒性：低毒，大鼠急性经口 LD_{50} 为 8 633~16 570 mg/kg。

剂型：98%原药。

使用方法：原粉可直接做成各种液剂和粉剂，浓度据需要调配。操作方便，不需要特殊的助剂、操作工艺和设备。可直接与 N、P、K、Zn、B、Cu、Mn、Fe、Mo 等混合使用，非常稳定，可长期贮存。与杀菌剂复配具有明显的增效作用，可以增效 30%以上，减少用药量 10%~30%，且试验证明胺鲜酯对真菌、细菌、病毒等引起的多种植物病害具有抑制和防治作用。

氯 吡 脲

性能及特点：是一种具有细胞分裂素活性的苯脲类植物生长调节剂，其生物活性比腺嘌呤高 10~100 倍。广泛用于农业、园艺，可以促进细胞分裂，促进细胞生长伸长，促进果实肥大，还可以提高产量和保鲜等。

毒性：低毒，原药大鼠急性经口 LD_{50} 为 4 918 mg/kg，大鼠急性经皮 LD_{50}>20 000 mg/kg。

剂型：0.1%乳油、0.5%乳油。

使用方法：将脐橙于生理落果期用 2 mg/L 药液涂果柄处；在猕猴桃花谢后 20~25 d 用 10~20 mg/L 药液浸渍幼果；在葡萄于花谢后 10~15 d 用 10~20 mg/L 药液浸渍幼果，可提高坐果率，使果实膨大，增加单果重；将草莓用 10 mg/L 药液喷于采摘下的果实，稍干后装盒，可保持草莓果实新鲜，延长贮存期。

烯 效 唑

性能及特点： 纯品为白色结晶固体，难溶于水，能溶于丙酮、甲醇、乙酸乙酯、氯仿和二甲基甲酰胺等多种有机溶剂。烯效唑属广谱性、高效植物生长调节剂，兼有杀菌和除草作用，是赤霉酸合成抑制剂，具有控制营养生长，抑制细胞伸长、缩短节间、矮化植株，促进侧芽生长和花芽形成，增进抗逆性的作用。其活性较多效唑高 6～10 倍，但其在土壤中的残留量仅为多效唑的 1/10，因此对后茬作物影响小，可通过种子、根、芽、叶吸收，并在器官间相互运转，叶片吸收向外运转较少，向顶性明显。适用于水稻、小麦，可以增加分蘖、控制株高、提高抗倒伏能力。还可用于果树控制营养生长的树形，用于观赏植物控制株型，促进花芽分化和多开花等。

毒性： 低毒，小鼠 LD_{50} 为 4 000 mg/kg（雄）和 2 850 mg/kg（雌）。

剂型： 90%～95%原药、5%可湿性粉剂。

使用方法： 水稻种子用 50～200 mg/kg 的 90%～95%原药，浸种 24～28 h，每隔 12 h 拌种 1 次，以利种子着药均匀，清洗后催芽播种，可培育多蘖矮壮秧；小麦种子用 10 mg/kg 的 90%～95%原药拌种，边喷雾边搅拌，使药液均匀附着在种子上，然后掺少量细干土拌匀以利播种。可培育冬小麦壮苗，增强抗逆性，增加年前分蘖，提高成穗率，减少播种量。在小麦拔节期（宁早勿迟），每 667 m² 均匀喷施 30～50 mg/kg 的烯效唑药液 50 kg，可控制小麦节间伸长，增加抗倒伏能力。

将观赏植物用 10～200 mg/kg 的 90%～95%原药喷雾，或在种植前以 10～1 000 mg/kg 药液浸根，可控制株型，促进花芽分化和开花；花生、草坪等建议用量为每 667 m² 40 g，兑水 30 kg。

【常见技术问题处理及案例】

1. 氯吡脲在西瓜上的应用

2011 年 5 月下旬，江苏丹阳市延陵镇大吕村的"日本全能冠军"西瓜因使用"西瓜膨大素"导致西瓜炸裂。

人们都认为西瓜膨大素就是导致西瓜炸裂的主要原因。事实上，西瓜炸裂不是因为它使用了西瓜膨大素，西瓜膨大素本身是没有问题的，这个结果是在不正确时期使用造成的。西瓜膨大素的主要成分是氯吡脲，其正确使用时期是在西瓜开花当天或前后 1 d 以 10～20 mL/L 的浓度药液浸瓜胎或用微型喷雾器均匀喷瓜胎，可以起到膨大西瓜、增加糖含量的作用。当西瓜直径超过 15 cm 时就不能再用，否则就会产生药害，具体表现为西瓜空心、瓜瓤松散、甜度下降、口感不佳等，更严重的就会导致西瓜炸裂。同时，由于氯吡脲不具有传导性，如果施药不均匀，很容易造成畸形瓜。该瓜农在不正确的时期使用西瓜膨大素，不但没有发挥氯吡脲的功效，反而造成了药害。

2. 乙烯利在葡萄着色上的应用

2010 年，四川绵阳果农种植的葡萄未完全成熟就脱落了。

乙烯利对促进葡萄着色有很好的功效，葡萄品种不同，使用浓度稍有差别。比如巨峰葡萄，在开始成熟时以 250～300 mL/L 的乙烯利喷施果穗，可以提早 6～8 d 成熟，统一着色好。但使用乙烯利后果实与果柄之间会产生离层而导致脱落，因此要掌握好浓度，分期喷药、分期采收、分期销售，以免造成损失。该果农盲目扩大使用浓度，将不同品种、不同生长周期的葡萄统一喷施 500 mL/L 的乙烯利，结果导致葡萄未完全成熟就脱落。

3. 萘乙酸在瓜类不同品种上的应用

2009 年，南京瓜农种植的西瓜在直径长到 10 cm 左右时喷施了 10 μg/g 的萘乙酸后，西瓜叶在一夜之间全部翻转。

萘乙酸是我国最早使用的植物生长调节剂之一，在 20 世纪 60 年代，我国就开始合成使用萘乙酸，其在棉花的保花保蕾，果树的保花保果、疏花疏果方面起到很大的作用。在棉花、大多数果树（桃树除外）和瓜类（西瓜除外）上使用 10 μg/g 的萘乙酸可以起到保花保果、膨大果实的作用，但西瓜对其比较敏感，最高使用浓度为 8 μg/g，若超过 8 μg/g 就会出现药害，使用 10～15 μg/g 时西瓜叶会翻转，使用 15～20 μg/g 浓度时西瓜出现萎蔫，使用 20 μg/g 浓度以上时个别西瓜品种就会死亡。该瓜农按照说明书上瓜类 10 μg/g 的使用浓度进行喷施，忽略了西瓜的特殊性，从而导致西瓜叶片翻转现象。

4. 赤霉素在葡萄上的应用

2006 年，新疆吐鲁番有果农在种植的葡萄上使用赤霉素后，导致果粒非常不均匀，严重影响产量和质量。经查实是因赤霉素的使用方法不当造成的。

赤霉素应用在葡萄上有增大穗长、增大果粒、提早成熟、增加糖和果酸含量的显著效果，性能也比较稳定，其正确使用方法是在葡萄盛花期后 10～20 d，以 150 μg/g 的浓度药液浸果穗。该果农则是用喷雾器对果穗进行喷施，结果导致受药的穗形成的果粒大，未受药的穗形成的果粒小，同一果穗上的葡萄果粒大小不一，不同果穗上的葡萄果粒也大小不一，严重影响了葡萄的产量和品质。

5. 复硝酚钠和噻苯隆复配在金针菜上的错误应用

2006 年，洛阳有菜农种植的金针菜在盛花期同时喷施了复硝酚钠和噻苯隆，导致金针菜全部萎蔫凋落。

在金针菜上喷施 6～9 μg/g 浓度的复硝酚钠可以增加细胞质流动，促进其他药剂及肥料在作物体内的吸收和运转，使花朵均匀、肥大，起到增产作用；喷施 1 μg/g 浓度的噻苯隆可以使金针菜植株健壮，减少花蕾脱落。但是两者复配使用在金针菜上，在不利的气候条件下，就会产生萎蔫凋落甚至杀死金针菜等副作用。

第九章 >>>>

各种作物病虫草害化学防治历

第一节　棉花病虫草害化学防治历

防治阶段		防治对象	防治措施	注意事项
播前准备	病害	棉苗炭疽病、棉苗红腐病	防治棉苗炭疽病、红腐病用多菌灵或者拌种，或用甲基硫菌灵拌种	
		棉花立枯病	乙蒜素或者噁霉灵浸种；苯醚甲环唑（敌萎丹）悬浮种衣剂、咯菌腈（适乐时）、拌·福（拌种灵和福美双）种衣剂任选一种进行种子包衣	乙蒜素对皮肤有极强的腐蚀性，使用时要注意避免接触皮肤。种衣剂包衣严格按照说明书进行操作，包衣后阴干，不能晒种
		棉花猝倒病	多·福·甲枯悬浮种衣剂包衣	
	虫害	棉花苗期害虫	使用丁硫克百威乳油等杀虫剂，兑水进行拌种，然后堆闷 12 h 后晾干播种；也可选择吡虫啉、噻虫嗪等进行种子包衣	
	草害	禾本科杂草和小粒种子阔叶杂草	氟乐灵、二甲戊灵、乙草胺、甲草胺、仲丁灵任选一种进行土壤封闭	氟乐灵易光解，喷药后应立即混土，氟乐灵会导致作物根部肿大
		阔叶叶草或三棱草	可以选择扑草净、乙氧氟草醚进行苗前土壤封闭，也可以将这两种药剂和其他苗前除草剂进行混合使用	乙氧氟草醚、扑草净使用不能超过上限
苗期	病害	棉花立枯病	使用乙蒜素或者噁霉灵进行滴灌	湿度太大时不宜田间施用
		棉花细菌性角斑病	使用硫酸链霉素、氢氧化铜、中生菌素、松脂酸铜、噻菌铜中任何一种进行喷雾处理	
	虫害	棉花蓟马、棉蚜	吡虫啉、啶虫脒或乙酰甲胺磷杀虫剂喷雾防治	棉花达 6 片真叶后，对棉花蓟马一般不用再进行防治
		棉花叶螨	选择哒螨灵、哒螨酮等药剂进行挑治	画圈打药，切勿全田喷药
	草害	阔叶杂草	三氟啶磺隆、乳氟禾草灵、嘧硫草醚等除草剂防除	如需禾阔双除，需要和防治禾本科杂草的除草剂混合使用
		禾本科杂草	高效氟吡甲禾灵、精喹禾灵、精吡氟禾草灵、精噁唑禾草灵（威霸）茎叶喷雾处理	如需禾阔双除，需要和防治阔叶杂草的除草剂混合使用

（续）

防治阶段	防治对象		防治措施	注意事项
蕾期	病害	棉花枯萎病、棉花黄萎病	枯萎病发病初期用乙蒜素、络氨铜、噁霉灵等任何一种进行灌根	
	虫害	棉叶螨	及时喷洒阿维菌素、哒螨灵、四螨嗪、螺螨酯、炔螨特等杀螨剂	轮换使用，阿维菌素单用效果不好，建议和其他杀螨剂混合使用；对于杀卵和若螨的杀螨剂建议前期使用，杀成螨和若螨的建议后期使用，且一定要轮换用药，以免产生抗药性
		棉蚜	使用吡虫啉、啶虫脒等药剂进行喷雾	啶虫脒使用时温度必须高于 25 ℃，否则会影响药效
		棉铃虫	使用杀铃脲等脲类、拟除虫菊酯类、虫螨腈、多杀菌素、灭多威、丙溴磷等杀虫剂轮换使用	脲类杀虫剂作用效果较慢，需要提前使用，菊酯类杀虫剂个别已经产生抗药性，选择时要注意
	草害	禾本科和阔叶杂草	与苗期草害用药相同	轮换施药
花铃期	病害	棉花枯萎病、黄萎病	不需防治	
	虫害	棉叶螨、棉蚜、棉铃虫防控	防治和蕾期相同	注意轮换施药
	草害		不需防治	

第二节　小麦病虫草害化学防治历

防治阶段	防治对象		防治措施	注意事项
播前准备	病害	散黑穗病、腥黑穗病	用 6% 戊唑醇悬浮种衣剂包衣或多菌灵拌种	对种子进行包衣前，要求精选麦种，确保麦种含水量不得超过 13%；拌后堆闷 1~3 h，待药液全部吸收后播种
		纹枯病	用种子质量 0.03% 的 15% 三唑醇粉剂拌种	
		根腐病	用种子质量 0.3% 的退菌特或种子质量 0.1% 的三唑醇拌种	
		全蚀病	小麦全蚀病发生严重的，可加 12.5% 硅噻菌胺悬浮剂拌种	拌种一定要拌均匀，拌种时应当穿防护衣和戴手套，残效期长
	虫害	地下害虫如蛴螬、蝼蛄、金针虫、地老虎	用 5% 辛硫磷颗粒剂或 40% 毒死蜱乳油拌种；地下害虫重发生地块选用 3% 辛硫磷颗粒剂 3~4 kg 均匀撒施后再翻地播种	辛硫磷不能与碱性物质混合使用；辛硫磷见光易分解，所以田间使用最好在夜晚或傍晚
	草害	禾本科杂草和小粒种子的阔叶杂草	用 50% 氟乐灵颗粒、60% 丁草胺等进行土壤封闭处理	氟乐灵易挥发、光解，施药后必须立即混土

（续）

防治阶段	防治对象		防治措施	注意事项
苗期至 越冬期	病害	锈病	用15%三唑醇可湿性粉剂50 g兑水50～70 kg喷雾，或兑水10～15 kg进行低容量喷雾	
		纹枯病	用20%三唑醇可湿性粉剂或20%井冈霉素兑水喷施	顺垄喷施，效果更佳
		全蚀病	使用15%三唑酮可湿性粉剂150～200 g兑水60 L，顺麦垄喷洒幼苗，能显著降低发病率	
	虫害	蚜虫、灰飞虱、叶蝉	用70%吡虫啉水分散粒剂兑水喷雾	喷药做到不重喷、不漏喷，切忌草多多喷，没草不喷
	草害	阔叶杂草	用75%苯磺隆干悬浮剂	
		禾本科杂草	用10%精噁唑禾草灵＋安全剂（骠马）乳剂兑水喷雾	
返青期至 拔节期	病害	纹枯病	用5%井冈霉素水剂7.5 g兑水100 kg或15%三唑醇可湿性粉剂8 g兑水60 kg喷麦茎基部防治	间隔10～15 d喷1次
		白粉病、锈病	用15%三唑醇可湿性粉剂1 000倍液进行喷雾	
	虫害	灰飞虱	用吡虫啉加高效氯氟氰菊酯兑水喷雾；用噻虫嗪或异丙威兑水喷雾	
		红蜘蛛	用40%炔螨特20～25 mL进行喷雾防治	
		麦叶蜂	可选用吡虫啉、高效氯氰菊酯、阿维菌素的任一种进行防治	
	草害	播娘蒿、荠菜、猪殃殃	用48%麦草畏水剂均匀喷雾	对小麦安全性较低，常与2,4-滴丁酯或2甲4氯胺盐混用
孕穗至 抽穗期	病害	锈病、白粉病	用20%三唑醇乳油兑水喷雾来防治小麦锈病和白粉病	掌握土壤墒情，风向，土壤干旱、墒情不好，效果差，喷后遇雨需重喷
		纹枯病、根腐病	用5%井冈霉素水剂、25%丙环唑乳油和25%多菌灵可湿性粉剂混合防治纹枯病和根腐病	
		赤霉病	选用25%氰烯菌酯悬浮剂或50%多菌灵防治赤霉病	
	虫害	吸浆虫	选用吡虫啉、噻虫嗪等防治	

（续）

防治阶段	防治对象		防治措施	注意事项
灌浆期至成熟期	病害	纹枯病、白粉病、条锈病	重点实施"一喷三防"技术，杀虫剂选用低毒有机磷类、菊酯类等；杀菌剂选用丙环唑或多菌灵等；杀虫剂、杀菌剂与磷酸二氢钾、尿素或叶面肥等合理混配喷施	药物剂量应合理，药物应合理轮换施用
	虫害	麦穗蚜、红蜘蛛、黏虫		

第三节　玉米病虫草害化学防治历

防治阶段	防治对象		防治措施	注意事项
播前准备	病害	苗枯病、纹枯病、全蚀病、丝黑穗病、黑粉病、疯顶病、根腐病等	预防玉米疯顶病用甲霜灵拌种剂拌种，丝黑穗病、纹枯病、全蚀病可用三唑酮或三唑醇或咯菌腈悬浮种衣剂或烯唑醇拌种，根腐病用福美双拌种	拌种前先用清水湿润种子，三唑酮拌种不能加水
	虫害	蝼蛄、蛴螬、金针虫等地下害虫，蚜虫、叶螨、三点斑叶蝉、飞虱、蓟马等	辛硫磷、丁硫克百威、吡虫啉、噻虫嗪、敌百虫等拌种	拌匀堆闷3～4 h后播种
	草害	所有杂草	乙草胺、乙草胺＋莠去津、异丙甲草胺＋莠去津播前土壤处理	玉米播种前杂草萌发出土较多的田块施用
苗期	病害	大斑病、小斑病、圆斑病	用代森锰锌、多菌灵、甲基硫菌灵、百菌清等喷雾	发病初期用药，喷药后15 d再用1次
		顶腐病、苗枯病	三氯异氰脲酸喷雾，或三唑酮、烯唑醇喷雾或喷淋根茎部	
		粗缩病	香菇多糖、病毒必克、植病灵、吗胍·乙酸铜等任选一种喷雾	注意防治蚜虫、飞虱等传毒害虫
	虫害	灰飞虱、蚜虫、蓟马、叶蝉	高效氯氰菊酯、吡虫啉、啶虫脒、阿维菌素等药剂任选一种喷雾	
		叶螨	浏阳霉素、或噻螨酮、达螨灵喷雾	持效期较长，对天敌相对安全
		地下害虫、二点委夜蛾、根土蝽、耕葵粉蚧、蛀茎夜蛾、玉米旋心虫	敌百虫、氯吡硫磷、溴氰菊酯、氰戊菊酯任一种药剂喷雾或灌根或拌细土细沙撒施于根部	条播地可顺垄撒施，点播地和定苗地围棵撒施
		黏虫、玉米螟、棉铃虫、地老虎等鳞翅目幼虫和蝗虫	氯虫苯甲酰胺、高效氯氰菊酯、甲氨基阿维菌素苯甲酸盐、灭多威、氟啶脲、三氟氯氰菊酯、苏云金杆菌等任选一种药剂喷雾	
	草害	新萌发或播种期未防除的杂草	2,4-滴丁酯、烟嘧磺隆或硝磺草酮喷雾	杂草2～4叶期，多年生杂草6叶期前用药；压低喷头定向喷雾，以免发生药害

（续）

防治阶段	防治对象		防治措施	注意事项
拔节 抽穗期	病害	大斑病、小斑病、褐斑病、灰斑病、弯孢霉叶斑病、圆斑病、锈病等叶部病害	三唑酮、戊唑醇、烯唑醇、多菌灵、甲基硫菌灵任选一种喷雾	
		纹枯病	噁霉灵、井冈霉素、抗霉菌素120、多抗霉素、甲基硫菌灵、多菌灵任选一种喷雾	
		青枯病	用甲霜灵＋多菌灵混剂大喇叭口期喷雾预防，出现零星病株时用井冈霉素灌根	
		粗缩病	与苗期粗缩病防治用药相同	
	虫害	玉米螟、黏虫、棉铃虫、高粱条螟、桃蛀螟等	灭多威、氯虫苯甲酰胺、氟啶脲、硫双灭多威、苏云金芽孢杆菌任选其一喷雾，或用阿维菌素、灭幼脲、高效氯氟氰菊酯点滴雌穗，玉米心叶期用白僵菌颗粒粉剂或用乳油制成颗粒剂施用	白僵菌、苏云金杆菌不能与杀菌剂混用
		褐足角胸叶甲、甘薯跳盲蝽	高效氯氰菊酯或阿维菌素喷雾	
		玉米蚜虫	吡虫啉、啶虫脒、阿维菌素等喷雾	
抽穗 成熟期	病害	大斑病、小斑病、灰斑病、弯孢霉叶斑病、锈病、圆斑病等叶部病害	代森锰锌或戊唑醇、烯唑醇、多菌灵、粉锈灵喷雾	圆斑病的防治重点是喷洒果穗
		干腐病、穗腐病	多菌灵或甲基硫菌灵喷雾	重点喷果穗及下部茎叶
	虫害	玉米螟、黏虫、棉铃虫	选用白僵菌、绿僵菌或 Bt 等微生物杀虫剂进行防治	微生物杀虫剂作用效果慢，需提前使用

第四节　西瓜病虫草害化学防治历

防治阶段	防治对象		防治措施	注意事项
播前准备	病害、虫害	立枯病、猝倒病及地下害虫	种子处理，咯菌腈＋吡虫啉拌种	
	草害	一年生禾本科或阔叶杂草	采用敌草胺、氟乐灵、二甲戊灵、仲丁灵、异丙甲草胺喷雾处理；发生严重时，采用二甲戊灵＋扑草净、异丙甲草胺＋扑草净喷雾处理	

（续）

防治阶段		防治对象	防治措施	注意事项
苗期	病害	枯萎病	种子处理，甲醛、多菌灵或中生菌素浸种，咯菌腈、苯菌灵拌种；苗床处理，噁霉灵、多菌灵＋敌磺钠土壤处理	
		蔓枯病	采用福美双、咯菌酯拌种处理	
		立枯病	苗床处理，多菌灵＋福美双、噁霉灵、腐霉利＋福美双土壤处理；种子处理，咯菌腈、克菌丹＋苯醚甲环唑或者噁霉灵拌种；发病期，采用苯醚甲环唑＋噁霉灵、氟酰胺＋百菌清、异菌脲＋敌磺钠或者甲基硫菌灵＋百菌清喷雾防治	
		猝倒病	苗床处理，甲霜灵＋福美双、拌种双土壤处理；种子处理，霜霉威盐酸盐、氟吗啉或烯酰吗啉拌种；发病期，采用霜霉威盐酸盐·氟吡菌胺、氟吗啉＋丙森锌或者噁霉灵＋百菌清喷雾防治	
		炭疽病	采用苯噻硫氰、咪鲜胺、氯苯嘧啶、甲基硫菌灵或者溴菌腈拌种	
		疫病	种子处理，采用福美双、霜脲·锰锌、霜霉威盐酸盐、甲醛浸种；发病初期，醚菌酯、甲霜·铜、甲霜灵＋克菌丹喷雾	
	虫害	蝼蛄、地老虎等地下害虫	采用敌百虫、吡虫啉或辛硫磷拌毒饵处理	
	草害	禾本科杂草	高效氟吡甲禾灵、精喹禾灵、精氟吡甲禾灵等喷雾	施药要严格控制用药量

（续）

防治阶段	防治对象		防治措施	注意事项
伸蔓期	病害	枯萎病	采用水杨菌胺、苯菌灵＋福美双、甲基硫菌灵＋噁霉灵或多抗霉素或络氨铜兑水灌根防治	
		蔓枯病	采用戊唑醇＋吡唑嘧菌酯·代森联悬浮剂、嘧菌酯＋百菌清或者异菌脲＋福美双喷雾处理	
		霜霉病	采用丙森锌、醚菌酯、嘧菌酯喷雾防治	
		疫病	采用氟吡菌胺·霜霉威盐酸盐、氟吗·锰锌、霜霉威＋百菌清喷雾防治	
		炭疽病	发病初期，采用醚菌酯、多·福·溴菌、咪鲜胺＋百菌清喷雾；发病严重，采用丙森·异丙菌胺、亚胺唑＋丙森锌或者氯苯嘧啶醇＋百菌清喷雾防治	
		根结线虫病	采用阿维菌素、威百亩、丁硫克百威拌毒土撒施	
		病毒病	选用宁南霉素、菌毒清、菇类蛋白多糖、盐酸吗啉胍其中一种喷雾处理	注意防治刺吸式口器害虫
	虫害	蚜虫、白粉虱	采用阿维菌素、吡虫啉、噻虫嗪、啶虫脒喷雾防治	
		蝼蛄、地老虎	采用氯吡硫磷、辛硫磷或者丁硫克百威拌毒饵诱杀，辛硫磷、拌毒土撒施	
	草害	禾本科杂草	高效氯吡甲禾灵、精喹禾灵等喷雾	用药时瓜苗不宜过小、过弱，低温条件下易产生药害
开花坐果及果实膨大期	病害	绵疫病	采用霜霉威盐酸盐·氟吡菌胺、氟吗锰锌、醚菌唑或霜霉威＋代森联喷雾处理	
		蔓枯病	采用戊唑醇＋吡唑嘧菌酯·代森联悬浮剂，嘧菌酯＋百菌清或者异菌脲＋福美双喷雾处理，或采用甲基硫菌灵、氟硅唑或咪鲜胺用毛笔蘸药涂抹茎部病斑	
		枯萎病	土壤消毒用多菌灵＋噁霉灵喷雾或拌毒土撒施。在发病初期用药预防，噁霉灵灌根，嘧啶核苷类抗菌素灌根	

（续）

防治阶段	防治对象		防治措施	注意事项
开花坐果及果实膨大期	病害	疫病	采用氟吡菌胺·霜霉威盐酸盐、霜霉威＋百菌清、双炔酰菌胺或者噁唑菌酮·霜脲氰喷雾处理	
		根结线虫	采用辛硫磷、阿维菌素灌根处理	
		白粉病	发病前，采用醚菌酯、克菌丹、丙森锌嘧菌酯或苯醚甲环唑＋代森联等保护剂喷雾预防；发病严重时，采用腈苯唑、氟喹唑、啶菌噁唑或腈菌唑＋百菌清喷雾处理	避免病菌产生抗性，药剂应交替使用
		细菌性果腐病	发病前，采用氧化亚铜、噻菌铜或络氨铜喷雾处理；发病时，采用叶枯唑、硫酸链霉素、水合霉素、中生菌素或春雷霉素喷雾防治	
		细菌性叶斑病	采用硫酸链霉素、水合霉素、中生菌素或春雷霉素喷雾防治	
		病毒病	采用宁南霉素、菌毒清、菇类蛋白多糖、吗啉胍或者吗啉胍·三氮唑核苷酸喷雾处理	注意做好种子消毒，防治蚜虫等刺吸口器害虫很重要
		根结线虫病	氯氰丙溴磷土壤消毒，生长期用阿维菌素灌根处理	
	虫害	蚜虫、温室白粉虱	采用阿维菌素、吡虫啉、啶虫脒或高氯·噻嗪酮喷雾处理。也可采用溴氰菊酯、氰戊菊酯或异丙威烟剂熏烟	
		朱砂叶螨、茶黄螨	采用双甲脒、哒螨灵、唑螨酯或阿维菌素喷雾防治	
		瓜绢螟	采用甲氨基阿维菌素苯甲酸盐、高氯·甲氨基阿维菌素苯甲酸盐、三氟氯氰菊酯喷雾防治	
		黄足黄守瓜	幼虫期，采用鱼藤酮、高效氯氰菊酯、氯吡硫磷兑水灌根处理；成虫期，采用氰戊菊酯或氰戊·马拉硫磷喷雾处理	
		瓜实蝇	采用高效氯氰菊酯、三氟氯氰菊酯、溴氰菊酯、甲氨基阿维菌素苯甲酸盐喷雾防治	
	草害	一年生禾本科杂草	采用精喹禾灵、高效氟吡甲禾灵、精噁唑禾草灵或烯草酮喷雾处理	施药不宜过早，杂草未出苗时，施药防治无效

（续）

防治阶段	防治对象		防治措施	注意事项
果实发育后期至采摘	病害	根结线虫病	采用辛硫磷、阿维菌素兑水灌根处理	
		叶枯病	采用异菌脲、苯醚甲环唑、醚菌酯或唑菌胺酯喷雾处理	
		酸腐病	采用络氨铜、水杨菌胺、乙蒜素、腈菌唑或甲基硫菌灵＋福美双茎叶喷雾	
		裂瓜	选择抗性品种，注意水分管理	浇水不可忽大忽小
	虫害	瓜绢螟	采用苏云金杆菌、丁烯氟虫腈、氯虫苯甲酰胺、氟虫脲或虫酰肼喷雾处理	
	草害	一年生禾本科杂草	采用精喹禾灵、高效氟吡甲禾灵、精噁唑禾草灵或烯草酮喷雾处理	施药不宜过早，杂草未出苗时，施药防治无效

第五节　甜瓜病虫草害化学防治历

防治阶段	防治对象		防治措施	注意事项
播前准备	病害、虫害	立枯病、猝倒病及地下害虫	种子处理，咯菌腈＋吡虫啉拌种	
	草害	一年生禾本科或阔叶杂草	采用仲丁灵、敌草胺、扑草净喷雾处理	
苗期	病害	霜霉病	采用百菌清、代森锌、氢氧化铜或全络合态代森锰锌喷雾处理	
		白粉病	发病前或发病初期，采用克菌丹＋双苯三唑醇、甲基硫菌灵＋百菌清、嘧菌酯或宁南霉素＋代森锰锌喷雾处理	
		炭疽病	采用嘧菌酯、醚菌酯、百菌清或丙森锌喷雾防治	
		蔓枯病	采用异菌脲拌种	
		细菌性角斑病	采用硫酸链霉素或甲醛浸种防治	
		枯萎病	采用甲醛、甲基硫菌灵或多菌灵浸种	
	虫害	蝼蛄、地老虎等地下害虫	采用敌百虫、丁硫克百威、吡虫啉或辛硫磷拌毒饵处理	
	草害	一年生禾本科或阔叶杂草	高效氟吡甲禾灵、精喹禾灵等喷雾	施药要严格控制用药量

（续）

防治阶段		防治对象	防治措施	注意事项
伸蔓期	病害	霜霉病	发病初期，采用霜脲·锰锌、甲霜灵·代森锰锌或喹啉酮喷雾处理；发病重时，采用氟吗啉＋百菌清、烯酰吗啉＋百菌清、吡唑嘧菌酯或苯霜灵＋百菌清喷雾处理	
		白粉病	发病严重时，采用烯肟菌胺、腈菌唑·代森锰锌、氟菌酯唑＋丙森锌或丙环唑＋代森锰锌喷雾防治	
		炭疽病	采用甲基硫菌灵、苯菌灵或咪鲜胺＋代森锰锌或丙环唑喷雾防治	
		枯萎病	采用水杨菌胺、多·福·福锌或甲基硫菌灵＋噁霉灵兑水浇灌防治	
		蔓枯病	采用氟硅唑＋代森锌、甲基硫菌灵＋丙森锌、嘧菌酯或丙硫多菌灵＋代森锰锌喷雾防治，严重的可用以上试剂涂抹病茎	
		叶枯病	采用异菌脲、腐霉利＋全络合态代森锰锌、唑菌胺酯或嘧菌酯喷雾防治	
		病毒病	采用吡虫啉、苦·氯、阿维菌素、啶虫脒或噻虫嗪喷雾防治蚜虫、白粉虱等传播媒介；发病前，采用菌毒清、宁南霉素、菇类蛋白多糖或菌毒·吗啉胍喷雾处理	
	虫害	蚜虫、白粉虱	采用阿维菌素、吡虫啉、噻虫嗪、啶虫脒喷雾防治	
		蝼蛄、地老虎	采用敌百虫、辛硫磷或乐果拌毒饵诱杀，辛硫磷拌毒土撒施	
	草害	一年生禾本科杂草和阔叶杂草	高效氟吡甲禾灵、精喹禾灵等喷雾	
开花坐果及果实膨大期	病害	细菌性角斑病	发病初期，采用喹菌酮、氧化亚铜、氢氧化铜或春雷霉素喷雾防治；病情严重时，采用硫酸链霉素、水合霉素、叶枯唑或氯溴异氰尿酸喷雾防治	
		病毒病	采用吡虫啉、苦·氯、阿维菌素、啶虫脒或噻虫嗪喷雾防治蚜虫、白粉虱等传播媒介；发病前，采用菌毒清、宁南霉素、菇类蛋白多糖或菌毒·吗啉胍喷雾处理	

（续）

防治阶段	防治对象		防治措施	注意事项
开花坐果及果实膨大期	病害	褐腐病	采用烯肟菌酯、吡唑嘧菌酯、苯醚甲环唑或异菌脲＋代森锌喷雾防治	
		灰霉病	发病初期，采用烟酰胺＋百菌清、异菌脲＋代森锰锌、腐霉利＋硫菌灵或嘧霉胺＋代森锰锌喷雾防治	
	虫害	蚜虫、温室白粉虱	采用阿维菌素、吡虫啉、啶虫脒或高氯·噻嗪酮喷雾处理。也可采用溴氰菊酯、氰戊酯或异丙威烟剂熏烟	
		朱砂叶螨、茶黄螨	采用双甲脒、哒螨灵、唑螨酯或阿维菌素喷雾防治	
		瓜绢螟	采用甲氨基阿维菌素苯甲酸盐、高氯·甲氨基阿维菌素苯甲酸盐、三氟氯氰菊酯喷雾防治	
		黄足黄守瓜	幼虫期，采用鱼藤酮、高效氯氰菊酯、氯吡硫磷兑水灌根处理；成虫期，采用氰戊菊酯或氰戊·马拉硫磷喷雾处理	
		瓜实蝇	采用高效氯氰菊酯、三氟氯氰菊酯、溴氰菊酯、甲氨基阿维菌素苯甲酸盐喷雾防治	
	草害	一年生禾本科杂草及部分阔叶杂草	采用精喹禾灵、高效氟吡甲禾灵、精噁唑禾草灵或烯草酮喷雾处理	
果实发育后期至采摘	病害	软腐病	发病初期，采用硫酸链霉素、水合霉素、中生菌素、噻菌铜或氢氧化铜喷雾防治	
		黑斑病	发病初期，采用异菌脲、福·异菌或烯唑醇＋代森锰锌喷雾防治	
	虫害	瓜绢螟	采用苏云金杆菌、丁烯氟虫腈、氯虫苯甲酰胺、氟虫脲或虫酰肼喷雾处理	
	草害	一年生禾本科杂草	采用精喹禾灵、高效氟吡甲禾灵、精噁唑禾草灵或烯草酮喷雾处理	施药不宜过早，杂草未出苗时，施药防治无效

第六节　油葵病虫草害化学防治历

防治阶段		防治对象	防治措施	注意事项
播前准备	病害	向日葵褐斑病	选用种子质量 0.2%～0.3%的 50%多菌灵或 70%的敌磺钠或 70%的甲基硫菌灵可湿性粉剂	不同有效成分含量的杀菌剂，其使用量参见农药使用说明
		向日葵锈病	选用戊唑醇、三唑醇等三唑类杀菌剂拌种	
		向日葵霜霉病	甲霜灵拌种	
		向日葵菌核病	腐霉利拌适量沙土，结合播种均匀随种施入，咯菌腈悬浮种衣剂、菌核净拌种	
		向日葵黄萎病	多菌灵、甲基硫菌灵拌种，可用抗菌剂 402 浸泡种子 30 min，也可用抗霉菌素 120 水剂 50 倍液播种前处理土壤	晾干后播种；处理土壤每 667 m² 用兑好的药液 300 L
	虫害	地下害虫	选用辛硫磷乳油、丁硫克百威、吡虫啉种衣剂（高巧）中任一种进行拌种，堆闷	若与杀菌剂等混合拌种，需要晾干后再拌
	草害	灰藜、稗草、狗尾草等	首选仲丁灵，也可选用氟乐灵乳油、乙草胺、异丙甲草胺等进行播前土壤处理	掌握好使用剂量，不能随意加大用量，以免造成药害
苗期	病害	向日葵霜霉病	发病初期可用甲霜灵锰锌、噁霜·锰锌（杀毒矾）、霜脲锰锌（克露）、霜霉威盐酸盐（普力克）、精甲霜·锰锌（金雷）、氟菌·霜霉威（银法利）、烯酰·锰锌兑水喷雾	最好轮换用药，视病情喷洒 2～3 次。喷药时，加入芸薹素内酯类植物生长调节剂、有机硅助剂可提高防治效果节省用药量
		向日葵褐斑病、菌核病	喷洒代森锰锌、氢氧化铜、异菌脲、多菌灵或甲基硫菌灵等杀菌剂，连喷 2 次，间隔 10 d	
		向日葵锈病	使用戊唑醇、烯唑醇、苯醚菌酯等药剂进行喷雾处理	
		向日葵细菌性叶斑病	发病初期喷洒 14%络氨铜水剂 350 倍液或 30%碱式硫酸铜胶悬剂 400 倍液	
		向日葵白粉病	氟硅唑（福星）、三唑酮、苯醚甲环唑（世高）、丙环唑（敌力脱）、百菌清、兑水喷雾	
		向日葵白锈病	甲霜灵、甲霜灵·锰锌、杀毒矾、甲霜铜喷雾	

（续）

防治阶段		防治对象	防治措施	注意事项
苗期	虫害	黄地老虎、蟋蟀、烟蓟马等	可用辛硫磷、溴氰菊酯等喷雾防治，用敌百虫等胃毒剂制成毒饵，撒施于幼苗周围地面上	注意悬挂警示牌，以免人畜中毒
	草害	阔叶杂草	三氟啶磺隆、乳氟禾草灵、嘧硫草醚等除草剂防除	如需禾阔双除，需要和防治禾本科杂草的除草剂混合使用
		禾本科杂草	高效氟吡甲禾灵、精喹禾灵、精氟吡甲禾灵、精噁唑禾草灵（威霸）茎叶喷雾处理	如需禾阔双除，需要和防治阔叶杂草的除草剂混合使用
中后期	病害	向日葵菌核病	发病初期可用菌核净、腐霉利（速克灵）、多菌灵、咪鲜胺、异菌脲（扑海因）、兑水喷雾花盘	花盘期可喷施甲基硫菌灵等，重点保护花盘背面
		向日葵白锈病	发病初期可喷施甲霜灵锰锌、噁霜灵锰锌（杀毒矾）、霜脲锰锌（克露）等，隔7～10 d喷施1次，连续防治2～3次	
		向日葵褐斑病	发病初期喷施百菌清、代森锰锌、氢氧化铜、异菌脲或多菌灵等杀菌剂，连喷2次，间隔10 d	防治菌核病的药剂对其均有效
		向日葵锈病	发病初期即开始用三唑酮、硫黄悬浮剂或甲基硫菌灵等农药进行防治。每隔10 d喷施1次，连喷2～3次。轮换使用农药，避免抗药性产生	
		向日葵黄萎病	萎锈灵、乙蒜素等灌根	每株灌兑好的药液500 mL，主要是预防
	虫害	向日葵螟	在幼虫3龄之前，用敌百虫或溴氰菊酯或Bt乳剂对花盘正面进行喷雾。隔5～7 d再喷1次效果较好	在喷洒农药前，要通知养蜂户管理好蜜蜂，以防蜜蜂农药中毒，造成不必要的损失
		白星花金龟	成虫发生期，将氯氟氰菊酯（功夫）或敌百虫等和白星花金龟喜食的水果等食物混合在一起，引诱防治	白星花金龟体壁坚硬、飞翔能力强，仅靠化学防治效果不好
	草害	向日葵列当	对列当发生较重的地块，可用二硝基邻甲酚水溶液喷雾或用硝酸铵溶液灌根或用草甘膦水剂配制成1∶30的母液涂抹列当伤口，防效较好	

第七节　甜菜病虫草害化学防治历

防治阶段		防治对象	防治措施	注意事项
播前准备	病害	立枯病、丛根病	防治甜菜立枯病、丛根病用多菌灵、噁霉灵拌种，或用甲基硫菌灵拌种	使用噁霉灵拌种时，以干拌最为安全，湿拌或闷种易产生药害
		根腐病	移栽前用敌磺钠、五氯硝基苯中的一种进行土壤消毒	敌磺钠土壤施药后覆土
	虫害	甜菜苗期害虫	可选用各种剂型的乙酰甲胺磷或吡虫啉因地制宜采用闷种法、湿拌法、包衣法进行种子处理	拌种时要严格掌握药量并拌种均匀，以免引起药害
	草害	单子叶杂草、小粒种子阔叶杂草	使用异丙甲草胺、仲丁灵、敌草胺喷雾	喷雾后应立即混土
苗期	病害	立枯病	用噁霉灵、甲基硫菌灵、异菌脲、多菌灵中任一种进行喷雾或灌根	轮换用药
		褐斑病	使用多菌灵、多霉灵、甲基硫菌灵中的任一种进行喷雾，若不奏效改用苯菌灵或异菌脲喷雾	轮换施药
		根腐病	喷洒噁霉灵、百菌清、硫酸链霉素、代森铵等	生物农药杀菌效果比化学农药致死过程缓慢，应提倡早期防治，即在病虫害发生初期喷施；代森铵对环境有危害，应特别注意水生生物
		白粉病	使用三唑醇、烯唑醇、醚菌酯等喷雾	
		蛇眼病	选用松脂酸铜、甲基硫菌灵、百菌清、多菌灵的其中一种喷雾	
	虫害	跳甲、金龟子、象甲	使用乙酰甲胺磷、溴氰菊酯、氰戊菊酯任意一种进行喷雾	控制在成虫危害或产卵之前
		甜菜潜叶蝇	使用乙酰甲胺磷、吡虫啉、阿维菌素喷雾	卵孵化前进行防治
	草害	一年生禾本科杂草	高效氟吡甲禾灵、精喹禾灵、精氟吡甲禾灵，精噁唑禾草灵（威霸）茎叶喷雾处理	如需禾阔双除，需要和防治阔叶杂草的除草剂混合使用
		阔叶杂草	甜菜宁、甜菜安、甜安宁任意一种进行喷雾	如需禾阔双除，需要和防治禾本科杂草的除草剂混合使用

（续）

防治阶段		防治对象	防治措施	注意事项
生长中后期	病害	褐斑病	使用多菌灵、多霉灵、甲基硫菌灵中的任一种进行喷雾，若不奏效改用苯菌灵或异菌脲喷雾	于发病初期开始喷洒，隔10～15 d喷1次，连续2～3次
		甜菜根腐病	喷洒噁霉灵、百菌清、硫酸链霉素、代森铵等	
		甜菜黄化病毒病	盐酸吗啉胍、香菇多糖、葡聚烯糖、病毒宁任选一种喷雾	
		甜菜白粉病	使用甲基硫菌灵、多菌灵、三唑醇、氟硅唑等喷雾	
	虫害	蛴螬、地老虎	使用辛硫磷、氯吡硫磷、三氟氯氰菊酯灌根	氯吡硫磷对蜜蜂、鱼类等水生生物、家蚕有毒，施药期间应避免对周围蜂群的影响，蜜源作物花期、蚕室和桑园附近禁用
		跳甲、金龟子、象甲	使用乙酰甲胺磷、溴氰菊酯、氰戊菊酯任意一种进行喷雾	控制在成虫危害或产卵之前
		甘蓝夜蛾	来福灵、氯氟氰菊酯、氯氰菊酯、毒死蜱等交替喷施	3龄幼虫以前用药
		甜菜夜蛾	虫螨腈、阿维菌素、苏云金杆菌、甲氨基阿维菌素苯甲酸盐、高效氯氟氰菊酯任选一种喷雾	抓住1～2龄幼虫盛期进行防治
		甜菜潜叶蝇	使用乙酰甲胺磷、吡虫啉、阿维菌素等喷雾	卵孵化前进行防治
		草地螟	选用溴氰菊酯、氰戊菊酯或乙酰甲胺磷中任一种稀释喷雾	
	草害	一年生禾本科杂草和阔叶杂草	同苗期草害用药相同	轮换用药

第八节　番茄病虫草害化学防治历

防治阶段		防治对象	防治措施	注意事项
播前准备	病害	猝倒病、早疫病	种子处理，采用咯菌腈＋甲霜灵拌种；采用武夷霉素浸种，克菌丹可湿性粉剂或咯菌腈悬浮种衣剂包衣	
			苗床处理，采用甲霜灵＋福美双＋多菌灵拌毒土撒施	
	草害	一年生禾本科杂草和部分小粒种子阔叶杂草	采用氟乐灵、二甲戊灵、精异丙甲草胺任何一种进行播前土壤处理	

（续）

防治阶段	防治对象		防治措施	注意事项
苗期	病害	猝倒病	发病初期采用霜脲·锰锌、烯酰·锰锌、甲霜灵＋代森联、噁霉灵或嘧菌酯喷雾防治	注意保护剂和治疗剂结合施用
		早疫病	发病初期采用氢氧化铜、代森锰锌、百菌清喷雾；保护地可采用百菌清烟雾剂＋腐霉利烟雾剂	
		晚疫病	采用噁霜·锰锌可湿性粉剂、甲霜·铜可湿性粉剂或甲霜·霜霉威喷雾防治；保护地首选腐霉·百菌清烟雾剂或福·异菌粉尘剂	
		灰霉病	苗床处理采用腐霉利或者啶菌噁唑喷雾防治；对幼苗采用腐霉利可湿性粉剂＋百菌清可湿性粉剂喷雾	
		细菌性溃疡病	采用硫酸链霉素、新植霉素或氢氧化铜喷雾防治	
	虫害	白粉虱、美洲斑潜蝇	采用阿维·联苯、吡虫啉，甲氨基阿维菌素苯甲酸盐乳油任一种喷雾处理；保护地可采用氰戊菊酯烟剂或敌敌畏烟剂熏烟处理	因世代交替，需连续防治
		地下害虫、线虫	采用阿维菌素、丁硫克百威、辛硫磷任一种处理土壤	
	草害	一年生禾本科杂草和阔叶杂草	采用精喹禾灵、高效氟吡甲禾灵、精噁唑禾草灵、烯草酮喷雾处理	需严格控制用药量
开花坐果期	病害	病毒病	采用菌毒清、植病灵、宁南霉素、吗胍·乙酸铜、腐殖·吗啉任选一种喷雾防治	
		早疫病	采用异菌·多菌灵、嘧菌酯·百菌清、异菌脲、腐霉利＋百菌清、多抗霉素＋代森锰锌或嘧菌酯喷雾处理	
		晚疫病	采用噁霜·锰锌、甲霜·铜、锰锌·氟吗啉、苯霜灵＋百菌清或嘧菌酯＋百菌清喷雾防治	
		根结线虫病	采用阿维菌素、丁硫克百威、噻唑磷处理土壤	
		细菌性溃疡病	采用硫酸链霉素、水合霉素、二氯异氰脲酸钠喷雾或灌根防治	
		细菌性髓部坏死病	采用硫酸链霉素、氯溴异氰尿酸、水合霉素任选一种喷雾防治	

（续）

防治阶段		防治对象	防治措施	注意事项
开花坐果期	病害	叶霉病	采用氢氧化铜、代森锰锌、百菌清等保护剂，发病严重时采用异菌脲、腐霉利·百菌清、嘧霉胺＋百菌清、武夷霉素＋百菌清或咪鲜胺＋百菌清喷雾防治	
		灰霉病	采用腐霉·百菌清、异菌脲、嘧霉·百菌清、烟酰胺·代森联、甲硫·异菌威或异菌脲＋啶菌恶唑喷雾防治，室内采用上述药剂熏烟	
		枯萎病	乙蒜素乳油、恶霉·甲霜灵乳油或敌磺钠可溶性粉剂喷淋或灌根	
	虫害	蚜虫	采用烯啶虫胺、啶虫脒、吡虫啉或者噻虫嗪喷雾防治	
		温室白粉虱、烟粉虱	采用吡虫啉、高氯·噻嗪酮、溴氰菊酯或氯氰菊酯喷雾防治	
		棉铃虫	采用高效氯氰菊酯、氟铃脲、除虫脲任一种喷雾防治	
		美洲斑潜蝇	采用阿维菌素、阿维·高氯或吡虫·杀虫单喷雾防治	
	草害	一年生禾本科杂草	采用精喹禾灵、精吡氟禾草灵、高效吡氟氯禾草灵或烯禾啶其中任一种喷雾防治	
盛果期	病害	黑斑病	采用氢氧化铜、波·锰锌、克菌丹、苯醚甲环唑＋代森锰锌、嘧菌酯、异菌脲或烯唑醇＋百菌清喷雾防治	
		圆纹病	采用嘧菌酯、甲基硫菌灵＋百菌清喷雾防治	
		炭疽病	采用福·异菌、戊唑醇＋代森联、嘧菌腈＋代森锰锌、烯唑醇＋代森锰锌喷雾防治	
		细菌性软腐病	采用氢氧化铜、喹菌酮、硫酸链霉素喷雾防治	
		绵疫病	采用氰霜唑＋代森锰锌、恶霜·锰锌、丙森·异丙菌胺或嘧菌酯喷雾防治	
		绵腐病	采用恶霜·锰锌、甲霜·锰锌、霜脲·锰锌或甲霜灵＋恶唑菌酮·锰锌喷雾防治	
		疮痂病	采用络氨铜、春雷·王铜、水合霉素、硫酸链霉素或新植霉素喷雾防治	

（续）

防治阶段	防治对象		防治措施	注意事项
盛果期	虫害	蚜虫、白粉虱	采用氰戊菊酯、吡蚜酮、溴氰菊酯、啶虫脒或吡虫啉喷雾防治	
	草害	一年生禾本科杂草	采用精喹禾灵、精吡氟禾草灵、高效吡氟氯禾草灵或烯禾啶其中任一种喷雾防治	

第九节　大豆病虫草害化学防治历

防治阶段	防治对象		防治措施	注意事项
播前准备	病害	大豆根腐病	含有多菌灵、咯菌腈、精甲霜灵、福美双成分的种衣剂进行包衣	按说明书用量使用，每粒种子着色均匀，包衣后的种子必须放在阴凉处晾干，种衣剂含有克百威成分，注意防止农药中毒
		大豆胞囊线虫病	多·克·福种衣剂包衣	
	虫害	地下害虫、二条叶甲、大豆根潜蝇	多·克·福种衣剂或吡虫啉种衣剂包衣	
播种阶段（播后苗前）	草害	禾本科杂草及阔叶杂草	乙草胺（或精异丙甲草胺或异丙甲草胺或异丙草胺）与异噁草酮、丙炔氟草胺、噻吩磺隆、嗪草酮两混或三混；有明草的可选用草甘膦	乙草胺土壤湿润时药效好，大风时药效下降，低温降低药效；异噁草酮使后作玉米、蔬菜产生白化现象；嗪草酮在土壤有机质较低、积水处药害重应慎用
苗期	病害	大豆菌核病	咪鲜胺、菌核净、腐霉利等任选其一喷雾	喷雾时喷口向下作业，确保中下部叶片着药
		大豆细菌性斑点斑	琥胶肥酸铜、武夷霉素等任选其一喷雾	
		大豆霜霉病	甲霜灵、噁霜·锰锌等任选其一喷雾	
	虫害	草地螟、二条叶甲	氰戊菊酯、溴氰菊酯、三氟氯氰菊酯、杀螟硫磷等任选其一喷雾	
		大豆根绒粉蚧、蓟马、大豆蚜	吡虫啉、噻虫嗪、多杀霉素等任选其一喷雾	
	草害	稗草等禾本科杂草	烯禾啶、精喹禾灵、高效氟吡甲禾灵等任选其一喷雾	在干旱、冷凉条件下除草效果下降
		苋、藜等阔叶杂草	氟磺胺草醚、异噁草酮、氯酯磺草胺等任选其一喷雾	氟磺胺草醚用量较大或高温施药，大豆可能会产生灼伤性病斑，一般情况下几天后可恢复正常生长，不影响产量
		禾本科与阔叶杂草混生	以上两类药剂混合喷雾	

（续）

防治阶段		防治对象	防治措施	注意事项
生长中后期管理	病害	大豆灰斑病、大豆紫斑病、大豆褐斑病、大豆羞萎病、大豆轮纹病	甲基硫菌灵、多菌灵、嘧菌酯、百菌清等任选其一喷雾	
		大豆病毒病	使用香菇多糖、氨基寡糖素、盐酸吗啉胍等进行喷雾防治，同时用吡虫啉、啶虫脒切断蚜虫传播途径	
	虫害	大豆食心虫、双斑萤叶甲、二条叶甲、大豆夜蛾类、大豆毒蛾类、大豆蚜	灭多威、丙溴磷、溴氰菊酯、高效氯氰菊酯、吡虫啉等任选其一喷雾	

第十节　寒地病虫草害水稻化学防治历

防治阶段		防治对象	防治措施	注意事项
播前准备	病害	水稻恶苗病	用咪鲜胺或氰烯菌酯（劲护）浸种	严格按照推荐剂量，规范浸种
		水稻立枯病	戊唑醇或精甲霜灵＋咯菌腈或嘧菌酯＋甲霜灵＋甲基硫菌灵任选一种药剂进行包衣；用含有杀菌成分的水稻壮秧剂进行土壤消毒	包衣一定要均匀，使每粒种子都均匀包有一层药膜；包衣后种子不能在阳光下暴晒，必须在阴凉处晾干；浸种时不得换水，不可搅拌，装袋的可上下翻动
旱育秧阶段	病害	水稻立枯病	1.5～2.5 叶期用 pH 为 4.0～4.5 酸性水，配合含甲霜灵和嘧霉灵单剂或复混制剂各喷 1 次	施药后即洗苗
		水稻青枯病	用保水剂处理	
	虫害	蝼蛄	用吡虫啉或丁硫克百威或辛硫磷喷雾，或用敌百虫晶体拌炒的半香的麦麸撒施	
		水稻潜叶蝇	移栽前喷吡虫啉等内吸杀虫剂	
	草害	禾本科杂草和小粒种子阔叶杂草	苗前封闭除草用丁草胺或杀草丹喷雾	用丁草胺或杀草丹置床要平整
			苗后 1.5～2.5 叶期用氰氟草酯、灭草松喷雾	
本田整地阶段	草害	稻稗、野慈姑、泽泻、牛毛毡、萤蔺等	插秧前 3～7 d 第一次封闭除草用丙炔噁草酮、丁草胺、丙草胺、噁草酮、莎稗磷、吡嘧磺隆、苄嘧磺隆、苯噻·苄等甩喷	噁草酮乳油要在水整地后泥浆浑浊条件下施用

（续）

防治阶段	防治对象		防治措施	注意事项
移栽及分蘖阶段	虫害	水稻潜叶蝇	阿维菌素、噻虫嗪、吡虫啉等任选其一喷雾	
		水稻负泥虫	苦参碱、辛硫磷、灭多威等任选其一喷雾	
	草害	稗草、稻稗及野慈姑、萤蔺部分阔叶杂草	移栽后5～7 d，稻苗返青后封闭除草；丁草胺或莎稗磷或二氯喹啉酸＋吡嘧磺隆或苄嘧磺隆等甩喷	丁草胺对3叶期以上的稗草防效差，应尽早使用；二氯喹啉酸喷雾一定要均匀，切不可过量施用或重喷
生育转换阶段	病害	水稻细菌性褐斑病	春雷霉素、三氯异尿酸、氢氧化铜任选其一喷雾	
		水稻叶瘟病、水稻胡麻斑病	三环唑、多抗霉素、咪鲜胺、多菌灵、稻瘟灵任选其一或其二混合喷雾	
	虫害	水稻负泥虫	同移栽期用药相同	
		水稻二化螟、稻螟蛉	毒死蜱、氯虫苯甲酰胺、丁烯氟虫腈、杀虫单、杀虫双、三唑磷、杀螟硫磷任选其一喷雾	
	草害	移栽后两次封闭没封住的野慈姑、萤蔺等阔叶杂草	可选用灭草松·2甲4氯或五氟磺草胺茎叶喷雾	喷药前需要排出水层或待水自然落干，施药后1～2 d恢复水层；2甲4氯在水稻分蘖末期使用，切记在水稻孕穗期不能施药
		移栽后两次封闭没封住的大龄稗草、稻稗	五氟磺草胺、莎稗磷＋二氯喹啉酸、氰氟草酯任选其一喷雾	五氟磺草胺不能与二氯喹啉酸混用
水稻抽穗结实阶段	病害	水稻穗颈稻瘟、枝梗瘟、粒瘟、水稻纹枯病、褐变穗、水稻鞘腐病、秆腐菌核病、水稻细菌性褐斑病、水稻胡麻斑病	多抗霉素、咪鲜胺、三环唑、多菌灵、苯醚甲·丙环、稻瘟灵、戊唑醇·肟菌酯等两混或三混喷雾	
	虫害	稻螟蛉	与以上病害用药相同	

第十一节　马铃薯病虫草害化学防治历

防治阶段	防治对象	防治措施	注意事项
播前准备	病害	晚疫病、茎基腐病	甲霜灵、甲霜灵锰锌、霜脲·锰锌等任选一种药剂拌种	一般按用种量的 0.3% 拌种
		疮痂病、粉痂病	甲醛或苯二酚、2% 盐酸等浸种薯，五氯硝基苯土壤处理	清水冲洗晾干后播种
		环腐病、青枯病、黑胫病、软腐病	酸性氯化汞、高锰酸钾、酒精、苯酚任选一种对切刀消毒；敌磺钠、春雷霉素药液浸薯块或小整薯，或者拌种	带病切刀在消毒液中浸泡不少于 10 min，春雷霉素在碱性条件下不稳定
		黑痣病	甲醛或福美双或多菌灵浸种薯	
		枯萎病、黄萎病	多菌灵或甲基硫菌灵种薯消毒，苯菌灵、棉隆等处理土壤	
		病毒及类病毒病	使用无病毒种薯	防治田间及邻近作物传毒昆虫
		金线虫、根结线虫病	棉隆处理土壤，淡紫拟青霉菌拌种或穴施	淡紫拟青霉菌不能与化学杀菌剂混合施用
		炭疽病	嘧菌酯、苯醚甲环唑、咪鲜胺或三氯异氰尿酸任用一种药剂喷雾	
	虫害	蝼蛄、蛴螬、金针虫、地老虎等地下害虫	敌百虫拌细土制成毒土施入播种穴中或播种沟内，或播前喷敌百虫粉后整地	毒土不能与种薯直接接触
	草害	禾本科杂草	氟乐灵、二甲戊灵或异丙甲草胺任选一种进行混土处理	
		阔叶杂草	防治禾本科杂草的除草剂品种均可与嗪草酮混用，以兼治阔叶杂草	嗪草酮后茬种甜菜、洋葱、烟草、油菜等作物应间隔 18 个月，种亚麻、向日葵需间隔 12 个月
苗期至发棵期	病害	晚疫病	甲霜灵、甲霜灵锰锌、三乙膦酸铝、噁霜·锰锌、霜脲·锰锌、代森锌、代森锰锌、氧化亚铜、碱式硫酸铜、硫酸铜、波尔多液等任选一种喷雾	出现中心病株时，拔除清理。无机铜制剂易发生药害，需注意预防
		早疫病	代森锰锌、代森锌、百菌清、异菌脲、噁霜·锰锌、氧化亚铜等任选一种药剂喷雾	发病初期及时喷施
		癌肿病	三唑酮药液浇灌或喷雾	
		青枯病	硫酸链霉素、DT 喷雾或灌根	发病初期施用，灌根每株 0.5 kg
		病毒及类病毒病	植病灵、吗胍乙酸铜等任选一种喷雾	用吡虫啉、敌杀死等防治蚜虫等传毒害虫
		黄萎病	病株拔除后，病穴用甲醛或石灰水消毒	

（续）

防治阶段		防治对象	防治措施	注意事项
苗期至发棵期	虫害	马铃薯块茎蛾	西维因、丙溴磷、甲氰菊酯、氰戊菊酯等药剂任选一种喷雾	注意轮换用药，预防抗药性产生
		蛴螬、地老虎等地下害虫	敌百虫制成毒饵诱杀，白僵菌、绿僵菌等喷雾	白僵菌、绿僵菌不能与杀菌剂混合使用
		桃蚜、温室白粉虱、蓟马	联苯菊酯、高效氯氟氰菊酯、甲氰菊酯、氰戊菊酯、吡虫啉等任选一种喷雾	同一类单剂不能长期单一使用，多种药剂交替喷洒防治
		马铃薯甲虫	苏云金杆菌、溴氰菊酯、高效氯氰菊酯等任选一种喷雾	
		马铃薯瓢虫、茄二十八星瓢虫、豆芫菁	苏云金杆菌、高效氯氟氰菊酯、辛硫磷等任选一种喷雾	幼虫分散前施药防效较好
	草害	禾本科杂草及阔叶杂草	用精喹禾灵、高效氟吡甲禾灵其中之一防治禾本科杂草，砜嘧磺隆防除禾本科和阔叶杂草，灭草松用于防除阔叶杂草，喷雾处理	砜嘧磺隆需在2～3叶期之前使用
贮藏期	病害	软腐病、干腐病、环腐病、黑胫病、青枯病、晚疫病、疮痂病、粉痂病、癌肿病	多菌灵、百菌清等对贮藏室进行消毒，入贮前硫酸铜、或漂白粉等洗涤或浸泡块茎，预防细菌性病害；百菌清、多菌灵等浸泡块茎预防真菌性病害	药剂处理晾干后贮藏
	虫害	马铃薯块茎蛾	用敌敌畏或二硫化碳熏蒸，也可用敌百虫或喹硫磷喷种薯，晾干后再贮存	熏蒸剂使用结束后请注意通风，避免中毒

第十章 >>>>

植物化学保护综合实训

第一节 单项能力训练

一、农药田间药效试验

（一）氯虫苯甲酰胺等杀虫剂防治菜青虫药效试验

1. 试验目的 学习杀虫剂田间药效试验方法，选择防治菜青虫的高效药剂。

2. 试验材料

（1）仪器用具。计数器、喷药器械、量筒、天平、烧杯、玻璃棒、胶皮手套、标志牌等。

（2）供试药剂。200 g/L 氯虫苯甲酰胺悬浮剂；4.5%高效氯氰菊酯乳油 1 500 倍液；80%敌百虫晶体 800 倍液；10%虫螨腈悬浮剂 1 000 倍液。

3. 方法步骤

（1）田间试验设计。选择甘蓝（或白菜）长势一致、菜青虫发生密度大、分布比较均匀、幼虫发育进度为 2 龄高峰期的田块。根据试验需要和田块的具体情况，将试验田划分为 3 个大区（即为 3 次重复），每个大区再划分为 5 个小区（即为 5 种处理），其中清水处理为对照（以 ck 表示），小区面积一般为 25 m² 随机排列。要求小区间留有隔离行，试验田周围有保护行。设计 4 种药剂（代号分别为 1、2、3、4），试验小区的设计图见图 10-1。

1	3	2	4	ck
4	2	ck	3	1
3	1	ck	4	2

图 10-1　小区的设计

（2）施药。采用普通压缩式喷雾器喷洒，要求雾化良好，喷洒均匀周到，不影响其他小区。各小区所用的药液量应一致，施药液量可根据植株的覆盖情况决定，一般每 667 m² 为 50～75 kg。一般在幼虫低龄期防治菜青虫较好，喷洒时间以一天中上午露水干后开始为好。

（3）药效试验的调查及数据整理。每个小区固定 15 株甘蓝（或白菜）作为调查株，仔细检查每株内层叶至外层叶的各龄幼虫数，记录其上的幼虫数量；在喷药前调查虫口基数，分别在喷药后 1 d、3 d、7 d、10 d 调查活虫数。本试验共调查 5 次，将调查及计算结果填入表 10-1 中。

表 10 - 1　氯虫苯甲酰胺等药剂防治菜青虫药效试验调查记录

处理项目	重复	施药前虫数（头）	施药后虫数（头）				虫口减退率（%）			
			1 d	3 d	7 d	10 d	1 d	3 d	7 d	10 d
1	1									
	2									
	3									
	合计									
⋮	⋮									

① 害虫自然死亡率可以忽略不计时，采用以下公式计算防治效果。

$$害虫死亡率或虫口减退率 = \frac{施药前活虫数 - 施药后活虫数}{施药前活虫数} \times 100\%$$

② 当害虫的自然死亡率达到 5%～20% 时，需按下列公式校正计算。

$$校正死亡率或虫口减退率 = \frac{防治区虫口减退率 - 对照区虫口减退率}{1 - 对照区虫口减退率} \times 100\%$$

最后用邓肯新复极差检验法进行统计分析，比较各处理的防治效果。

4. 作业

（1）实训结束后，将原始记录和数据归纳、整理，写出药效试验总结。

（2）根据实训表现、实训报告质量进行综合考核。

（二）嘧菌酯防治黄瓜霜霉病药效试验

1. 试验目的　通过嘧菌酯防治黄瓜霜霉病田间药效试验，初步掌握杀菌剂田间药效试验方法。

2. 试验材料

仪器用具：喷雾器、天平、米尺、量筒、大烧杯、玻璃棒、胶皮手套、喷药标签等。

供试药剂：25% 嘧菌酯悬浮液。

3. 方法步骤

（1）处理项目。25% 嘧菌酯悬浮液 800 倍液处理、1 000 倍液处理、1 500 倍液处理、2 000 倍液处理和不施药对照 5 个处理项目，每种处理重复 3 次。

（2）试验小区设计。选择黄瓜长势一致、发病比较均匀的菜地一块，将试验地划分成 3 个大区（即 3 次重复），每个大区再划分成 5 个小区（即 5 种处理），小区面积 15～50 m² 随机排列。划区时，小区间设置隔离行，试验区周围设保护行。

（3）施药。在黄瓜发病初期施药，每隔 7 d 施 1 次，连续使用 2 次。采用背负式喷雾器喷洒，要求雾化良好，喷洒均匀周到。各小区所用的药液量应一致，喷洒药液量可根据植株的覆盖情况，一般为每 667 m² 使用 50～75 kg。先喷洒对照区，然后从低浓度到高浓度依次喷洒。

（4）药效调查及结果计算。在喷药前分别对各小区进行病情基数调查，第一次喷药后 7 d，第二次喷药后 7 d、14 d 分别调查病株率和病情指数，共调查 4 次。每小区随机取 5

点，每点 2 株，每株调查全部叶片。将调查结果记录在表 10 - 2 中。

黄瓜霜霉病叶片病情分级标准如下：0 级，无病斑；1 级，病斑面积占整个叶面积的 5％以下；3 级，病斑面积占整个叶面积的 6％～10％；5 级，病斑面积占整个叶面积的 11％～25％；7 级，病斑面积占整个叶面积的 26％～50％；9 级，病斑面积占整个叶面积的 50％以上。

表 10 - 2　嘧菌酯防治黄瓜霜霉病药效试验田间调查

年　月　日

处理项目	重复	样点	株数	各级病叶数					
				0	1	3	5	7	9
1	1	1	2						
		2	2						
		3	2						
		4	2						
		5	2						
		合计	10						
⋮	2								
	3								

然后，分别按下列公式计算病株率、病情指数和防治效果，并记入表 10 - 3 中。

$$病株率 = \frac{病株（叶）数}{调查总株数} \times 100\%$$

$$病情指数 = \frac{\sum（发病级别 \times 各级病叶数）}{调查总数 \times 最高级别数} \times 100$$

$$相对防治效果 = \frac{对照区病情指数 - 处理区病情指数}{对照区病情指数} \times 100\%$$

表 10 - 3　嘧菌酯防治黄瓜霜霉病药效试验结果

年　月　日

处理项目	药前病情指数	第 1 次施药后 7 d			第 2 次施药后 7 d			第 2 次施药后 14 d		
		病株率（％）	病情指数	相对防治效果（％）	病株率（％）	病情指数	相对防治效果（％）	病株率（％）	病情指数	相对防治效果（％）
1										
2										
3										
4										
5										

最后用邓肯新复极差检验法进行统计分析，比较各处理的防治效果。

4. 作业

（1）实训结束后，将原始记录和数据归纳、整理，写出药效试验总结。

（2）根据实训表现、实训报告质量进行综合考核。

（三）硝磺草酮等除草剂防治玉米田杂草药效试验

1. 试验目的　通过硝磺草酮等除草剂防治玉米田杂草试验，选择防治玉米田杂草的高效药剂。

2. 试验材料

仪器用具：喷雾器、天平、米尺、量筒、大烧杯、玻璃棒、胶皮手套、标志牌等。

供试药剂：72% 2,4-滴丁酯、15%硝磺草酮水溶剂。

防治对象：玉米地杂草（藜、龙葵、稗）。

3. 方法步骤

（1）试验小区设计。选择长势均匀的玉米田一块，试验小区为6行区，5 m行长，行距70 cm，小区面积21 m²，3次重复，15个小区，随机排列。

（2）处理项目（表10-4）。

表10-4　处理项目一览

序　号	药剂处理	用　药　量	
		有效量 （mL/hm²）	商品量 （mL/hm²）
1	72% 2,4-滴丁酯	540.0	750
2	15%硝磺草酮	787.5	5250
3	72% 2,4-滴丁酯＋15%硝磺草酮	540＋675	750＋4 500
4	人工除草		
5	空白对照		

（3）施药时间和方法。玉米3~5叶，藜4叶、5~7 cm，龙葵2~3叶、2~3 cm，稗草10 cm时用背负式喷雾器进行茎叶处理，喷液量为150 L/hm²。

4. 药效调查及结果计算　杂草防效调查，施药后7 d、15 d用定点法调查株防效，施药后40 d调查鲜重防效；每小区取5点，每点取0.25 m²。然后分别按下列公式计算株防效和鲜重防效，并记入实训表10-5和表10-6中。

表10-5　15%磺草酮防除杂草7 d株防效调查记载

处理项目	重复	藜7 d			龙葵7 d			稗草7 d		
		基数 （株/m²）	药后 （株/m²）	防效 （%）	基数 （株/m²）	药后 （株/m²）	防效 （%）	基数 （株/m²）	药后 （株/m²）	防效 （%）
1	1									
	2									
	3									
2										
⋮										

表 10 – 6　15%磺草酮防除杂草 40 d 鲜重防效调查记载

处理项目	重复	藜 40 d		龙葵 40 d		稗草 40 d	
		鲜重 (g/m²)	防效 (%)	鲜重 (g/m²)	防效 (%)	鲜重 (g/m²)	防效 (%)
1	1						
	2						
	3						
2							
⋮							

防效计算公式：

$$7\text{ d 单株防效} = \frac{\text{施药前每平方米杂草株数} - \text{施药后 7 d 时每平方米杂草株数}}{\text{施药前每平方米杂草株数}} \times 100\%$$

$$15\text{ d 单株防效} = \frac{\text{施药前每平方米杂草株数} - \text{施药后 15 d 时每平方米杂草株数}}{\text{施药前每平方米杂草株数}} \times 100\%$$

$$40\text{ d 杂草鲜重防效} = \frac{\text{空白对照区每平方米杂草鲜重} - \text{处理区每平方米杂草鲜重}}{\text{空白对照区每平方米杂草鲜重}} \times 100\%$$

最后用邓肯新复极差检验法进行统计分析，比较各处理的防治效果。

5. 作业

（1）实训结束后，将原始记录和数据归纳、整理，写出药效试验总结。

（2）根据实训表现、实训报告质量进行综合考核。

二、农药稀释的计算与配制

1. 实验目的

（1）观察农药剂型及稀释液的形态。

（2）掌握农药稀释时的计算及稀释法。

2. 实验器材

（1）器具。烧杯（250 mL）、吸管（5 mL）、量筒（100 mL）、试管、试管架。

（2）供试农药。粉剂、乳油、可湿性粉剂、可溶性粉剂、胶悬剂、颗粒剂等各一种。

3. 实验原理

（1）农药剂型及稀释液形态的观察。不同剂型的农药是农药的原药加辅助剂经过再加工而成，可直接用于防治病虫草等有害生物，具有一定的物理形态。一种原药可以加工成一种或多种农药制剂，不同的农药剂型不仅施药方法不同，而且防治对象、防治效果、对环境及有益生物的影响等也具有很大的差异。

（2）农药稀释法。在现在的农药剂型中，除了粉剂、颗粒剂、烟剂等少数剂型可直接施用外，其余的农药剂型如可湿性粉剂、可溶性粉剂、乳油、胶悬剂、水剂等都需要稀释后方能施用。农药稀释时最常用的稀释剂是水，此外还有种子、草木灰、细土等。农药稀释方法与农药剂型和稀释剂的种类有关，稀释法的正确与否直接影响药剂的施用性能和防治效果。

（3）农药稀释时的计算。农药稀释时的计算涉及农药制剂的用量和稀释剂的用量，农药的药效试验和大田防治要务必计算准确，如果计算错误，轻则无效，耗费人力、物力和财力，重则产生药害，对环境、人畜及其他有益生物产生不良影响。

农药稀释时的计算方法与农药稀释时的浓度表示方法有关。农药稀释时浓度表示方法有：稀释倍数、药剂的百分率、有效成分的百分率等。下面重点介绍几种常见的农药稀释时的计算方法。

① 关于稀释剂用量的计算。

将某数量的商品农药稀释若干倍时，求稀释剂用量：

$$稀释剂用量＝农药制剂用量×稀释倍数$$

将某数量的农药制剂稀释成一定浓度时，求稀释剂用量：

$$稀释剂用量＝农药制剂用量×商品农药的含量÷稀释液浓度－农药制剂用量$$

将商品农药配制成某种浓度，求加稀释剂的倍数：

$$稀释剂的倍数＝农药制剂有效成分含量÷稀释液有效成分含量$$

② 关于农药用量的计算。

将农药配成若干倍一定量的稀释液，求农药用量：

$$农药用量＝稀释液的总量÷稀释倍数$$

将商品农药稀释成某种浓度一定量的稀释液，求农药用量：

$$农药用量＝稀释液总量×稀释液浓度÷农药制剂浓度$$

③ 稀释液中有效成分含量的计算。

$$稀释液有效成分含量＝农药制剂有效成分含量÷稀释倍数$$

4. 实验步骤

（1）农药剂型及其稀释液形态的观察。用药勺取固体农药制剂少许于白纸上，观察其颜色和形态，用吸管取液态农药制剂少许于烧杯或试管内，观察其颜色和形态。将上述农药制剂分别加水稀释，搅拌均匀，观察其颜色、形态，识别是何种液体（悬浮液、溶液）。

（2）农药稀释法（以水作为稀释剂）。

① 正确的稀释法。母液稀释法，准确称量农药制剂于容器内，取少量水加入，并充分搅拌成均匀的母液，将剩余的水缓慢加入，并边加水边搅拌，直至均匀。

② 错误的稀释法。

a. 农药加水稀释法：先将水注入容器，然后将量取的农药制剂加入水中，搅拌而成。

b. 水加农药稀释法：先将量取的农药制剂加入容器，然后将定量的水注入，搅拌而成。

③ 试分别以乳剂和可湿性粉剂按母液稀释法和农药加水稀释法稀释农药并静置，分别于 10、20 min 后观察稀释液的形态变化。如沉降体积（可湿性粉剂）、油珠或油水分层现象（乳剂）。

5. 作业

（1）农药剂型及稀释液形态的观察。

（2）试以一种农药制剂为例，说明母液稀释法的操作过程。

6. 计算练习 在农药的药效试验中，已知小区面积为 33.35 m^2，每 667 m^2 喷雾需用 60 kg 药液，试计算：

（1）每小区需用 1:200 倍液 35% 溴氰菊酯浓乳剂多少毫升？

（2）每 667 m^2 用 40% 辛硫磷乳油 0.1 kg 进行喷雾，每小区需多少毫升药，需加水多少毫升？稀释倍数是多少？稀释液含有效成分多少？

（3）将 50％敌敌畏乳油配制成含有效成分 0.083％的稀释液，每小区需多少毫升药？

（4）用 2.5％甲氨基阿维菌素苯甲酸盐 3 000 倍液进行喷雾，每小区需多少毫升药？需加水多少毫升？稀释液的有效成分含量的多少？

三、波尔多液的配制与质量鉴别

1. 实验原理 1882 年在法国波尔多城发现此药剂防治葡萄霜霉病效果甚佳，因而得名。波尔多液是硫酸铜、生石灰和水以一定比例配制而成的天蓝色胶状悬液。波尔多液喷到植物体表形成比较均匀的薄膜，不易被雨水冲刷，残效期可达 15～20 d。药膜逐渐释放出铜离子，能使病原菌细胞膜上的蛋白质凝固，同时进入细胞内的铜离子，还能与某些酶结合而影响酶的活性以抑制病菌。波尔多液是抑菌谱很广的保护性杀菌剂。质量好的波尔多液为微碱性，沉降速度小，黏附性强。由于波尔多液配制过程中石灰和硫酸铜发生复杂的反应，波尔多液的化学组成可因配制方法步骤及原料纯度不同而有变动。根据前人的经验，要配制质量较好的波尔多液，必须做到以下几点：① 硫酸铜天蓝色有光泽；② 石灰消解应彻底，块状硫酸铜应在配制前用水充分溶解；③ 配制时石灰乳及硫酸铜的温度不应高于室温；④ 配制方式一般以等浓度的硫酸铜溶液注入石灰乳中或两液同时注入第三容器，以及稀硫酸铜注入浓石灰乳中的配制方式较好；⑤ 波尔多液对金属有腐蚀作用，故配制时不能用金属器皿。

2. 实验目的意义 掌握波尔多液的配制原理和方法；了解波尔多液的性质，以便合理使用。

3. 材料及用具 硫酸铜、生石灰、石蕊试纸、2 N 盐酸、铁灯、试管 7 支、150 mL 烧杯 2 个、100 mL 烧杯 4 个、100 mL 量筒 1 个、10 mL 量筒 1 个、粗天平、玻璃棒、温度计、三脚架、石棉网、试管架等。

4. 实施方法及步骤 配制波尔多液有等量式与倍量式，等量式为生石灰：硫酸铜＝1：1，倍量式为生石灰：硫酸铜＝1：0.5，其配制时可根据需要具体确定，我们这里以等量式为例进行配制。

称取硫酸铜与生石灰各 5 g，分别在 150 mL 烧杯中配成 5％硫酸铜溶液和 5％的石灰乳，然后按表 10 - 7 的方法进行混合。

表 10 - 7 波尔多液不同配制方法

编号	硫酸铜		石灰乳		稀释方法
	浓度	体积	浓度	体积	
1	2％	10 mL	2％	10 mL	两液同时注入第三个容器中
2	2％	10 mL	2％	10 mL	等浓度的硫酸铜注入石灰乳中
3	1.25％	16 mL	5％	4 mL	稀硫酸铜注入浓石灰乳中
4	5％	4 mL	1.25％	16 mL	稀石灰乳注入浓硫酸铜中
5	2％	10 mL（50 ℃）	2％	10 mL（50 ℃）	热硫酸铜注入热石灰乳中
6	5％	4 mL	1.25％	16 mL	浓硫酸铜注入稀石灰乳中

5. 波尔多液的性质与质量检查

（1）把各烧杯中的波尔多液分别倒入 6 支试管中，放于试管架上，观察其颜色，比较其沉降速度。

（2）用小片石蕊试纸检查其酸碱性。

（3）在酸性溶液中，取少许波尔多液放在一支试管中，慢慢加入 2 N 盐酸，观察现象并做好记录。

（4）将磨光的铁钉放于波尔多液中，5 min 后取出，观察其表面有无铜粒附着。

（5）将树叶或甘蓝叶片浸入药液中，取出观察叶片上的药液是否均匀一致。

表 10-8　波尔多液的性质与质量检查记载

编号	颜色	与酸反应	与铁钉反应	黏附性	沉降速度（距离）	
					30 min	60 min
1						
2						
3						
4						
5						
6						

6. 作业

（1）通过本实验，你认为哪种方法配制波尔多液最好？

（2）配制波尔多液时应注意什么？

四、石硫合剂的煮制与质量鉴别

1. 实验原理　石硫合剂是一种古老的无机杀菌兼杀螨、杀虫剂。石硫合剂是由生石灰、硫黄粉加水熬制而成。药液呈透明酱油色，有较浓的臭鸡蛋气味，碱性，遇酸和二氧化碳易分解。主要成分是多硫化钙和一部分硫代硫酸钙，并含有少量的硫酸钙和亚硫酸钙。只有多硫化钙是杀菌的有效成分。

石硫合剂喷施于植物体上，其中多硫化钙（主要为五硫化钙）在空气中，受氧气、水、二氧化碳的作用，发生一系列化学变化，形成细微的硫黄沉淀并放出少量的硫化氢，从而发挥其杀菌、杀螨等作用。同时石硫合剂具有碱性和亲油性，有侵蚀昆虫表皮蜡质的作用，对具有较厚蜡质的甲壳虫和一些螨卵有较好的防治效果。

2. 实验目的意义　掌握石硫合剂的熬制的方法，了解其原料质量，熬制火力对其母液浓度的影响；掌握石硫合剂母液的量度和稀释方法；掌握石硫合剂的质量鉴别方法。

3. 材料与用具　生石灰、硫黄、木柴、煤油、广泛 pH 试纸、生铁锅 1 个、漏斗 1 个、玻璃棒 2 支、量筒 1 000 mL 和 500 mL 各 1 个、试管、试管架、3%过氧化氢、2 N 盐酸、细口玻璃瓶、波美比重计、精天平 1 架、纱布 1 块、滤纸等。

4. 实施方法及步骤

（1）原料配比（按质量计）。生石灰∶硫黄∶水＝1∶2∶10。每组用量为生石灰 0.25 kg，硫黄粉 0.5 kg，水 2.5 kg。

（2）熬制方法。先将生石灰及硫黄按比例称好备用。将硫黄磨成粉，细度通过 40 号筛目。将称好的块状生石灰放入铁锅进行充分消解，先将少量水滴在生石灰上等候片刻，待石灰消解成粉状再加入少量水搅拌成糊状（注意消解石灰的水量应计算在总的用水量之中），最后把全部水加入，配成石灰乳液，记下水位线，加热煮沸。向沸腾的石灰乳中徐徐加入硫黄粉，边加边搅拌，使硫黄粉全部浸湿（不浮面），开始计算时间，整个反应时间为 $40\sim60\,\mathrm{min}$。熬煮过程必须保持沸腾，在熬煮过程中不断用热水补充失去的水分，应坚持少量多次的原则，直至反应终止前 15 min 补足完毕。当药液呈老酱油色（深棕色）或倒些药液在碗中能很快澄清时或者锅边出现蓝绿色沫状物时即可停止加热。

冷却过滤出残渣，得到深棕色的透明溶液，即为石硫合剂母液。石硫合剂母液可盛放在密闭的容器中（如窄口玻璃瓶或小口的瓦罐）贮存备用。如保存时间较长，可在液面滴少许煤油，避免氧化。

5. 注意事项

（1）宜使用沙锅或半旧铁锅，用其他锅易腐蚀。

（2）选用优质原料。石灰的质量对石硫合剂影响很大，含有效氧化钙低于 80% 时，不能制成质量良好的石硫合剂，因此宜选用洁白、质轻、含杂质少的块状生石灰。硫黄的质量比较稳定，但应将其磨碎，以便能迅速反应。

（3）在煮制过程中，特别是开始时需不断搅拌，以使反应完全，当锅内剧烈沸腾，反应物不沉积锅底时，即可停止搅拌，以防反应物氧化分解。

（4）煮制过程中火力要足，且火不能间断，保持沸腾状态。火力不足，加热时间太短，反应不完全，则得到的石硫合剂的浓度低；火力过猛，过分的剧烈搅拌，反应时间过长都可能促进氧化分解，使反应生成的多硫化钙，形成硫代硫酸钙或硫化钙，降低石硫合剂的质量。

（5）注意不断用热水补充蒸发的水分，以保持一定的容量，否则回收率太低。

6. 石硫合剂的性质与质量检查

（1）观察石硫合剂的物理性状。观察其颜色、气味、物理状态。

（2）测量石硫合剂的浓度。把冷却后的石硫合剂倒入 500 mL 量筒中，用波美比重计测量其浓度。如煮制良好，原料符合要求，应在 20~24 波美度。

（3）化学性质。

① 水解性：在清水中滴入少量的石硫合剂原液，观察溶液是否变混浊？为什么？

② 取 2 mL 原液，加水稀释 10 倍，以此稀释液进行下列实验。

a. 取石蕊试纸，检查其酸碱性。

b. 取 5 mL 稀释液于一试管中，用玻璃管插入液面吹气，观察有何变化。

c. 取 5 mL 稀释液于一试管中，加入 3% 过氧化氢 2 mL，注意试管中的变化。

d. 另取 5 mL 稀释液于一试管中，加入 2 N 盐酸 2 mL，观察有何变化。

7. 作业

（1）把煮制及观察的结果做好记录，并加以分析。

（2）怎样才能煮制成质量高的石硫合剂？

（3）要配制 0.5 波美度石硫合剂 100 kg，需 20 波美度的石硫合剂母液多少千克？

提示：使用前必须用波美比重计测量好母液度数，根据所需浓度，计算出加水量，然后加水稀释。加水稀释质量倍数 $=\dfrac{\text{母液波美度}}{\text{需使用药液波美度}}-1$

五、农药质量鉴别与真假识别

1. 实验目的　掌握农药真假识别的方法；了解农药质量与防治效果及药害的关系，掌握鉴别农药质量的方法。

2. 实验器材

（1）器具。烧杯（250 mL）、吸管（5 mL）、培养皿、量筒（100 mL）、试管、试管架

（2）供试农药。常用农药制剂标签 15 种、粉剂、可湿性粉剂、乳油、悬浮剂、熏蒸片剂、颗粒剂、烟剂各一种。

3. 实验原理

假农药的概念：第一，以非农药冒充农药或者此种农药冒充他种农药的，包含国家正式公布禁用的农药；第二，所含有效成分的种类、名称与产品标签或者说明书上注明的农药有效成分的种类、名称不符的。

劣质农药的概念：一是不符合农药质量标准；二是混有导致药害的有害成分；三是失去使用效果。

农药质量合格与否以及是否属于伪劣产品的，由产品标准规定的各项指标及检验方法来判定，一般需要通过质量检测单位检验才能作出结论。以下是辨别与鉴定农药质量的几个主要方面。

（1）农药标签上可以发现的问题。

① 是否原装。目前很多进口农药和部分国产名牌农药被假冒。但仔细查看假产品小包装上还是能够发现一些不同，如尺寸、材质、图形、防伪标识等方面有一定差异。

② 标签是否清楚。有些农药标签印制模糊不清，或因药液泄漏、淋水等导致标签字迹不清。

③ 标签是否规范。有些标签未经审定或虽然经过审定，但自行任意修改，修改后未向登记机关申请备案，这些标签或内容不全或超登记范围或改变用量、方法、使用时期等，或夸大作用、无安全警句等。如标签存在上述问题均属于非法标签。凡使用不合格标签的农药均不可销售。

④ 标签上"三证"是否齐全、真实。农药的"三证"是表明该农药合法性的证明文件，其证号是专一的。有无真实证号就表明了是否已经在农业部（现农业农村部）登记。因此，查证"三证"证号非常重要，没有"三证"或"三证"不全的农药不得销售。

⑤ 是否超保质期，农药的标签上（一些农药在封口上）均应注明农药的出厂日期或生产批号及质量保证期。

（2）农药的物理性状特征鉴别。每种农药在理化性质、剂型、加工、包装等方面都有自身的特点，制剂本身都有其独特的外在表现，尤其是一些名优产品其特征较为明显，易识别。可从农药物理形态上识别优劣。

① 粉剂、可湿性粉剂。应为疏松粉末，无团块，颜色均匀。如结块或有较多的颗粒，说明已受潮，不仅产品的细度达不到要求，其有效成分含量也可能会发生变化，从而影响使用效果。

② 乳油。应为均相液体，无沉淀或悬浮物。如出现分层和混浊现象，或者加水稀释后的乳状液不均匀甚至有浮油、沉淀物，都说明产品质量可能有问题。

③ 悬浮剂、悬乳剂。应为可流动的悬浮液，无结块，长期存放，可能存在少量分层现

象，但经摇晃后应能恢复原状。如果经摇晃后，产品不能恢复原状或仍有结块，说明产品存在质量问题。

④ 熏蒸片剂。熏蒸用的片剂如呈粉末状，表明已失效。

⑤ 水剂。应为均相液体，无沉淀或悬浮物，加水稀释后一般也不出现混浊沉淀。

⑥ 颗粒剂。产品应粗细均匀，不应含有许多粉末。

⑦ 烟剂。主要看是否吸潮、可燃性、发烟性等。

4. 实验步骤

（1）农药物理性状观察，取各种剂型农药观察农药制剂性状，并与其应有性状对比进行记录。

（2）可湿性粉剂粉粒细度和相对悬浮率的测定。

① 称取烘干的农药可湿性粉剂样品 10 g 放入烧杯中加水少许，用玻棒搅拌成糊状。

② 加水稀释，将糊状物冲洗到 100 mL 带塞量筒中，定容至 100 mL，塞紧量筒，充分振荡，然后去塞静置 30 min。

③ 到预定时间后，用吸管将上面 10 cm 深的悬浮液迅速抽出，均匀搅动量筒内的沉淀，再加水至原来的刻度，然后塞紧、振荡、静置、抽出，如此反复 4～6 次，将超筛目细度的粉粒全部抽出。

④ 将量筒内的溶液及沉淀用水洗出过滤，与滤纸一同在 160 ℃烘箱中烘干，再于105 ℃烘至恒重（滤纸必须先称重）冷却、称重。

$$粉粒细度 = \frac{样品原重 - 剩余粉粒重}{样品原重} \times 100\%$$

（3）粉剂乳似密度的测定。

① 粉剂乳似密度。a. 用天平称出平口玻璃杯的质量；b. 将粗硫黄粉轻轻装入平口玻璃杯中，用纸片或米尺轻轻刮平（切勿压紧），称重，求出粗硫黄粉的质量，然后倒出；c. 同法求出细硫黄粉的质量；d. 将该平口玻璃杯装满水，再倒入干净的量筒中，记录水的体积，计算粗、细硫黄粉的乳似密度。

$$乳似密度 = \frac{粉剂的质量（g）}{粉剂的体积（cm^3）}$$

② 粉剂坡度角。分别称取 10.0 g 两种粉剂样品，于已安置好的玻璃漏斗（斗口距离玻璃板 5 cm）慢慢倾下，用滤纸接住，使其自然堆成圆锥形，用米尺量其直径，再量其高度，用量角器量出坡度角，并比较两种粉剂的大小。

5. 作业

（1）农药物理性状与防治效果及药害有何关系？

（2）农药的粉粒细度对药剂的展布面积、均匀程度、附着力的大小有何影响？

第二节　农药科学使用综合能力训练

一、农药市场调查

1. 目的要求　通过农药市场的调查，使学生能够从感官的角度熟悉当前市场上常用农药品种，培养训练学生与人沟通能力，尤其是与农资店员、老板的沟通能力。

2. 材料用具　笔、笔记本、相机（手机）。

3. 内容与方法

（1）3～5 人组成一个小组；选择 2～3 个农药经销店进行调查。

（2）设计好调查方案、调查内容见表 10-9（仅供参考，可以增加内容）。

（3）到农药经销店、公司开展调查，做好调查记录。

（4）按作物病虫草害的类别，归纳整理列出防治各种作物病虫草的农药品种。

（5）以小组为单位，在调查农药品种的同时，可以从谈话中获取农资店人员的情况（年龄、学历等）、农药销量、是否发生过药害或中毒事件以及是如何处理的，将调查数据进行分析总结，能够发现存在问题，并能提出解决问题的措施。

表 10-9　农药知识市场调查

种类	农药名称	作用方式	农药三证	毒性	剂型	规格	主要适用对象	注意事项	其他（价格、销量等）
杀虫剂									
杀螨剂									
杀菌剂									
除草剂									

（续）

种类	农药名称	作用方式	农药三证	毒性	剂型	规格	主要适用对象	注意事项	其他（价格、销量等）
植物生长调节剂									
其他（如杀鼠剂、杀线虫剂）									

4. 完成调查报告

5. 考核标准

表 10 - 10　农药市场调查考核

序号	考核内容	考核标准	权重	得分（分）
1	农药调查表（附件）	农药种类多，记录详细	40	
2	照片	认真拍照，照片清晰，可用	20	
3	调查报告	调查报告按时提交，且思路清晰，分析到位	30	
4	考勤	全程参与，没有早退和迟到等发生	10	
合计			100	

二、农药柜台模拟销售

1. 实训目的　通过农药的柜台模拟销售，可以进一步熟悉杀虫剂、除草剂、杀菌剂及植物生长调节的防治对象及使用方法，培养学生根据田间实际的症状给农户推荐农药的能力。同时要求学生通过这个实训具备认真、负责的心态以及较好地与人沟通的能力。

2. 材料与工具　学生自己搜集或者制作一些柜台模拟销售的道具、笔和纸等。

3. 内容和方法

（1）学生们自由组合，3～5 人为一组，确定组长，讨论模拟销售的方案，确定具体的故事情景、确定角色的扮演者。

（2）小组一起边讨论，边确定对话的台词，要求农药的名称、使用方法、注意事项不能有错误。

（3）柜台模拟销售开始，每一组出一个人作为评委，和老师一起组成评委组，为每一组打分，并给出点评（所有组结束后点评）。

4. 总结　每个小组模拟完，听完其他小组成员及老师的点评后，可以和老师及其他小组进行沟通，修改完善自己的情景剧，将过程撰写成文本，存档。

5. 考核标准 每个小组的平均分视为各小组的成绩。

表 10-11 农药柜台模拟销售打分

小组成员	主要情景	主要优点	存在问题	得分	主要的扣分说明

评委签字

三、农药的选购

1. 实训目的 通过到农资市场指导农户选购农药，进而达到学生们能根据田间病虫草害的发生情况对症下药的能力，同时学会选购农药的关键点。

2. 内容和方法

（1）3~5人一组，提前联系农户，或者到农资店的路上拦住需要购买农药的农民，说明情况，通过和农户的深入交流，明确农户田间的病虫草害情况，帮助农户分析，获得农户的认可，和农户一起前往农资店根据农户田间病虫害情况选购农药。

（2）如果小组成员无法完成为农户推荐合理的药剂，请跟随农户到农资店，看农资店的技术员是如何给农户进行推荐的，通过和农资店技术员的交流，学习如何正确选购农药。

（3）选购农药时，要依据下列步骤进行：①看农药的防治对象，因为已经知道了农户的病虫草害情况，就要选择防治这些病虫草害的药剂对症下药；②选择经过国家注册的具有承担民事责任的能力、信誉好的大型企业生产的质量优的农药；③看"农药三证"，即农药登记证号、农药生产许可证号、农药标准证号，尤其是农药登记证号，将其输入中国农药信息网上查询，如果标签一致再购买；④查看农药标签的有效成分及含量，凡有效成分含量与实际含量不符的属劣质农药，不能购买；⑤看外观物理特性，乳剂中有沉淀，粉剂有结块可能失去农药的使用效能，不能选购；⑥看生产日期、保质期，防止选购过期农药；⑦农药标签上标有适用作物范围，在瓜、果、蔬菜、茶叶、中药材上应禁止用剧毒、高毒农药，因此若是在这些作物上应用，就不能购买高毒、剧毒农药；⑧看农药生产厂家的地址、通信方式，防止购买冒牌农药；⑨看注意事项，防止产生药害及破坏生态环境。有些农药在某种作物上不宜施用，有些农药在某种环境不能使用，选购时应特别注意，以免产生药害或破坏生态环境。

3. 农药选购成功案例撰写 以小组为单位，请将各小组帮助农户选购农药的全部过程编写为案例存档。

4. 考核标准

表 10 - 12　农药选购考核

序号	考核内容	考核标准	权重	得分（分）
1	获得农户认可	能够和农户详细交流，获得了农户田间病虫害种类，并成功指导农户完成农药的选购	60	
2	照片	整个过程有照片、记录	10	
3	农药选购案例撰写	按时完成农药选购案例撰写并提交	20	
4	考勤	全程参与，没有早退和迟到等发生	10	
合计			100	

四、农药的配制、使用及防治效果调查

1. 实训目的　进一步掌握农药的选择、稀释计算、配制和使用技术及防治效果调查方法，了解农药的配制和使用过程中应注意的事项，能对用药后的效果进行调查，并进行数据分析。

2. 材料及用具　农资店里常见的农药品种如杀虫剂、除草剂、杀菌剂均可，手动喷雾器、配药量筒、橡胶手套、托盘天平、杆秤、塑料桶等用具。

3. 内容及操作步骤

（1）农药的准备。选好地块，根据田间病虫害的发生情况及面积，购买农药。

（2）农药制剂和稀释剂用量的计算。根据田块面积、喷雾器的容量以及农药的使用方法，计算出农药制剂用量和加水量。

（3）农药制剂和稀释剂的称量。计算出农药制剂用量和水用量后，要严格按照计算的量称取或量取。固体农药要用秤称量，液体农药要用有刻度的量具量取。量取液体农药时，应避免药液流到筒或杯的外壁，要使筒或杯处于垂直状态，以免造成量取偏差；量取配药用水时，如果用水桶或喷雾器药箱作计量器具，应在其内壁用油漆画出水位线，标定准确的体积后，方可作为计量工具。量取好农药和水后，要在专用的容器内混匀。

（4）农药的配制。

① 固体农药制剂的配制。粉剂一般不用配制可直接喷粉，但用作毒土撒施时需要与土混拌，选择干燥的细土与药剂混合均匀即可使用。可湿性粉剂配制时，应先用小容器将药粉加入少量的水调成糊状，然后再倒入药桶（缸）中，加足水后搅拌均匀即可，不能把药粉直接倒入盛有大量水的药桶（缸）中，否则会降低液体的悬浮率，药液容易产生沉淀。

② 液体农药制剂的配制。乳油、水剂、悬浮剂等液体农药制剂，加水配制成喷雾用的药液时，要采用"二次加水法"配制，即先向配制药液的容器内加 1/2 的水量，再加入所需的药量，最后加足水。配制药剂的水，应选用清洁的河、溪和沟塘的水，尽量不用井水。

需要用乳油等液体农药制剂配制成毒土使用时，首先根据细土的量计算所需用的制剂用量，将药剂配成 50～100 倍的高浓度药液，用喷雾器向细土上喷雾，边喷边用铁锹向一边翻动，喷药液至细土潮湿即可，喷完后再向一边翻动一次，稍等药液充分渗透到土粒后即可使用。

（5）农药的使用。根据农药的使用方法，对稀释好的农药进行喷雾、浸种、拌种等，粉剂可直接喷粉，颗粒剂以及配制好的毒饵可以直接撒施。

（6）防治效果调查与计算。杀虫剂一般在施药后的 1 d、3 d、7 d 调查虫口密度（有些杀虫剂类型，要增加药后 14 d、21 d 的防效调查），以未施药的区域作为对照计算防治效果；杀菌剂在施药后的 7 d、10 d、15 d 调查发病率和病情指数，计算防治效果。

4. 注意事项

（1）注意百分比浓度与百万分比浓度之间的换算。

（2）稀释倍数的计算，稀释 100 倍以下的农药，计算稀释量时要扣除原药剂所占的份数；稀释 100 倍以上的稀释量可不扣除原药剂所占的份数。

（3）在农药的配制和使用过程中要戴口罩和一次性手套、穿工作服，防止农药经口腔和皮肤进入体内而引起中毒。

（4）操作过程中不可喝水和吃食物，操作结束后和就餐前要用肥皂洗手和脸或洗澡，同时，工作服也要洗涤干净。

（5）操作过程中要严格遵守操作规程和实验室的规章制度，不得用手直接接触药品，不得嬉戏打闹。

（6）发生中毒事故，在采取紧急措施后，要立即送往医院救治。

（7）实训结束后要清洗所有的用具，洗涤废水、一次性手套和农药废瓶与废袋等要集中处理。

5. 考核标准

表 10 - 13　农药的配制、使用及防治效果调查

序号	考核内容	考核标准	权重	得分（分）
1	农药的选择	农药品种选择正确	10	
2	用量计算	用量计算正确	10	
3	稀释配制	农药稀释配制方法正确，操作熟练	20	
4	使用技术	施药技术规范	20	
5	防治效果调查和计算	防治效果调查和计算方法正确，防治效果好	20	
6	实训报告	内容真实，分析问题透彻，方法结论正确	10	
7	其他	没有发生事故或其他损失，对作物没有产生药害	10	
合计			100	

6. 实训报告

撰写一份实训总结，以本次实训为例，从农药选择、施药时间确定、农药用量计算、农药稀释配制、使用方法确定、防治效果调查和计算、结果分析来阐述化学防治全过程。

参 考 文 献

曹坳程，郭美霞，2005. 21 世纪中国农药工业的需求与发展［J］. 中国农业科技导报，7（6）：37 - 42.

陈啸寅，马成云，2008. 植物保护［M］. 2 版. 北京：中国农业出版社.

程亚樵，2007. 作物病虫害防治［M］. 北京：北京大学出版社.

丁伟，赵志模，肖崇刚，2003. 我国农药学科发展的现状、问题和对策［J］. 高等农业教育（1）：53 - 56.

董爱书，关成宏，邵晓梅，等，2009. 马铃薯田病虫草害防治及化控配套技术［J］. 现代化农业（1）：42 - 44.

冯建国，张小军，于迟，等，2013. 我国农药剂型加工的应用研究概况［J］. 中国农业大学学报，18（2）：
220 - 226.

顾晓军，谢联辉，2003. 21 世纪我国农药发展的若干思考［J］. 世界科技研究与发展，25（2）：13 - 20.

郭翼，2014. 植保机械的使用与维护［M］. 北京：机械工业出版社.

郭玉人，2012. 农药安全使用技术指南［M］. 北京：中国农业出版社.

韩熹莱，2000. 农药概论［M］. 北京：中国农业大学出版社.

黄剑，吴文君，2004. 近 15 年来全球农药市场回顾及发展趋势［J］. 农药，43（10）：433 - 437.

黄云，董宝成，2009. 科学使用农药［M］. 成都：天地出版社.

黄彰欣，1993. 植物化学保护实验指导［M］. 北京：农业出版社.

纪明山，2011. 农药对农业的贡献及发展趋势［J］. 新农业（4）：43 - 44.

李小为，2014. 水稻植保措施及应用［M］. 北京：中国农业大学出版社.

刘长令，2012. 世界农药大全——杀虫剂卷［M］. 北京：化学工业出版社.

刘国芬，2001. 合理使用杀菌剂［M］. 北京：金盾出版社.

刘建超，贺红武，冯新民，2005. 化学农药的发展方向——绿色化学农药［J］. 农药，44（1）：1 - 3.

卢颖，2009. 植物化学保护［M］. 北京：化学工业出版社.

马兰，2014. 大豆植保措施及应用［M］. 北京：中国农业大学出版社.

穆娟微，2011. 寒地水稻叶龄诊断植保技术［M］. 哈尔滨：黑龙江科学技术出版社.

农业部种植业管理司，农业部农药检定所，2009. 农药科学选购与合理使用［M］. 北京：中国农业出版社.

蒲崇建，陈琳，2012. 农药科学使用技术［M］. 兰州：甘肃科学技术出版社.

全国农业技术推广服务中心，2015. 植保机械与施药技术指南［M］. 北京：中国农业出版社.

商鸿生，王凤葵，2001. 马铃薯病虫害防治［M］. 北京：金盾出版社.

邵维忠，2003. 农药助剂［M］. 3 版. 北京：化学工业出版社.

沈晋良，2002. 农药加工与管理［M］. 北京：中国农业出版社.

师迎春，易齐，2016. 无公害菜园首选农药 100 种［M］. 2 版. 北京：中国农业出版社.

石得中，2008. 中国农药大辞典［M］. 北京：化学工业出版社.

石明旺，2014. 新编常用农药安全使用指南［M］. 2 版. 北京：化学工业出版社.

苏少泉，2009. 玉米田除草剂新品种与应用［J］. 农药研究与应用，13（1）：1 - 5.

苏少泉，2009. 中国马铃薯生产与除草剂使用［J］. 世界农药，31（1）：4 - 6.

孙克，2013. 全球十大杀菌剂的市场与展望［J］. 农药，52（7）469 - 475.

孙元峰，2013. 新农药应用技术［M］. 郑州：中原农民出版社.

屠予钦，2001. 农药科学使用指南［M］. 2 版. 北京：金盾出版社.

屠豫钦，2004. 农药使用技术图解 [M]. 北京：中国农业出版社.

屠豫钦，2007. 农药剂型与制剂及使用方法 [M]. 北京：金盾出版社.

屠豫钦，2008. 屠豫钦论文选 [M]. 北京：金盾出版社.

万树青，2003. 生物农药及使用技术 [M]. 北京：金盾出版社.

王穿才，2009. 农药概论 [M]. 北京：中国农业大学出版社.

王金荣，1994. 农药 [M]. 北京：中国科学技术出版社.

魏岑，1999. 农药混剂研制及混剂品种 [M]. 北京：化学工业出版社.

魏岑，2010. 教你用好杀虫剂 [M]. 北京：金盾出版社.

吴文君，2000. 农药学原理 [M]. 北京：中国农业出版社.

徐汉虹，2010. 植物化学保护学 [M]. 4 版. 北京：中国农业出版社.

杨平华，2009. 农田常用杀虫剂使用技术 [M]. 成都：四川科技出版社.

叶钟音，2002. 现代农药应用技术全书 [M]. 北京：中国农业出版社.

虞轶俊，施德，2008. 农药应用大全 [M]. 北京：中国农业出版社.

袁会珠，2011. 农药使用技术指南 [M]. 2 版. 北京：化学工业出版社.

袁会珠，2011. 农药使用技术指南 [M]. 北京：化学工业出版社.

张朝伦，2010. 植物化学保护 [M]. 北京：中国农业出版社.

张敏恒，2012. 农药品种手册精编 [M]. 北京：化学工业出版社.

张友军，吴青君，芮昌辉，等，2003. 农药无公害使用指南 [M]. 北京：中国农业出版社.

张玉聚，2009. 除草剂应用技术及销售大全 [M]. 郑州：中国农业科学技术出版社.

张玉聚，2011. 世界农药大全—杀菌剂篇 [M]. 北京：化学工业出版社.

张元恩，2012. 蔬菜植保员培训教材 [M]. 北方本. 北京：金盾出版社.

赵善欢，2001. 植物化学保护 [M]. 3 版. 北京：中国农业出版社.

郑永权，孙海滨，董丰收，等，2012. 高效低风险是农药发展的必由之路 [J]. 植物保护，38（2）：1-3.

中国农村技术开发中心，2010. 农药安全使用知识 [M]. 北京：中国劳动社会保障出版社.

朱永和，李布青，2008. 农药科学使用知识问答 [M]. 北京：中国林业出版社.

图书在版编目（CIP）数据

植物化学保护 / 王萍莉主编 . —北京：中国农业
出版社，2018.8（2022.5 重印）
高等职业教育农业部"十三五"规划教材
ISBN 978 - 7 - 109 - 24375 - 0

Ⅰ.①植… Ⅱ.①王… Ⅲ.①植物保护-农药防治-
高等职业教育-教材 Ⅳ.①S481

中国版本图书馆 CIP 数据核字（2018）第 159073 号

中国农业出版社出版
（北京市朝阳区麦子店街 18 号楼）
（邮政编码 100125）
责任编辑 吴 凯
文字编辑 冯英华
————————————
北京通州皇家印刷厂印刷 新华书店北京发行所发行
2018 年 8 月第 1 版 2022 年 5 月北京第 2 次印刷
————————————
开本：787mm×1092mm 1/16 印张：17.25
字数：412 千字
定价：43.00 元
（凡本版图书出现印刷、装订错误，请向出版社发行部调换）